しっかり学ぶ数理最適化

モデルからアルゴリズムまで

梅谷俊治
Shunji Umetani

講談社

まえがき

数理最適化は，与えられた制約条件の下で目的関数の値を最小 (もしくは最大) にする最適化問題を通じて，現実社会における意思決定や問題解決を実現する手段である．近年では，産業や学術の幅広い分野における現実問題の多くが最適化問題にモデル化できることが再認識されるようになった．特に，現在では，商用・非商用を含めて多くの数理最適化ソルバー (最適化問題を解くソフトウェア) が公開されており，現実問題を解決するための有用な道具として，数理最適化以外の分野でも急速に普及しつつある．一方で，現実世界から収集された大規模かつ多様なデータにもとづく最適化問題に対応するため，より効率的なアルゴリズムの開発が求められるようになった．本書は，大学もしくは大学院において数理最適化を初めて学ぶ学生や，実務において数理最適化に携わる機会を持つようになった人が，現実問題を最適化問題にモデル化する方法と，線形計画問題，非線形計画問題，整数計画問題などの代表的な最適化問題に対する基本的なアルゴリズムとその考え方を学ぶことを目的にしている．

本書の特徴は以下のようにまとめられる．

数理最適化があつかう最適化問題は多種多様で，それぞれの最適化問題に対して効率的なアルゴリズムが開発されている．そのため，代表的な最適化問題とアルゴリズムだけに内容を限定しても，1 冊の入門書でそれらを包括的にあつかうことは容易ではない．しかし，数理最適化の基本的な知識を一通り習得できる入門書は多くの読者に有用であると考え，できる限り多くの最適化問題とアルゴリズムを紹介した．初めて数理最適化を学ぶ人にはしきいが高いと感じられるかもしれないが，じっくりと時間をかけて本書に取り組んでいただきたい．実際に，半年間の授業を適切な進度で終わらせるには，本書の内容は多すぎることに注意してほしい．本書を授業の教科書として利用する際には，1.4 節の学習順序を参考にカリキュラムをうまく構成していただきたい．一方で，数理最適化の分野で研究が進んでいる最先端の最適化問題やそのアルゴリズムの説明は省略した．これらの最適化問題やアルゴリズムは，各章の最後で紹介する専門書を参照していただきたい．

現実問題を解決するためには，それを最適化問題にモデル化するための具体的な手法や，効率的なアルゴリズムが知られている最適化問題を多く知ることが重要である．実際に，現実問題がいずれかの代表的な最適化問題と一致することはまれであり，現実問題を最適化問題にモデル化するには，既存の最適化問題をうまく変形したり，組み合わせる必要がある．これらの具体的な手法を体系的に説明することは容易ではないが，できる限り多くの手法を紹介した．特に，読者が現実問題と最適化問題のつながりを感じられるように，できる限り具体的な例を紹介した．

ところで，数理最適化に限らず，アルゴリズムを開発する立場と利用する立場で，学ぶべき内容が少なからず変わることは事実である．アルゴリズムを利用する立場ならば，汎用的な数理最適化ソルバーの使い方さえ習得すれば十分で，アルゴリズムを深く知る必要はないと考える人は多いだろう．しかし，正確さを失うことなく現実問題を最適化問題にモデル化しても，その最適化問題に対する効率的なアルゴリズムがなければ，現実問題の解決は期待できない．一方で，正確さがやや失われても効率的なアルゴリズムが知られている最適化問題にモデル化すれば，現実問題の解決がおおいに期待できる．現実問題に対して適切な最適化問題とそのアルゴリズムの組合せを選択することは容易ではなく，アルゴリズムに対する知識が現実問題を最適化問題にモデル化するための重要な指針を与えてくれることは少なくない．このような考えにもとづき，本書では，モデルからアルゴリズムまで，数理最適化を現実問題の解決に活用するために必要な知識をバランス良く盛り込んだ．

本書の内容は「アルゴリズムとデータ構造」「微積分」「線形代数」の基本的な知識を前提にしている．本書では，できる限り直観的に理解できるように具体的な例を用いてアルゴリズムを説明し，数学的に高度な議論が必要となる定理の証明を省略している．これらの定理の証明は，各章の最後で紹介する専門書を参照していただきたい．

本書の執筆にあたり貴重な助言をいただいた檀寛成先生，増山博之先生，田中未来先生，山口勇太郎先生，前原貴憲先生，伊豆永洋一先生，白井啓一郎先生に深く感謝します．本書の草稿を精読し，多くの誤りや改善点を指摘していただいた大阪大学の学生のみなさんに深く感謝します[注1]．本書の発刊にあたり推薦の言葉をいただいた茨木俊秀先生に深く感謝します．最後に，本書の企画と編集を担当いただいた講談社サイエンティフィクの横山真吾さんに深く感謝します．

2020 年 8 月

梅谷　俊治

本書のサポートページ
https://sites.google.com/view/introduction-to-optimization/main

注 1　余談だが，表紙のモチーフがサグラダ・ファミリアなのは，遅々として本書の執筆が進まない様子を，ある学生が「サグラダ・ファミリアのようだ」と揶揄したことによる．

記号一覧

$\mathbb{R}$, $\mathbb{R}_+$	実数全体の集合，非負実数全体の集合	15
$\mathbb{Z}$, $\mathbb{Z}_+$	整数全体の集合，非負整数全体の集合	155
$\lvert S \rvert$	集合 S の位数 (集合 S に含まれる要素数)	183
$\boldsymbol{x}^\top$, $\boldsymbol{A}^\top$	ベクトル $\boldsymbol{x}$ の転置ベクトル，行列 $\boldsymbol{A}$ の転置行列	15
$\det \boldsymbol{A}$	正方行列 $\boldsymbol{A}$ の行列式	178
$\boldsymbol{I}$	単位行列	90
$\widetilde{\boldsymbol{A}}$	正方行列 $\boldsymbol{A}$ の余因子行列	178
$\lVert \boldsymbol{x} \rVert$	ベクトル $\boldsymbol{x}$ のユークリッドノルム ($\sqrt{\boldsymbol{x}^\top \boldsymbol{x}}$)	80
$\mathrm{o}(x)$	ランダウの o-記法	86
$\mathrm{O}(x)$	オーダー記法 (ランダウの O-記法)	192
$\lceil x \rceil$	x の切り上げ (x 以上の最小の整数)	267
$\lfloor x \rfloor$	x の切り下げ (x 以下の最大の整数)	247
$\log x$	ネイピア数 e を底とする x の対数	82
$\delta(x, y)$	クロネッカーのデルタ ($x = y$ ならば 1, $x \neq y$ ならば 0 をとる関数)	162
$G = (V, E)$	頂点集合を V，辺集合を E とするグラフ	161
$e = (u, v)$	頂点 u, v をつなぐ有向辺	162
$e = \{u, v\}$	頂点 u, v をつなぐ無向辺	162
$\delta^+(v)$	頂点 v を始点とする辺集合	181
$\delta^-(v)$	頂点 v を終点とする辺集合	181
$\delta(v, S)$	頂点 $v \in V \setminus S$ と頂点集合 S をつなぐ辺集合	205
$\delta(S)$	カット (頂点集合 S と $V \setminus S$ をつなぐ辺集合)	183
$E(S)$	両端点 u, v がともに頂点集合 S に含まれる辺 (u, v) の集合	186

目次

第1章　数理最適化入門　1

1.1　数理最適化とは　2
1.2　最適化問題　5
1.3　代表的な最適化問題　8
1.4　本書の構成　9
1.5　まとめ　11
文献ノート　12

第2章　線形計画　13

2.1　線形計画問題の定式化　14
　2.1.1　線形計画問題の応用例　15
　2.1.2　凸な非線形関数の近似　18
　2.1.3　連立1次方程式の近似解　19
　2.1.4　比率の最小化　22
2.2　単体法　25
　2.2.1　標準形　25
　2.2.2　単体法の概略　27
　2.2.3　単体法の例　29
　2.2.4　単体法の原理　36
　2.2.5　退化と巡回　39
　2.2.6　2段階単体法　43
2.3　緩和問題と双対定理　47
　2.3.1　双対問題　48
　2.3.2　緩和問題　52
　2.3.3　双対定理　57
　2.3.4　感度分析　61
　2.3.5　双対単体法　63

2.4 まとめ 69
文献ノート 70
演習問題 70

第3章 非線形計画 75

3.1 非線形計画問題の定式化 76
3.1.1 非線形計画問題の応用例 76
3.1.2 凸計画問題 82
3.2 制約なし最適化問題 92
3.2.1 制約なし最適化問題の最適性条件 93
3.2.2 最急降下法 97
3.2.3 ニュートン法 101
3.2.4 準ニュートン法 104
3.2.5 反復法の収束性 108
3.3 制約つき最適化問題 112
3.3.1 等式制約つき最適化問題の最適性条件 112
3.3.2 不等式制約つき最適化問題の最適性条件 117
3.3.3 双対問題と双対定理 123
3.3.4 有効制約法 127
3.3.5 ペナルティ関数法とバリア関数法 130
3.3.6 拡張ラグランジュ関数法 134
3.3.7 内点法 138
3.3.8 逐次2次計画法 143
3.4 まとめ 148
文献ノート 149
演習問題 151

第4章 整数計画と組合せ最適化 153

4.1 整数計画問題の定式化 155
4.1.1 整数計画問題の応用例 156
4.1.2 論理的な制約条件 165
4.1.3 固定費用付き目的関数 167
4.1.4 離接した制約条件 171

4.1.5 非凸な非線形関数の近似 175
4.1.6 整数性を持つ整数計画問題 178
4.1.7 グラフの連結性 182
4.1.8 パターンの列挙 187
4.2 アルゴリズムの性能と問題の難しさの評価 191
4.2.1 アルゴリズムの計算量とその評価 192
4.2.2 問題の難しさと NP 困難問題 194
4.3 効率的に解ける組合せ最適化問題 200
4.3.1 貪欲法 200
4.3.2 動的計画法 206
4.3.3 ネットワークフロー 223
4.4 分枝限定法と切除平面法 245
4.4.1 分枝限定法 246
4.4.2 切除平面法 252
4.4.3 整数計画ソルバーの利用 259
4.5 近似解法 265
4.5.1 近似解法の性能評価 265
4.5.2 ビンパッキング問題 265
4.5.3 最大カット問題 268
4.5.4 巡回セールスマン問題 272
4.5.5 頂点被覆問題 275
4.5.6 ナップサック問題 281
4.6 局所探索法 283
4.6.1 局所探索法の概略 283
4.6.2 近傍の定義と解の表現 284
4.6.3 探索空間と解の評価 286
4.6.4 移動戦略 291
4.6.5 局所探索法の効率化 291
4.7 メタヒューリスティクス 294
4.7.1 メタヒューリスティクスの概略 295
4.7.2 多スタート局所探索法 296
4.7.3 反復局所探索法 297
4.7.4 遺伝的アルゴリズム 299
4.7.5 アニーリング法 302
4.7.6 タブー探索法 305

4.7.7 誘導局所探索法 307
4.7.8 ラグランジュヒューリスティクス 308
4.8 まとめ 312
文献ノート 313
演習問題 316

演習問題の解答例 321

2 章の演習問題の解答例 321
3 章の演習問題の解答例 330
4 章の演習問題の解答例 337

索 引 353

第 1 章

数理最適化入門

数理最適化 (mathematical optimization)[注1] は，与えられた制約条件の下で目的関数の値を最小 (もしくは最大) にする解を求める最適化問題を通じて，現実社会における意思決定や問題解決を実現する手段である．本章では，数理最適化の概略をいくつかの例とともに説明する．

計算機の速度が 3 桁，アルゴリズムの速度が 3 桁，合わせて求解の速度が 6 桁向上することで，10 年前には解くのに 1 年かかる問題が今では 30 秒もたたずに解けるようになった．もちろん，問題が解けるまで 1 年も待つ人はいないし，少なくとも私のまわりにそんな人はいない．このような進歩が持つ本当の価値を実際に測ることは難しいが，それでも事実である．最適化アルゴリズムにより以前は求解が困難だと思われていた現実世界の問題が解けるようになったことで，まったく新しい分野への応用が拓かれたことは間違いない．

R. E. Bixby, Solving real-world linear programs: A decade and more of progress, *Operations Research* **50** (2002), 3–15.

注 1　**数理計画** (mathematical programming) とも呼ぶ．

1.1 ● 数理最適化とは

最適化問題 (optimization problem) は，与えられた制約条件の下で目的関数の値を最小 (もしくは最大) にする解を求める問題である．産業や学術を始めとする幅広い分野における多くの重要な問題が最適化問題として定式化できる．数理最適化は，最適化問題を通じて現実社会における意思決定や問題解決を実現する手段であり，**図 1.1** に示すように，(1) 最適化問題の定式化，(2) アルゴリズムによる求解，(3) 計算結果の分析・検証，(4) 最適化問題とアルゴリズムの再検討という一連の手続きからなる[注2]．

数理最適化を用いて現実問題を解決するためには，まず，現実問題を最適化問題に定式化する必要がある．最適化問題は，定数，変数，制約条件，目的関数の要素からなる．最適化問題を解くアルゴリズムをシステムとして捉えると，入力データ (既知) が定数に，出力データ (未知) が変数に該当する．制約条件はシステムの内部における変数間の関係を，目的関数は状態の良し悪しを表す．

具体的な例を通じて最適化問題を説明しよう．ある飲料メーカーでは，トマト，にんじん，ほうれん草を原料とする野菜ジュースを製造している．**表 1.1** に示すように，野菜 1 kg に含まれる栄養素の単位数，野菜 1 kg あたりの価格 (円)，野菜ジュース 2 L に含まれる栄養素の必要量 (単位) が与えられる．このとき，野菜ジュースに含まれる食物繊維，ビタミン C，鉄分，β カロチンの必要量を満たしつつ，製造に要する原料費を最小にするには，どの野菜をどれだけ購入すれば良いだろうか．

この問題を最適化問題に定式化しよう．トマト，にんじん，ほうれん草の購入量 (kg) をそれぞれ変数 x_1, x_2, x_3 で表すと，原料費 (円) は $400x_1 + 250x_2 +$

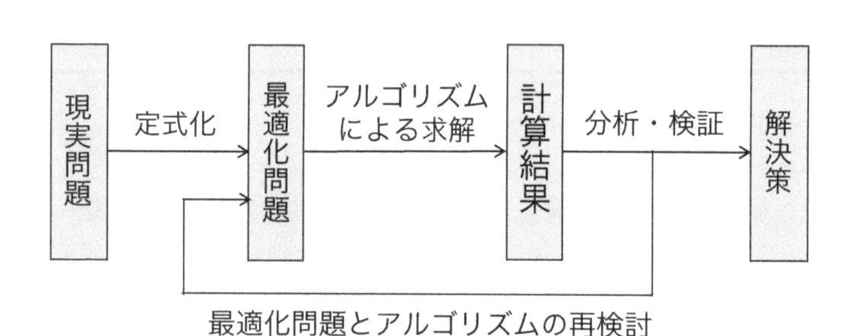

図 1.1　数理最適化の手続き

注 2　この一連の手続きが 1 回で終わることはまれで，妥当な解決策が得られるまで繰り返し再検討を行うことが多い．

表 1.1　野菜ジュースの原料

	トマト	にんじん	ほうれん草	必要量 (単位)
食物繊維	10	25	30	50
ビタミン C	15	5	35	60
鉄分	2	2	20	10
β カロチン	5	80	40	40
価格 (円)	400	250	1000	

$1000x_3$ と表せる．また，野菜ジュースに含まれる食物繊維の必要量を満たす条件は，$10x_1 + 25x_2 + 30x_3 \geq 50$ と表せる．ビタミン C，鉄分，β カロチンの必要量を満たす条件も同様に表せる．これらをまとめると，野菜ジュースの製造に要する原料費を最小にする野菜の購入量を求める問題は以下の最適化問題に定式化できる[注3]．

$$\begin{array}{ll} \text{最小化} & 400x_1 + 250x_2 + 1000x_3 \\ \text{条件} & 10x_1 + 25x_2 + 30x_3 \geq 50, \\ & 15x_1 + 5x_2 + 35x_3 \geq 60, \\ & 2x_1 + 2x_2 + 20x_3 \geq 10, \\ & 5x_1 + 80x_2 + 40x_3 \geq 40, \\ & x_1, x_2, x_3 \geq 0. \end{array} \tag{1.1}$$

1 行目は目的関数，2 行目以降は制約条件を表す．最後の制約条件は，野菜の購入量が負の値をとらないことを表す．

別の例を考える．n 組のデータ $(x_1, y_1), (x_2, y_2), \ldots, (x_n, y_n)$ が与えられるとき，x と y の関係を近似的に表す関数を求めたい．これを**回帰問題** (regression problem) と呼ぶ．たとえば，x と y の関係を直線 $y = ax + b$ で表すとき，その傾き a と切片 b の値をどのように決めれば良いだろうか．

図 1.2 に示すように，点 $(x_1, y_1), (x_2, y_2), \ldots, (x_n, y_n)$ は同一直線上に並んでいるとは限らないので，各データ (x_i, y_i) に対する誤差 $z_i = |y_i - (ax_i + b)|$ をできるだけ小さくしたい．このとき，直線の傾き a と切片 b を変数とすると，平均 2 乗誤差 $\frac{1}{n}\sum_{i=1}^{n} z_i^2$ を最小にする直線を求める問題は以下の最適化問題に定式化できる[注4]．

$$\text{最小化} \quad \frac{1}{n}\sum_{i=1}^{n} (y_i - ax_i - b)^2 . \tag{1.2}$$

注 3　英語では，最小化は minimize もしくは略して min. と書く．最大化ならば maximize もしくは略して max. と書く．また，条件は subject to もしくは略して s.t. と書く．

注 4　各データ (x_i, y_i) は定数であることに注意する．

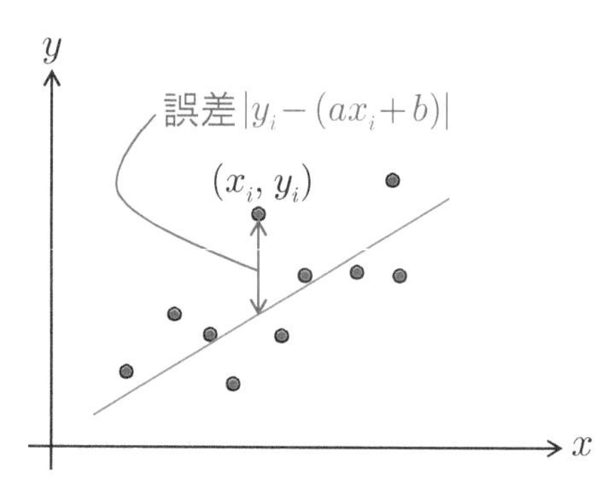

図 1.2　回帰問題の例

このように，平均 2 乗誤差を最小化することで x と y の関係を近似的に表す関数を求める方法を**最小 2 乗法** (least squares method) と呼ぶ．

次に，定式化された最適化問題を解く方法を考える．式 (1.2) は a, b を変数とする関数なので $f(a, b)$ と表す．関数 f の値が最小となるためには，変数 a, b に関する偏微分係数

$$\frac{\partial f(a,b)}{\partial a} = -\frac{2}{n}\sum_{i=1}^{n} x_i \left(y_i - ax_i - b\right), \tag{1.3}$$

$$\frac{\partial f(a,b)}{\partial b} = -\frac{2}{n}\sum_{i=1}^{n} \left(y_i - ax_i - b\right) \tag{1.4}$$

がともに 0 となる必要がある．そこで，連立 1 次方程式

$$\begin{pmatrix} \displaystyle\sum_{i=1}^{n} x_i^2 & \displaystyle\sum_{i=1}^{n} x_i \\ \displaystyle\sum_{i=1}^{n} x_i & n \end{pmatrix} \begin{pmatrix} a \\ b \end{pmatrix} = \begin{pmatrix} \displaystyle\sum_{i=1}^{n} x_i y_i \\ \displaystyle\sum_{i=1}^{n} y_i \end{pmatrix} \tag{1.5}$$

を解けば変数 a, b の値は

$$a = \frac{n\displaystyle\sum_{i=1}^{n} x_i y_i - \left(\sum_{i=1}^{n} x_i\right)\left(\sum_{i=1}^{n} y_i\right)}{n\displaystyle\sum_{i=1}^{n} x_i^2 - \left(\sum_{i=1}^{n} x_i\right)^2}, \tag{1.6}$$

$$b = \frac{\sum_{i=1}^{n} y_i - a \sum_{i=1}^{n} x_i}{n} \tag{1.7}$$

と求められる[注5][注6].

最小 2 乗法の例では，2 変数の連立 1 次方程式を解けば，誤差の 2 乗和が最小となる変数 a, b の値を求められた．しかし，野菜ジュースの製造を始めとする多くの例では，最適化問題の解を直接求める一般的な式を与えることは困難である．したがって，数理最適化では，数値の計算を繰り返して最適化問題の解を求める一般的な手続き，いわゆるアルゴリズムを与えることが主要な目的となる．

1.2 ● 最適化問題

数理最適化であつかう最適化問題は以下のような一般的な形で表せる．

$$\begin{array}{ll} \text{最小化} & f(\boldsymbol{x}) \\ \text{条件} & \boldsymbol{x} \in S. \end{array} \tag{1.8}$$

$\boldsymbol{x}$ を**変数** (variable) もしくは**決定変数** (decision variable)，変数に割り当てられた値を**解** (solution) と呼ぶ．変数は実数もしくは整数のベクトルで与えられる場合が多い．**制約条件** (constraint) を満たす解を**実行可能解** (feasible solution)，その集合である S を**実行可能領域** (feasible region) と呼ぶ．制約条件は不等式および等式で与えられる場合が多い．このように制約条件を持つ最適化問題を**制約つき最適化問題** (constrained optimization problem) と呼ぶ．また，制約条件を持たない最適化問題を**制約なし最適化問題** (unconstrained optimization problem) と呼ぶ．

関数 f を**目的関数** (objective function) と呼ぶ．目的関数の値が最小となる実行可能解を求める問題を**最小化問題** (minimization problem)，最大となる実行可能解を求める問題を**最大化問題** (maximization problem) と呼ぶ．最小化問題であれば，目的関数 f の値が最小となる実行可能解 $\boldsymbol{x}^* \in S$，すなわち，任意の実行可能解 $\boldsymbol{x} \in S$ に対して $f(\boldsymbol{x}^*) \leq f(\boldsymbol{x})$ を満たす実行可能解 $\boldsymbol{x}^* \in S$ を**最適解** (optimal solution) と呼ぶ．また，最大化問題であれば，目的関数 f の値が最大となる実行可能解 $\boldsymbol{x}^* \in S$，すなわち，任意の実行可能解 $\boldsymbol{x} \in S$ に対して $f(\boldsymbol{x}^*) \geq f(\boldsymbol{x})$ を満たす実行可能解 $\boldsymbol{x}^* \in S$ を最適解と呼

注 5　$f(a, b)$ が凸関数 (3.1.2 節) であることを示す必要があるが，ここでは省略する．

注 6　$\bar{x} = (1/n) \sum_{i=1}^{n} x_i$, $\bar{y} = (1/n) \sum_{i=1}^{n} y_i$ とすると，$a = \sum_{i=1}^{n} (x_i - \bar{x})(y_i - \bar{y}) / \sum_{i=1}^{n} (x_i - \bar{x})^2$, $b = \bar{y} - a\bar{x}$ とも表せる．

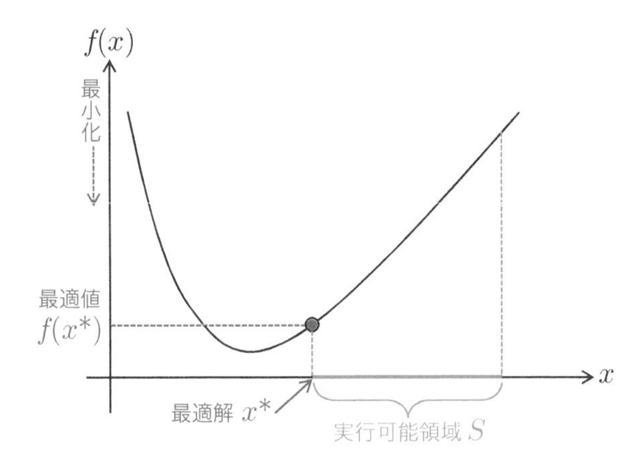

図 1.3　最適化問題の例

ぶ．最適解 $\boldsymbol{x}^*$ における目的関数の値 $f(\boldsymbol{x}^*)$ を**最適値** (optimal value) と呼ぶ．最適化問題の例を**図 1.3** に示す．特にことわりがなければ「最適化問題を解く」という表現は「最適解を 1 つ求める」ことを意味する．一般に，最適化問題では複数の最適解が存在する可能性があり，すべての最適解を求める問題は**列挙問題** (enumeration problem) としてあつかわれる．一方で，最適化問題ではつねに最適解が存在するとは限らない．最適化問題は，以下の 4 つの場合に分類できる．

(1) **実行不能** (infeasible)：制約条件を満たす解が存在しない．つまり，実行可能領域が空集合 $S=\emptyset$ である．
(2) **非有界** (unbounded)：目的関数の値を限りなく改善できるため最適解が存在しない．
(3) **有界であるが最適解が存在しない**：目的関数の値は有限であるが最適解が存在しない．
(4) **最適解が存在する**：有限な最適値と最適解が存在する．

たとえば，以下の最適化問題を考える．

$$\begin{array}{ll} \text{最大化} & x_1 + x_2 \\ \text{条件} & 2x_1 + x_2 \geq 1, \\ & x_1 + 2x_2 \geq 1, \\ & x_1, x_2 \geq 0. \end{array} \tag{1.9}$$

この問題では，変数 x_1, x_2 の値を増加することで目的関数の値を限りなく増

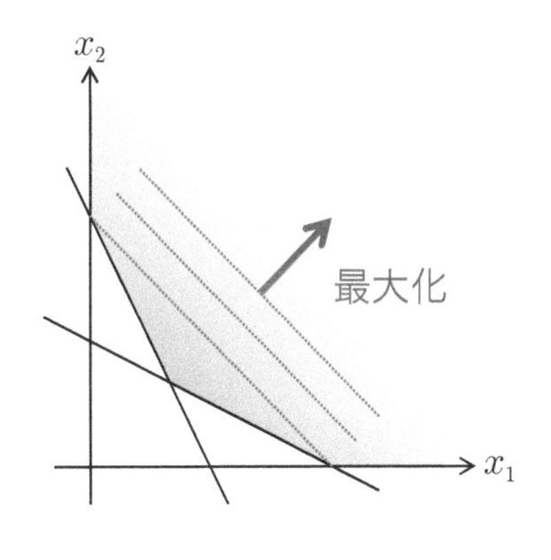

図 1.4　非有界な最適化問題の例

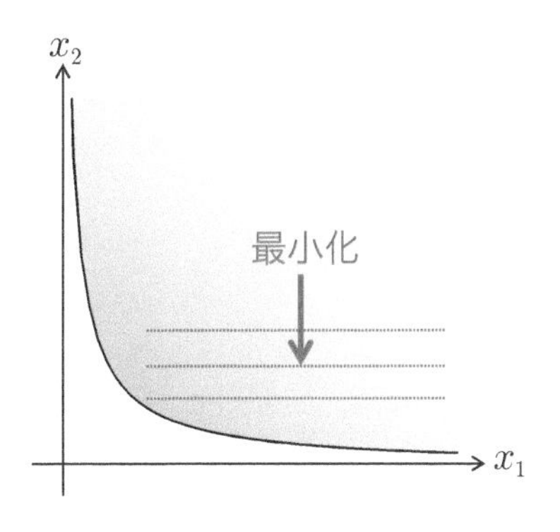

図 1.5　有界であるが最適解が存在しない最適化問題の例

加できるので非有界である (**図 1.4**).

別の最適化問題を考える.

$$\begin{array}{ll} \text{最小化} & x_2 \\ \text{条件} & x_1 x_2 \geq 1, \\ & x_1, x_2 \geq 0. \end{array} \tag{1.10}$$

この問題では, x_1 の値を十分大きくとれば目的関数の値は 0 に近づく. しかし, 目的関数の値が 0 となる実行可能解は存在しないため, 有界であるが最適解は存在しない (**図 1.5**).

数理最適化の主要な目的は最適化問題の最適解を 1 つ求めることであるが, つねに最適解が存在するとは限らないので, そのような場合には最適解が存在しないことを示す必要がある. また, 最適解が存在しても, 実際には最適解を求めることが困難な最適化問題も少なくない. そのような最適化問題では, 十分に小さい領域のなかで目的関数 f の値が最小 (もしくは最大) となる実行可能解 $\boldsymbol{x}^* \in S$, すなわち, **近傍** (neighborhood) $N(\boldsymbol{x}^*)$ 内の任意の実行可能解 $\boldsymbol{x} \in S \cap N(\boldsymbol{x}^*)$ に対して $f(\boldsymbol{x}^*) \leq f(\boldsymbol{x})$ を満たす**局所最適解** (locally optimal solution) を求める場合も多い. 局所最適解と区別するため, 本来の最適解を**大域最適解** (globally optimal solution) と呼ぶことも多い. 大域最適解は局所最適解であるが, 局所最適解は必ずしも大域最適解にならない. 局所最適解と大域最適解の例を**図 1.6** に示す.

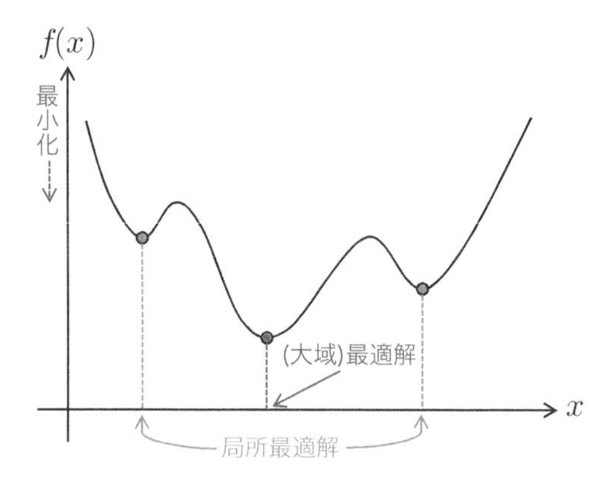

図 1.6　大域最適解と局所最適解の例

1.3 ● 代表的な最適化問題

最適化問題はさまざまな観点にもとづき分類できるが，変数，目的関数，制約条件の種類により分類する場合が多い．代表的な最適化問題を**図 1.7** に示す．

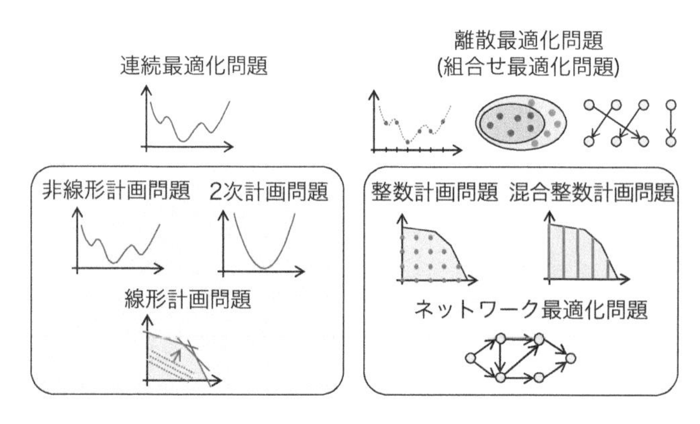

図 1.7　代表的な最適化問題

これまでに説明した，変数が実数値のような連続的な値をとる最適化問題を**連続最適化問題** (continuous optimization problem) と呼ぶ．ここで，実数値をとる変数を**実数変数** (real variable) と呼ぶ．目的関数が線形関数で，すべての制約条件が線形の等式もしくは不等式で表された最適化問題を**線形**

計画問題 (linear programming problem; LP)[注7] と呼ぶ．非線形関数で表された目的関数や制約条件を含む最適化問題を**非線形計画問題** (nonlinear programming problem; NLP) と呼ぶ．特に，目的関数が 2 次関数で，すべての制約条件が線形の等式もしくは不等式で表された非線形計画問題を **2 次計画問題** (quadratic programming problem; QP) と呼ぶ．

変数が整数値や $\{0, 1\}$ の 2 値のような離散的な値をとる最適化問題や，最適解を含む解の集合が順列やネットワークなど組合せ的な構造を持つ最適化問題を**離散最適化問題** (discrete optimization problem) もしくは**組合せ最適化問題** (combinatorial optimization problem) と呼ぶ．ここで，整数値のみをとる変数を**整数変数** (integer variable)，$\{0, 1\}$ の 2 値のみをとる変数を **2 値変数** (binary variable) と呼ぶ．特に，すべての変数が整数値のみをとる線形計画問題を**整数計画問題** (integer programming problem; IP)，一部の変数が整数値のみをとる線形計画問題を**混合整数計画問題** (mixed integer programming problem; MIP)[注8] と呼ぶ．また，すべての変数が 2 値のみをとる整数計画問題を **2 値整数計画問題** (binary integer programming problem; BIP) もしくは **0-1 整数計画問題** (0-1 integer programming problem) と呼ぶ．また，ネットワークやグラフで表される最適化問題を**ネットワーク最適化問題** (network optimization problem) と呼ぶ．

1.4 ● 本書の構成

本書で紹介する最適化問題とアルゴリズムを**図 1.8** に示す．2 章では，線形計画問題を紹介する．線形計画問題はもっとも基本的な最適化問題である．線形計画問題では大規模な問題例を現実的な計算手間で解く効率的なアルゴリズムが開発されている．2 章では，線形計画問題の定式化と，線形計画問題の代表的なアルゴリズムである単体法を説明したあとに，数理最適化においてもっとも重要な概念である双対問題と緩和問題を説明する．

3 章では，非線形計画問題を紹介する．非線形計画問題は適用範囲が非常に広い一方で，多様な非線形計画問題を効率的に解く汎用的なアルゴリズムを開発することは難しい．3 章では，非線形計画問題の定式化と，効率的に解ける非線形計画問題の特徴を説明したあとに，制約なし最適化問題と制約つき最適化問題の代表的なアルゴリズムを説明する．

注 7　ここでは，programming は「計画を立てる」という意味である．

注 8　最近では，**混合整数非線形計画問題** (mixed integer nonlinear programming problem; MINLP) と区別するために**混合整数線形計画問題** (mixed integer linear programming problem; MILP) と呼ぶことも多い．

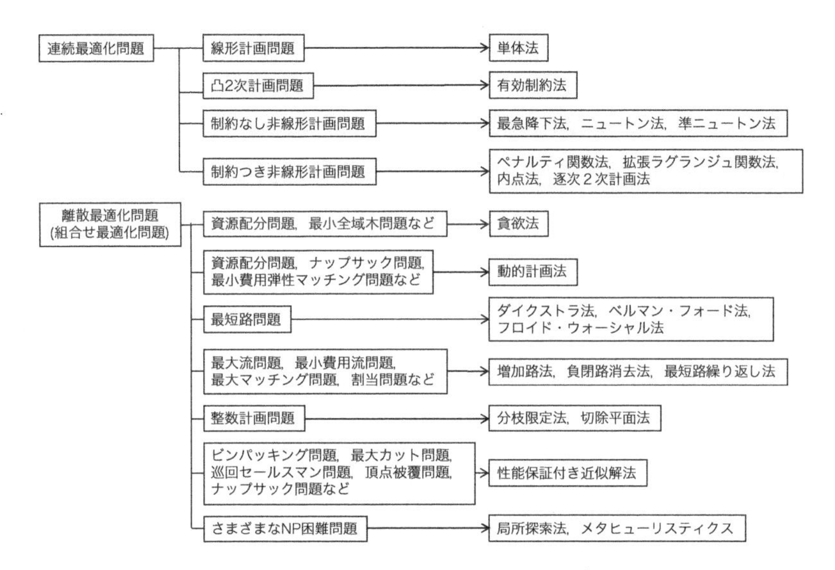

図 1.8　本書で紹介する最適化問題とアルゴリズム

4 章では，整数計画問題と組合せ最適化問題を紹介する．線形計画問題において変数が整数値のみをとる整数計画問題は，産業や学術の幅広い分野における現実問題を定式化できる汎用的な最適化問題の 1 つである．4 章では，整数計画問題の定式化と，組合せ最適化問題の難しさを評価する計算の複雑さの理論の基本的な考え方を説明する．いくつかの特殊な整数計画問題の効率的なアルゴリズムと，整数計画問題の代表的なアルゴリズムである分枝限定法と切除平面法を説明したあとに，任意の問題例に対して近似性能の保証を持つ実行可能解を求める近似解法と，多くの問題例に対して質の高い実行可能解を求める局所探索法およびメタヒューリスティクスを説明する．

本書の学習順序の例を**図 1.9** に示す．2 章「線形計画」と 3 章「非線形計画」の内容はほとんど独立しているので，必ずしもこの順に読み進める必要はない．特に，微積分と線形代数を学んで間もない大学生などであれば，3 章「非線形計画」の方が数理最適化の入門には良いかもしれない．一方で，4 章「整数計画と組合せ最適化」は 2 章「線形計画」の内容を前提としているので，先に 2 章を読むことを勧める．

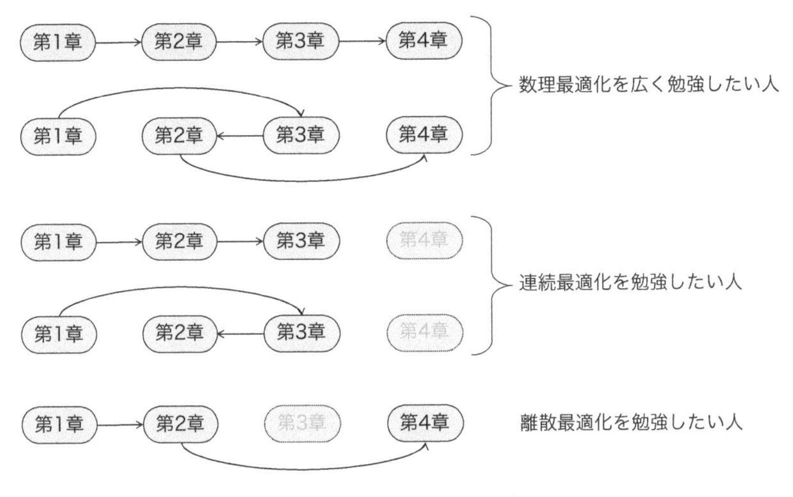

図 1.9　本書の学習順序の例

1.5 ● まとめ

最適化問題：与えられた制約条件の下で目的関数の値を最小にする解を１つ求める問題[注9].

実行可能解：制約条件を満たす解.

実行不能：制約条件を満たす解が存在しない.

非有界：目的関数の値を限りなく改善できるため最適解が存在しない.

大域最適解：実行可能領域の中で目的関数の値が最小となる解.

局所最適解：実行可能領域の中で目的関数の値がその近傍内で最小となる解.

連続最適化問題：変数が実数値のような連続的な値をとる最適化問題.

線形計画問題：目的関数が線形関数で，すべての制約条件が線形の等式もしくは不等式で表される最適化問題.

非線形計画問題：非線形関数で表される目的関数や制約条件を含む最適化問題.

2 次計画問題：目的関数が２次関数で，すべての制約条件が線形の等式もしくは不等式で表される最適化問題.

離散最適化問題 (組合せ最適化問題)：変数が整数値や２値のような離散的な値をとる最適化問題もしくは，最適解を含む解の集合が順列やネットワークなど組合せ的な構造を持つ最適化問題.

整数計画問題：すべての変数が整数値のみをとる線形計画問題.

混合整数計画問題：一部の変数が整数値のみをとる線形計画問題.

注 9　ここでは，最小化問題を考える.

ネットワーク最適化問題：ネットワークやグラフで表される最適化問題.

文献ノート

本書では，各章の最後に関連する文献を紹介する．その章で説明した内容について，より詳しい説明や発展的な話題を知りたい読者は，ここで紹介する文献を参照していただきたい．ここでは，数理最適化の全般に関する文献をいくつか紹介する．

まず，数理最適化を初めて学ぶ人が手にとる入門書として，たとえば，以下の 5 冊が挙げられる．

- 福島雅夫, 新版 数理計画入門, 朝倉書店, 2011.
- 久野誉人, 繁野麻衣子, 後藤順哉, 数理最適化, オーム社, 2012.
- 加藤直樹, 数理計画法, コロナ社, 2008.
- 山下信雄, 福島雅夫, 数理計画法, コロナ社, 2008.
- 山本芳嗣 (編著), 基礎数学 — IV. 最適化理論, 東京化学同人, 2019.

数理最適化問題の定式化に関する書籍は少ないが，たとえば，以下の 1 冊が挙げられる．

- H. P. Williams, *Model Building in Mathematical Programming* (5th edition), John Wiley & Sons, Ltd., 2013. (前田英次郎 (監訳), 小林英三 (訳), 数理計画モデルの作成法 (3 版), 産業図書, 1995.)

また，数理最適化の理論の入門書として，たとえば，以下の書籍が挙げられる．

- 茨木俊秀, 最適化の数学, 共立出版, 2011.

数理最適化に関する専門的なトピックを幅広く集めたハンドブックは，たとえば，以下の 2 冊が挙げられる．

- 久保幹雄, 田村明久, 松井知己 (編), 応用数理計画ハンドブック 普及版, 朝倉書店, 2012.
- G. L. Nemhauser, A. H. G. Rinnooy Kan and M. J. Todd (eds.), *Optimization*, Elsevier, 1989. (伊理正夫, 今野浩, 刀根薫 (監訳), 最適化ハンドブック, 朝倉書店, 1995.)

第 2 章

線形計画

線形計画問題は目的関数が線形関数で，すべての制約条件が線形の等式もしくは不等式で表された最適化問題である．線形計画問題では大規模な問題例を現実的な計算手間で解く効率的なアルゴリズムが開発されている．本章では，まず，線形計画問題の定式化と，線形計画問題の代表的なアルゴリズムである単体法を説明したあとに，数理最適化においてもっとも重要な概念である緩和問題と双対問題を説明する．

私が講演を終えると，座長が議論をうながした．一瞬の静寂の後に手が挙がった．ホテリングだった．鯨のような大男は立ち上がると「だが，われわれはみな世界が非線形であると知っている」とだけ言って堂々と座った．私が必死に適切な回答を絞り出そうとしていたら，聴衆の中から別の手が挙がった．フォン・ノイマンだった．「座長，座長，もし講演者が構わなければ，私が代わりに回答させていただきます．講演者はこの講演を線形計画法と名付け，慎重にその前提を示しました．もし，その前提を満たす応用があれば，それを使えば良いですし，そうでなければ，使わなければ良いでしょう」

G. B. Dantzig and M. N. Thapa, *Linear Programming 1: Introduction*, Springer, 1997.

2.1 ● 線形計画問題の定式化

線形計画問題は，目的関数が線形関数で，すべての制約条件が線形の等式もしくは不等式で与えられる基本的な最適化問題である．1.1 節で紹介した野菜ジュースの製造の例を一般化しよう．ある飲料メーカーでは，n 種類の野菜を原料とする野菜ジュースを製造している．このとき，野菜ジュースに含まれる m 種類の栄養素の必要量を満たしつつ製造に要する原料費を最小にするには，どの野菜をどれだけ購入すれば良いだろうか．これを**栄養問題** (diet problem) と呼ぶ．

野菜 j の単位量あたりに含まれる栄養素 i の量を a_{ij}，野菜 j の単位量あたりの価格を c_j，栄養素 i の必要量を b_i とする．このとき，野菜 j の購入量を変数 x_j で表すと，原料費の合計を最小にする野菜の購入量を求める問題は以下の線形計画問題に定式化できる．

$$
\begin{array}{ll}
\text{最小化} & c_1x_1 + c_2x_2 + \cdots + c_nx_n \\
\text{条件} & a_{11}x_1 + a_{12}x_2 + \cdots + a_{1n}x_n \geq b_1, \\
& a_{21}x_1 + a_{22}x_2 + \cdots + a_{2n}x_n \geq b_2, \\
& \qquad\qquad\qquad \vdots \\
& a_{m1}x_1 + a_{m2}x_2 + \cdots + a_{mn}x_n \geq b_m, \\
& x_1, x_2, \ldots, x_n \geq 0.
\end{array} \tag{2.1}
$$

目的関数は原料費の合計を，制約条件の i 行目は栄養素 i の必要量 b_i を満たす条件を表す．制約条件の最後の行は野菜 j の購入量 x_j が負の値をとらないことを表し，これを**非負制約** (nonnegative constraint) と呼ぶ．

線形計画問題は以下のように変数と制約条件をまとめて表すことが多い．

$$
\begin{array}{lll}
\text{最小化} & \displaystyle\sum_{j=1}^{n} c_jx_j & \\
\text{条件} & \displaystyle\sum_{j=1}^{n} a_{ij}x_j \geq b_i, & i = 1, \ldots, m, \\
& x_j \geq 0, & j = 1, \ldots, n.
\end{array} \tag{2.2}
$$

また，行列とベクトルを用いて $\min\{\boldsymbol{c}^\top \boldsymbol{x} \mid \boldsymbol{A}\boldsymbol{x} \geq \boldsymbol{b}, \boldsymbol{x} \geq \boldsymbol{0}\}$ もしくは，

$$
\begin{array}{ll}
\text{最小化} & \boldsymbol{c}^\top \boldsymbol{x} \\
\text{条件} & \boldsymbol{A}\boldsymbol{x} \geq \boldsymbol{b}, \\
& \boldsymbol{x} \geq \boldsymbol{0}
\end{array} \tag{2.3}
$$

と表すことも多い[注1]．ここで，

$$\boldsymbol{A}=\begin{pmatrix} a_{11} & \cdots & a_{1n} \\ \vdots & \ddots & \vdots \\ a_{m1} & \cdots & a_{mn} \end{pmatrix} \in \mathbb{R}^{m\times n}, \quad \boldsymbol{b}=\begin{pmatrix} b_1 \\ \vdots \\ b_m \end{pmatrix} \in \mathbb{R}^m,$$
$$\boldsymbol{c}=\begin{pmatrix} c_1 \\ \vdots \\ c_n \end{pmatrix} \in \mathbb{R}^n, \quad \boldsymbol{x}=\begin{pmatrix} x_1 \\ \vdots \\ x_n \end{pmatrix} \in \mathbb{R}^n \tag{2.4}$$

である[注2]．

線形計画問題では線形関数のみを用いて目的関数と制約条件を表す必要があるため，現実問題を線形計画問題に定式化することは容易ではない．しかし，正確さを失うことなく現実問題を非線形計画問題に定式化しても最適解を求めることが困難な場合が多い．一方で，正確さはやや失われるが線形計画問題に定式化すれば効率的に最適解を求めることができる場合が多い．また，一見すると非線形に見える最適化問題でも変数の追加や式の変形により等価な線形計画問題に変形できる場合も少なくない (2.1.3 節，2.1.4 節)．現実問題を線形計画問題に定式化する際には，与えられた現実問題を線形計画問題で正確に表せるか，または満足できる程度に近似できるかをよく見極める必要がある．本節では，まず，線形計画問題の例として，輸送計画問題，日程計画問題，生産計画問題を紹介したあとに，一見すると非線形に見える最適化問題を線形計画問題に定式化するいくつかの方法を紹介する．

2.1.1 線形計画問題の応用例

輸送計画問題 (transportation problem)：ある企業ではある製品を m ヵ所の工場から n ヵ所の顧客に納入している[注3]．各工場の生産量を超えない範囲で各顧客の需要を満たすように製品を輸送したい．このとき，輸送費の合計を最小化するためには，どの工場からどの顧客にどれだけの量の製品を輸送すれば良いだろうか．

工場 i の生産量の上限を a_i，顧客 j の需要量を b_j，工場 i から顧客 j への単位量あたりの輸送費を c_{ij} とする (**図 2.1**)．このとき，工場 i から顧客 j への輸送量を変数 x_{ij} で表すと，輸送費の合計を最小にする輸送量を求める問題は以下の線形計画問題に定式化できる．

注 1　$\boldsymbol{c}^\top$ はベクトル $\boldsymbol{c}$ の転置を表す．

注 2　$\mathbb{R}$ は実数全体の集合を表す．

注 3　ここでは，簡単のため製品を 1 種類とする．

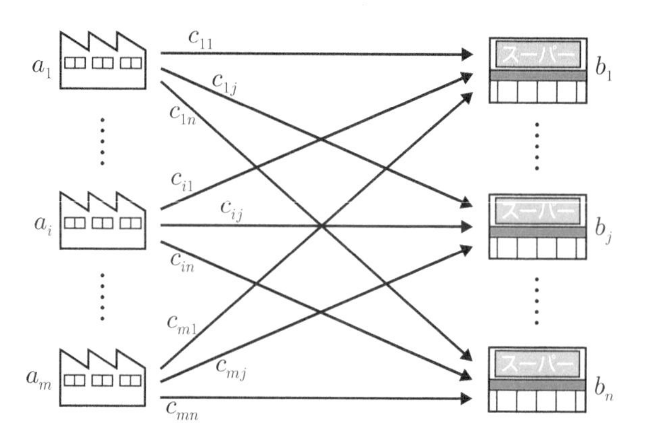

図 2.1　輸送計画問題の例

$$
\begin{array}{lll}
\text{最小化} & \displaystyle\sum_{i=1}^{m}\sum_{j=1}^{n} c_{ij}x_{ij} & \\
\text{条件} & \displaystyle\sum_{j=1}^{n} x_{ij} \leq a_i, & i = 1,\ldots,m, \\
& \displaystyle\sum_{i=1}^{m} x_{ij} = b_j, & j = 1,\ldots,n, \\
& x_{ij} \geq 0, & i = 1,\ldots,m,\ j = 1,\ldots,n.
\end{array}
\tag{2.5}
$$

1 番目の制約条件は，工場 i から出荷される製品の量が生産量 a_i を超えないことを表す．2 番目の制約条件は，顧客 j に納入される製品の量が需要量 b_j と一致することを表す．

日程計画問題 (project scheduling problem)：ある企業では n 個の作業からなるプロジェクトに取り組んでいる．**図 2.2** に示すように，各作業の処理順序を表すネットワークが与えられ，各作業は先行する作業がすべて完了しない限り開始できない．また，各作業は費用を余分にかければある程度まで処理日数を短縮できる．このとき，プロジェクト全体を T 日以内に完了させた上で，

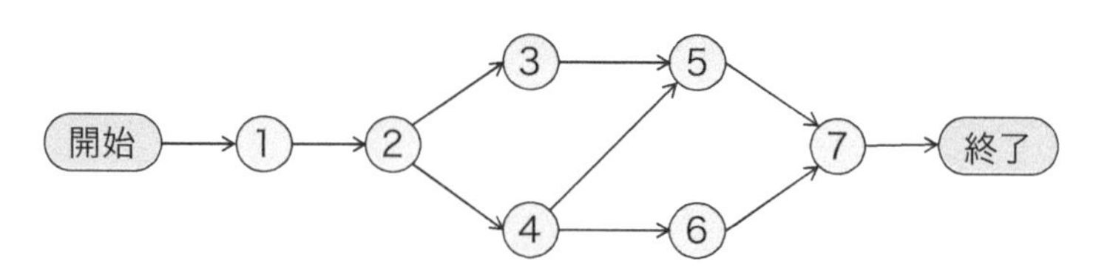

図 2.2　プロジェクトの処理順序を表すネットワーク

費用の合計を最小化するためには，各作業の開始日と処理日数をどのように定めれば良いだろうか．このように，プロジェクトの各作業の処理順序を表すネットワークを用いて日程計画を立案・管理する手法を **PERT** (Program Evaluation and Review Technique) と呼ぶ．

作業 i の標準の処理日数を u_i，その費用を c_i とする．作業 i の実際の処理日数を変数 p_i で表す．作業 i の処理日数を標準から 1 日短縮するたびに生じる追加費用を g_i とすると，作業 i の費用は $c_i + g_i(u_i - p_i)$ となる．ただし，作業 i の処理日数は l_i よりも短くはできないものとする．また，プロジェクトの始めに作業 1 が，最後に作業 n が処理される．このとき，作業 i の開始日を変数 s_i で表すと，費用の合計を最小にする作業の開始日と処理日数を求める問題は以下の線形計画問題に定式化できる[注4]．

$$
\begin{array}{lll}
\text{最小化} & \displaystyle\sum_{i=1}^{n} \{c_i + g_i(u_i - p_i)\} & \\
\text{条件} & s_i + p_i \leq s_j, \quad i = 1, \ldots, n,\ j = 1, \ldots, n,\ i \prec j, & \\
& l_i \leq p_i \leq u_i, \quad i = 1, \ldots, n, & \\
& s_1 \geq 0, & \\
& s_n + p_n \leq T. &
\end{array}
\tag{2.6}
$$

ここで，$i \prec j$ は作業 i が作業 j に先行することを表す．1 番目の制約条件は，先行する作業 i の完了日が作業 j の開始日より早いことを表す．2 番目の制約条件は，作業 i の処理日数が l_i 以上 u_i 以下となることを表す．

生産計画問題 (production planning problem)：ある工場では m 種類の原料から n 種類の製品を生産している．また，顧客の需要と生産費が期により変動するため，工場の生産と倉庫の在庫を組み合わせて顧客に製品を卸している．このとき，生産費と在庫費の合計を最小化するためには，どの期にどれだけの量の製品を生産し，倉庫の在庫で賄えば良いだろうか．

製品 j を 1 単位生産するのに必要な原料 i の量を a_{ij} とする．計画期間を T，各期 t の原料 i の供給量を b_{it}，製品 j の顧客の需要量を d_{jt}，製品 j の単位量あたりの生産費を c_{jt}，在庫費を f_{jt} とする．また，製品 j の最初の期 $t = 0$ における在庫量を 0 とする．このとき，各期 t の製品 j の生産量を x_{jt}，在庫量を s_{jt} で表すと，生産費と在庫費の合計を最小にする生産量と在庫量を求める問題は以下の線形計画問題に定式化できる．

注 4　ここでは，簡単のため変数は実数値をとるものとする．

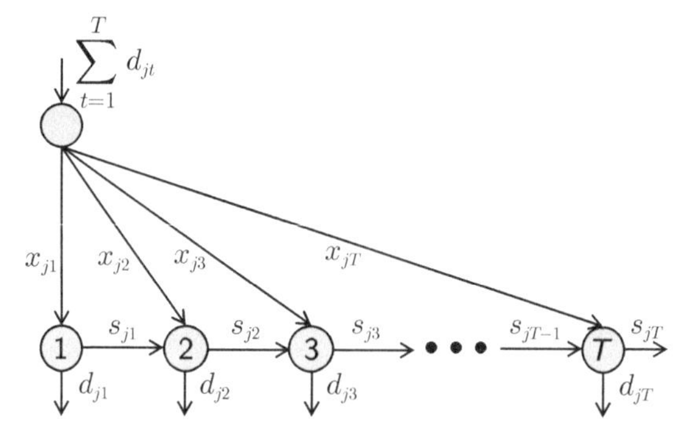

図 2.3　生産計画問題における各期の需要量，生産量，在庫量の関係

$$
\begin{array}{lll}
\text{最小化} & \displaystyle\sum_{j=1}^{n}\sum_{t=1}^{T}(c_{jt}x_{jt}+f_{jt}s_{jt}) & \\
\text{条件} & \displaystyle\sum_{j=1}^{n} a_{ij}x_{jt} \leq b_{it}, & i=1,\dots,m,\ t=1,\dots,T, \\
& s_{jt-1}+x_{jt}-s_{jt}=d_{jt}, & j=1,\dots,n,\ t=1,\dots,T, \\
& s_{j0}=0, & j=1,\dots,n, \\
& x_{jt},s_{jt} \geq 0, & j=1,\dots,n,\ t=1,\dots,T.
\end{array}
\tag{2.7}
$$

1 番目の制約条件は，各期 t の原料 i の消費量が供給量を超えないことを表す．2 番目の制約条件は，製品 j の前期からの持ち越し在庫量 s_{jt-1} に今期の生産量 x_{jt} を加えて，今期の需要量 d_{jt} を差し引いたものが来期に持ち越す在庫量 s_{jt} であることを表す (**図 2.3**).

2.1.2　凸な非線形関数の近似

分離可能で凸な非線形関数の最小化問題は線形計画問題に近似できる[注5]．以下のような 1 変数の凸関数 $f_j(x_j)$ の和を最小化する問題を考える[注6]．

$$
\text{最小化} \quad \sum_{j=1}^{n} f_j(x_j). \tag{2.8}
$$

このように 1 変数関数の和で与えられる目的関数を**分離可能** (separable) であると呼ぶ[注7]．この問題は 1 変数の凸関数 $f_j(x_j)$ の最小化問題に分解でき

注 5　分離可能で非凸な非線形関数の最小化問題は整数計画問題に近似できる (4.1.5 節を参照).

注 6　凸関数の定義は 3.1.2 節を参照.

注 7　たとえば，x_1x_2 は分離可能ではないが，$y_1 = \frac{1}{2}(x_1 + x_2)$，$y_2 = \frac{1}{2}(x_1 - x_2)$ とおくと，$x_1x_2 = y_1^2 - y_2^2$ と分離可能な関数に変形できる．このように，一見すると分離可能でない関数も分離可能な関数に変形できることは少なくない.

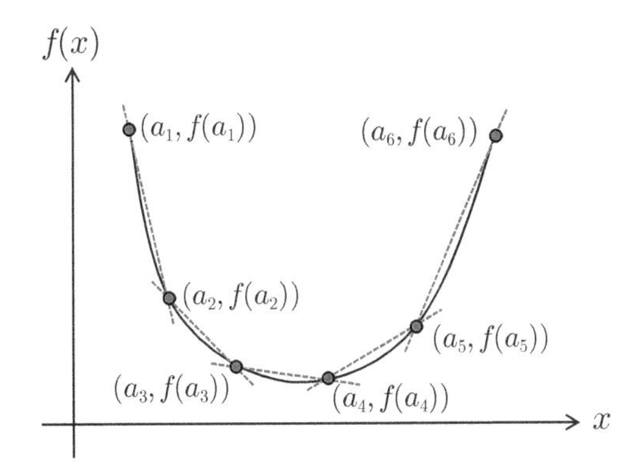

図 2.4　凸関数の区分線形関数による近似

る．そこで，**図 2.4** に示すように，1 変数の凸関数 $f(x)$ を区分線形関数 $g(x)$ で近似することを考える．

凸関数 $f(x)$ 上の m 個の点 $(a_1, f(a_1)), \ldots, (a_m, f(a_m))$ を適当に選んで線分でつなぐと区分線形関数 $g(x)$ が得られる．この区分線形関数 $g(x)$ は凸関数なので，各線分を表す線形関数を用いて，

$$g(x) = \max_{i=1,\ldots,m-1} \left\{ \frac{f(a_{i+1}) - f(a_i)}{a_{i+1} - a_i}(x - a_i) + f(a_i) \right\}, \quad a_1 \leq x \leq a_m \tag{2.9}$$

と表せる．このとき，各線分に対応する線形関数の最大値を変数 z で表すと，$a_1 \leq x \leq a_m$ の範囲において区分線形関数 $g(x)$ の値を最小にする変数 x の値を求める問題は以下の線形計画問題に定式化できる．

$$\begin{array}{ll} \text{最小化} & z \\ \text{条件} & \dfrac{f(a_{i+1}) - f(a_i)}{a_{i+1} - a_i}(x - a_i) + f(a_i) \leq z, \quad i = 1, \ldots, m-1, \\ & a_1 \leq x \leq a_m. \end{array} \tag{2.10}$$

2.1.3　連立 1 次方程式の近似解

すべての制約条件を同時には満たせない連立 1 次方程式に対して，できる限り多くの制約条件を満たす近似解を求める問題を考える．連立 1 次方程式

$$\sum_{j=1}^{n} a_{ij} x_j = b_i, \quad i = 1, \ldots, m \tag{2.11}$$

に対して，各制約条件の誤差 $z_i = |\sum_{j=1}^{n} a_{ij} x_j - b_i|$ をできる限り小さくす

る近似解 $\boldsymbol{x} = (x_1, \dots, x_n)^\top$ を求める問題を考える．このとき，平均 2 乗誤差 $\frac{1}{m}\sum_{i=1}^{m} z_i^2$，平均誤差 $\frac{1}{m}\sum_{i=1}^{m} z_i$，最悪誤差 $\max_{i=1,\dots,m} z_i$ などが評価基準として考えられる．

平均誤差を最小にする近似解 $\boldsymbol{x}$ を求める問題は以下の制約なし最適化問題に定式化できる．

$$\text{最小化} \quad \sum_{i=1}^{m} \left| \sum_{j=1}^{n} a_{ij} x_j - b_i \right|. \tag{2.12}$$

これは一見しただけでは線形計画問題に見えないが，各制約条件に対する誤差を表す変数 z_i を導入すると以下の線形計画問題に変形できる[注8]．

$$\begin{array}{lll} \text{最小化} & \displaystyle\sum_{i=1}^{m} z_i & \\ \text{条件} & \displaystyle\sum_{j=1}^{n} a_{ij} x_j - b_i \geq -z_i, & i = 1, \dots, m, \\ & \displaystyle\sum_{j=1}^{n} a_{ij} x_j - b_i \leq z_i, & i = 1, \dots, m, \\ & z_i \geq 0, & i = 1, \dots, m. \end{array} \tag{2.13}$$

この方法で 1.1 節の回帰分析も実現できる．m 組のデータ $(x_1, y_1), \dots, (x_m, y_m)$ が与えられる．これを n 次の多項式関数

$$y(x) = w_0 + w_1 x + w_2 x^2 + \cdots + w_n x^n \tag{2.14}$$

で近似的に表すことを考える．各データ (x_i, y_i) に対する平均誤差を最小にするパラメータ $w_0, \dots, w_n$ の値を求める問題は以下の制約なし最適化問題に定式化できる[注9]．

$$\text{最小化} \quad \frac{1}{m} \sum_{i=1}^{m} \left| y_i - (w_0 + w_1 x_i + \cdots + w_n x_i^n) \right|. \tag{2.15}$$

データ (x_i, y_i) に対する誤差を表す変数 z_i を導入すると以下の線形計画問題に変形できる．

注 8　絶対値関数は線形関数ではない．

注 9　各データ (x_i, y_i) は定数であることに注意する．

$$
\begin{array}{lll}
\text{最小化} & \displaystyle\sum_{i=1}^{m} z_i & \\
\text{条件} & y_i - (w_0 + w_1 x_i + \cdots + w_n x_i^n) \geq -z_i, & i = 1, \ldots, m, \\
& y_i - (w_0 + w_1 x_i + \cdots + w_n x_i^n) \leq z_i, & i = 1, \ldots, m, \\
& z_i \geq 0, & i = 1, \ldots, m.
\end{array}
\tag{2.16}
$$

最悪誤差を最小にする近似解 $\boldsymbol{x}$ を求める問題も以下の制約なし最適化問題に定式化できる.

$$
\text{最小化} \quad \max_{i=1,\ldots,m} \left| \sum_{j=1}^{n} a_{ij} x_j - b_i \right|. \tag{2.17}
$$

これも一見すると線形計画問題に見えないが，誤差の最大値を表す変数 z を導入すると以下の線形計画問題に変形できる.

$$
\begin{array}{lll}
\text{最小化} & z & \\
\text{条件} & \displaystyle\sum_{j=1}^{n} a_{ij} x_j - b_i \geq -z, & i = 1, \ldots, m, \\
& \displaystyle\sum_{j=1}^{n} a_{ij} x_j - b_i \leq z, & i = 1, \ldots, m, \\
& z \geq 0.
\end{array}
\tag{2.18}
$$

この方法で与えられた条件の下で限られた予算を n 個の事業にできるだけ公平に配分する問題も線形計画問題に定式化できる．予算の総額を B とする．このとき，事業 j への配分額を変数 x_j で表すと，配分額の最小値を最大化する予算の配分を求める問題は以下の最適化問題に定式化できる.

$$
\begin{array}{lll}
\text{最大化} & \displaystyle\min_{j=1,\ldots,n} x_j & \\
\text{条件} & \displaystyle\sum_{j=1}^{n} a_{ij} x_j = b_i, & i = 1, \ldots, m, \\
& \displaystyle\sum_{j=1}^{n} x_j = B, & \\
& x_j \geq 0, & j = 1, \ldots, n.
\end{array}
\tag{2.19}
$$

ここで，1 番目の制約条件は与えられた条件を，2 番目の制約条件は配分額の合計が予算の総額 B に等しいことを表す．配分額の最小値を表す変数 z を導入すると以下の線形計画問題に変形できる.

$$
\begin{array}{lll}
\text{最大化} & z & \\
\text{条件} & \sum_{j=1}^{n} a_{ij}x_j = b_i, & i = 1,\dots,m, \\
& \sum_{j=1}^{n} x_j = B, & \\
& x_j \geq z, & j = 1,\dots,n, \\
& z \geq 0. &
\end{array}
\tag{2.20}
$$

また，この方法で k 個の目的関数

$$
\sum_{j=1}^{n} c_{1j}x_j,\ \sum_{j=1}^{n} c_{2j}x_j,\ \dots,\ \sum_{j=1}^{n} c_{kj}x_j \tag{2.21}
$$

を同時に最小化する以下の**多目的最適化問題** (multi-objective optimization problem)[注10] も線形計画問題に定式化できる．

$$
\begin{array}{lll}
\text{最小化} & \sum_{j=1}^{n} c_{1j}x_j,\ \dots,\ \sum_{j=1}^{n} c_{kj}x_j & \\
\text{条件} & \sum_{j=1}^{n} a_{ij}x_j \geq b_i, & i = 1,\dots,m, \\
& x_j \geq 0, & j = 1,\dots,n.
\end{array}
\tag{2.22}
$$

一般に，多目的最適化問題では，ある目的関数の値を最小化しようとすると他の目的関数の値が大きくなるトレードオフが生じる．そこで，極端に大きな値をとる目的関数が現れないように，すべての目的関数をバランス良く最小化することを考える．すべての目的関数の最大値を表す変数 z を導入し，その値を最小化すると以下の線形計画問題に定式化できる．

$$
\begin{array}{lll}
\text{最小化} & z & \\
\text{条件} & \sum_{j=1}^{n} c_{hj}x_j \leq z, & h = 1,\dots,k, \\
& \sum_{j=1}^{n} a_{ij}x_j \geq b_i, & i = 1,\dots,m, \\
& x_j \geq 0, & j = 1,\dots,n.
\end{array}
\tag{2.23}
$$

2.1.4 比率の最小化

2 つの関数の比を目的関数に持つ最適化問題を**分数計画問題** (fractional

注 10　**多目的計画問題** (multi-objective programming problem) とも呼ぶ．

programming problem) と呼ぶ．以下の 2 つの線形関数の比を目的関数に持つ分数計画問題を考える．

$$
\begin{array}{lll}
\text{最小化} & \displaystyle\sum_{j=1}^{n} c_j x_j \Big/ \sum_{j=1}^{n} d_j x_j & \\
\text{条件} & \displaystyle\sum_{j=1}^{n} a_{ij} x_j = b_i, & i = 1, \ldots, m, \\
 & x_j \geq 0, & j = 1, \ldots, n.
\end{array}
\tag{2.24}
$$

ただし，$\sum_{j=1}^{n} d_j x_j > 0$ とする．ここで，新たな変数 $t = 1/\sum_{j=1}^{n} d_j x_j$ と $y_j = t x_j$ $(j = 1, \ldots, n)$ を導入すると以下の線形計画問題に変形できる．

$$
\begin{array}{lll}
\text{最小化} & \displaystyle\sum_{j=1}^{n} c_j y_j & \\
\text{条件} & \displaystyle\sum_{j=1}^{n} a_{ij} y_j - b_i t = 0, & i = 1, \ldots, m, \\
 & \displaystyle\sum_{j=1}^{n} d_j y_j = 1, & \\
 & y_j \geq 0, & j = 1, \ldots, n.
\end{array}
\tag{2.25}
$$

以下では，2 つの線形関数の比を目的関数に持つ線形計画問題の例として事業効率の評価を紹介する．

事業効率の評価：ある企業では n 個の事業の経営効率を相対的に評価する方法を模索している．たとえば，支出を収入を生み出すための入力，収入を支出より生み出された出力と考えれば，「収入/支出」の値が大きいほど経営効率が良いと評価できる．このように「同じ入力 (支出) でより多くの出力 (収入) が得られる」もしくは「より少ない入力 (支出) で同じ出力 (収入) が得られる」ならば，その事業は効率的であると考える．さらに，各事業は複数の入力と出力を持つため，各入力と各出力に適当な重みを付けて足し合わせたものを仮想的な入力と仮想的な出力と考える．このとき，すべての事業を公平に評価するためには，各入力と各出力の重みをどのように定めれば良いだろうか．このように，複数の事業の相対的な効率を評価する手法を**包絡分析法** (data envelopment analysis; DEA) と呼ぶ．包絡分析法は，1978 年にチャーンズ (Charnes)，クーパー (Cooper)，ローズ (Rhodes) により提案された．

包絡分析法では，すべての事業に対して同じ重み付けを行うのではなく，そ

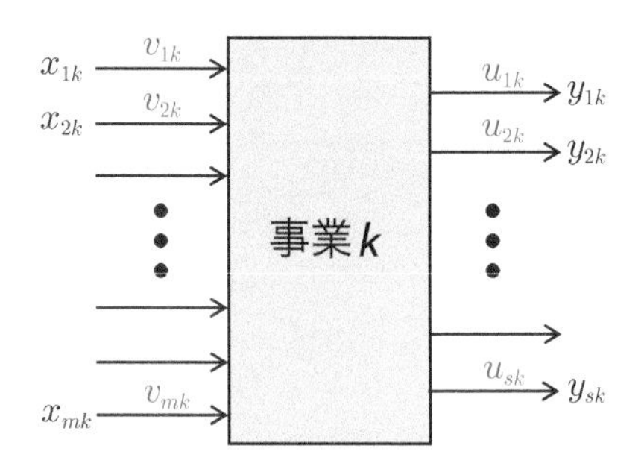

図 2.5　複数の入力と出力を持つ事業

れぞれの事業 k の効率が最大となる重み付けを行った上で，得られた「仮想的な出力/仮想的な入力」の値を比較する．**図 2.5** に示すように，事業 k は m 個の入力 $x_{1k},\dots,x_{mk}$ と s 個の出力 $y_{1k},\dots,y_{sk}$ を持つとする．このとき，事業 k の入力 x_{ik} に対する重みを変数 v_{ik}，出力 y_{rk} に対する重みを変数 u_{rk} で表すと，事業 k の効率を最大にする入力と出力の重みを求める問題は以下の分数計画問題に定式化できる[注11]．

$$
\begin{array}{lll}
\text{最大化} & \displaystyle\sum_{r=1}^{s} u_{rk}y_{rk} \Big/ \sum_{i=1}^{m} v_{ik}x_{ik} & \\
\text{条件} & \displaystyle\sum_{r=1}^{s} u_{rk}y_{rj} \Big/ \sum_{i=1}^{m} v_{ik}x_{ij} \le 1, & j=1,\dots,n, \\
& v_{ik} \ge 0, & i=1,\dots,m, \\
& u_{rk} \ge 0, & r=1,\dots,s.
\end{array}
\tag{2.26}
$$

ただし，$\sum_{i=1}^{m} v_{ik}x_{ij} > 0$ $(j=1,\dots,n)$ とする．この問題は各事業 k に対して定義されるので，n 個の事業の効率を比較するためには n 個の線形計画問題を解く必要がある．目的関数は事業 k の効率を表す．1 番目の制約条件は，事業 k の入力 x_{ik} に対する重み v_{ik} と出力 y_{rk} に対する重み u_{rk} をどの事業に適用しても目的関数の値が 1 以下となることを表す．目的関数の値が 1 ならば事業 k は効率的，目的関数の値が 1 よりも小さければ事業 k は非効率的であると呼ぶ．ここで，$\lambda = 1/\sum_{i=1}^{m} v_{ik}x_{ik}$ として，新たな変数 $\nu_{ik} = \lambda v_{ik}$ と $\mu_{rk} = \lambda u_{rk}$ を導入すると，以下の線形計画問題に変形できる．

注 11　事業 j の入力 $x_{1j},\dots,x_{mj}$ と出力 $y_{1j},\dots,y_{sj}$ は定数であることに注意する．

$$
\begin{array}{lll}
\text{最大化} & \displaystyle\sum_{r=1}^{s} \mu_{rk} y_{rk} & \\
\text{条件} & \displaystyle\sum_{r=1}^{s} \mu_{rk} y_{rj} \leq \sum_{i=1}^{m} \nu_{ik} x_{ij}, & j = 1, \ldots, n, \\
& \displaystyle\sum_{i=1}^{m} \nu_{ik} x_{ik} = 1, & \\
& \mu_{rk} \geq 0, & r = 1, \ldots, s, \\
& \nu_{ik} \geq 0, & i = 1, \ldots, m.
\end{array}
\tag{2.27}
$$

2.2 ● 単体法

線形計画問題では大規模な問題例を現実的な計算手間で解く効率的なアルゴリズムが開発されている．1947 年にダンツィク (Dantzig) が**単体法** (simplex method)[注12] を提案した．単体法は実用的には優れた性能を持つが，理論的には多項式時間アルゴリズム[注13] ではない．その後，1979 年にカチヤン (Khachiyan) が初めての多項式時間アルゴリズムとなる**楕円体法** (ellipsoid method) を，1984 年にカーマーカー (Karmarkar) が実用的にも優れた性能を持つ**内点法** (interior point method) を提案した．性能では内点法が優れているが，単体法は変数や制約条件を追加して問題を解き直す再最適化 (2.3.4 節) を効率的に実行できるため，現在では，単体法と内点法がともに実用的なアルゴリズムとして広く使われている．本節では，単体法の考え方と手続きをいくつかの例とともに説明する．

2.2.1 標準形

説明を簡単にするために，以降では**標準形** (standard form)[注14] と呼ぶ以下の線形計画問題を考える．

$$
\begin{array}{lll}
\text{最大化} & \displaystyle\sum_{j=1}^{n} c_j x_j & \\
\text{条件} & \displaystyle\sum_{j=1}^{n} a_{ij} x_j \leq b_i, & i = 1, \ldots, m, \\
& x_j \geq 0, & j = 1, \ldots, n.
\end{array}
\tag{2.28}
$$

注 12　1965 年にネルダー (Nelder) とミード (Mead) が非線形計画問題に対して単体法と呼ばれるアルゴリズムを提案したが，名前が同じというだけでまったく異なるアルゴリズムである．

注 13　計算に要する手間が変数や制約条件の数など入力データの長さを表すパラメータの多項式関数で表されるアルゴリズムを指す (4.2.1 節)．

注 14　**基準形** (canonical form) とも呼ぶ．

標準形は以下の特徴を持つ線形計画問題である．

(1) 目的関数の値を最大化する．
(2) すべての変数に非負制約が付く．
(3) 非負制約を除くすべての制約条件で左辺の値が右辺の値以下となる[注15]．

どのような形の線形計画問題でも以下の手続きを適用すれば標準形に変形できる．

- 目的関数 $\displaystyle\sum_{j=1}^{n} c_j x_j$ の最小化ならば目的関数を -1 倍する[注16]．

$$\text{最大化} \quad \sum_{j=1}^{n}(-c_j)x_j. \tag{2.29}$$

- 非負制約のない変数 x_j は，非負制約の付いた 2 つの変数 x_j^+, x_j^- を新たに導入し，

$$x_j = x_j^+ - x_j^- \tag{2.30}$$

と置き換える．

- 等式制約 $\displaystyle\sum_{j=1}^{n} a_{ij}x_j = b_i$ を 2 つの不等式制約に置き換える．

$$\sum_{j=1}^{n} a_{ij}x_j \leq b_i, \quad \sum_{j=1}^{n} a_{ij}x_j \geq b_i. \tag{2.31}$$

- 不等号が逆向きの制約条件 $\displaystyle\sum_{j=1}^{n} a_{ij}x_j \geq b_i$ ならば両辺を -1 倍する．

$$\sum_{j=1}^{n}(-a_{ij})x_j \leq -b_i. \tag{2.32}$$

得られた標準形の問題と元の問題では変数や制約条件の数が同じとは限らないが，実行可能解や最適解には一対一の対応があるため等価な問題と考えて差し支えない．

例として以下の線形計画問題を考える．

注 15　「非負制約を除くすべての制約条件で左辺と右辺の値が等しい」と定義する場合も少なくない．
注 16　目的関数の値の正負が反転することに注意する．

$$
\begin{array}{ll}
\text{最小化} & 3x_1 + 4x_2 - 2x_3 \\
\text{条件} & 2x_1 + x_2 = 4, \\
& x_1 - 2x_3 \leq 8, \\
& 3x_2 + x_3 \geq 6, \\
& x_1, x_2 \geq 0.
\end{array}
\tag{2.33}
$$

この問題は以下の標準形に変形できる.

$$
\begin{array}{ll}
\text{最大化} & -3x_1 - 4x_2 + 2x_3^+ - 2x_3^- \\
\text{条件} & 2x_1 + x_2 \leq 4, \\
& -2x_1 - x_2 \leq -4, \\
& x_1 - 2x_3^+ + 2x_3^- \leq 8, \\
& -3x_2 - x_3^+ + x_3^- \leq -6, \\
& x_1, x_2, x_3^+, x_3^- \geq 0.
\end{array}
\tag{2.34}
$$

2.2.2 単体法の概略

まず，単体法を説明する前に線形計画問題の性質を説明する．例として以下の線形計画問題を考える.

$$
\begin{array}{lll}
\text{最大化} & x_1 + 2x_2 & \\
\text{条件} & x_1 \geq 0, & \to ① \\
& x_2 \geq 0, & \to ② \\
& x_1 + x_2 \leq 6, & \to ③ \\
& x_1 + 3x_2 \leq 12, & \to ④ \\
& 2x_1 + x_2 \leq 10. & \to ⑤
\end{array}
\tag{2.35}
$$

この問題の実行可能領域を**図 2.6** に示す．この図では，実行可能領域は 5 本の直線に囲まれた凸多角形となる．また，目的関数の等高線は直線となるため，実行可能領域の凸多角形の頂点上に最適解が存在することが分かる．この性質から，実行可能領域の凸多角形のすべての頂点を列挙すれば最適解を求めることができる.

図 2.6 の直線 ③ は制約条件 $x_1 + x_2 \leq 6$ を等号で満たす解の集合を表す．2 次元空間内の凸多角形の頂点では少なくとも 2 本の直線が交差しているので，たとえば，直線 ③ と直線 ④ が交差する頂点 (e) に対応する解を求めようとすれば，連立 1 次方程式 $x_1 + x_2 = 6$, $x_1 + 3x_2 = 12$ を解けば良いことが分かる．5 本の制約条件から 2 本を選ぶ組合せは 10 通りあるので，それぞれについて連立 1 次方程式を解けば線形計画問題の解を求めることができ

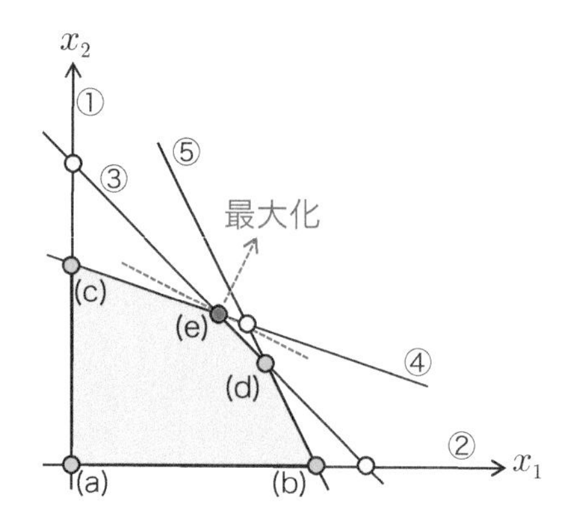

図 2.6　線形計画問題の例

る．ただし，これらの解は実行可能解であるとは限らないので，他の制約条件を満たすかどうか確認する必要がある．図 2.6 の例では，10 個の解の中の 5 個が実行可能解であることが分かる．

一般の線形計画問題の解も同じ手続きで列挙できる．非負制約以外の制約条件が m 本，変数が n 個の標準形の線形計画問題では，実行可能領域は n 次元空間内の凸多面体となる．また，最適解が存在すれば，少なくとも 1 つの最適解は実行可能領域の凸多面体の頂点上にある[注17]．n 次元空間内の凸多面体の頂点では少なくとも n 枚の超平面が交差しているので，非負制約を含む $m+n$ 本の制約条件から n 本を選び，制約条件の不等号を等号に置き換えて得られる連立 1 次方程式を解けば線形計画問題の解を求めることができる．ただし，$m+n$ 本の制約条件から n 本を選ぶ組合せの数は

$$\binom{m+n}{n} = \frac{(m+n)!}{m!n!} \tag{2.36}$$

であり[注18]，制約条件や変数の数の増加にしたがって急激に大きくなるため，すべての解を調べる方法は実用的ではない．そこで，ごく一部の解だけを探索して最適解を求める効率的なアルゴリズムが必要となる．

単体法は，実行可能領域の凸多面体のある頂点から出発し，目的関数の値が改善する隣接頂点への移動を繰り返すことで最適解を求めるアルゴリズムである (**図 2.7**)．凸多面体の各頂点では n 本の超平面が交差しているので，単体法は n 本の制約条件からなる連立 1 次方程式を解いて頂点に対応する実

注 17　ただし，実行可能領域が非有界ならば $\max\{x_1+x_2 \mid x_1+x_2 \leq 1\}$ のように凸多面体が頂点を持たない場合もあるので注意する．

注 18　$\binom{n}{k}$ は与えられた n 個の要素から k 個の要素を選ぶ組合せの数を表す．

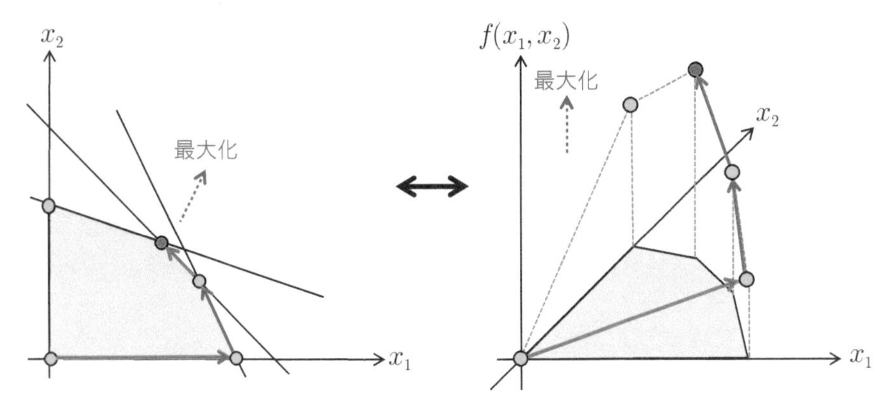

図 2.7　単体法の概略

行可能解を求める．このとき，隣接する頂点ではちょうど 1 本の制約条件のみが入れ替わることを利用して，単体法はこれらの連立 1 次方程式を効率的に解く．

2.2.3　単体法の例

問題 (2.35) を用いて単体法の手続きを説明する．まず，非負制約の付いた変数 x_3, x_4, x_5 を導入して制約条件を等式に変形する．

$$
\begin{array}{lll}
\text{最大化} & x_1 + 2x_2 & \\
\text{条件} & x_1 \geq 0, & \rightarrow ① \\
& x_2 \geq 0, & \rightarrow ② \\
& x_1 + x_2 + x_3 = 6, & \rightarrow ③ \\
& x_1 + 3x_2 + x_4 = 12, & \rightarrow ④ \\
& 2x_1 + x_2 + x_5 = 10, & \rightarrow ⑤ \\
& x_3, x_4, x_5 \geq 0. &
\end{array}
\tag{2.37}
$$

変数 $x_1, \ldots, x_5$ が制約条件 ①, …, ⑤ に，それぞれ対応することに注意する．新たに導入した変数 x_3, x_4, x_5 はそれぞれ制約条件 ③, ④, ⑤ に対する余裕を表し，これらを**スラック変数** (slack variable) と呼ぶ．前節で示したように，2 次元空間内の凸多角形の頂点では少なくとも 2 本の直線が交差しているので，たとえば，直線 ③, ④ が交わる頂点に対応する解を求めようとすれば，対応するスラック変数の値を $x_3 = 0, x_4 = 0$ と固定し，制約条件を満たす変数 x_1, x_2, x_5 の値を求めれば良いことが分かる．

非負制約以外の制約条件が m 本，変数が n 個の標準形の線形計画問題において，非負制約を含む $m+n$ 本の制約条件から n 本を選んで不等号を等号に置き換える手続きを考える．これは，スラック変数を導入して制約条件を等式に変形した線形計画問題では，スラック変数を含む $m+n$ 個の変数から n 個の変数を選んで値を 0 に固定する手続きに対応する．n 次元空間内において n 枚の超平面が交差する点を**基底解** (basic solution) と呼ぶ．特に，実行可能領域の凸多面体の頂点を**実行可能基底解** (basic feasible solution) と呼ぶ．また，基底解を定める際に値を 0 に固定した変数を**非基底変数** (nonbasic variable)，それ以外の変数を**基底変数** (basic variable) と呼ぶ．

さらに，目的関数の値を表す変数 z を新たに導入して

$$z = x_1 + 2x_2 \tag{2.38}$$

と定義する．これらを用いて，問題 (2.37) と等価な線形計画問題を定義する．

$$\begin{array}{ll} \text{最大化} & z = x_1 + 2x_2 \\ \text{条件} & x_3 = 6 - x_1 - x_2, \\ & x_4 = 12 - x_1 - 3x_2, \\ & x_5 = 10 - 2x_1 - x_2, \\ & x_1, x_2, x_3, x_4, x_5 \geq 0. \end{array} \tag{2.39}$$

この問題から単体法の手続きに必要な部分を取り出したものを**辞書** (dictionary)[注19] と呼ぶ．

$$\begin{aligned} z &= x_1 + 2x_2, \\ x_3 &= 6 - x_1 - x_2, \\ x_4 &= 12 - x_1 - 3x_2, \\ x_5 &= 10 - 2x_1 - x_2. \end{aligned} \tag{2.40}$$

辞書では基底変数が左辺に，非基底変数が右辺に現れる．この例では，$x_1 = x_2 = 0$ と固定すれば，ただちに $x_3 = 6, x_4 = 12, x_5 = 10$，目的関数の値 $z = 0$ が得られる．図 2.6 において，この実行可能基底解は直線 ①, ② が交わる左下端の頂点 (a) に対応する．

次に，頂点 (a) から目的関数 z の値が改善する隣接頂点へ移動する手続きを考える．図 2.6 では頂点 (b), (c) が頂点 (a) の隣接頂点となる．頂点 (b) は直線 ②, ⑤ が交差する頂点，頂点 (c) は直線 ①, ④ が交差する頂点であり，凸多角形の頂点を定める直線に対応する制約条件を 1 本入れ替えれば隣接頂

注 19　実際には，各変数の係数および右辺の定数を書き出した**単体表** (simplex tableau) が良く用いられる．

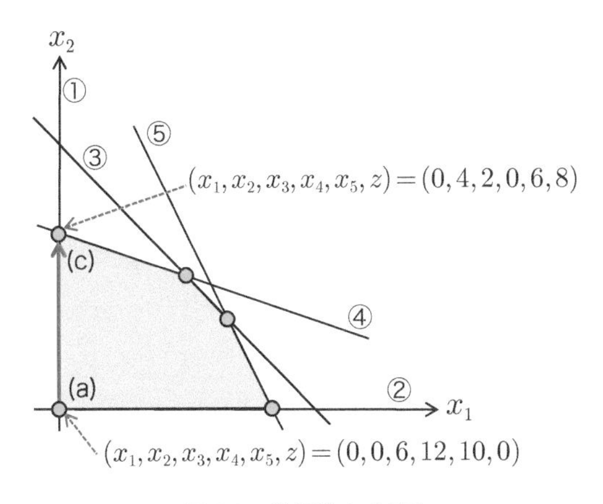

図 2.8　単体法の手続き

点が得られる．これは，辞書の上では基底変数と非基底変数を 1 つ入れ替える手続きに対応し，**ピボット操作** (pivot operation) と呼ぶ．たとえば，非基底変数の集合 $\{x_1, x_2\}$ を $\{x_2, x_5\}$ に入れ替えれば頂点 (b) に，$\{x_1, x_4\}$ に入れ替えれば頂点 (c) に移動できる．ここで，入れ替える基底変数と非基底変数の組合せは何でも良いわけではなく，制約条件を満たしつつ目的関数 z の値を改善する変数の組合せを見つける必要がある．

目的関数 z における変数 x_1, x_2 の係数はいずれも正なので，いずれかの変数の値を増加すれば目的関数 z の値を改善できる．たとえば，$x_1 = 0$ を保ちつつ x_2 の値を増加すると，目的関数と基底変数の値は

$$
\begin{aligned}
z &= 2x_2, \\
x_3 &= 6 - x_2, \\
x_4 &= 12 - 3x_2, \\
x_5 &= 10 - x_2
\end{aligned}
\tag{2.41}
$$

となる．ここで，変数 x_3, x_4, x_5 は非負制約を満たす必要があるので，変数 x_2 の値は 4 までしか増加できないことが分かる．$x_2 = 4$ にすると同時に $x_4 = 0$ となり基底変数 x_4 と非基底変数 x_2 が入れ替わる．このとき，$x_3 = 2$, $x_5 = 6$, $z = 8$ となり，**図 2.8** に示すように頂点 (a) から隣接する頂点 (c) への移動が実現できる．

非基底変数が $\{x_1, x_4\}$，基底変数が $\{x_2, x_3, x_5\}$ と入れ替わったので，基底変数が左辺に非基底変数が右辺に現れるように辞書を更新する必要が生じる．新たに基底変数になった x_2 を x_1, x_4 により表す式は辞書の 3 行目から

容易に得られる.

$$x_2 = 4 - \tfrac{1}{3}x_1 - \tfrac{1}{3}x_4. \tag{2.42}$$

この式を辞書の右辺に現れる x_2 に代入すれば辞書を更新できる.

$$\begin{aligned} z &= 8 + \tfrac{1}{3}x_1 - \tfrac{2}{3}x_4, \\ x_3 &= 2 - \tfrac{2}{3}x_1 + \tfrac{1}{3}x_4, \\ x_2 &= 4 - \tfrac{1}{3}x_1 - \tfrac{1}{3}x_4, \\ x_5 &= 6 - \tfrac{5}{3}x_1 + \tfrac{1}{3}x_4. \end{aligned} \tag{2.43}$$

辞書は非基底変数の値を0に固定して得られる連立1次方程式の解を表し，辞書を更新する手続きは制約条件を1本入れ替えて連立1次方程式を解き直す手続きに対応する．上記の例では代入法を用いたが，掃き出し法[注20]を用いて辞書を更新しても構わない．

更新した辞書では目的関数 z の変数 x_4 の係数は負なので，その値を増加しても目的関数 z の値は改善できない．一方で，変数 x_1 の係数は正なので，その値を増加すれば目的関数 z の値を改善できる．そこで，$x_4 = 0$ に保ちつつ x_1 の値を増加すると，目的関数と基底変数の値は

$$\begin{aligned} z &= 8 + \tfrac{1}{3}x_1, \\ x_3 &= 2 - \tfrac{2}{3}x_1, \\ x_2 &= 4 - \tfrac{1}{3}x_1, \\ x_5 &= 6 - \tfrac{5}{3}x_1 \end{aligned} \tag{2.44}$$

となる．変数 x_2, x_3, x_5 の非負制約を満たす必要があるので，変数 x_1 の値は3までしか増加できないことが分かる．$x_1 = 3$ にすると同時に $x_3 = 0$ となり基底変数 x_3 と非基底変数 x_1 が入れ替わる．このとき，$x_2 = 3$，$x_5 = 1$，$z = 9$ となり，**図 2.9** に示すように頂点 (c) から隣接する頂点 (e) への移動が実現できる．

新たに基底変数になった x_1 を x_3, x_4 により表す式は辞書の2行目から容易に得られる．

$$x_1 = 3 - \tfrac{3}{2}x_3 + \tfrac{1}{2}x_4. \tag{2.45}$$

この式を辞書の右辺に現れる x_1 に代入すれば辞書を更新できる．

注20　ガウス (Gauss) の消去法とも呼ぶ．

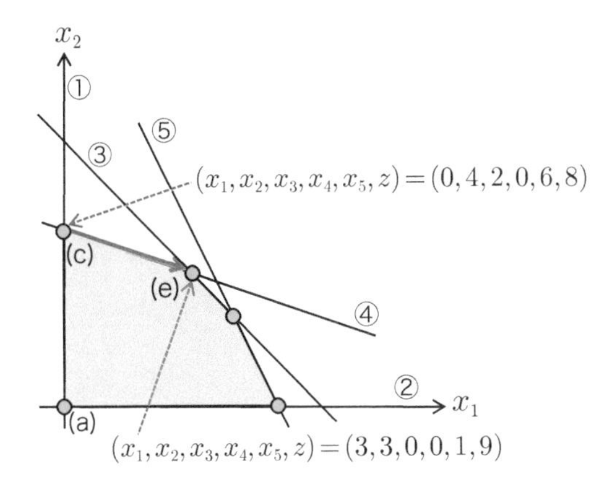

図 2.9 単体法の手続き

$$
\begin{aligned}
z &= 9 - \tfrac{1}{2}x_3 - \tfrac{1}{2}x_4, \\
x_1 &= 3 - \tfrac{3}{2}x_3 + \tfrac{1}{2}x_4, \\
x_2 &= 3 + \tfrac{1}{2}x_3 - \tfrac{1}{2}x_4, \\
x_5 &= 1 + \tfrac{5}{2}x_3 - \tfrac{1}{2}x_4.
\end{aligned}
\tag{2.46}
$$

更新した辞書では，目的関数 z の変数 x_3, x_4 の係数はいずれも 0 以下なので，それらの値を増加しても目的関数 z の値は改善できない．したがって，この実行可能基底解は最適解であると分かる．以上より，最適解 $(x_1, x_2) = (3, 3)$ と最適値 $z = 9$ が得られる．

別の例として以下の線形計画問題を考える．

$$
\begin{array}{lll}
\text{最大化} & 2x_1 + x_2 & \\
\text{条件} & x_1 \geq 0, & \to ① \\
& x_2 \geq 0, & \to ② \\
& x_1 - 2x_2 \leq 4, & \to ③ \\
& -x_1 + x_2 \leq 2. & \to ④
\end{array}
\tag{2.47}
$$

この問題の実行可能領域を**図 2.10** に示す．スラック変数 x_3, x_4 と目的関数の値を表す変数 z を導入して辞書を作ると

$$
\begin{aligned}
z &= 2x_1 + x_2, \\
x_3 &= 4 - x_1 + 2x_2, \\
x_4 &= 2 + x_1 - x_2
\end{aligned}
\tag{2.48}
$$

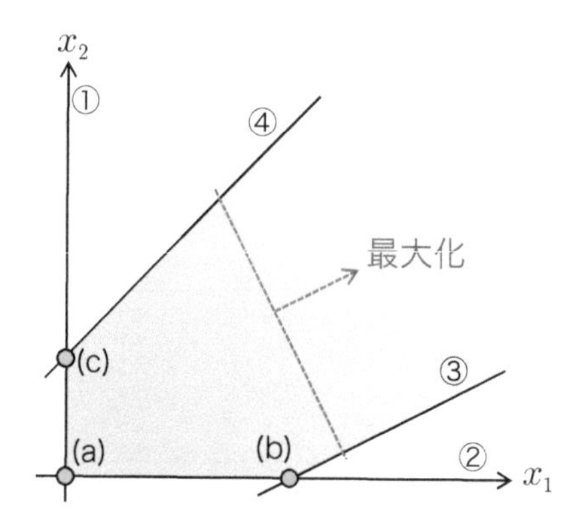

図 2.10　線形計画問題の例

となり，$x_1 = x_2 = 0$ と固定すれば，ただちに $x_3 = 4, x_4 = 2$，目的関数の値 $z = 0$ が得られる．図 2.10 において，この実行可能基底解は直線 ①, ② が交差する左下端の頂点 (a) に対応する．

目的関数 z における変数 x_1, x_2 の係数はいずれも正なので，いずれかの変数の値を増加すれば目的関数 z の値を改善できる．たとえば，$x_2 = 0$ を保ちつつ x_1 の値を増加すると，目的関数と基底変数の値は

$$
\begin{aligned}
z &= 2x_1, \\
x_3 &= 4 - x_1, \\
x_4 &= 2 + x_1
\end{aligned}
\tag{2.49}
$$

となる．ここで，変数 x_3, x_4 の非負制約を満たす必要があるので，変数 x_1 の値は 4 までしか増加できないことが分かる．$x_1 = 4$ にすると同時に $x_3 = 0$ となり基底変数 x_3 と非基底変数 x_1 が入れ替わる．このとき，$x_4 = 6, z = 8$ となり，**図 2.11** に示すように頂点 (a) から隣接する頂点 (b) への移動が実現できる．

新たに基底変数になった x_1 を x_2, x_3 により表す式は辞書の 2 行目から容易に得られる．

$$
x_1 = 4 + 2x_2 - x_3. \tag{2.50}
$$

この式を辞書の右辺に現れる x_1 に代入すれば辞書を更新できる．

$$
\begin{aligned}
z &= 8 + 5x_2 - 2x_3, \\
x_1 &= 4 + 2x_2 - x_3, \\
x_4 &= 6 + x_2 - x_3.
\end{aligned}
\tag{2.51}
$$

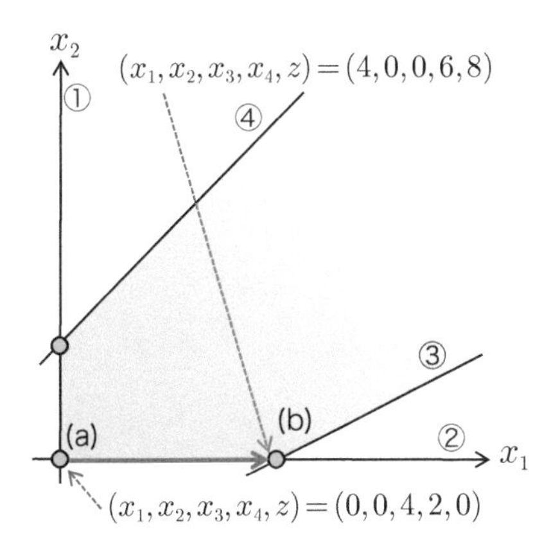

図 2.11　単体法の手続き

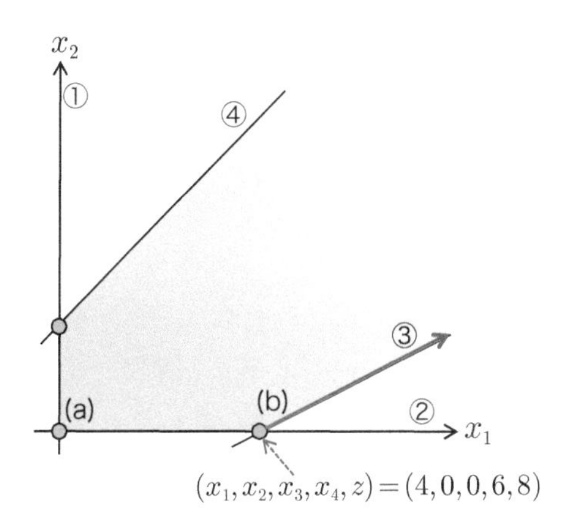

図 2.12　単体法の手続き

更新した辞書では，目的関数 z の変数 x_2 の係数は正なので，その値を増加すれば目的関数 z の値を改善できる．そこで，$x_3 = 0$ を保ちつつ x_2 の値を増加すると，目的関数と基底変数の値は

$$
\begin{aligned}
z &= 8 + 5x_2, \\
x_1 &= 4 + 2x_2, \\
x_4 &= 6 + x_2
\end{aligned}
\tag{2.52}
$$

となる．ここで，変数 x_1, x_4 の非負制約を満たしつつ変数 x_2 の値を増加することで目的関数の値を限りなく増加できるため有限な最適値が存在しない．すなわち，非有界であることが分かる．**図 2.12** に示すように頂点 (b) から

直線 ③ に沿って無限に移動できる．

2.2.4 単体法の原理

線形計画問題に対する単体法の手続きを考える．ここでは，標準形の線形計画問題 (2.28) の制約条件にスラック変数を導入して等式に変形した以下の線形計画問題を考える．

$$
\begin{aligned}
\text{最大化} \quad & \boldsymbol{c}^\top \boldsymbol{x} \\
\text{条件} \quad & \boldsymbol{A}\boldsymbol{x} = \boldsymbol{b}, \\
& \boldsymbol{x} \geq \boldsymbol{0}.
\end{aligned}
\tag{2.53}
$$

ここで，$\boldsymbol{A} \in \mathbb{R}^{m \times n}$, $\boldsymbol{b} \in \mathbb{R}^m$, $\boldsymbol{c} \in \mathbb{R}^n$, $\boldsymbol{x} \in \mathbb{R}^n$ とする．ただし，$n > m$ かつ $\boldsymbol{A}$ のすべての行ベクトルが 1 次独立であると仮定する．

単体法では n 個の変数から $n - m$ 個の変数を選んで値を 0 に固定するため，基底変数は m 個，非基底変数は $n - m$ 個となる．基底変数 x_i の添字 i の集合を B とし，対応する変数ベクトルを $\boldsymbol{x}_B \in \mathbb{R}^m$，目的関数の係数ベクトルを $\boldsymbol{c}_B \in \mathbb{R}^m$，部分行列を $\boldsymbol{B} \in \mathbb{R}^{m \times m}$ と表す．同様に，非基底変数 x_j の添字 j の集合を N とし，対応する変数ベクトルを $\boldsymbol{x}_N \in \mathbb{R}^{n-m}$，目的関数の係数ベクトルを $\boldsymbol{c}_N \in \mathbb{R}^{(n-m)}$，部分行列を $\boldsymbol{N} \in \mathbb{R}^{m \times (n-m)}$ と表す．特に，$\boldsymbol{B}$ が正則行列である (すなわち，逆行列を持つ) とき $\boldsymbol{B}$ を**基底行列** (basic matrix)，$\boldsymbol{N}$ を**非基底行列** (nonbasic matrix) と呼ぶ．たとえば，問題 (2.37) の初期実行可能基底解 $\boldsymbol{x}_B = (x_3, x_4, x_5)^\top$, $\boldsymbol{x}_N = (x_1, x_2)^\top$ に対応する基底行列と非基底行列はそれぞれ，

$$
\boldsymbol{B} = \begin{pmatrix} 1 & 0 & 0 \\ 0 & 1 & 0 \\ 0 & 0 & 1 \end{pmatrix}, \quad \boldsymbol{N} = \begin{pmatrix} 1 & 1 \\ 1 & 3 \\ 2 & 1 \end{pmatrix}
\tag{2.54}
$$

となり，最適基底解 $\boldsymbol{x}_B^* = (x_1^*, x_2^*, x_5^*)^\top$, $\boldsymbol{x}_N^* = (x_3^*, x_4^*)^\top$ に対応する基底行列と非基底行列はそれぞれ，

$$
\boldsymbol{B} = \begin{pmatrix} 1 & 1 & 0 \\ 1 & 3 & 0 \\ 2 & 1 & 1 \end{pmatrix}, \quad \boldsymbol{N} = \begin{pmatrix} 1 & 0 \\ 0 & 1 \\ 0 & 0 \end{pmatrix}
\tag{2.55}
$$

となる．

制約条件 $\boldsymbol{A}\boldsymbol{x} = \boldsymbol{b}$ は

$$\boldsymbol{A}\boldsymbol{x} = \begin{pmatrix} \boldsymbol{B} & \boldsymbol{N} \end{pmatrix} \begin{pmatrix} \boldsymbol{x}_B \\ \boldsymbol{x}_N \end{pmatrix} = \boldsymbol{B}\boldsymbol{x}_B + \boldsymbol{N}\boldsymbol{x}_N = \boldsymbol{b} \tag{2.56}$$

と変形できる．同様に，目的関数は

$$z = \boldsymbol{c}^\top \boldsymbol{x} = \begin{pmatrix} \boldsymbol{c}_B^\top & \boldsymbol{c}_N^\top \end{pmatrix} \begin{pmatrix} \boldsymbol{x}_B \\ \boldsymbol{x}_N \end{pmatrix} = \boldsymbol{c}_B^\top \boldsymbol{x}_B + \boldsymbol{c}_N^\top \boldsymbol{x}_N \tag{2.57}$$

と変形できる．$\boldsymbol{B}$ が正則行列ならば，制約条件の両辺に左から $\boldsymbol{B}^{-1}$ をかければ，

$$\boldsymbol{x}_B = \boldsymbol{B}^{-1}\boldsymbol{b} - \boldsymbol{B}^{-1}\boldsymbol{N}\boldsymbol{x}_N \tag{2.58}$$

が得られる．さらに，式 (2.58) を式 (2.57) に代入すると

$$\begin{aligned} z &= \boldsymbol{c}_B^\top(\boldsymbol{B}^{-1}\boldsymbol{b} - \boldsymbol{B}^{-1}\boldsymbol{N}\boldsymbol{x}_N) + \boldsymbol{c}_N^\top \boldsymbol{x}_N \\ &= \boldsymbol{c}_B^\top \boldsymbol{B}^{-1}\boldsymbol{b} + (\boldsymbol{c}_N^\top - \boldsymbol{c}_B^\top \boldsymbol{B}^{-1}\boldsymbol{N})\boldsymbol{x}_N \end{aligned} \tag{2.59}$$

と変形できる．以上より，基底解 $(\boldsymbol{x}_B, \boldsymbol{x}_N)$ に対応する辞書は

$$\begin{aligned} z &= \boldsymbol{c}_B^\top \boldsymbol{B}^{-1}\boldsymbol{b} + (\boldsymbol{c}_N - \boldsymbol{N}^\top (\boldsymbol{B}^{-1})^\top \boldsymbol{c}_B)^\top \boldsymbol{x}_N, \\ \boldsymbol{x}_B &= \boldsymbol{B}^{-1}\boldsymbol{b} - \boldsymbol{B}^{-1}\boldsymbol{N}\boldsymbol{x}_N \end{aligned} \tag{2.60}$$

と表せる．$\boldsymbol{x}_N = \boldsymbol{0}$ と固定すれば，ただちに $\boldsymbol{x}_B = \boldsymbol{B}^{-1}\boldsymbol{b}$ が得られる[注21]．特に，$\boldsymbol{B}^{-1}\boldsymbol{b} \geq \boldsymbol{0}$ ならば，$(\boldsymbol{x}_B, \boldsymbol{x}_N) = (\boldsymbol{B}^{-1}\boldsymbol{b}, \boldsymbol{0})$ は実行可能基底解となる．

実行可能基底解 $(\boldsymbol{x}_B, \boldsymbol{x}_N) = (\boldsymbol{B}^{-1}\boldsymbol{b}, \boldsymbol{0})$ が最適解かどうか確かめるには，目的関数 z における非基底変数ベクトル $\boldsymbol{x}_N$ の係数を調べれば良い．$\bar{\boldsymbol{b}} = \boldsymbol{B}^{-1}\boldsymbol{b}$, $\bar{\boldsymbol{c}}_N = \boldsymbol{c}_N - \boldsymbol{N}^\top (\boldsymbol{B}^{-1})^\top \boldsymbol{c}_B$, $\bar{\boldsymbol{N}} = \boldsymbol{B}^{-1}\boldsymbol{N}$ を導入すれば，辞書は

$$\begin{aligned} z &= \boldsymbol{c}_B^\top \bar{\boldsymbol{b}} + \bar{\boldsymbol{c}}_N^\top \boldsymbol{x}_N, \\ \boldsymbol{x}_B &= \bar{\boldsymbol{b}} - \bar{\boldsymbol{N}}\boldsymbol{x}_N \end{aligned} \tag{2.61}$$

と表せる．$\bar{\boldsymbol{c}}_N$ を**被約費用** (reduced cost)[注22] と呼ぶ．被約費用 $\bar{c}_j$ は対応する非基底変数 x_j の値を 1 増やしたときの目的関数 z の値の改善量を表す．$\bar{\boldsymbol{c}}_N \leq \boldsymbol{0}$ ならば，非基底変数 x_j $(j \in N)$ の被約費用 $\bar{c}_j$ はいずれも 0 以下なので，それらの変数の値を増加しても目的関数 z の値は改善できない．したがって，実行可能基底解 $(\boldsymbol{x}_B, \boldsymbol{x}_N) = (\bar{\boldsymbol{b}}, \boldsymbol{0})$ は最適解であると分かる．

注 21　逆行列 $\boldsymbol{B}^{-1}$ の計算は連立 1 次方程式 $\boldsymbol{B}\boldsymbol{x}_B = \boldsymbol{b}$ を解く手続きに対応する．

注 22　**相対費用** (relative cost) とも呼ぶ．

逆に，$\bar{c}_k > 0$ となる非基底変数 x_k が存在すれば，その変数の値を増加すれば目的関数 z の値を改善できる．そこで，他の非基底変数の値を 0 に保ちつつ x_k の値を増加する．$\bar{\boldsymbol{a}}_k \in \mathbb{R}^m$ を非基底変数 x_k に対応する $\bar{\boldsymbol{N}}$ の列とすると，目的関数と基底変数の値は

$$\begin{aligned} z &= \boldsymbol{c}_B^\top \bar{\boldsymbol{b}} + \bar{c}_k \theta, \\ \boldsymbol{x}_B &= \bar{\boldsymbol{b}} - \theta \bar{\boldsymbol{a}}_k \end{aligned} \tag{2.62}$$

となる．$\boldsymbol{x}_B \geq \boldsymbol{0}$ を満たす必要があるので，非基底変数 x_k の値は

$$\theta = \min \left\{ \frac{\bar{b}_i}{\bar{a}_{ik}} \;\middle|\; \bar{a}_{ik} > 0,\ i \in B \right\} \tag{2.63}$$

までしか増加できないことが分かる．$x_k = \theta$ にすると同時に $\frac{\bar{b}_i}{\bar{a}_{ik}} = \theta$ を満たす基底変数 x_i の値は 0 となり，基底変数 x_i と非基底変数 x_k が入れ替わる．ちなみに，$\bar{\boldsymbol{a}}_k \leq \boldsymbol{0}$ ならば $\boldsymbol{x}_B \geq \boldsymbol{0}$ を満たしつつ非基底変数 x_k の値を限りなく増加できるので有限な最適解が存在しない．すなわち，非有界であることが分かる．

単体法の手続きを以下にまとめる．

アルゴリズム 2.1　単体法

Step 1: 初期の実行可能基底解 $(\boldsymbol{x}_B, \boldsymbol{x}_N) = (\boldsymbol{B}^{-1}\boldsymbol{b}, \boldsymbol{0})$ を求める．$\bar{\boldsymbol{b}} = \boldsymbol{B}^{-1}\boldsymbol{b}$ とする．
Step 2: 被約費用 $\bar{\boldsymbol{c}}_N = \boldsymbol{c}_N - \boldsymbol{N}^\top (\boldsymbol{B}^{-1})^\top \boldsymbol{c}_B$ を計算する．
Step 3: $\bar{\boldsymbol{c}}_N \leq \boldsymbol{0}$ ならば最適解が得られているので終了する．そうでなければ，$\bar{c}_k > 0$ となる非基底変数 x_k を 1 つ選ぶ．
Step 4: $\bar{\boldsymbol{a}}_k$ を計算する．$\bar{\boldsymbol{a}}_k \leq \boldsymbol{0}$ ならば非有界なので終了する．そうでなければ，式 (2.63) を用いて θ を計算する．
Step 5: $x_k = \theta$，$\boldsymbol{x}_B = \bar{\boldsymbol{b}} - \theta \bar{\boldsymbol{a}}_k$ とする．$\frac{\bar{b}_i}{\bar{a}_{ik}} = \theta$ を満たす基底変数 x_i を非基底変数 x_k と入れ替えて辞書を更新し，**Step 2** に戻る．

図 2.13 に示すように，単体法の実行に必要な辞書の情報は $\bar{\boldsymbol{b}} = \boldsymbol{B}^{-1}\boldsymbol{b}$，$\bar{\boldsymbol{c}}_N = \boldsymbol{c}_N - \boldsymbol{N}^\top (\boldsymbol{B}^{-1})^\top \boldsymbol{c}_B$ と $\bar{c}_k > 0$ を満たす非基底変数 x_k に対応する列 $\bar{\boldsymbol{a}}_k$ だけで辞書全体を計算する必要はない．そこで，まず $\boldsymbol{y} = (\boldsymbol{B}^{-1})^\top \boldsymbol{c}_B$ を計算したあとに，$\bar{\boldsymbol{c}}_N = \boldsymbol{c}_N - \boldsymbol{N}^\top \boldsymbol{y}$ を計算する[注23]．このように，計算が効率化された単体法を**改訂単体法** (revised simplex method) と呼ぶ．改訂単体

注 23　$\bar{\boldsymbol{N}} = \boldsymbol{B}^{-1}\boldsymbol{N}$ を計算する必要がなくなることに注意する．

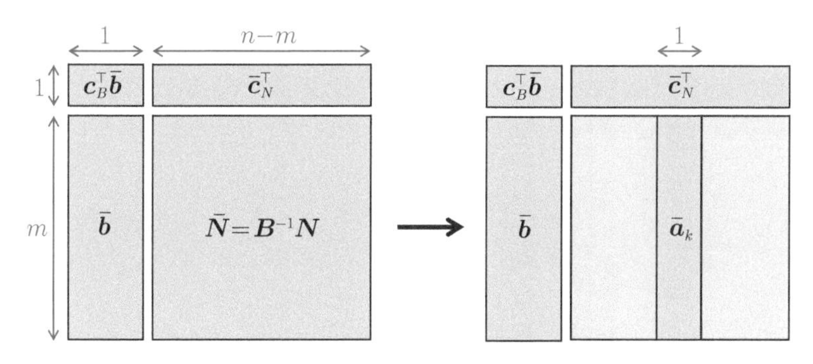

図 2.13　単体法の実行に必要な辞書の情報

法は辞書全体を更新しないため，計算による数値誤差が辞書全体に影響しにくい，変数の数 n が制約条件の数 m に比べて大きい問題では 1 回の反復に必要な計算量が少ないなどの利点がある．

2.2.5　退化と巡回

前節では，単体法は被約費用 $\bar{c}_k > 0$ となる非基底変数 x_k と $\frac{\bar{b}_i}{\bar{a}_{ik}} = \theta$ となる基底変数 x_i を入れ替えると説明した．しかし，この条件では入れ替える基底変数と非基底変数の組合せは 1 通りに定まるとは限らないため，この組合せを選択するための規則がいくつか提案されている．これまでの例では，被約費用 $\bar{c}_k$ の値，すなわち変数の値を 1 単位増加したときの目的関数 z の改善量が最大となる非基底変数 x_k をつねに選んでいる．この規則を**最大係数規則** (largest coefficient rule) と呼ぶ．

実は，最大係数規則を用いると単体法が無限ループに陥って最適解にたどり着かないことがある．例として以下の線形計画問題を考える[注]．

$$
\begin{array}{lll}
\text{最大化} & 3x_1 + 2x_2 & \\
\text{条件} & x_1 \geq 0, & \to ① \\
 & x_2 \geq 0, & \to ② \\
 & 2x_1 + x_2 \leq 6, & \to ③ \\
 & x_1 + x_2 \leq 3. & \to ④
\end{array}
\tag{2.64}
$$

スラック変数 x_3, x_4 を導入して制約条件を等式に変形すると

注　この問題は無限ループには陥らないことに注意する．無限ループに陥る自明ではない例を作成することは容易ではなく，少なくとも 6 個の変数と 2 本の制約条件が必要であることが知られている．

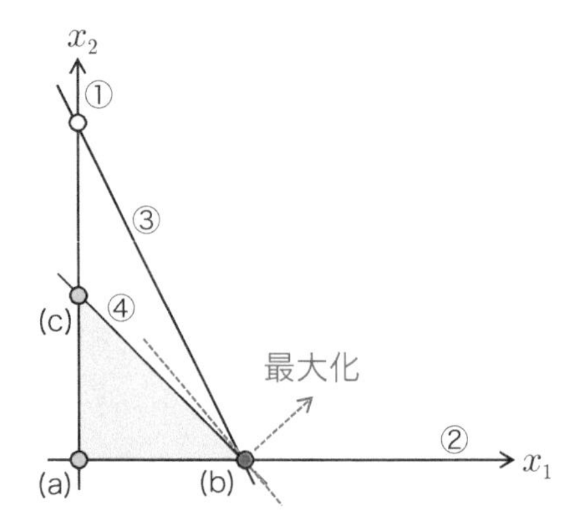

図 2.14　線形計画問題の例

$$
\begin{array}{lll}
\text{最大化} & 3x_1 + 2x_2 & \\
\text{条件} & x_1 \geq 0, & \to ① \\
& x_2 \geq 0, & \to ② \\
& 2x_1 + x_2 + x_3 = 6, & \to ③ \\
& x_1 + x_2 + x_4 = 3, & \to ④ \\
& x_3, x_4 \geq 0 &
\end{array}
\tag{2.65}
$$

となる．この問題の実行可能領域を**図 2.14** に示す．

図 2.14 に示すように頂点 (b) で 3 本の直線 ②, ③, ④ が交差している．そのため，頂点 (b) に以下の 3 つの実行可能基底解が存在し，実行可能領域の頂点と実行可能基底解が一対一に対応していないことが分かる．

$$
\begin{aligned}
\boldsymbol{x} &= (3,0,0,0)^\top, \quad \text{基底変数}\ \{x_1, x_2\}, \quad \text{非基底変数}\ \{x_3, x_4\}, \\
\boldsymbol{x} &= (3,0,0,0)^\top, \quad \text{基底変数}\ \{x_1, x_4\}, \quad \text{非基底変数}\ \{x_2, x_3\}, \\
\boldsymbol{x} &= (3,0,0,0)^\top, \quad \text{基底変数}\ \{x_1, x_3\}, \quad \text{非基底変数}\ \{x_2, x_4\}.
\end{aligned}
$$

また，これらの実行可能基底解では値が 0 となる基底変数が存在する．このような基底解を**退化** (degenerate)[注24] していると呼ぶ．

この問題に単体法を適用してみよう．目的関数の値を表す変数 z を導入して辞書を作ると

$$
\begin{aligned}
z &= 3x_1 + 2x_2, \\
x_3 &= 6 - 2x_1 - x_2, \\
x_4 &= 3 - x_1 - x_2
\end{aligned}
\tag{2.66}
$$

注 24　縮退とも呼ぶ．

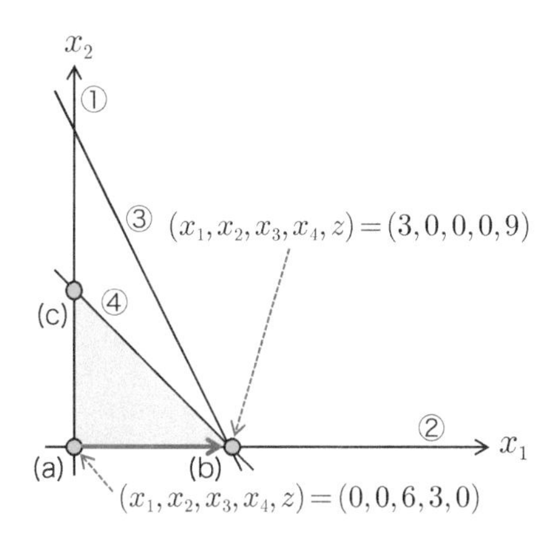

図 2.15　単体法の手続き

となり，$x_1 = x_2 = 0$ と固定すれば，ただちに $x_3 = 6, x_4 = 3$，目的関数の値 $z = 0$ が得られる．図 2.14 において，この実行可能基底解は ①, ② が交差する左下端の頂点 (a) に対応する．

目的関数 z における変数 x_1, x_2 の係数はいずれも正なので，いずれかの変数の値を増加すれば目的関数 z の値を改善できる．最大係数規則にしたがって $x_2 = 0$ を保ちつつ x_1 の値を増加すると，目的関数と基底変数の値は

$$
\begin{aligned}
z &= 3x_1, \\
x_3 &= 6 - 2x_1, \\
x_4 &= 3 - x_1
\end{aligned}
\tag{2.67}
$$

となる．変数 x_3, x_4 の非負制約を満たす必要があるので，変数 x_1 の値は 3 までしか増加できないことが分かる．$x_1 = 3$ にすると同時に $x_3 = x_4 = 0$ となる．このとき，$z = 9$ となり，**図 2.15** に示すように，頂点 (a) から隣接する頂点 (b) への移動が実現できる．

基底変数 x_3, x_4 の値はともに 0 であり，どちらを非基底変数 x_1 と入れ替えても構わない．基底変数 x_3 と非基底変数 x_1 を入れ替えると以下の辞書が得られる．

$$
\begin{aligned}
z &= 9 + \tfrac{1}{2}x_2 - \tfrac{3}{2}x_3, \\
x_1 &= 3 - \tfrac{1}{2}x_2 - \tfrac{1}{2}x_3, \\
x_4 &= 0 - \tfrac{1}{2}x_2 + \tfrac{1}{2}x_3.
\end{aligned}
\tag{2.68}
$$

目的関数 z における変数 x_2 の係数のみ正なので，変数 x_2 の値を増加すれ

ば目的関数 z の値を改善できるように思われる．そこで，$x_3 = 0$ を保ちつつ x_2 の値を増加すると，目的関数と基底変数の値は

$$\begin{aligned} z &= 9 + \tfrac{1}{2}x_2, \\ x_1 &= 3 - \tfrac{1}{2}x_2, \\ x_4 &= 0 - \tfrac{1}{2}x_2 \end{aligned} \tag{2.69}$$

となる．ところが，変数 x_1, x_4 の非負制約を満たす必要があるので，変数 x_2 の値は 0 から増加できないことが分かる．基底変数 x_4 と非基底変数 x_2 を入れ替えると以下の辞書が得られる．

$$\begin{aligned} z &= 9 - x_3 - x_4, \\ x_1 &= 3 - x_3 + x_4, \\ x_2 &= 0 + x_3 - 2x_4. \end{aligned} \tag{2.70}$$

しかし，図 2.15 に示すように，頂点 (b) に留まり隣接する頂点に移動していないことが確められる．

一般に，単体法のある反復において $\frac{\bar{b}_i}{\bar{a}_{ik}} = \theta$ を満たす基底変数 x_i が複数存在することがある．その場合には，新たな実行可能基底解では値が 0 となる基底変数が現れる．すなわち，退化した実行可能基底解となる．更新された辞書では $\bar{b}_i = 0$ となる行が現れて $\theta = 0$ となる可能性が生じる．もし，$\theta = 0$ となれば，基底変数と非基底変数を入れ替えても，実際には変数の値は変わらず，目的関数の値も改善されない．

退化が生じると，実行可能領域の同じ頂点に留まったまま基底変数と非基底変数の入れ替えを繰り返したあとに，同じ実行可能基底解 (同じ基底変数と非基底変数の組合せ) に戻る**巡回** (cycling) と呼ばれる現象が生じることがある．巡回が生じると単体法は無限ループに陥り，終了条件を満たす辞書に到達できなくなる．一方で，退化が生じなければ，基底変数と非基底変数を入れ替えるたびに実行可能領域の隣接する頂点に移動し，目的関数の値が改善されるため，有限の反復回数で終了条件を満たす辞書に到達できる．

最大係数規則では巡回を起こして単体法が終了しない例がいくつか知られている．巡回を避けるための規則はいくつか提案されており，被約費用 $\bar{c}_k > 0$ を満たす非基底変数 x_k が複数存在する場合には添字 k が最小となる非基底変数 x_k を選び，$\frac{\bar{b}_i}{\bar{a}_{ik}} = \theta$ を満たす基底変数 x_i が複数存在する場合には添字 i が最小となる基底変数 x_i を選ぶ規則が良く知られている．この規則を**最小添字規則** (smallest subscript rule) もしくは**ブランドの規則** (Bland's rule)

と呼ぶ[注25].

多くの問題例では，単体法はすべての実行可能基底解を調べることなく終了条件を満たす辞書に到達する．しかし，単体法がすべての実行可能基底解を調べてしまう以下の線形計画問題が知られている．

$$
\begin{array}{lll}
\text{最大化} & \displaystyle\sum_{j=1}^{n} 10^{n-j} x_j & \\
\text{条件} & \displaystyle 2\sum_{j=1}^{i-1} 10^{i-j} x_j + x_i \leq 100^{i-1}, & i = 1, \ldots, n, \\
& x_j \geq 0, & j = 1, \ldots, n.
\end{array}
\tag{2.71}
$$

この問題の実行可能領域は n 次元空間の超立方体を巧妙に歪ませた凸多面体で 2^n 個の頂点を持つ．クレー (Klee) とミンティ (Minty) は，原点から単体法を開始すると最適解が得られるまでに凸多面体のすべての頂点を巡り $2^n - 1$ 回の反復が必要となることを示した．

2.2.6 2 段階単体法

2.2.3 節で示した例では実行可能基底解を簡単に見つけることができた．しかし，一般に，実行可能基底解を見つけることは簡単ではない上に，そもそも実行可能解を持たない問題が与えられることもある．例として以下の線形計画問題を考える．

$$
\begin{array}{lll}
\text{最大化} & x_1 + 2x_2 & \\
\text{条件} & x_1 \geq 0, & \to ① \\
& x_2 \geq 0, & \to ② \\
& x_1 + x_2 \leq 6, & \to ③ \\
& x_1 + 3x_2 \leq 12, & \to ④ \\
& -3x_1 - 2x_2 \leq -6. & \to ⑤
\end{array}
\tag{2.72}
$$

この問題の実行可能領域を**図 2.16** に示す．制約条件の右辺の一部の定数が負であるため，2.2.3 節と同様にスラック変数 x_3, x_4, x_5 と目的関数の値を表す変数 z を導入して辞書を作ると

注 25　最小添字規則は必ず終了条件を満たす辞書に到達できるが，退化が生じない辞書では最大係数規則より多くの反復回数を要する場合が多いことが経験的に知られている．そこで，退化が生じた辞書でのみ最小添字規則を適用し，それ以外の辞書ではその他の規則を適用するなどの工夫が必要となる．

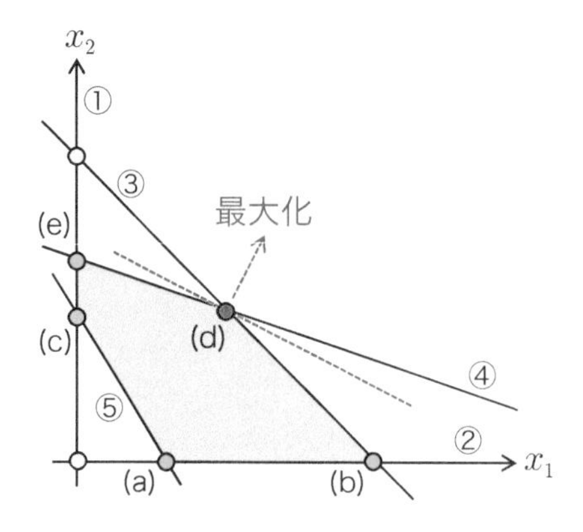

図 2.16　線形計画問題の例

$$
\begin{aligned}
z &= x_1 + 2x_2,\\
x_3 &= 6 - x_1 - x_2,\\
x_4 &= 12 - x_1 - 3x_2,\\
x_5 &= -6 + 3x_1 + 2x_2
\end{aligned}
\tag{2.73}
$$

となり，実行可能基底解が得られない．そこで，与えられた問題を解く前に実行可能基底解を 1 つ求める**補助問題** (auxiliary problem) を作成する．変数 x_0 を新たに導入して

$$
\begin{array}{ll}
\text{最小化} & x_0\\
\text{条件} & x_1 + x_2 - x_0 \leq 6,\\
& x_1 + 3x_2 - x_0 \leq 12,\\
& -3x_1 - 2x_2 - x_0 \leq -6,\\
& x_0, x_1, x_2 \geq 0
\end{array}
\tag{2.74}
$$

と定義する．変数 x_0 は制約条件の最大の違反量を表し，これを**人工変数** (artificial variable) と呼ぶ．この補助問題の最適値が 0 ($x_0 = 0$) であれば元の問題に実行可能解が存在し，最適値が正 ($x_0 > 0$) であれば元の問題に実行可能解が存在しないことが分かる．スラック変数 x_3, x_4, x_5 と目的関数の値を表す変数 w を導入すると実行可能でない辞書が得られる．

$$
\begin{aligned}
w &= x_0, \\
x_3 &= 6 - x_1 - x_2 + x_0, \\
x_4 &= 12 - x_1 - 3x_2 + x_0, \\
x_5 &= -6 + 3x_1 + 2x_2 + x_0.
\end{aligned}
\tag{2.75}
$$

しかし，制約条件の違反量が最大となる基底変数 x_5 と非基底変数 x_0 を入れ替えることで実行可能な辞書に更新できる．

$$
\begin{aligned}
w &= 6 - 3x_1 - 2x_2 + x_5, \\
x_3 &= 12 - 4x_1 - 3x_2 + x_5, \\
x_4 &= 18 - 4x_1 - 5x_2 + x_5, \\
x_0 &= 6 - 3x_1 - 2x_2 + x_5.
\end{aligned}
\tag{2.76}
$$

目的関数 w における変数 x_1, x_2 の係数はいずれも負なので，いずれかの変数の値を増加すれば目的関数 w の値を改善できる[注26]．最大係数規則にしたがって $x_2 = 0$, $x_5 = 0$ を保ちつつ x_1 の値を増加すると，変数 x_1 は 2 までしか増加できないことが分かる．$x_1 = 2$ にすると同時に $x_0 = 0$ となり，基底変数 x_0 と非基底変数 x_1 を入れ替えると以下の辞書が得られる．

$$
\begin{aligned}
w &= x_0, \\
x_3 &= 4 + \tfrac{4}{3}x_0 - \tfrac{1}{3}x_2 - \tfrac{1}{3}x_5, \\
x_4 &= 10 + \tfrac{4}{3}x_0 - \tfrac{7}{3}x_2 - \tfrac{1}{3}x_5, \\
x_1 &= 2 - \tfrac{1}{3}x_0 - \tfrac{2}{3}x_2 + \tfrac{1}{3}x_5.
\end{aligned}
\tag{2.77}
$$

このとき，目的関数 w の最適値は 0 $(x_0 = 0)$ となり，元の問題の実行可能基底解 $(x_1, x_2) = (2, 0)$ が得られる．**図 2.17** に示すように，原点から頂点 (a) への移動が実現できる．

この辞書の変数 x_0 の項を除き，目的関数 w を元の問題の目的関数 z で置き換えれば元の問題の実行可能な辞書が得られる．ここで，目的関数 $z = x_1 + 2x_2$ は，辞書の 4 行目を x_1 に代入すれば，

$$
\begin{aligned}
z &= (2 - \tfrac{2}{3}x_2 + \tfrac{1}{3}x_5) + 2x_2 \\
&= 2 + \tfrac{4}{3}x_2 + \tfrac{1}{3}x_5
\end{aligned}
\tag{2.78}
$$

となり非基底変数 x_2, x_5 のみで表せる．

注 26　補助問題では目的関数 w を最小化していることに注意する．

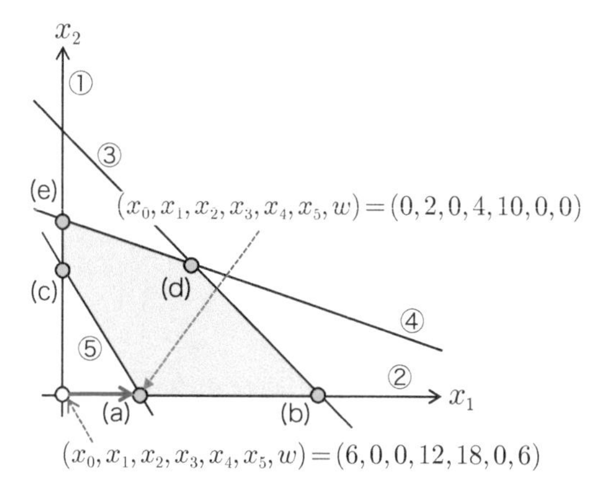

図 2.17　単体法の手続き

$$
\begin{aligned}
z &= 2 + \tfrac{4}{3}x_2 + \tfrac{1}{3}x_5, \\
x_3 &= 4 - \tfrac{1}{3}x_2 - \tfrac{1}{3}x_5, \\
x_4 &= 10 - \tfrac{7}{3}x_2 - \tfrac{1}{3}x_5, \\
x_1 &= 2 - \tfrac{2}{3}x_2 + \tfrac{1}{3}x_5.
\end{aligned}
\tag{2.79}
$$

この辞書に引き続き単体法を適用すれば元の問題に対する最適解が得られる．

このように，第 1 段階で実行可能解を 1 つ求める補助問題を作って解き，元の問題の実行可能基底解が求まれば，第 2 段階でそれを初期解として元の問題を解く，そうでなければ実行不能と判断して終了するアルゴリズムを **2 段階単体法** (two-phase simplex method) と呼ぶ．

一般的な標準形の線形計画問題

$$
\begin{array}{lll}
\text{最大化} & \displaystyle\sum_{j=1}^{n} c_j x_j & \\
\text{条件} & \displaystyle\sum_{j=1}^{n} a_{ij} x_j \leq b_i, & i = 1, \ldots, m, \\
& x_j \geq 0, & j = 1, \ldots, n
\end{array}
\tag{2.80}
$$

が与えられたとき，スラック変数と目的関数の値を表す変数を導入して辞書を作ると

$$
\begin{aligned}
z &= \sum_{j=1}^{n} c_j x_j, \\
x_{n+i} &= b_i - \sum_{j=1}^{n} a_{ij} x_j, \quad i = 1, \ldots, m
\end{aligned}
\tag{2.81}
$$

となる．この辞書が実行可能であるための必要十分条件は，制約条件の右辺の定数 b_i のすべてが非負となることである．すなわち，原点 $\boldsymbol{x} = \boldsymbol{0}$ が実行可能基底解であることと等価である．

右辺の定数 b_i が負となる制約条件が存在する問題では原点は実行可能基底解ではないため，実行可能基底解を 1 つ求める補助問題を作成する．

$$
\begin{array}{lll}
\text{最小化} & x_0 & \\
\text{条件} & \displaystyle\sum_{j=1}^{n} a_{ij} x_j - x_0 \leq b_i, & i = 1, \ldots, m, \\
& x_j \geq 0, & j = 0, \ldots, n.
\end{array}
\tag{2.82}
$$

スラック変数 $x_{n+1}, \ldots, x_{n+m}$ と目的関数の値を表す変数 w を導入して辞書を作ると

$$
\begin{aligned}
w &= x_0, \\
x_{n+i} &= b_i - \sum_{j=1}^{n} a_{ij} x_j + x_0, \quad i = 1, \ldots, m
\end{aligned}
\tag{2.83}
$$

となる．右辺の定数 b_i の最小値を b_k (< 0) とする．対応する基底変数 x_{n+k} と非基底変数 x_0 と入れ替えて辞書を更新すると

$$
\begin{aligned}
w &= -b_k + \sum_{j=1}^{n} a_{kj} x_j + x_{n+k}, \\
x_0 &= -b_k + \sum_{j=1}^{n} a_{kj} x_j + x_{n+k}, \\
x_{n+i} &= (b_i - b_k) - \sum_{j=1}^{n} (a_{ij} - a_{kj}) x_j + x_{n+k}, \quad i \neq k
\end{aligned}
\tag{2.84}
$$

となる．このとき，$x_0 = -b_k > 0$, $x_{n+k} = 0$ となる．その他の基底変数も $x_{n+i} = b_i - b_k \geq 0$ となり，実行可能な辞書が得られる．

2.3 ● 緩和問題と双対定理

数理最適化の主要な目的は最適化問題の最適解を求めることであるが，実

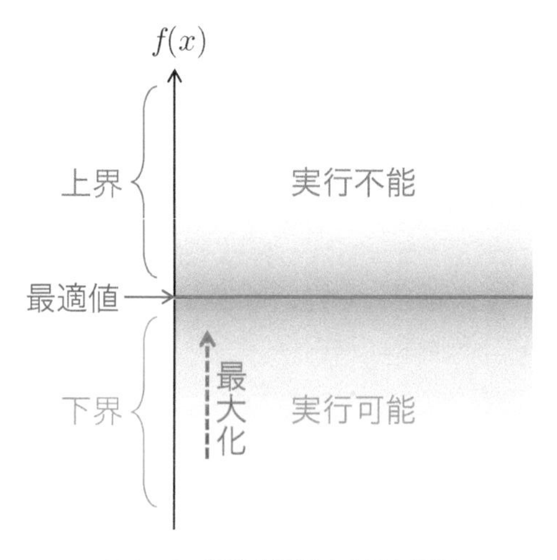

図 2.18　最適化問題の上界と下界

際には最適解を求めることが困難な問題も少なくない．そのような問題では，最適値の**上界** (upper bound) と**下界** (lower bound) を求めることが重要な課題となる．また，最適解を求めることが可能な問題であっても，得られた実行可能解が最適かどうかを確かめる必要がある．このようなとき，最大化問題では得られた実行可能解の目的関数の値が上界と一致すれば，それが最適値であると分かる．

図 2.18 に示すように，最大化問題では実行可能解を 1 つ求めれば，その目的関数の値は最適値以下なので下界は求められる[注27]．しかし，目的関数の値が最適値より大きな実行可能解は存在しないので上界を求めるには工夫が必要となる．ここでは，線形計画問題を例に最適値の良い上界を求める方法について説明する．

2.3.1　双対問題

まず，例として以下の線形計画問題を考える．

$$
\begin{array}{lll}
\text{最大化} & 20x_1 + 10x_2 & \\
\text{条件} & x_1 + x_2 \leq 6, & \to \text{①} \\
 & 3x_1 + x_2 \leq 12, & \to \text{②} \\
 & x_1 + 2x_2 \leq 10, & \to \text{③} \\
 & x_1, x_2 \geq 0. &
\end{array}
\tag{2.85}
$$

注 27　もちろん，実行可能解を 1 つ求めることが困難な最適化問題もあるので下界を求めることが容易であるとは限らない．

この問題を解くのではなく，目的関数の最適値 z^* の取り得る範囲を求めることを考える．たとえば，$(x_1, x_2) = (3, 3)$ のように実行可能解を 1 つ与えれば，その目的関数の値は最適値以下なので $z^* \geq 90$ と下界が求められる．それでは，最適値 z^* の上界を求めるにはどうすれば良いだろうか．たとえば，制約条件 ②, ③ をそれぞれ 6 倍，2 倍して足し合わせると

$$\begin{array}{rl} & 6 \times (3x_1 + x_2 \leq 12) \\ +) & 2 \times (x_1 + 2x_2 \leq 10) \\ \hline & 20x_1 + 10x_2 \leq 92 \end{array} \tag{2.86}$$

と新たな不等式が得られる．最適解 (x_1^*, x_2^*) はこの不等式を満たすので $z^* = 20x_1^* + 10x_2^* \leq 92$ と最適値の上界が求められる．次に，制約条件 ①, ② をともに 5 倍して足し合わせると

$$\begin{array}{rl} & 5 \times (x_1 + x_2 \leq 6) \\ +) & 5 \times (3x_1 + x_2 \leq 12) \\ \hline & 20x_1 + 10x_2 \leq 90 \end{array} \tag{2.87}$$

と別の不等式が得られる．最適解 (x_1^*, x_2^*) はこの不等式も満たすので $z^* = 20x_1^* + 10x_2^* \leq 90$ と最適値のさらに良い上界が求められる．このとき，最適値の下界と上界の値が一致しているので，最適値が $z^* = 90$ で，先に与えた実行可能解 $(x_1, x_2) = (3, 3)$ が最適解であることが分かる．

上記の例では，天下り的に最適値の上界を求めたので，この線形計画問題の最適値の良い上界を求める一般的な手続きを考える．制約条件 ①, ②, ③ をそれぞれ y_1 倍，y_2 倍，y_3 倍して足し合わせると

$$(y_1 + 3y_2 + y_3)x_1 + (y_1 + y_2 + 2y_3)x_2 \leq 6y_1 + 12y_2 + 10y_3 \tag{2.88}$$

と新たな不等式が得られる．このとき，y_1, y_2, y_3 はいずれも非負の値をとる必要がある (そうでなければ不等式が成り立たなくなる)．最適解では x_1^*, x_2^* は非負の値をとるので，左辺の x_1, x_2 の係数がそれぞれ $y_1 + 3y_2 + y_3 \geq 20$, $y_1 + y_2 + 2y_3 \geq 10$ を満たせば

$$\begin{aligned} 20x_1^* + 10x_2^* &\leq (y_1 + 3y_2 + y_3)x_1^* + (y_1 + y_2 + 2y_3)x_2^* \\ &\leq 6y_1 + 12y_2 + 10y_3 \end{aligned} \tag{2.89}$$

より最適値 z^* の上界が求められる．これらをまとめると，最適値 z^* の良い上界を与える係数 y_1, y_2, y_3 を求める問題は，以下の線形計画問題に定式化

できる．

$$
\begin{aligned}
\text{最小化} \quad & 6y_1 + 12y_2 + 10y_3 \\
\text{条件} \quad & y_1 + 3y_2 + y_3 \geq 20, \\
& y_1 + y_2 + 2y_3 \geq 10, \\
& y_1, y_2, y_3 \geq 0.
\end{aligned}
\tag{2.90}
$$

このように，ある最適化問題の最適値の良い上界[注28]を求める問題を**双対問題** (dual problem) と呼び，元の問題を**主問題** (primal problem) と呼ぶ．

一般的な標準形の線形計画問題の最適値の良い上界を求める手続きを考える．

$$
\begin{aligned}
\text{最大化} \quad & \sum_{j=1}^{n} c_j x_j \\
\text{条件} \quad & \sum_{j=1}^{n} a_{ij} x_j \leq b_i, \quad i = 1, \ldots, m, \\
& x_j \geq 0, \qquad\qquad j = 1, \ldots, n.
\end{aligned}
\tag{2.28}
$$

まず，各制約条件に非負の係数 y_i を掛けて足し合わせると

$$
\sum_{i=1}^{m} y_i \left(\sum_{j=1}^{n} a_{ij} x_j \right) \leq \sum_{i=1}^{m} y_i b_i \tag{2.91}
$$

と新たな不等式が得られる．左辺を x_j についてまとめると以下のように変形できる．

$$
\sum_{j=1}^{n} x_j \left(\sum_{i=1}^{m} a_{ij} y_i \right) \leq \sum_{i=1}^{m} y_i b_i. \tag{2.92}
$$

最適解を含む任意の実行可能解は $x_j \geq 0 \ (j = 1, \ldots, n)$ を満たすため，左辺の x_j の係数が $\sum_{i=1}^{m} a_{ij} y_i \geq c_j$ を満たせば

$$
\sum_{j=1}^{n} c_j x_j \leq \sum_{j=1}^{n} x_j \left(\sum_{i=1}^{m} a_{ij} y_i \right) \leq \sum_{i=1}^{m} y_i b_i \tag{2.93}
$$

より上界が求められる．これらをまとめると，最適値の良い上界を求める双対問題は，以下の線形計画問題に定式化できる．

注 28　最大化問題であれば上界，最小化問題であれば下界．

$$
\begin{aligned}
\text{最小化} \quad & \sum_{i=1}^{m} b_i y_i \\
\text{条件} \quad & \sum_{i=1}^{m} a_{ij} y_i \geq c_j, \quad j = 1, \ldots, n, \\
& y_i \geq 0, \qquad\qquad i = 1, \ldots, m.
\end{aligned}
\tag{2.94}
$$

ちなみに，同じ手続きで双対問題の最適値の良い下界を求める問題 (すなわち双対問題の双対問題) を導くと元の主問題が得られる．

ここまでの例では主問題と双対問題は対称な形をとっていたが，一般に，主問題と双対問題がそのような関係にあるわけではない．次に，変数に非負制約がない線形計画問題を考える．

$$
\begin{aligned}
\text{最大化} \quad & \sum_{j=1}^{n} c_j x_j \\
\text{条件} \quad & \sum_{j=1}^{n} a_{ij} x_j \leq b_i, \quad i = 1, \ldots, m.
\end{aligned}
\tag{2.95}
$$

各制約条件に非負の係数 y_i を掛けて足し合わせたあとに，左辺を x_j についてまとめると以下の不等式が得られる．

$$
\sum_{j=1}^{n} x_j \left(\sum_{i=1}^{m} a_{ij} y_i \right) \leq \sum_{i=1}^{m} y_i b_i. \tag{2.96}
$$

このとき，左辺の x_j の係数が $\sum_{i=1}^{m} a_{ij} y_i \geq c_j$ を満たしても，x_j が負の値をとると

$$
\sum_{j=1}^{n} x_j \left(\sum_{i=1}^{m} a_{ij} y_i \right) \geq \sum_{j=1}^{n} c_j x_j \tag{2.97}
$$

が成り立たなくなる．そこで，この条件を $\sum_{i=1}^{m} a_{ij} y_i = c_j$ と変更すれば

$$
\sum_{j=1}^{n} c_j x_j = \sum_{j=1}^{n} x_j \left(\sum_{i=1}^{m} a_{ij} y_i \right) \leq \sum_{i=1}^{m} y_i b_i \tag{2.98}
$$

より上界が求められる．これらをまとめると，最適値の良い上界を求める双対問題は，以下の線形計画問題に定式化できる．

$$
\begin{aligned}
\text{最小化} \quad & \sum_{i=1}^{m} b_i y_i \\
\text{条件} \quad & \sum_{i=1}^{m} a_{ij} y_i = c_j, \quad j = 1, \ldots, n, \\
& y_i \geq 0, \qquad\qquad i = 1, \ldots, m.
\end{aligned}
\tag{2.99}
$$

このように，変数に非負制約がない線形計画問題では，双対問題の制約条件は等式となる．

最後に，等式制約からなる線形計画問題を考える．

$$
\begin{array}{lll}
\text{最大化} & \displaystyle\sum_{j=1}^{n} c_j x_j & \\
\text{条件} & \displaystyle\sum_{j=1}^{n} a_{ij} x_j = b_i, & i = 1, \ldots, m, \\
& x_j \geq 0, & j = 1, \ldots, n.
\end{array}
\tag{2.100}
$$

各制約条件に係数 y_i を掛けて足し合わせたあとに，左辺を x_j についてまとめると以下の等式が得られる．

$$
\sum_{j=1}^{n} x_j \left(\sum_{i=1}^{m} a_{ij} y_i \right) = \sum_{i=1}^{m} y_i b_i. \tag{2.101}
$$

ここで，制約条件は等式なので係数 y_i は負の値をとっても構わない．実行可能解では x_j は非負の値をとるので，左辺の x_j の係数が $\sum_{i=1}^{m} a_{ij} y_i \geq c_j$ を満たせば

$$
\sum_{j=1}^{n} c_j x_j \leq \sum_{j=1}^{n} x_j \left(\sum_{i=1}^{m} a_{ij} y_i \right) = \sum_{i=1}^{m} y_i b_i \tag{2.102}
$$

より上界が求められる．これらをまとめると，最適値の良い上界を求める双対問題は，以下の線形計画問題に定式化できる．

$$
\begin{array}{lll}
\text{最小化} & \displaystyle\sum_{i=1}^{m} b_i y_i & \\
\text{条件} & \displaystyle\sum_{i=1}^{m} a_{ij} y_i \geq c_j, & j = 1, \ldots, n.
\end{array}
\tag{2.103}
$$

このように，等式制約からなる線形計画問題では，双対問題の変数に非負制約がない．

2.3.2 緩和問題

前節では，制約条件の 1 次結合を用いて線形計画問題の最適値の良い上界を求めた．一方で，非線形計画問題を含むより広い範囲の最適化問題では，緩和問題を用いて最適値の良い上界を求めることが多い．ここでは，ラグランジュ緩和問題を用いて線形計画問題の双対問題を導出する手続きを説明する．

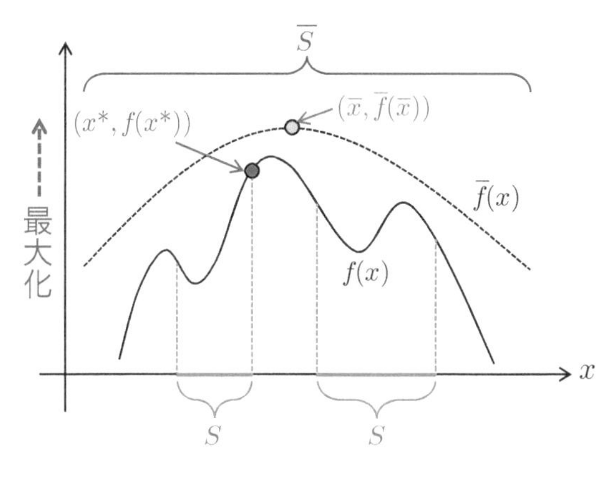

図 2.19　緩和問題の概念

一般的な形の最適化問題を考える．

$$\begin{aligned} &\text{最大化} \quad f(\boldsymbol{x}) \\ &\text{条件} \quad \boldsymbol{x} \in S. \end{aligned} \tag{2.104}$$

この問題の最適解を $\boldsymbol{x}^*$ とする．この最適化問題に対する**緩和問題** (relaxation problem) は以下のように定義される．

$$\begin{aligned} &\text{最大化} \quad \bar{f}(\boldsymbol{x}) \\ &\text{条件} \quad \boldsymbol{x} \in \bar{S}. \end{aligned} \tag{2.105}$$

ただし，$\bar{f}(\boldsymbol{x}) \geq f(\boldsymbol{x})$ $(\boldsymbol{x} \in S)$, $\bar{S} \supseteq S$ を満たす (**図 2.19**)．緩和問題の最適解を $\bar{\boldsymbol{x}}$ とすると，$f(\boldsymbol{x}^*) \leq \bar{f}(\boldsymbol{x}^*) \leq \bar{f}(\bar{\boldsymbol{x}})$ より $f(\boldsymbol{x}^*) \leq \bar{f}(\bar{\boldsymbol{x}})$ が成り立ち，緩和問題を解けば元の最適化問題の最適値の上界が求められる．また，$\bar{\boldsymbol{x}} \in S$ かつ $\bar{f}(\bar{\boldsymbol{x}}) = f(\bar{\boldsymbol{x}})$ ならば，$\bar{\boldsymbol{x}}$ は元の最適化問題の最適解である．

緩和問題の大きな利点は，元の問題の最適解を求めることが困難でも，制約条件や目的関数を置き換えて最適解を求めやすい問題に変形できることである．たとえば，元の最適化問題の実行可能領域 S が非凸集合であれば，$\bar{S} \supseteq S$ を満たす凸集合 $\bar{S}$ に，目的関数 $f(\boldsymbol{x})$ が非凸関数であれば，$\bar{f}(\boldsymbol{x}) \geq f(\boldsymbol{x})$ $(\boldsymbol{x} \in S)$ を満たす凸関数 $\bar{f}(\boldsymbol{x})$ に置き換えて最適解を求めやすい緩和問題に変形できる．

ラグランジュ緩和問題 (Lagrangian relaxation problem) は，一部の制約条件を取り除いた上で，それらの制約条件の違反量に係数[注29]を掛けて目的

注 29　**ラグランジュ乗数** (Lagrangian multiplier) と呼ぶ．

関数に組み込むことで得られる．前節の例をもう一度考える．

$$
\begin{array}{ll}
\text{最大化} & z(\boldsymbol{x}) = 20x_1 + 10x_2 \\
\text{条件} & x_1 + x_2 \leq 6, \quad \to ① \\
& 3x_1 + x_2 \leq 12, \quad \to ② \\
& x_1 + 2x_2 \leq 10, \quad \to ③ \\
& x_1, x_2 \geq 0.
\end{array}
\tag{2.85}
$$

制約条件 ①, ②, ③ を取り除いた上で，それらの制約条件の違反量にそれぞれ非負の係数 y_1, y_2, y_3 を掛けて目的関数に組み込むと，以下のラグランジュ緩和問題が得られる．

$$
\begin{array}{ll}
\text{最大化} & \bar{z}(\boldsymbol{x}) = 20x_1 + 10x_2 - y_1(x_1 + x_2 - 6) - y_2(3x_1 + x_2 - 12) \\
& \qquad - y_3(x_1 + 2x_2 - 10) \\
\text{条件} & x_1, x_2 \geq 0.
\end{array}
\tag{2.106}
$$

線形計画問題の実行可能解 $\boldsymbol{x} = (x_1, x_2)^\top$ は $x_1 + x_2 - 6 \leq 0$, $3x_1 + x_2 - 12 \leq 0$, $x_1 + 2x_2 - 10 \leq 0$ より $\bar{z}(\boldsymbol{x}) \geq z(\boldsymbol{x})$ を満たすので，この問題は線形計画問題の緩和問題となることが確かめられる．

このとき，制約条件の係数 y_1, y_2, y_3 の値をうまく調整すれば，線形計画問題の最適値の良い上界が得られる．目的関数 $\bar{z}(\boldsymbol{x})$ を x_j についてまとめると以下のように変形できる．

$$
\bar{z}(\boldsymbol{x}) = (20 - y_1 - 3y_2 - y_3)x_1 + (10 - y_1 - y_2 - 2y_3)x_2 + 6y_1 + 12y_2 + 10y_3.
\tag{2.107}
$$

係数 y_1, y_2, y_3 が $20 - y_1 - 3y_2 - y_3 > 0$ もしくは $10 - y_1 - y_2 - 2y_3 > 0$ を満たすと，それぞれ x_1, x_2 の値を増加することで目的関数 $\bar{z}(\boldsymbol{x})$ の値を限りなく増加できるので，線形計画問題の最適値の有限な上界が得られない．逆に，係数 y_1, y_2, y_3 が $20 - y_1 - 3y_2 - y_3 \leq 0$, $10 - y_1 - y_2 - 2y_3 \leq 0$ を満たすと $x_1 = x_2 = 0$ がラグランジュ緩和問題の最適解となり，最適値 $6y_1 + 12y_2 + 10y_3$ が得られる．これらをまとめると，線形計画問題の最適値の良い上界を与える係数 y_1, y_2, y_3 を求める双対問題は，以下の線形計画問題に定式化できる．

$$
\begin{array}{ll}
\text{最小化} & 6y_1 + 12y_2 + 10y_3 \\
\text{条件} & 20 - y_1 - 3y_2 - y_3 \leq 0, \\
& 10 - y_1 - y_2 - 2y_3 \leq 0, \\
& y_1, y_2, y_3 \geq 0.
\end{array}
\tag{2.108}
$$

ラグランジュ緩和問題を用いて一般的な標準形の線形計画問題に対する双対問題を求める手続きを考える．

$$
\begin{array}{lll}
\text{最大化} & z(\boldsymbol{x}) = \sum_{j=1}^{n} c_j x_j & \\
\text{条件} & \sum_{j=1}^{n} a_{ij} x_j \leq b_i, & i = 1, \ldots, m, \\
& x_j \geq 0, & j = 1, \ldots, n.
\end{array}
\tag{2.28}
$$

各制約条件に対応する非負の係数 y_i を導入すると以下のラグランジュ緩和問題が得られる．

$$
\begin{array}{ll}
\text{最大化} & \bar{z}(\boldsymbol{x}) = \sum_{j=1}^{n} c_j x_j - \sum_{i=1}^{m} y_i \left(\sum_{j=1}^{n} a_{ij} x_j - b_i \right) \\
\text{条件} & x_j \geq 0, \quad j = 1, \ldots, n.
\end{array}
\tag{2.109}
$$

目的関数 $\bar{z}(\boldsymbol{x})$ を x_j についてまとめると以下のように変形できる．

$$
\bar{z}(\boldsymbol{x}) = \sum_{j=1}^{n} x_j \left(c_j - \sum_{i=1}^{m} a_{ij} y_i \right) + \sum_{i=1}^{m} b_i y_i. \tag{2.110}
$$

x_j は非負の値をとるので，元の線形計画問題の最適値の有限な上界を得るためには，x_j の係数が $c_j - \sum_{i=1}^{m} a_{ij} y_i \leq 0$ を満たす必要がある．このとき，$\boldsymbol{x} = \boldsymbol{0}$ がラグランジュ緩和問題の最適解となり，最適値 $\sum_{i=1}^{m} b_i y_i$ が得られる．これらをまとめると，線形計画問題の最適値の良い上界を求める双対問題は，以下の線形計画問題に定式化できる．

$$
\begin{array}{lll}
\text{最小化} & \sum_{i=1}^{m} b_i y_i & \\
\text{条件} & c_j - \sum_{i=1}^{m} a_{ij} y_i \leq 0, & j = 1, \ldots, n, \\
& y_i \geq 0, & i = 1, \ldots, m.
\end{array}
\tag{2.111}
$$

次に，前節と同様に変数に非負制約がない線形計画問題を考える．

$$
\begin{array}{lll}
\text{最大化} & z(\boldsymbol{x}) = \sum_{j=1}^{n} c_j x_j & \\
\text{条件} & \sum_{j=1}^{n} a_{ij} x_j \leq b_i, & i = 1, \ldots, m.
\end{array}
\tag{2.95}
$$

各制約条件に対応する非負の係数 y_i を導入すると，以下のラグランジュ緩和問題が得られる．

$$\text{最大化} \quad \bar{z}(\boldsymbol{x}) = \sum_{j=1}^{n} c_j x_j - \sum_{i=1}^{m} y_i \left(\sum_{j=1}^{n} a_{ij} x_j - b_i \right). \tag{2.112}$$

目的関数を x_j についてまとめると以下のように変形できる．

$$\bar{z}(\boldsymbol{x}) = \sum_{j=1}^{n} x_j \left(c_j - \sum_{i=1}^{m} a_{ij} y_i \right) + \sum_{i=1}^{m} b_i y_i. \tag{2.113}$$

x_j は正負いずれの値もとるので，元の線形計画問題の最適値に対する有限な上界を得るためには，x_j の係数が $c_j - \sum_{i=1}^{m} a_{ij} y_i = 0$ を満たす必要がある．このとき，任意の $\boldsymbol{x}$ がラグランジュ緩和問題の最適解となり，最適値 $\sum_{i=1}^{m} b_i y_i$ が得られる．これらをまとめると，線形計画問題の最適値の良い上界を求める双対問題は，以下の線形計画問題に定式化できる．

$$\begin{array}{lll} \text{最小化} & \displaystyle\sum_{i=1}^{m} b_i y_i & \\ \text{条件} & c_j - \displaystyle\sum_{i=1}^{m} a_{ij} y_i = 0, & j = 1, \dots, n, \\ & y_i \geq 0, & i = 1, \dots, m. \end{array} \tag{2.114}$$

最後に，等式制約からなる線形計画問題を考える．

$$\begin{array}{lll} \text{最大化} & z(\boldsymbol{x}) = \displaystyle\sum_{j=1}^{n} c_j x_j & \\ \text{条件} & \displaystyle\sum_{j=1}^{n} a_{ij} x_j = b_i, & i = 1, \dots, m, \\ & x_j \geq 0, & j = 1, \dots, n. \end{array} \tag{2.100}$$

等式制約 $\sum_{j=1}^{n} a_{ij} x_j = b_i$ を 2 つの不等式制約 $\sum_{j=1}^{n} a_{ij} x_j \leq b_i$, $\sum_{j=1}^{n} a_{ij} x_j \geq b_i$ に置き換えて，それぞれの不等式制約に対応する非負の係数 y_i^+, y_i^- を導入すると，以下のラグランジュ緩和問題が得られる．

$$\begin{array}{ll} \text{最大化} & \bar{z}(\boldsymbol{x}) = \displaystyle\sum_{j=1}^{n} c_j x_j - \sum_{i=1}^{m} y_i^+ \left(\sum_{j=1}^{n} a_{ij} x_j - b_i \right) \\ & \qquad\qquad - \displaystyle\sum_{i=1}^{m} y_i^- \left(b_i - \sum_{j=1}^{n} a_{ij} x_j \right) \\ \text{条件} & x_j \geq 0, \quad j = 1, \dots, n. \end{array} \tag{2.115}$$

目的関数を x_j についてまとめると以下のように変形できる．

$$\bar{z}(\boldsymbol{x}) = \sum_{j=1}^{n} x_j \left\{ c_j - \sum_{i=1}^{m} a_{ij}(y_i^+ - y_i^-) \right\} + \sum_{i=1}^{m} b_i(y_i^+ - y_i^-). \quad (2.116)$$

ここで，新たな係数 y_i を導入して $y_i = y_i^+ - y_i^-$ と置き換えると

$$\bar{z}(\boldsymbol{x}) = \sum_{j=1}^{n} x_j \left(c_j - \sum_{i=1}^{m} a_{ij} y_i \right) + \sum_{i=1}^{m} b_i y_i \quad (2.117)$$

と変形できる．このとき，新たな係数 y_i は負の値もとることに注意する．x_j は非負の値をとるので，元の線形計画問題の最適値の有限な上界を得るためには，x_j の係数が $c_j - \sum_{i=1}^{m} a_{ij} y_i \leq 0$ を満たす必要がある．このとき，$\boldsymbol{x} = \boldsymbol{0}$ がラグランジュ緩和問題の最適解となり，最適値 $\sum_{i=1}^{m} b_i y_i$ が得られる．これらをまとめると，線形計画問題の最適値の良い上界を求める双対問題は，以下の線形計画問題に定式化できる．

$$\begin{array}{ll} \text{最小化} & \displaystyle\sum_{i=1}^{m} b_i y_i \\ \text{条件} & \displaystyle c_j - \sum_{i=1}^{m} a_{ij} y_i \leq 0, \quad j = 1, \ldots, n. \end{array} \quad (2.118)$$

2.3.3 双対定理

これまで，目的関数を最大化する線形計画問題の最適値の良い上界を求める双対問題は，目的関数を最小化する線形計画問題として定式化できることを示した．また，双対問題の双対問題は元の問題となることも示した．ここでは，線形計画問題における主問題 (P) と双対問題 (D) の関係について説明する[注30]．

$$\begin{array}{llll} \text{(P)} & \text{最大化} & \boldsymbol{c}^\top \boldsymbol{x} \\ & \text{条件} & \boldsymbol{A}\boldsymbol{x} = \boldsymbol{b}, \\ & & \boldsymbol{x} \geq \boldsymbol{0}. \end{array} \quad \begin{array}{c} \text{最適値の良い上界} \\ \Longrightarrow \\ \Longleftarrow \\ \text{最適値の良い下界} \end{array} \quad \begin{array}{lll} \text{(D)} & \text{最小化} & \boldsymbol{b}^\top \boldsymbol{y} \\ & \text{条件} & \boldsymbol{A}^\top \boldsymbol{y} \geq \boldsymbol{c}. \end{array} \quad (2.119)$$

ここで，$\boldsymbol{A} \in \mathbb{R}^{m \times n}$, $\boldsymbol{b} \in \mathbb{R}^m$, $\boldsymbol{c} \in \mathbb{R}^n$, $\boldsymbol{x} \in \mathbb{R}^n$, $\boldsymbol{y} \in \mathbb{R}^m$ とする．ただし，$n > m$ かつ $\boldsymbol{A}$ のすべての行ベクトルが 1 次独立であると仮定する．

注 30　ここでは，主問題 (P) は等式制約からなる線形計画問題とする．

主問題 (P) と双対問題 (D) の間には，以下の**弱双対定理** (weak duality theorem) が成り立つ．

定理 2.1 (弱双対定理)

$\boldsymbol{x}$ と $\boldsymbol{y}$ がそれぞれ主問題 (P) と双対問題 (D) の実行可能解ならば

$$\boldsymbol{c}^\top \boldsymbol{x} \leq \boldsymbol{b}^\top \boldsymbol{y} \tag{2.120}$$

が成り立つ．

証明　主問題 (P) と双対問題 (D) の制約条件から

$$\boldsymbol{c}^\top \boldsymbol{x} \leq \left(\boldsymbol{A}^\top \boldsymbol{y}\right)^\top \boldsymbol{x} = \boldsymbol{y}^\top (\boldsymbol{A}\boldsymbol{x}) = \boldsymbol{y}^\top \boldsymbol{b} \tag{2.121}$$

が成り立つ．

定理 2.1 より以下の性質も示せる．

系 2.1

主問題 (P) と双対問題 (D) のいずれか一方が非有界ならば他方は実行不能である．

証明　背理法を用いる．主問題 (P) が非有界のとき，双対問題 (D) に実行可能解 $\boldsymbol{y}$ が存在すると仮定する．定理 2.1 より，主問題 (P) の任意の実行可能解 $\boldsymbol{x}$ に対して

$$\boldsymbol{c}^\top \boldsymbol{x} \leq \boldsymbol{b}^\top \boldsymbol{y} \tag{2.122}$$

が成り立つ．これは，主問題 (P) が非有界であることに反するため，双対問題 (D) に実行可能解は存在しない．双対問題 (D) が非有界の場合も同様である．

線形計画問題では，主問題 (P) と双対問題 (D) の間に，以下の**強双対定理** (strong duality theorem) が成り立つ[注31]．

注 31　「双対問題 (D) に最適解 $\boldsymbol{y}^*$ が存在すれば，主問題 (P) にも最適解 $\boldsymbol{x}^*$ が存在し，$\boldsymbol{b}^\top \boldsymbol{y}^* = \boldsymbol{c}^\top \boldsymbol{x}^*$ が成り立つ」とも書ける．

定理 2.2 (強双対定理)

主問題 (P) に最適解 $\boldsymbol{x}^*$ が存在すれば，双対問題 (D) にも最適解 $\boldsymbol{y}^*$ が存在し，

$$\boldsymbol{c}^\top \boldsymbol{x}^* = \boldsymbol{b}^\top \boldsymbol{y}^* \tag{2.123}$$

が成り立つ．

証明　主問題 (P) に単体法を適用して得られた最適基底解を $\boldsymbol{x}^* = (\boldsymbol{x}_B^*, \boldsymbol{x}_N^*)$ とする．2.2.4 節の議論より最適値は以下のように表せる．

$$\boldsymbol{c}^\top \boldsymbol{x}^* = \boldsymbol{c}_B^\top \boldsymbol{B}^{-1}\boldsymbol{b} + (\boldsymbol{c}_N - \boldsymbol{N}^\top (\boldsymbol{B}^{-1})^\top \boldsymbol{c}_B)^\top \boldsymbol{x}_N^*. \tag{2.124}$$

$\boldsymbol{x}^*$ は最適基底解なので，$\boldsymbol{c}_N - \boldsymbol{N}^\top (\boldsymbol{B}^{-1})^\top \boldsymbol{c}_B \leq \boldsymbol{0}$ が成り立つ．$\boldsymbol{A} = (\boldsymbol{B}\ \boldsymbol{N})$ より $\boldsymbol{c} - \boldsymbol{A}^\top (\boldsymbol{B}^{-1})^\top \boldsymbol{c}_B \leq \boldsymbol{0}$ が成り立つ[注32]．ここで，$\boldsymbol{y} = (\boldsymbol{B}^{-1})^\top \boldsymbol{c}_B$ とおくと，$\boldsymbol{c} - \boldsymbol{A}^\top \boldsymbol{y} \leq \boldsymbol{0}$ が満たされるので $\boldsymbol{y}$ は双対問題 (D) の実行可能解である．また，

$$\boldsymbol{b}^\top \boldsymbol{y} = \boldsymbol{b}^\top (\boldsymbol{B}^{-1})^\top \boldsymbol{c}_B = (\boldsymbol{B}^{-1}\boldsymbol{b})^\top \boldsymbol{c}_B = (\boldsymbol{x}_B^*)^\top \boldsymbol{c}_B = \boldsymbol{c}^\top \boldsymbol{x}^* \tag{2.125}$$

が成り立つ．すなわち，$\boldsymbol{y}$ は双対問題 (D) の最適解である．

この定理は，主問題 (P) と双対問題 (D) が実質的に等価であることを示している．一方で，単体法の反復回数は制約条件の数に比例し，変数の数には比較的鈍感な場合が多いため，制約条件の数が変数の数よりも多い問題では，その双対問題を解けばより効率的に最適解を求めることができる．

最後に，主問題 (P) の実行可能解 $\boldsymbol{x}$ と双対問題 (D) の実行可能解 $\boldsymbol{y}$ がともに最適解であるための必要十分条件を示す**相補性定理** (complementarity theorem) を説明する．

定理 2.3 (相補性定理)

主問題 (P) の実行可能解 $\boldsymbol{x}$ と双対問題 (D) の実行可能解 $\boldsymbol{y}$ がともに最適解であるための必要十分条件は

$$x_j \left(\sum_{i=1}^{m} a_{ij} y_i - c_j \right) = 0, \quad j = 1, \ldots, n \tag{2.126}$$

が成り立つことである．

注 32　$\boldsymbol{c}_B - \boldsymbol{B}^\top (\boldsymbol{B}^{-1})^\top \boldsymbol{c}_B = \boldsymbol{0}$ となることに注意する．

証明　$\boldsymbol{x}^*, \boldsymbol{y}^*$ がそれぞれ主問題 (P) と双対問題 (D) の最適解ならば，定理 2.2 より，

$$\boldsymbol{c}^\top \boldsymbol{x}^* = \boldsymbol{b}^\top \boldsymbol{y}^* \tag{2.127}$$

が成り立つ．また，$\boldsymbol{x}^*$ は主問題 (P) の実行可能解なので $\boldsymbol{A}\boldsymbol{x}^* = \boldsymbol{b}$ が成り立つ．これを上式に代入すると，

$$\boldsymbol{c}^\top \boldsymbol{x}^* = (\boldsymbol{A}\boldsymbol{x}^*)^\top \boldsymbol{y}^* \tag{2.128}$$

が得られる．この式を整理すると，

$$(\boldsymbol{x}^*)^\top (\boldsymbol{A}^\top \boldsymbol{y}^* - \boldsymbol{c}) = 0 \tag{2.129}$$

となる．ここで，$\boldsymbol{x}^* \geq \boldsymbol{0}$, $\boldsymbol{A}^\top \boldsymbol{y}^* \geq \boldsymbol{c}$ なので，上式は

$$x_j^* \left(\sum_{i=1}^{m} a_{ij} y_i^* - c_j \right) = 0, \quad j = 1, \ldots, n \tag{2.130}$$

と同値である．逆に，条件 (2.126) が成り立てば，ここから式 (2.127) が得られる[注33]．

条件 (2.126) を**相補性条件** (complementarity condition) と呼ぶ．ところで，主問題の制約条件が不等式制約 $\boldsymbol{A}\boldsymbol{x} \leq \boldsymbol{b}$ の場合は，条件 (2.126) と

$$y_i \left(b_i - \sum_{j=1}^{n} a_{ij} x_j \right) = 0, \quad i = 1, \ldots, m \tag{2.131}$$

をあわせて相補性条件と呼び，条件 (2.126) を主相補性条件，条件 (2.131) を双対相補性条件と呼ぶ[注34]．

一般に，線形計画問題は以下の 3 つの場合に分類できる．(1) 最適解が存在する，(2) 非有界である，(3) 実行不能である．定理 2.2 より，主問題 (P) に最適解が存在すれば，双対問題 (D) にも最適解が存在する．系 2.1 より，主問題 (P) と双対問題 (D) のいずれか一方が非有界ならば他方は実行不能である．また，主問題 (P) と双対問題 (D) がともに実行不能となる以下のような例も存在する．

注 33　主問題が実行可能解 $\boldsymbol{x} = \boldsymbol{0}$ を持つ場合は，制約条件 $\boldsymbol{A}\boldsymbol{x} = \boldsymbol{b}$ より $\boldsymbol{b} = \boldsymbol{0}$ となる．双対問題が実行可能解 $\boldsymbol{y}^*$ を持てば，定理 2.1 より $\boldsymbol{c}^\top \boldsymbol{x}^* \leq \boldsymbol{b}^\top \boldsymbol{y}^* = 0$ が成り立ち，$\boldsymbol{x} = \boldsymbol{0}$ が主問題の最適解であることが分かる．

注 34　主問題の制約条件が等式制約 $\boldsymbol{A}\boldsymbol{x} = \boldsymbol{b}$ の場合は，双対相補性条件がつねに満たされることに注意する．

表 2.1　主問題と双対問題の関係

		双対問題		
		最適解が存在	非有界	実行不能
主問題	最適解が存在	√	–	–
	非有界	–	–	√
	実行不能	–	√	√

$$
\begin{array}{llll}
\text{(P)} & \text{最大化} & 2x_1 - x_2 & \\
& \text{条件} & x_1 - x_2 \leq 1, & \\
& & -x_1 + x_2 \leq -2, & \\
& & x_1, x_2 \geq 0. &
\end{array}
\qquad
\begin{array}{llll}
\text{(D)} & \text{最小化} & y_1 - 2y_2 & \\
& \text{条件} & y_1 - y_2 \geq 2, & \\
& & -y_1 + y_2 \geq -1, & \\
& & y_1, y_2 \geq 0. &
\end{array}
\tag{2.132}
$$

これらの議論を**表 2.1** にまとめる．

2.3.4　感度分析

前節では，双対変数を制約条件に掛ける係数として説明したが，双対変数は応用においても重要な情報を与えてくれる．現実問題では入力データの正確な数値や条件を事前に把握できるとは限らないため，入力データの変化にともなう最適解の変化を分析することが意思決定において重要となる．このような分析を**感度分析** (sensitivity analysis)[注35] と呼ぶ．

2.1 節の野菜ジュースの製造に必要な野菜の購入量を決定する栄養問題を考える．ここでは，等式制約からなる以下の線形計画問題を考える．

$$
\begin{array}{ll}
\text{最小化} & \boldsymbol{c}^\top \boldsymbol{x} \\
\text{条件} & \boldsymbol{A}\boldsymbol{x} = \boldsymbol{b}, \\
& \boldsymbol{x} \geq \boldsymbol{0}.
\end{array}
\tag{2.133}
$$

ここで，$\boldsymbol{A} \in \mathbb{R}^{m \times n}$, $\boldsymbol{b} \in \mathbb{R}^m$, $\boldsymbol{c} \in \mathbb{R}^n$, $\boldsymbol{x} \in \mathbb{R}^n$ とする．ただし，$n > m$ かつ $\boldsymbol{A}$ のすべての行ベクトルが 1 次独立であると仮定する．この問題に単体法を適用して得られた最適基底解を $(\boldsymbol{x}_B^*, \boldsymbol{x}_N^*) = (\boldsymbol{B}^{-1}\boldsymbol{b}, \boldsymbol{0})$ とする．2.2.4 節の議論より，最適基底解 $(\boldsymbol{x}_B^*, \boldsymbol{x}_N^*)$ は実行可能解であるための条件

$$
\boldsymbol{B}^{-1}\boldsymbol{b} \geq \boldsymbol{0} \tag{2.134}
$$

と，さらに最適解であるための条件

$$
\boldsymbol{c}_N - \boldsymbol{N}^\top (\boldsymbol{B}^{-1})^\top \boldsymbol{c}_B \geq \boldsymbol{0} \tag{2.135}
$$

注 35　**事後分析** (post optimality analysis) とも呼ぶ．

を満たしている[注36].

まず，野菜の単位あたりの価格 $\boldsymbol{c}$ を $\boldsymbol{c}+\Delta\boldsymbol{c}$ に変化させた問題を考える．このとき，

$$(\boldsymbol{c}_N+\Delta\boldsymbol{c}_N)-\boldsymbol{N}^\top(\boldsymbol{B}^{-1})^\top(\boldsymbol{c}_B+\Delta\boldsymbol{c}_B)\geq\boldsymbol{0} \tag{2.136}$$

が成り立つならば，野菜の単位あたりの価格を $\boldsymbol{c}+\Delta\boldsymbol{c}$ に変化させた問題の最適基底解は $(\boldsymbol{B}^{-1}\boldsymbol{b},\boldsymbol{0})$，最適値の変化量は $\Delta\boldsymbol{c}_B^\top\boldsymbol{B}^{-1}\boldsymbol{b}$ となる．

次に，栄養素の必要量 $\boldsymbol{b}$ を $\boldsymbol{b}+\Delta\boldsymbol{b}$ に変化させた問題を考える．このとき，

$$\boldsymbol{B}^{-1}(\boldsymbol{b}+\Delta\boldsymbol{b})\geq\boldsymbol{0} \tag{2.137}$$

が成り立つならば，栄養素の必要量を $\boldsymbol{b}+\Delta\boldsymbol{b}$ に変化させた問題の最適基底解は $(\boldsymbol{B}^{-1}(\boldsymbol{b}+\Delta\boldsymbol{b}),\boldsymbol{0})$，最適値の変化量は $\boldsymbol{c}_B^\top\boldsymbol{B}^{-1}\Delta\boldsymbol{b}$ となる．定理 2.2 の証明より，元の問題の双対問題の最適解が $\boldsymbol{y}^*=(\boldsymbol{B}^{-1})^\top\boldsymbol{c}_B$ と表せることに注意すれば，最適値の変化量は $(\boldsymbol{y}^*)^\top\Delta\boldsymbol{b}$ と書き換えられる．したがって，栄養素 i の必要量を Δb_i だけ変化させれば，原材費の合計は $y_i^*\Delta b_i$ だけ変化することが分かる．双対問題の最適解 $\boldsymbol{y}^*$ の各変数 y_i^* は，栄養素 i の必要量を 1 単位変化させたときの原料費の合計の変化量を表すことから，これを**限界価格** (marginal price)[注37] と呼ぶ．

双対問題の最適解 $\boldsymbol{y}^*$ は，新たな野菜 k の購入を検討する際にも役立つ．新たな野菜 k の単位量あたりに含まれる栄養素 i の量を a_{ik}，単位量あたりの価格を c_k，購入量を x_k とする．このとき，栄養問題に新たな変数 x_k を追加することは，その双対問題に新たな制約条件

$$\sum_{i=1}^{m}a_{ik}y_i\leq c_k \tag{2.138}$$

を追加することに対応する．もし，双対問題の最適解 $\boldsymbol{y}^*$ がこの制約条件を満たすならば，これを新たな制約条件として追加しても双対問題の最適値は変化しない．定理 2.2 より，栄養問題で新たな変数 x_k を追加しても主問題の最適値は変化しないことが分かる．逆に，双対問題の最適解 $\boldsymbol{y}^*$ がこの制約条件を満たさなければ，これを新たな制約条件として追加すると双対問題の最適値は減少する (**図 2.20**)．定理 2.2 より，栄養問題で新たな変数 x_k を追加すれば主問題の最適値は改善することが分かる．これは，野菜 k を新たに 1 単位だけ購入することで得られる限界価格の合計 $\sum_{i=1}^{m}a_{ik}y_i^*$ と，その際に要する原料費 c_k を比較していると解釈できる．

注 36　ここでは，目的関数が最小化のため不等号の向きが逆になっていることに注意する．

注 37　**潜在価格** (shadow price) あるいは**均衡価格** (equilibrium price) とも呼ぶ．

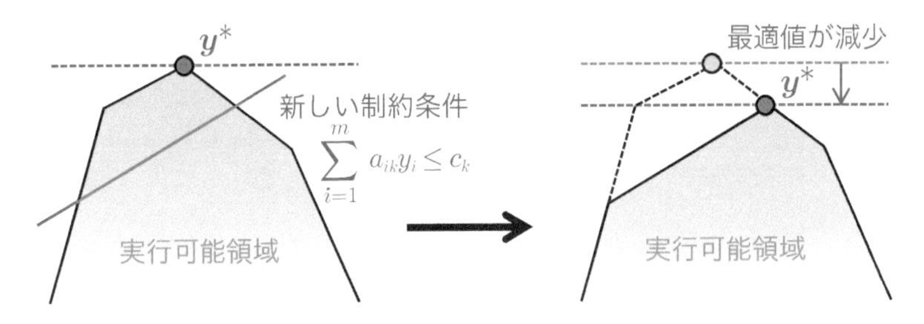

図 2.20　新しい制約条件の追加による双対問題の最適値の変化

2.3.5　双対単体法

感度分析において，変更前の問題の最適基底解からただちに変更後の問題の最適基底解が得られなくても，変更前の問題の最適解を出発点として変更後の問題の最適解を効率的に求めることができる場合が多い．このような手続きを**再最適化** (reoptimization) と呼ぶ．

単体法では，目的関数の係数 $\boldsymbol{c}$ が変更されたり，新たな変数が追加されても変更前の問題の最適基底解 $(\boldsymbol{x}_B^*, \boldsymbol{x}_N^*)$ は変わらず実行可能なので，辞書を更新したあとに単体法を続けて実行すれば変更後の問題の最適基底解を求めることができる．しかし，制約条件の右辺の定数 $\boldsymbol{b}$ が変更されると変更前の問題の最適基底解 $(\boldsymbol{x}_B^*, \boldsymbol{x}_N^*)$ は制約条件を満たさなくなることがあり，そのまま単体法を続けて実行することは難しい．そこで，その双対問題の辞書を考える．

2.2.4 節の等式制約からなる線形計画問題 (2.53) を考える．

$$
\begin{array}{ll}
\text{最大化} & \boldsymbol{c}^\top \boldsymbol{x} \\
\text{条件} & \boldsymbol{A}\boldsymbol{x} = \boldsymbol{b}, \\
 & \boldsymbol{x} \geq \boldsymbol{0}.
\end{array}
\tag{2.53}
$$

ある基底解を $(\boldsymbol{x}_B, \boldsymbol{x}_N)$ とすると，この線形計画問題は

$$
\begin{array}{ll}
\text{最大化} & \boldsymbol{c}_B^\top \boldsymbol{x}_B + \boldsymbol{c}_N^\top \boldsymbol{x}_N \\
\text{条件} & \boldsymbol{B}\boldsymbol{x}_B + \boldsymbol{N}\boldsymbol{x}_N = \boldsymbol{b}, \\
 & \boldsymbol{x}_B \geq \boldsymbol{0}, \\
 & \boldsymbol{x}_N \geq \boldsymbol{0}
\end{array}
\tag{2.139}
$$

と変形できる．目的関数の値を表す変数 z_P を導入すると，2.2.4 節より，この基底解 $(\boldsymbol{x}_B, \boldsymbol{x}_N)$ に対応する辞書は

$$
\begin{aligned}
z_P &= \boldsymbol{c}_B^\top \boldsymbol{B}^{-1}\boldsymbol{b} + (\boldsymbol{c}_N - \boldsymbol{N}^\top (\boldsymbol{B}^{-1})^\top \boldsymbol{c}_B)^\top \boldsymbol{x}_N,\\
\boldsymbol{x}_B &= \boldsymbol{B}^{-1}\boldsymbol{b} - \boldsymbol{B}^{-1}\boldsymbol{N}\boldsymbol{x}_N
\end{aligned} \tag{2.140}
$$

と表せる．$\bar{\boldsymbol{c}}_N = \boldsymbol{c}_N - \boldsymbol{N}^\top(\boldsymbol{B}^{-1})^\top \boldsymbol{c}_B$, $\bar{\boldsymbol{b}} = \boldsymbol{B}^{-1}\boldsymbol{b}$, $\bar{\boldsymbol{N}} = \boldsymbol{B}^{-1}\boldsymbol{N}$ を導入すると，この辞書は

$$
\begin{aligned}
z_P &= \boldsymbol{c}_B^\top \bar{\boldsymbol{b}} + \bar{\boldsymbol{c}}_N^\top \boldsymbol{x}_N,\\
\boldsymbol{x}_B &= \bar{\boldsymbol{b}} - \bar{\boldsymbol{N}}\boldsymbol{x}_N
\end{aligned} \tag{2.141}
$$

と表せる．

一方で，この線形計画問題の双対問題は

$$
\begin{aligned}
&\text{最小化} \quad \boldsymbol{b}^\top \boldsymbol{y}\\
&\text{条件} \quad\ \ \boldsymbol{A}^\top \boldsymbol{y} \geq \boldsymbol{c}
\end{aligned} \tag{2.142}
$$

である．スラック変数 $\boldsymbol{s}_B \in \mathbb{R}^m, \boldsymbol{s}_N \in \mathbb{R}^n$ を導入すると，この双対問題は

$$
\begin{aligned}
&\text{最大化} \quad -\boldsymbol{b}^\top \boldsymbol{y}\\
&\text{条件} \quad\ \ \boldsymbol{B}^\top \boldsymbol{y} - \boldsymbol{s}_B = \boldsymbol{c}_B,\\
&\qquad\qquad \boldsymbol{N}^\top \boldsymbol{y} - \boldsymbol{s}_N = \boldsymbol{c}_N,\\
&\qquad\qquad \boldsymbol{s}_B \geq \boldsymbol{0},\\
&\qquad\qquad \boldsymbol{s}_N \geq \boldsymbol{0}
\end{aligned} \tag{2.143}
$$

と変形できる[注38]．目的関数の値を表す変数 z_D を導入し，この双対問題から変数 $\boldsymbol{y}$ を消去すると

$$
\begin{aligned}
z_D &= -\boldsymbol{c}_B^\top \boldsymbol{B}^{-1}\boldsymbol{b} - (\boldsymbol{B}^{-1}\boldsymbol{b})^\top \boldsymbol{s}_B,\\
\boldsymbol{s}_N &= -(\boldsymbol{c}_N - \boldsymbol{N}^\top(\boldsymbol{B}^{-1})^\top \boldsymbol{c}_B) + \boldsymbol{N}^\top(\boldsymbol{B}^{-1})^\top \boldsymbol{s}_B
\end{aligned} \tag{2.144}
$$

と基底解 $(\boldsymbol{s}_N, \boldsymbol{s}_B)$ に対応する辞書が得られる[注39]．$\bar{\boldsymbol{c}}_N$, $\bar{\boldsymbol{b}}$, $\bar{\boldsymbol{N}}$ を導入すれば，この辞書は

$$
\begin{aligned}
z_D &= -\boldsymbol{c}_B^\top \bar{\boldsymbol{b}} - \bar{\boldsymbol{b}}^\top \boldsymbol{s}_B,\\
\boldsymbol{s}_N &= -\bar{\boldsymbol{c}}_N + \bar{\boldsymbol{N}}^\top \boldsymbol{s}_B
\end{aligned} \tag{2.145}
$$

と表せる．主問題の最適基底解 $(\boldsymbol{x}_B^*, \boldsymbol{x}_N^*)$ に対応する辞書では $\boldsymbol{x}_B^* = \bar{\boldsymbol{b}} \geq \boldsymbol{0}$, $\bar{\boldsymbol{c}}_N \leq \boldsymbol{0}$ が成り立つため，ここから双対問題の最適基底解 $(\boldsymbol{s}_N^*, \boldsymbol{s}_B^*) = (-\bar{\boldsymbol{c}}_N, \boldsymbol{0})$ が求められる．ここで，主問題の辞書 (2.141) と双対問題の辞書 (2.145) は，

注 38　ここでは，目的関数を最大化していることに注意する．

注 39　双対問題では $\boldsymbol{s}_N$ が基底変数ベクトル，$\boldsymbol{s}_B$ が非基底変数ベクトルとなることに注意する．

それぞれ,

$$\begin{pmatrix} z_P \\ \boldsymbol{x}_B \end{pmatrix} = \begin{pmatrix} \boldsymbol{c}_B^\top \bar{\boldsymbol{b}} & \bar{\boldsymbol{c}}_N^\top \\ \bar{\boldsymbol{b}} & -\bar{\boldsymbol{N}} \end{pmatrix} \begin{pmatrix} 1 \\ \boldsymbol{x}_N \end{pmatrix}, \tag{2.146}$$

$$\begin{pmatrix} z_D \\ \boldsymbol{s}_N \end{pmatrix} = - \begin{pmatrix} \boldsymbol{c}_B^\top \bar{\boldsymbol{b}} & \bar{\boldsymbol{b}}^\top \\ \bar{\boldsymbol{c}}_N & -\bar{\boldsymbol{N}}^\top \end{pmatrix} \begin{pmatrix} 1 \\ \boldsymbol{s}_B \end{pmatrix} \tag{2.147}$$

と書けるため,主問題の最適な辞書 (2.141) を転置すれば双対問題の最適な辞書 (2.145) が得られる.このとき,主問題の基底変数ベクトル $\boldsymbol{x}_B$ は双対問題の非基底変数ベクトル $\boldsymbol{s}_B$ に,主問題の非基底変数ベクトル $\boldsymbol{x}_N$ は双対問題の基底変数ベクトル $\boldsymbol{s}_N$ にそれぞれ対応付けられる.また,主問題における最適性の条件 $\bar{\boldsymbol{c}}_N \leq \boldsymbol{0}$ が双対問題における制約条件 $\boldsymbol{s}_N \geq \boldsymbol{0}$ に,主問題における制約条件 $\boldsymbol{x}_B \geq \boldsymbol{0}$ が双対問題における最適性の条件 $\bar{\boldsymbol{b}} \geq \boldsymbol{0}$ にそれぞれ対応付けられる.

主問題における制約条件 $\boldsymbol{A}\boldsymbol{x} = \boldsymbol{b}$ の右辺の定数 $\boldsymbol{b}$ の変更は,双対問題では目的関数 $z_D = -\boldsymbol{b}^\top \boldsymbol{y}$ の係数 $-\boldsymbol{b}$ の変更に置き換えられる.双対問題の最適基底解 $(\boldsymbol{s}_N^*, \boldsymbol{s}_B^*)$ は変更後も変わらず実行可能なので,辞書を更新したあとに双対問題の制約条件を満たしつつ,その目的関数 z_D を最大化するピボット操作を適用すれば良い.このような考え方にもとづく単体法のバリエーションを**双対単体法** (dual simplex method) と呼ぶ.

2.2.3 節の例を用いて,制約条件の右辺の定数 $\boldsymbol{b}$ に変更が加えられた際に最適な辞書から双対単体法を実行する手続きを説明する.問題 (2.35) にスラック変数 x_3, x_4, x_5 を導入して制約条件を等式に変形すると

$$\begin{array}{lll} \text{最大化} & x_1 + 2x_2 & \\ \text{条件} & x_1 \geq 0, & \to ① \\ & x_2 \geq 0, & \to ② \\ & x_1 + x_2 + x_3 = 6, & \to ③ \\ & x_1 + 3x_2 + x_4 = 12, & \to ④ \\ & 2x_1 + x_2 + x_5 = 10, & \to ⑤ \\ & x_3, x_4, x_5 \geq 0 & \end{array} \tag{2.37}$$

となる.目的関数の値を表す変数 z_P を導入して初期の辞書を作ると

$$
\begin{aligned}
z_P &= x_1 + 2x_2, \\
x_3 &= 6 - x_1 - x_2, \\
x_4 &= 12 - x_1 - 3x_2, \\
x_5 &= 10 - 2x_1 - x_2
\end{aligned}
\tag{2.40}
$$

となる．この辞書に単体法を適用すると以下のように最適な辞書が得られる．

$$
\begin{aligned}
z_P &= 9 - \tfrac{1}{2}x_3 - \tfrac{1}{2}x_4, \\
x_1 &= 3 - \tfrac{3}{2}x_3 + \tfrac{1}{2}x_4, \\
x_2 &= 3 + \tfrac{1}{2}x_3 - \tfrac{1}{2}x_4, \\
x_5 &= 1 + \tfrac{5}{2}x_3 - \tfrac{1}{2}x_4.
\end{aligned}
\tag{2.46}
$$

以上より，最適解 $(x_1, x_2) = (3, 3)$ と最適値 $z_P = 9$ が得られる．一方で，この線形計画問題の双対問題は

$$
\begin{array}{ll}
\text{最大化} & -6y_1 - 12y_2 - 10y_3 \\
\text{条件} & y_1 + y_2 + 2y_3 \geq 1, \\
& y_1 + 3y_2 + y_3 \geq 2, \\
& y_1 \geq 0, \\
& y_2 \geq 0, \\
& y_3 \geq 0
\end{array}
\tag{2.148}
$$

となる．ここで，スラック変数 s_1, s_2, s_3, s_4, s_5 を導入して制約条件を等式に変形すると

$$
\begin{array}{ll}
\text{最大化} & -6y_1 - 12y_2 - 10y_3 \\
\text{条件} & y_1 + y_2 + 2y_3 - s_1 = 1, \\
& y_1 + 3y_2 + y_3 - s_2 = 2, \\
& y_1 - s_3 = 0, \\
& y_2 - s_4 = 0, \\
& y_3 - s_5 = 0, \\
& s_1, s_2, s_3, s_4, s_5 \geq 0
\end{array}
\tag{2.149}
$$

となる．目的関数の値を表す変数 z_D を導入し，この双対問題から変数 y_1, y_2, y_3 を消去すると初期の辞書が得られる．

$$
\begin{aligned}
z_D &= -6s_3 - 12s_4 - 10s_5, \\
s_1 &= -1 + s_3 + s_4 + 2s_5, \\
s_2 &= -2 + s_3 + 3s_4 + s_5.
\end{aligned}
\tag{2.150}
$$

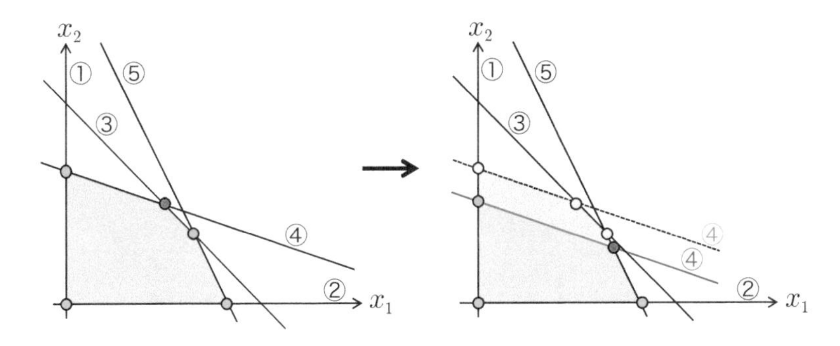

図 2.21 制約条件に変更を加えた線形計画問題の例

また，主問題の最適な辞書 (2.46) を転置すると以下のように双対問題の最適な辞書が得られる．

$$
\begin{aligned}
z_D &= -9 - 3s_1 - 3s_2 - s_5, \\
s_3 &= \tfrac{1}{2} + \tfrac{3}{2}s_1 - \tfrac{1}{2}s_2 - \tfrac{5}{2}s_5, \\
s_4 &= \tfrac{1}{2} - \tfrac{1}{2}s_1 + \tfrac{1}{2}s_2 + \tfrac{1}{2}s_5.
\end{aligned}
\tag{2.151}
$$

図 2.21 に示すように，主問題の制約条件 ④ の右辺の定数を 12 から 9 に変更した問題の最適解を求めよう．主問題の制約条件 ④ の右辺の定数を 12 から 9 に変更すると，双対問題に対する初期の辞書の目的関数は $z_D = -6s_3 - 9s_4 - 10s_5$ と変更される．双対問題の最適な辞書の目的関数を $z_D = -6s_3 - 9s_4 - 10s_5$ に置き換えたあとに，非基底変数のみを用いた形で書き直すと

$$
\begin{aligned}
z_D &= -6(\tfrac{1}{2} + \tfrac{3}{2}s_1 - \tfrac{1}{2}s_2 - \tfrac{5}{2}s_5) - 9(\tfrac{1}{2} - \tfrac{1}{2}s_1 + \tfrac{1}{2}s_2 + \tfrac{1}{2}s_5) - 10s_5 \\
&= -\tfrac{15}{2} - \tfrac{9}{2}s_1 - \tfrac{3}{2}s_2 + \tfrac{1}{2}s_5
\end{aligned}
\tag{2.152}
$$

となる．目的関数 z_D における変数 s_5 の係数は正なので，変数 s_5 の値を増加すれば目的関数 z_D の値を改善できる．そこで，$s_1 = s_2 = 0$ を保ちつつ s_5 の値を増加すると目的関数と基底変数の値は

$$
\begin{aligned}
z_D &= -\tfrac{15}{2} + \tfrac{1}{2}s_5, \\
s_3 &= \tfrac{1}{2} - \tfrac{5}{2}s_5, \\
s_4 &= \tfrac{1}{2} + \tfrac{1}{2}s_5
\end{aligned}
\tag{2.153}
$$

となる．変数 s_3, s_4 は非負制約を満たす必要があるので，変数 s_5 の値は $\frac{1}{5}$ ま

でしか増加できないことが分かる．$s_5 = \frac{1}{5}$ にすると同時に $s_3 = 0$ となり，基底変数 s_3 と非基底変数 s_5 を入替えると以下の辞書が得られる．

$$
\begin{aligned}
z_D &= -\frac{37}{5} - \frac{21}{5}s_1 - \frac{8}{5}s_2 - \frac{1}{5}s_3, \\
s_5 &= \frac{1}{5} + \frac{3}{5}s_1 - \frac{1}{5}s_2 - \frac{2}{5}s_3, \\
s_4 &= \frac{3}{5} - \frac{1}{5}s_1 + \frac{2}{5}s_2 - \frac{1}{5}s_3.
\end{aligned}
\tag{2.154}
$$

更新した辞書では，目的関数 z_D の変数 s_1, s_2, s_3 の係数はいずれも 0 以下なので，それらの値を増加しても目的関数 z_D の値を改善できない．したがって，この基底解は変更された双対問題の最適解であると分かる．

この辞書を転置すると以下のように主問題の最適な辞書が得られる．

$$
\begin{aligned}
z_P &= \frac{37}{5} - \frac{1}{5}x_5 - \frac{3}{5}x_4, \\
x_1 &= \frac{21}{5} - \frac{3}{5}x_5 + \frac{1}{5}x_4, \\
x_2 &= \frac{8}{5} + \frac{1}{5}x_5 - \frac{2}{5}x_4, \\
x_3 &= \frac{1}{5} + \frac{2}{5}x_5 + \frac{1}{5}x_4.
\end{aligned}
\tag{2.155}
$$

以上より，変更後の問題に対する最適解 $(x_1, x_2) = (\frac{21}{5}, \frac{8}{5})$ と最適値 $z_P = \frac{37}{5}$ が得られる．

最後に，双対単体法と前節で紹介した相補性条件 (2.126) の関係について説明する．以下の主問題 (P) と双対問題 (D) を考える [注40]．

$$
\begin{array}{llll}
\text{(P)} & \text{最大化} & \boldsymbol{c}^\top \boldsymbol{x} & \text{(D)} & \text{最小化} & \boldsymbol{b}^\top \boldsymbol{y} \\
& \text{条件} & \boldsymbol{A}\boldsymbol{x} = \boldsymbol{b}, & & \text{条件} & \boldsymbol{A}^\top \boldsymbol{y} - \boldsymbol{s} = \boldsymbol{c}, \\
& & \boldsymbol{x} \geq \boldsymbol{0}. & & & \boldsymbol{s} \geq \boldsymbol{0}.
\end{array}
\tag{2.156}
$$

このとき，主問題 (P) の実行可能解 $\boldsymbol{x}$ と双対問題 (D) の実行可能解 $(\boldsymbol{y}, \boldsymbol{s})$ の目的関数値の差は，

$$
z_D - z_P = \boldsymbol{b}^\top \boldsymbol{y} - \boldsymbol{c}^\top \boldsymbol{x} = \boldsymbol{b}^\top \boldsymbol{y} - (\boldsymbol{A}^\top \boldsymbol{y} - \boldsymbol{s})^\top \boldsymbol{x} = \boldsymbol{s}^\top \boldsymbol{x} \tag{2.157}
$$

となる．これを**双対ギャップ** (duality gap) と呼ぶ．したがって，主問題 (P) の最適解を $\boldsymbol{x}^*$，双対問題 (D) の最適解を $(\boldsymbol{y}^*, \boldsymbol{s}^*)$ とすると，線形計画問題の最適性の条件は以下のように表せる．

$$
\begin{aligned}
&\boldsymbol{A}\boldsymbol{x}^* = \boldsymbol{b}, & &\boldsymbol{x}^* \geq \boldsymbol{0}, \\
&\boldsymbol{A}^\top \boldsymbol{y}^* - \boldsymbol{s}^* = \boldsymbol{c}, & &\boldsymbol{s}^* \geq \boldsymbol{0}, \\
&(\boldsymbol{s}^*)^\top \boldsymbol{x}^* = 0.
\end{aligned}
\tag{2.158}
$$

注 40　ここでは，双対問題 (D) の目的関数を最小化していることに注意する．

表 2.2 線形計画問題の最適性の条件とアルゴリズムの関係

	主問題 制約条件	双対問題 制約条件	相補性条件
単体法	√	–	√
双対単体法	–	√	√
内点法	√	√	–

ここで，1 番目の条件は主問題 (P) の制約条件，2 番目の条件は双対問題 (D) の制約条件，3 番目の条件は相補性条件 (2.126) を表す．すなわち，相補性条件 (2.126) は最適解の組 $(\boldsymbol{x}^*, \boldsymbol{y}^*, \boldsymbol{s}^*)$ において双対ギャップが 0 となることを表す．

表 2.2 に示すように，線形計画問題の最適性の条件からアルゴリズムを分類できる．2.2 節で紹介した単体法は，主問題 (P) の制約条件と相補性条件を満たしつつ，双対問題 (D) の制約条件を満たす解を探索するアルゴリズムであると解釈できる．一方で，双対単体法は，双対問題 (D) の制約条件と相補性条件を満たしつつ，主問題 (P) の制約条件を満たす解を探索するアルゴリズムであると解釈できる．また，3.3.7 節で紹介する内点法は，主問題 (P) の制約条件と双対問題 (D) の制約条件を満たしつつ，相補性条件を満たす解を探索するアルゴリズムであると解釈できる．

2.4 ● まとめ

線形計画問題の性質：線形計画問題では，実行可能領域は空間内の凸多面体になる．また，最適解が存在すれば，少なくとも 1 つの最適解は実行可能領域の凸多面体の頂点上にある．

単体法：実行可能領域の凸多面体のある頂点から出発し，目的関数の値が改善する隣接頂点への移動を繰り返すことで最適解を求めるアルゴリズム．

2 段階単体法：第 1 段階で実行可能解を 1 つ求める補助問題を解き，元の問題の実行可能基底解が求まれば，第 2 段階でそれを初期解として元の問題を解く．

双対問題：最大化問題ならばその最適値の良い上界を求める，最小化問題ならばその最適値の良い下界を求める問題．

双対定理：線形計画問題に最適解が存在すれば，その双対問題にも最適解が存在し，それらの最適値は一致する．

感度分析：入力データの変化にともなう最適解の変化を分析する．

双対単体法：双対問題の制約条件と相補性条件を満たしつつ，主問題の制約条件を満たす解を探索する単体法のバリエーション．

文献ノート

線形計画法に関する書籍として，たとえば，以下の3冊が挙げられる．

- V. Chvátal, *Linear Programming*, W. H. Freeman and Company, 1983. (阪田省二郎, 藤野和建, 田口東 (訳), 線形計画法 (上・下), 啓学出版, 1986, 1988.)
- 今野浩, 線形計画法, 日科技連, 1987.
- 並木誠, 線形計画法, 朝倉書店, 2008.

本章では紹介しなかった内点法に関する書籍として，たとえば，以下の1冊が挙げられる．線形計画問題だけではなく，半正定値計画問題を始めとするより一般的な連続最適化問題が紹介されている．

- 小島政和, 土谷隆, 水野眞治, 矢部博, 内点法, 朝倉書店, 2001.

演習問題

2.1[注41] ある肉詰工場では，毎日，豚のもも肉を480単位，豚のバラ肉を400単位，豚の肩肉を230単位製造している．これらの製品はいずれも生肉もしくは燻製(くんせい)として販売される．通常勤務で燻製できる豚のもも肉，バラ肉，肩肉は合計で420単位である．さらに，より高い費用で超過勤務をすればさらに250単位まで燻製できる．単位量あたりの利益は以下の通りである．

		燻製	
	生肉	通常	超過
もも肉	$8	$14	$11
バラ肉	$4	$12	$7
肩肉	$4	$13	$9

注41 J. H. Greene, K. Chatto, C. R. Hicks and C. B. Cox, Linear programming in the packing industry, *Journal of Industrial Engineering* **10** (1959), 364–372.

このとき，利益を最大化する 1 日の製造計画を求める線形計画問題を定式化せよ．

2.2[注42] ある石油精製所は，アルキレート，分解ガソリン，直留ガソリン，イソペンタンの 4 種類のガソリンを製造している．各ガソリンの 2 つの重要な特性は (耐ノック性を示す) 性能指数 PN と (揮発性を示す) 蒸気圧 RVP である．これら 2 つの特性と 1 日あたりの製造量 (バレル) は以下の通りである．

	PN	RVP	製造量
アルキレート	107.5	5.0	3800
分解ガソリン	93	8.0	2652
直留ガソリン	87	4.0	4081
イソペンタン	108	20.5	1300

これらのガソリンはそのまま 1 バレルあたり$4.83 で売れるし，混合して航空ガソリンとしても売れる．これらの航空ガソリンは一定の条件が課せられる．それらの条件と 1 バレルあたりの売値は以下の通りである．

混合ガソリン	PN	RVP	売値
M	80 以上	7.0 以下	$4.96
N	91 以上	7.0 以下	$5.85
Q	100 以上	7.0 以下	$6.45

混合ガソリンの PN および RVP は，その成分の PN と RVP の平均値である．このとき，売上を最大化する 1 日の製造計画を求める線形計画問題を定式化せよ．

2.3 次の最適化問題を標準形の線形計画問題に変形せよ．

(1)

$$
\begin{array}{ll}
\text{最小化} & 16x_1 + 2x_2 - 3x_3 \\
\text{条件} & x_1 - 6x_2 \geq 4, \\
& 3x_2 + 7x_3 \leq -5, \\
& x_1 + x_2 + x_3 = 10, \\
& x_1, x_2, x_3 \geq 0.
\end{array}
$$

注 42 A. Chanes, W. W. Cooper and B. Mellon, Blending aviation gasolines — A study in programming interdependent activities in an integrated oil company, *Econometrica* **20** (1952), 135–159.

(2)

$$\begin{aligned}
\text{最大化} \quad & 5x_1 + 6x_2 + 3x_3 \\
\text{条件} \quad & |x_1 - x_3| \leq 10, \\
& 10x_1 + 7x_2 + 4x_3 \leq 50, \\
& 2x_1 - 11x_3 \geq 15, \\
& x_1, x_3 \geq 0.
\end{aligned}$$

2.4 次の線形計画問題を単体法で解け.

(1)

$$\begin{aligned}
\text{最大化} \quad & 4x_1 + 8x_2 + 10x_3 \\
\text{条件} \quad & x_1 + x_2 + x_3 \leq 20, \\
& 3x_1 + 4x_2 + 6x_3 \leq 100, \\
& 4x_1 + 5x_2 + 3x_3 \leq 100, \\
& x_1, x_2, x_3 \geq 0.
\end{aligned}$$

(2)

$$\begin{aligned}
\text{最大化} \quad & x_1 + 3x_2 - x_3 \\
\text{条件} \quad & 2x_1 + 2x_2 - x_3 \leq 10, \\
& 3x_1 - 2x_2 + x_3 \leq 10, \\
& x_1 - 3x_2 + x_3 \leq 10, \\
& x_1, x_2, x_3 \geq 0.
\end{aligned}$$

(3)

$$\begin{aligned}
\text{最大化} \quad & 10x_1 + x_2 \\
\text{条件} \quad & x_1 \leq 1, \\
& 20x_1 + x_2 \leq 100, \\
& x_1, x_2 \geq 0.
\end{aligned}$$

2.5 次の線形計画問題を 2 段階単体法で解け.

(1)

$$\begin{aligned}
\text{最小化} \quad & 2x_1 + 3x_2 + x_3 \\
\text{条件} \quad & x_1 + 4x_2 + 2x_3 \geq 8, \\
& 3x_1 + 2x_2 \geq 6, \\
& x_1, x_2 \geq 0.
\end{aligned}$$

(2)

$$\begin{array}{ll} \text{最大化} & x_1 - x_2 + x_3 \\ \text{条件} & 2x_1 - x_2 + 2x_3 \leq 4, \\ & 2x_1 - 3x_2 + x_3 \leq -5, \\ & -x_1 + x_2 - 2x_3 \leq -1, \\ & x_1, x_2, x_3 \geq 0. \end{array}$$

(3)

$$\begin{array}{ll} \text{最大化} & 3x_1 + x_2 \\ \text{条件} & -x_1 + x_2 \geq 1, \\ & x_1 + x_2 \geq 3, \\ & 2x_1 + x_2 \leq 2, \\ & x_1, x_2 \geq 0. \end{array}$$

2.6 次の線形計画問題の双対問題を導け.

(1)

$$\begin{array}{ll} \text{最大化} & x_1 + 4x_2 + 3x_3 \\ \text{条件} & 2x_1 + 2x_2 + x_3 \leq 4, \\ & x_1 + 2x_2 + 2x_3 \leq 6, \\ & x_1, x_2, x_3 \geq 0. \end{array}$$

(2)

$$\begin{array}{ll} \text{最大化} & x_1 + x_2 \\ \text{条件} & -2x_1 + 3x_2 - x_3 + x_4 \leq 0, \\ & -3x_1 + x_2 + 4x_3 - 2x_4 \geq 3, \\ & x_1 - x_2 + 2x_3 + x_4 = 6, \\ & x_1, x_2, x_3 \geq 0. \end{array}$$

2.7 次の線形計画問題を解け.

$$\begin{array}{lll} \text{最大化} & \displaystyle\sum_{j=1}^{n} c_j x_j & \\ \text{条件} & \displaystyle\sum_{j=1}^{n} a_j x_j \leq b, & \\ & x_j \geq 0, & j = 1, \ldots, n. \end{array}$$

ここで, $a_j > 0$, $c_j > 0$ $(j = 1, \ldots, n)$, $b > 0$ である.

2.8 行列 $\boldsymbol{A} \in \mathbb{R}^{m\times n}$ とベクトル $\boldsymbol{b} \in \mathbb{R}^m$ が与えられる．このとき，定理 2.2 (強双対定理) を用いて，次のいずれか一方の条件のみが成り立つことを示せ．

(1) $\boldsymbol{Ax} = \boldsymbol{b}, \boldsymbol{x} \geq \boldsymbol{0}$ を満たす解 $\boldsymbol{x} \in \mathbb{R}^n$ が存在する．
(2) $\boldsymbol{A}^\top \boldsymbol{y} \geq \boldsymbol{0}, \boldsymbol{b}^\top \boldsymbol{y} < 0$ を満たす解 $\boldsymbol{y} \in \mathbb{R}^m$ が存在する．

この定理を**ファルカスの補題** (Farkas' lemma) と呼ぶ．ファルカスの補題のように，2 つの条件のいずれか一方のみが成り立つ定理はいくつかのバリエーションが知られており，これらを**二者択一の定理** (theorem of the alternative) と呼ぶ．

2.9 ファルカスの補題を用いて定理 2.2 (強双対定理) を示せ．

2.10 次の主問題 (P) と双対問題 (D) を考える．

(P)	最大化	$\boldsymbol{c}^\top \boldsymbol{x}$	(D)	最小化	$\boldsymbol{b}^\top \boldsymbol{y}$
	条件	$\boldsymbol{Ax} \leq \boldsymbol{b},$		条件	$\boldsymbol{A}^\top \boldsymbol{y} \geq \boldsymbol{c},$
		$\boldsymbol{x} \geq \boldsymbol{0}.$			$\boldsymbol{y} \geq \boldsymbol{0}.$

このとき，以下の相補性定理を示せ．

定理 2.4 (相補性定理)

主問題 (P) の実行可能解 $\boldsymbol{x}$ と双対問題 (D) の実行可能解 $\boldsymbol{y}$ がともに最適解であるための必要十分条件は

$$x_j \left(\sum_{i=1}^{m} a_{ij} y_i - c_j \right) = 0, \quad j = 1, \dots, n,$$
$$y_i \left(b_i - \sum_{j=1}^{n} a_{ij} x_j \right) = 0, \quad i = 1, \dots, m$$

が成り立つことである．

第 3 章

非線形計画

非線形計画問題は非線形関数で表された目的関数や制約条件を含む最適化問題であり，適用範囲が非常に広い一方で，多様な非線形計画問題を効率的に解く汎用的なアルゴリズムを開発することは難しい．本章では，まず，非線形計画問題の定式化と，効率的に解ける非線形計画問題の特徴を説明したあとに，制約なし最適化問題と制約つき最適化問題の代表的なアルゴリズムを説明する．

スタンフォード大学にいるタッカーとプリンストン大学にいる私との間で手紙をやり取りしながらこの仕事を進めた．電子メールなどなく，コピー機ではなくカーボン紙を使って複写していた時代であったことを思い出してほしい．タッカーは 2 次計画問題の定式化から始めたが，私はすぐに非線形計画問題の一般形に取り組むことにした．たしか，「非線形計画」という言葉はタッカーと私が 1950 年の春に書いた論文の題名で初めて使われたはずである．私達の目的は，線形計画法の双対定理の必要条件を非線形計画の場合に拡張することであった．また，希少資源を利用する企業の利益を最大化する単純な経済モデルに中心的な役割を与えることにした．

H. W. Kuhn, Being in the right place at the right time, *Operations Research* **50** (2002), 132–134.

3.1 ● 非線形計画問題の定式化

非線形計画問題は非線形関数で表された目的関数や制約条件を含む最適化問題であり，以下の形で表せる．

$$
\begin{array}{ll}
\text{最小化} & f(\boldsymbol{x}) \\
\text{条件} & g_i(\boldsymbol{x}) \leq 0, \quad i = 1, \ldots, l, \\
& g_i(\boldsymbol{x}) = 0, \quad i = l+1, \ldots, m, \\
& \boldsymbol{x} \in \mathbb{R}^n.
\end{array}
\tag{3.1}
$$

制約条件を表す関数 $g_1, \ldots, g_m$ を**制約関数** (constraint function) と呼ぶ．本節では，まず，非線形計画問題の例として，施設配置問題，円詰込み問題，ポートフォリオ選択問題，分類問題を紹介したあとに，局所最適解が大域最適解となる凸計画問題を説明する．

3.1.1 非線形計画問題の応用例

施設配置問題 (facility location problem)：ある企業は n 軒の店舗の開店に合わせて，配送センターの設置を検討している (**図 3.1**)．このとき，どの場所に配送センターを配置すれば良いだろうか．

店舗 i の座標を (x_i, y_i) とする．配送センターの座標を変数 (x, y) で表すと，配送センターと店舗 i の直線距離は $\sqrt{(x_i - x)^2 + (y_i - y)^2}$ となる．このとき，配送センターからもっとも遠い店舗への直線距離を最小にする配送

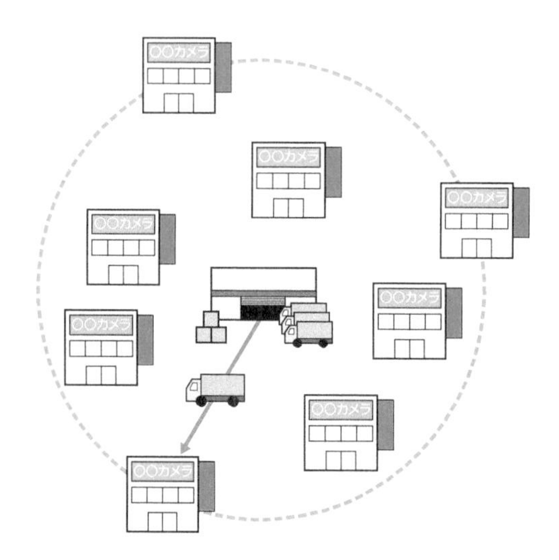

図 3.1 施設配置問題の例

センターの配置を求める問題は以下の最適化問題に定式化できる[注1].

$$\text{最小化} \quad \max_{i=1,\ldots,n} \sqrt{(x_i - x)^2 + (y_i - y)^2}. \tag{3.2}$$

ここで，配送センターからもっとも遠い店舗への直線距離を変数 r で表すと以下の最適化問題に変形できる.

$$\begin{array}{ll} \text{最小化} & r^2 \\ \text{条件} & (x_i - x)^2 + (y_i - y)^2 \leq r^2, \quad i = 1, \ldots, n, \\ & r \geq 0. \end{array} \tag{3.3}$$

さらに，新たな変数 $s = x^2 + y^2 - r^2$ を導入すると以下の最適化問題に変形できる.

$$\begin{array}{ll} \text{最小化} & x^2 + y^2 - s \\ \text{条件} & s - 2x_i x - 2y_i y + x_i^2 + y_i^2 \leq 0, \quad i = 1, \ldots, n. \end{array} \tag{3.4}$$

この問題は，目的関数が 2 次関数，すべての制約条件が線形の不等式となるため，2 次計画問題に分類される.

円詰込み問題 (circle packing problem)：ある企業は n 種類のタイヤを横積みしてコンテナに保管している．同じ種類のタイヤを積み上げるため，異なる種類のタイヤを長方形のコンテナに配置する状況を考える (**図 3.2**)．このとき，すべての種類のタイヤを保管するコンテナの床面積を最小化するためには，各タイヤをどのように配置すれば良いだろうか.

タイヤ i の半径を r_i とする．タイヤ i の中心の座標を変数 (x_i, y_i) で表す．このとき，コンテナの幅 W を固定した上で，コンテナの長さ L を最小にするタイヤの配置を求める問題は以下の最適化問題に定式化できる.

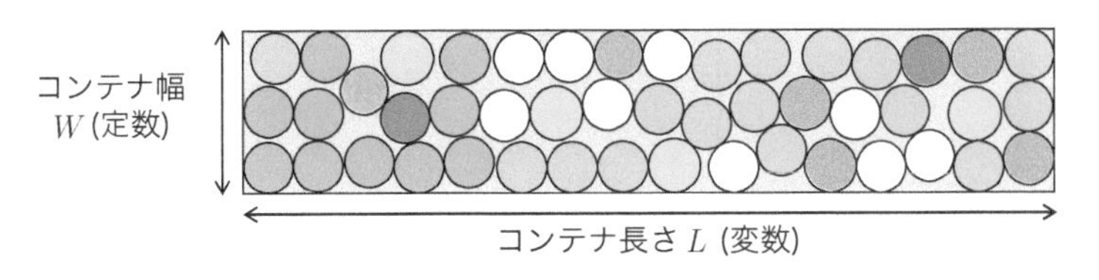

図 3.2　円詰込み問題の例

注 1　このように，平面上に分布する n 個の点を含む最小の円を求める問題を**最小包囲円問題** (smallest enclosing circle problem) と呼ぶ.

$$
\begin{array}{lll}
\text{最小化} & L & \\
\text{条件} & (x_i - x_j)^2 + (y_i - y_j)^2 \geq (r_i + r_j)^2, & 1 \leq i < j \leq n, \\
& r_i \leq x_i \leq L - r_i, & i = 1, \ldots, n, \\
& r_i \leq y_i \leq W - r_i, & i = 1, \ldots, n.
\end{array}
\tag{3.5}
$$

1番目の制約条件は，異なる種類のタイヤ i, j が互いに重ならないことを表す．2, 3番目の制約条件は，タイヤ i がコンテナ内に収まることを表す．

ポートフォリオ選択問題 (portfolio selection problem)：n 種類の資産に手持ちの資金を投資する状況を考える．このとき，各資産 i に配分する資金の比率を決定する問題をポートフォリオ選択問題と呼ぶ[注2]．ここでは，ある期の始めに資金を投資して資産を購入し，終わりにすべての資産を売却すると考える．資産 i の1期あたりの収益率を R_i とする．通常，収益率は不明なので R_i は確率変数である．資産 i に配分する資金の比率を変数 x_i で表すと，期末での全体の収益率は $R(\boldsymbol{x}) = \sum_{i=1}^{n} R_i x_i$ と表せる．ここで，$\boldsymbol{x} = (x_1, \ldots, x_n)^\top \in \mathbb{R}^n$ である．投資では利益が大きくかつ損失の危険が小さくなるような資産の配分が望ましい．そこで，収益率の期待値 $\mathrm{E}[R(\boldsymbol{x})]$ をある一定の値 ρ に固定した上で，分散 $\mathrm{V}[R(\boldsymbol{x})]$ を最小にする資金の配分を求める問題は以下の最適化問題に定式化できる．

$$
\begin{array}{lll}
\text{最小化} & \mathrm{V}[R(\boldsymbol{x})] & \\
\text{条件} & \mathrm{E}[R(\boldsymbol{x})] = \rho, & \\
& \displaystyle\sum_{i=1}^{n} x_i = 1, & \\
& x_i \geq 0, & i = 1, \ldots, n.
\end{array}
\tag{3.6}
$$

収益率 R_i の期待値を $r_i = \mathrm{E}[R_i]$, R_i と R_j の共分散を $\sigma_{ij} = \mathrm{E}[(R_i - r_i)(R_j - r_j)]$ とすると，

$$
\mathrm{E}[R(\boldsymbol{x})] = \mathrm{E}\left[\sum_{i=1}^{n} R_i x_i\right] = \sum_{i=1}^{n} \mathrm{E}[R_i] x_i = \sum_{i=1}^{n} r_i x_i, \tag{3.7}
$$

注2　ポートフォリオは書類入れを指す言葉であるが，投資家が保有資産を記載した書類を入れていたことから転じて，このような意味で用いられるようになったと言われている．

$$
\begin{aligned}
\mathrm{V}[R(\boldsymbol{x})] &= \mathrm{E}\left[(R(\boldsymbol{x}) - \mathrm{E}[R(\boldsymbol{x})])^2\right] \\
&= \mathrm{E}\left[\left(\sum_{i=1}^{n} R_i x_i - \sum_{i=1}^{n} r_i x_i\right)^2\right] \\
&= \mathrm{E}\left[\sum_{i=1}^{n}\sum_{j=1}^{n}(R_i - r_i)(R_j - r_j)x_i x_j\right] \\
&= \sum_{i=1}^{n}\sum_{j=1}^{n} \mathrm{E}\left[(R_i - r_i)(R_j - r_j)\right] x_i x_j \\
&= \sum_{i=1}^{n}\sum_{j=1}^{n} \sigma_{ij} x_i x_j
\end{aligned}
\tag{3.8}
$$

より，以下の 2 次計画問題に変形できる．

$$
\begin{aligned}
&\text{最小化} && \sum_{i=1}^{n}\sum_{j=1}^{n} \sigma_{ij} x_i x_j \\
&\text{条件} && \sum_{i=1}^{n} r_i x_i = \rho, \\
& && \sum_{i=1}^{n} x_i = 1, \\
& && x_i \geq 0, \qquad\qquad i = 1, \ldots, n.
\end{aligned}
\tag{3.9}
$$

分類問題 (classification problem)：画像，音声，文書などのデータを複数のカテゴリ (区分) の 1 つに分類する問題を分類問題と呼ぶ．たとえば，電子メールを迷惑メールとそれ以外に分類する処理において，文書内に現れる各単語の頻度をベクトル $\boldsymbol{x} = (x_1, \ldots, x_m)^\top \in \mathbb{R}^m$ で表し，文書が迷惑メールであれば $y = +1$，そうでなければ $y = -1$ と表す．n 組のデータ $(\boldsymbol{x}^{(1)}, y^{(1)}), \ldots, (\boldsymbol{x}^{(n)}, y^{(n)})$ が与えられたとき，新たなデータ $\boldsymbol{x}$ のカテゴリ $y \in \{+1, -1\}$ を推定したい．

各データ $(\boldsymbol{x}^{(i)}, y^{(i)})$ に対して，

$$
\begin{cases}
f(\boldsymbol{x}^{(i)}) = \boldsymbol{w}^\top \boldsymbol{x}^{(i)} + b > 0 & \text{ならば} \quad y^{(i)} = +1 \\
f(\boldsymbol{x}^{(i)}) = \boldsymbol{w}^\top \boldsymbol{x}^{(i)} + b < 0 & \text{ならば} \quad y^{(i)} = -1
\end{cases}
\tag{3.10}
$$

を満たす関数 $f(\boldsymbol{x}) = \boldsymbol{w}^\top \boldsymbol{x} + b$ を求めれば，新たなデータ $\boldsymbol{x}$ のカテゴリ y を推定できる．ここでは，**図 3.3** に示すように，上記の性質を満たす

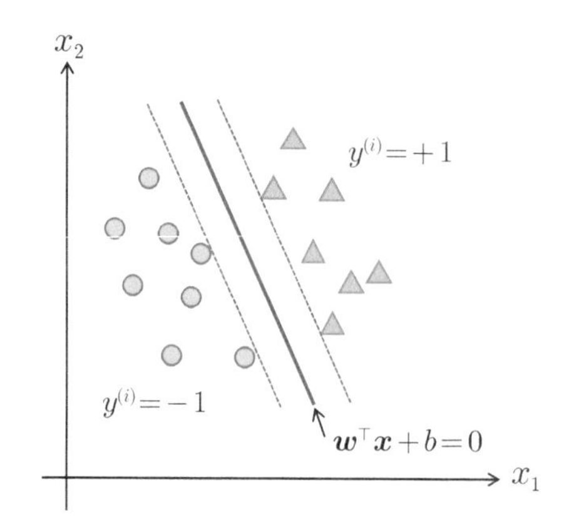

図 3.3　線形関数 $f(\boldsymbol{x}) = \boldsymbol{w}^\top \boldsymbol{x} + b$ によるデータの分類

$\boldsymbol{w} = (w_1, \ldots, w_m)^\top \in \mathbb{R}^m \setminus \{\boldsymbol{0}\}$ と $b \in \mathbb{R}$ が存在する状況を考える．このような状況を**線形分離可能** (linearly separable) であると呼ぶ．

一般に，与えられたデータ $(\boldsymbol{x}^{(1)}, y^{(1)}), \ldots, (\boldsymbol{x}^{(n)}, y^{(n)})$ が線形分離可能であれば，この性質を満たすパラメータ $(\boldsymbol{w}, b)$ の値は無数に存在する．ここで，超平面 $\{\boldsymbol{x} \mid \boldsymbol{w}^\top \boldsymbol{x} + b = 0\}$ からもっとも近いデータ点 $\boldsymbol{x}^{(i)}$ までの距離をできる限り大きくすれば，新たなデータ $\boldsymbol{x}$ のカテゴリ y を正しく推測することが期待できる．このように，もっとも近いデータ点との距離が最大となる超平面を求める手法を**サポートベクトルマシン** (support vector machine; SVM) と呼ぶ．

以下では，与えられたデータは線形分離可能であると仮定する．点 $\boldsymbol{x}^{(i)}$ から超平面 $\{\boldsymbol{x} \mid \boldsymbol{w}^\top \boldsymbol{x} + b = 0\}$ までの距離は

$$\frac{|\boldsymbol{w}^\top \boldsymbol{x}^{(i)} + b|}{\|\boldsymbol{w}\|} = \frac{y^{(i)}(\boldsymbol{w}^\top \boldsymbol{x}^{(i)} + b)}{\|\boldsymbol{w}\|} \tag{3.11}$$

と書ける[注3]．超平面 $\{\boldsymbol{x} \mid \boldsymbol{w}^\top \boldsymbol{x} + b = 0\}$ からもっとも近いデータ点 $\boldsymbol{x}^{(i)}$ までの距離を最大にするパラメータ $(\boldsymbol{w}, b)$ の値を求める問題は以下の最適化問題に定式化できる[注4]．

注 3　$\|\boldsymbol{x}\|$ はベクトル $\boldsymbol{x}$ のユークリッドノルム $\sqrt{\boldsymbol{x}^\top \boldsymbol{x}}$ を表す．
注 4　$(\boldsymbol{x}^{(1)}, y^{(1)}), \ldots, (\boldsymbol{x}^{(n)}, y^{(n)})$ は定数であることに注意する．

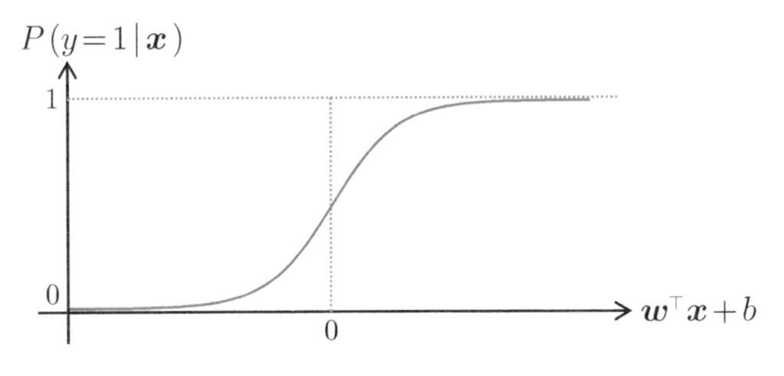

図 3.4　ロジスティック関数の例

$$
\begin{array}{ll}
\text{最大化} & \dfrac{z}{\|\boldsymbol{w}\|} \\
\text{条件} & y^{(i)}(\boldsymbol{w}^\top \boldsymbol{x}^{(i)} + b) \geq z, \quad i = 1, \ldots, n, \\
& \boldsymbol{w} \in \mathbb{R}^m \setminus \{\boldsymbol{0}\}, \\
& b, z \in \mathbb{R}.
\end{array}
\tag{3.12}
$$

与えられたデータが線形分離可能であれば最適値は正なので，$\frac{\boldsymbol{w}}{z}$ を $\boldsymbol{w}$，$\frac{b}{z}$ を b に置き換えれば，以下の 2 次計画問題に変形できる [注5]．

$$
\begin{array}{ll}
\text{最小化} & \dfrac{1}{2}\|\boldsymbol{w}\|^2 \\
\text{条件} & y^{(i)}(\boldsymbol{w}^\top \boldsymbol{x}^{(i)} + b) \geq 1, \quad i = 1, \ldots, n, \\
& \boldsymbol{w} \in \mathbb{R}^m,\ b \in \mathbb{R}.
\end{array}
\tag{3.13}
$$

次に，確率を用いて分類問題を定式化する**ロジスティック回帰** (logistic regression) を紹介する．今度はカテゴリ y は $\{0, 1\}$ の 2 値をとるとする．新たなデータ $\boldsymbol{x}$ のカテゴリが $y = 1$ となる確率が

$$
P(y = 1 \mid \boldsymbol{x}) = \frac{\mathrm{e}^{\boldsymbol{w}^\top \boldsymbol{x} + b}}{1 + \mathrm{e}^{\boldsymbol{w}^\top \boldsymbol{x} + b}} \tag{3.14}
$$

と表せると仮定する (**図 3.4**)．この関数を**ロジスティック関数** (logistic function)[注6] と呼ぶ．

n 組のデータ $(\boldsymbol{x}^{(1)}, y^{(1)}), (\boldsymbol{x}^{(2)}, y^{(2)}), \ldots, (\boldsymbol{x}^{(n)}, y^{(n)})$ が与えられたとき，以下に定義する**尤度関数** (likehood function) の値が最大となるパラメータ $(\boldsymbol{w}, b)$ の値を決定する最適化問題を解けば，式 (3.14) を用いて新たなデータ $\boldsymbol{x}$ のカテゴリが $y = 1$ となる確率を推定できる．

注 5　目的関数 $\frac{1}{2}\|\boldsymbol{w}\|^2$ の係数 $\frac{1}{2}$ は，3.3.3 節で双対問題を導出する際に式を見やすくするためである．
注 6　**シグモイド関数** (sigmoid function) とも呼ぶ．

$$L(\boldsymbol{w}, b) = \prod_{i=1}^{n} p_i(\boldsymbol{w}, b)^{y^{(i)}} (1 - p_i(\boldsymbol{w}, b))^{1-y^{(i)}}. \tag{3.15}$$

ただし，$p_i(\boldsymbol{w}, b) = P(y^{(i)} = 1 \mid \boldsymbol{x}^{(i)})$ は，データ $\boldsymbol{x}^{(i)}$ のカテゴリが $y^{(i)} = 1$ となる確率である．通常は，尤度関数 L の代わりに，尤度関数の対数をとった対数尤度関数

$$\log L(\boldsymbol{w}, b) = \sum_{i=1}^{n} \left\{ y^{(i)}(\boldsymbol{w}^\top \boldsymbol{x}^{(i)} + b) - \log\left(1 + \mathrm{e}^{\boldsymbol{w}^\top \boldsymbol{x}^{(i)} + b}\right) \right\} \tag{3.16}$$

を考える[注7]．このように，与えられたデータから尤度関数の値が最大となる分布のパラメータの値を推定する方法を**最尤推定法** (maximum likehood estimation) と呼ぶ．

3.1.2 凸計画問題

一般に，非線形問題では大域最適解のほかに多数の局所最適解が存在する可能性がある．しかし，**図 3.5** に示すように，目的関数が凸関数でかつ実行可能領域が凸集合となる最適化問題では，局所最適解が大域最適解となることが知られている．このような問題を**凸計画問題** (convex programming problem) と呼ぶ．凸計画問題に対して多くの効率的なアルゴリズムが開発されている．そのため，現実問題を非線形計画問題に定式化する際には，可能であれば凸計画問題に定式化することが望ましい．本節では，まず，凸集合と凸関数を定義し，それらの性質を説明する．

集合 $S \subseteq \mathbb{R}^n$ 内の任意の 2 点 $\boldsymbol{x}, \boldsymbol{y} \in S$ に対して，

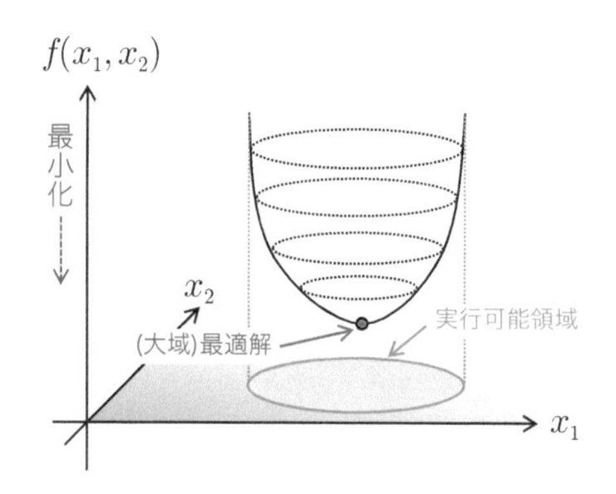

図 3.5　凸計画問題の例

注 7　$\log x$ はネイピア数 e を底とする x の対数を表す．

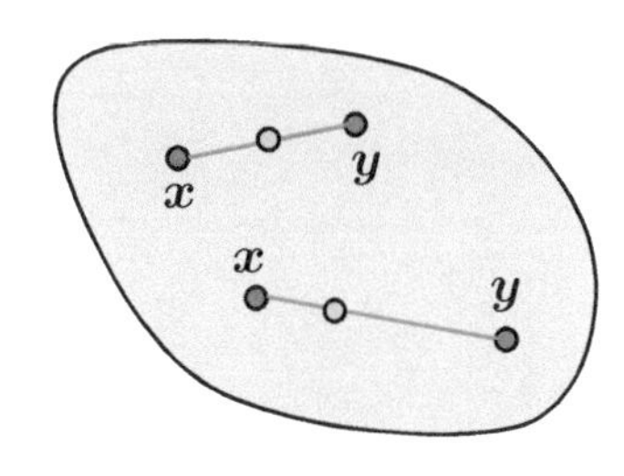

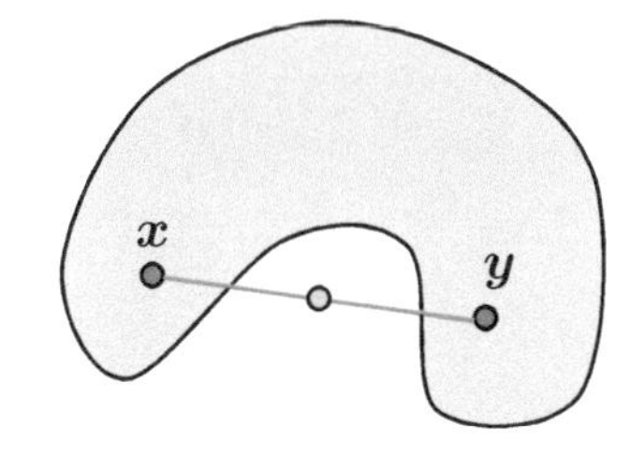

図 3.6　凸集合 (左) と非凸集合 (右) の例

$$(1-\alpha)\boldsymbol{x}+\alpha\boldsymbol{y}\in S,\quad 0\leq\alpha\leq 1 \tag{3.17}$$

が成り立つとき，すなわち，集合 S に含まれる任意の 2 点 $\boldsymbol{x},\boldsymbol{y}$ を結ぶ線分が集合 S に含まれるとき，集合 S を**凸集合** (convex set) と呼ぶ．凸集合と非凸集合の例を**図 3.6** に示す．

凸集合について，以下の性質が知られている．

定理 3.1

集合 $S_1,S_2\subseteq\mathbb{R}^n$ が凸集合ならば $S_1\cap S_2$ も凸集合である．

(証明略)

凸集合 $S\subseteq\mathbb{R}^n$ 上で定義された関数 f が，任意の 2 点 $\boldsymbol{x},\boldsymbol{y}\in S$ に対して，

$$f((1-\alpha)\boldsymbol{x}+\alpha\boldsymbol{y})\leq(1-\alpha)f(\boldsymbol{x})+\alpha f(\boldsymbol{y}),\quad 0\leq\alpha\leq 1 \tag{3.18}$$

を満たすとき，すなわち，集合 S に含まれる任意の 2 点 $(\boldsymbol{x},f(\boldsymbol{x})),(\boldsymbol{y},f(\boldsymbol{y}))\in S\times\mathbb{R}$ を結ぶ線分が関数 f の上側にあるとき，関数 f を**凸関数** (convex function) と呼ぶ[注8]．さらに，関数 f が $\boldsymbol{x}\neq\boldsymbol{y}$ である任意の 2 点 $\boldsymbol{x},\boldsymbol{y}\in S$ に対して，

$$f((1-\alpha)\boldsymbol{x}+\alpha\boldsymbol{y})<(1-\alpha)f(\boldsymbol{x})+\alpha f(\boldsymbol{y}),\quad 0<\alpha<1 \tag{3.19}$$

を満たすとき，関数 f を**狭義凸関数** (strictly convex function) と呼ぶ[注9]．凸関数と非凸関数の例を**図 3.7** に示す．

別の凸関数の定義を紹介する．凸集合 $S\subseteq\mathbb{R}^n$ 上で定義された関数 f に対して，集合 $\mathrm{epi}\, f=\{(\boldsymbol{x},\lambda)\mid\boldsymbol{x}\in S,\lambda\geq f(\boldsymbol{x})\}$，すなわち，関数 f から上に

注 8　$-f$ が凸関数であるとき，関数 f を**凹関数** (concave function) と呼ぶ．

注 9　$-f$ が狭義凸関数であるとき，関数 f を**狭義凹関数** (strictly concave function) と呼ぶ．

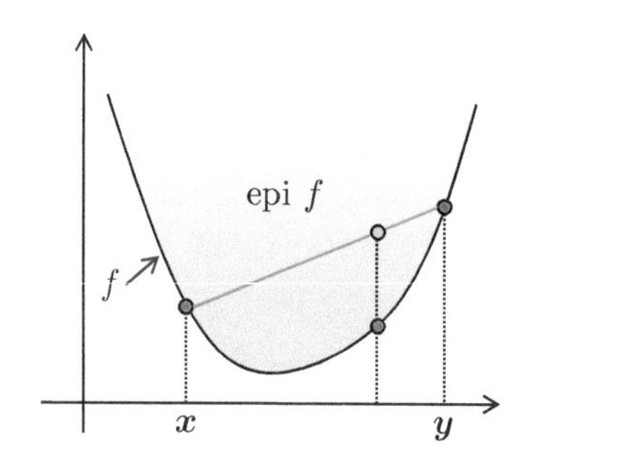

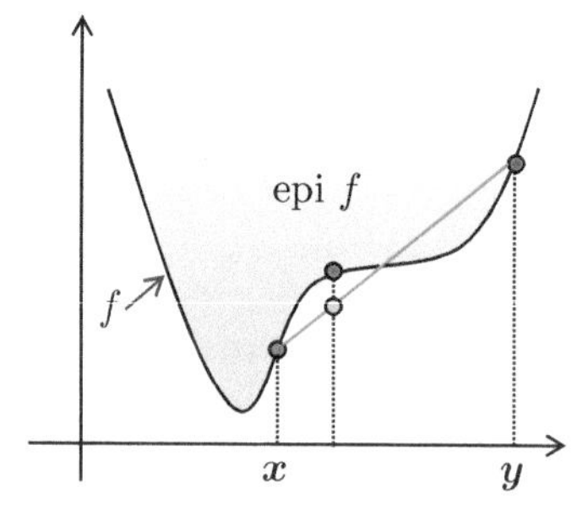

図 3.7　凸関数 (左) と非凸関数 (右) の例

広がる領域を関数 f の**エピグラフ** (epigraph) と呼ぶ (図 3.7). 関数 f が凸関数であることは，エピグラフ epi f が凸集合であることと同値である．

凸関数について，以下の性質（定理 3.2〜定理 3.4）が知られている．

定理 3.2

関数 f_1, f_2 を凸集合 $S \subseteq \mathbb{R}^n$ 上で定義された凸関数とする．このとき，任意の $u_1, u_2 \geq 0$ に対して関数 $u_1 f_1 + u_2 f_2$ は S 上の凸関数である．

証明　$f(\boldsymbol{x}) = u_1 f_1(\boldsymbol{x}) + u_2 f_2(\boldsymbol{x})$ とする．関数 f_1, f_2 は集合 S 上の凸関数なので，集合 S 上の任意の 2 点 $\boldsymbol{x}, \boldsymbol{y} \in S$ に対して，

$$
\begin{aligned}
& f((1-\alpha)\boldsymbol{x} + \alpha\boldsymbol{y}) = u_1 f_1((1-\alpha)\boldsymbol{x} + \alpha\boldsymbol{y}) + u_2 f_2((1-\alpha)\boldsymbol{x} + \alpha\boldsymbol{y}) \\
& \leq u_1((1-\alpha) f_1(\boldsymbol{x}) + \alpha f_1(\boldsymbol{y})) + u_2((1-\alpha) f_2(\boldsymbol{x}) + \alpha f_2(\boldsymbol{y})) \\
& = (1-\alpha)(u_1 f_1(\boldsymbol{x}) + u_2 f_2(\boldsymbol{x})) + \alpha(u_1 f_1(\boldsymbol{y}) + u_2 f_2(\boldsymbol{y})) \\
& = (1-\alpha) f(\boldsymbol{x}) + \alpha f(\boldsymbol{y})
\end{aligned}
\tag{3.20}
$$

が成り立つので，関数 $u_1 f_1 + u_2 f_2$ は凸関数である．□

定理 3.3

関数 f_1, f_2 を凸集合 $S \subseteq \mathbb{R}^n$ 上で定義された凸関数とする．このとき，関数 $\max\{f_1, f_2\}$ は S 上の凸関数である．

証明　$f(\boldsymbol{x}) = \max\{f_1(\boldsymbol{x}), f_2(\boldsymbol{x})\}$ とする．関数 f_1, f_2 は集合 S 上の凸関数なので，集合 S 上の任意の 2 点 $\boldsymbol{x}, \boldsymbol{y} \in S$ に対して，

$$
\begin{aligned}
f((1-\alpha)\boldsymbol{x}+\alpha\boldsymbol{y}) &= \max\{f_1((1-\alpha)\boldsymbol{x}+\alpha\boldsymbol{y}), f_2((1-\alpha)\boldsymbol{x}+\alpha\boldsymbol{y})\} \\
&\le \max\{(1-\alpha)f_1(\boldsymbol{x})+\alpha f_1(\boldsymbol{y}), (1-\alpha)f_2(\boldsymbol{x})+\alpha f_2(\boldsymbol{y})\} \\
&\le (1-\alpha)\max\{f_1(\boldsymbol{x}), f_2(\boldsymbol{x})\} + \alpha\max\{f_1(\boldsymbol{y}), f_2(\boldsymbol{y})\} \\
&= (1-\alpha)f(\boldsymbol{x})+\alpha f(\boldsymbol{y})
\end{aligned}
\tag{3.21}
$$

が成り立つので，関数 $\max\{f_1, f_2\}$ は凸関数である． □

定理 3.4

$\mathbb{R}^n$ 上で定義された関数 $g_1, \ldots, g_l$ が凸関数ならば，集合 $S = \{\boldsymbol{x} \in \mathbb{R}^n \mid g_i(\boldsymbol{x}) \le 0, i = 1, \ldots, l\}$ は凸集合である．

証明 関数 g_i $(i = 1, \ldots, l)$ は $\mathbb{R}^n$ 上の凸関数なので，集合 S 上の任意の 2 点 $\boldsymbol{x}, \boldsymbol{y} \in S$ に対して，

$$
g_i((1-\alpha)\boldsymbol{x}+\alpha\boldsymbol{y}) \le (1-\alpha)g_i(\boldsymbol{x}) + \alpha g_i(\boldsymbol{y}) \le 0,\ 0 \le \alpha \le 1 \tag{3.22}
$$

が成り立つ．したがって，$(1-\alpha)\boldsymbol{x}+\alpha\boldsymbol{y} \in S$ が成り立つので，集合 S は凸集合である． □

目的関数 f と不等式制約の関数 $g_1, \ldots, g_l$ が凸関数で，等式制約の関数 $g_{l+1}, \ldots, g_m$ が線形関数であるとき，問題 (3.1) は凸計画問題となる．線形関数は凸関数なので，2 章で説明した線形計画問題は凸計画問題に含まれる．凸計画問題について，以下の性質が知られている．

定理 3.5

凸計画問題では任意の局所最適解は大域最適解である．

証明 背理法を用いる．局所最適解 $\boldsymbol{x}'$ は大域最適解ではなく，$f(\boldsymbol{x}^*) < f(\boldsymbol{x}')$ を満たす実行可能解 $\boldsymbol{x}^* \in S$ が存在すると仮定する．2 点 $\boldsymbol{x}', \boldsymbol{x}^*$ を結ぶ線分上の点 $\boldsymbol{x}_\alpha = (1-\alpha)\boldsymbol{x}' + \alpha\boldsymbol{x}^*$ $(0 < \alpha < 1)$ を考える．実行可能領域 S は凸集合なので，任意の $\alpha \in (0, 1)$ に対して点 $\boldsymbol{x}_\alpha$ は実行可能解で，十分に小さい α では点 $\boldsymbol{x}_\alpha$ は局所最適解 $\boldsymbol{x}'$ の近傍 $N(\boldsymbol{x}')$ に含まれる．さらに，目的関数 f は凸関数なので，

$$
f(\boldsymbol{x}_\alpha) \le (1-\alpha)f(\boldsymbol{x}') + \alpha f(\boldsymbol{x}^*) < f(\boldsymbol{x}') \tag{3.23}
$$

が成り立つ．これは，点 $\boldsymbol{x}'$ が局所最適解であることに反する．

非線形計画問題では多変数関数の微分が重要な役割を果たす．$\boldsymbol{x} = (x_1, \ldots, x_n)^\top \in \mathbb{R}^n$ を変数とする連続な関数 $f(\boldsymbol{x})$ を考える．このとき，関数 f の各変数 x_i に関する偏微分係数 $\partial f(\boldsymbol{x})/\partial x_i$ を要素とするベクトル

$$\nabla f(\boldsymbol{x}) = \left(\frac{\partial f(\boldsymbol{x})}{\partial x_1}, \frac{\partial f(\boldsymbol{x})}{\partial x_2}, \ldots, \frac{\partial f(\boldsymbol{x})}{\partial x_n}\right)^\top \in \mathbb{R}^n \tag{3.24}$$

に対して

$$f(\boldsymbol{x} + \boldsymbol{d}) = f(\boldsymbol{x}) + \nabla f(\boldsymbol{x})^\top \boldsymbol{d} + \mathrm{o}(\|\boldsymbol{d}\|), \quad \boldsymbol{d} \in \mathbb{R}^n \tag{3.25}$$

が成り立つとき，関数 f は点 $\boldsymbol{x}$ において（全）微分可能であると呼ぶ[注10]．さらに，$\nabla f(\boldsymbol{x})$ が連続ならば，関数 f は点 $\boldsymbol{x}$ において連続的微分可能であると呼ぶ．

ベクトル $\nabla f(\boldsymbol{x})$ を点 $\boldsymbol{x}$ における関数 f の**勾配** (gradient) と呼ぶ．たとえば，関数 $f(\boldsymbol{x}) = 3x_1^2 - 2x_1x_2 + 3x_2^2 - 4x_1 - 4x_2$ の勾配は

$$\nabla f(\boldsymbol{x}) = \begin{pmatrix} 6x_1 - 2x_2 - 4 \\ -2x_1 + 6x_2 - 4 \end{pmatrix} \tag{3.26}$$

となる．点 $\boldsymbol{a} = (0,0)^\top$, $\boldsymbol{b} = (2,0)^\top$, $\boldsymbol{c} = (3,1)^\top$ における関数 f の勾配は，それぞれ，$\nabla f(\boldsymbol{a}) = (-4,-4)^\top$, $\nabla f(\boldsymbol{b}) = (8,-8)^\top$, $\nabla f(\boldsymbol{c}) = (12,-4)^\top$ となる．勾配は点 $\boldsymbol{x}$ において関数 f の増加率すなわち傾きが最大となる方向を示すベクトルで，**図 3.8** に示すように，関数 f の等高線に対して垂直な方向となる．

関数 f が微分可能ならば，式 (3.25) より点 $\boldsymbol{x}$ のまわりで関数 f を線形関数に近似できる．微分可能な凸関数について，以下の性質が知られている．

定理 3.6

関数 f は微分可能とする．このとき，関数 f が凸関数であるための必要十分条件は，任意の 2 点 $\boldsymbol{x}, \boldsymbol{y} \in \mathbb{R}^n$ に対して，

$$f(\boldsymbol{y}) \geq \nabla f(\boldsymbol{x})^\top (\boldsymbol{y} - \boldsymbol{x}) + f(\boldsymbol{x}) \tag{3.27}$$

が成り立つことである．

注 10　関数 $g : \mathbb{R} \to \mathbb{R}$ に対して $\displaystyle\lim_{x \to 0} \left|\frac{g(x)}{x}\right| = 0$ が成り立つとき $g(x) = \mathrm{o}(x)$ と表す．これを**ランダウの o-記法** (Landau o-notation) と呼ぶ．

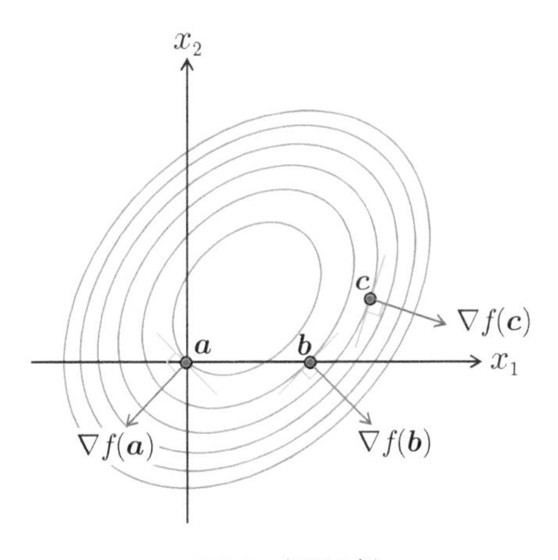

図 3.8 勾配の例

証明 まず，必要条件であることを示す．式 (3.18) を変形すると

$$f(\boldsymbol{y}) - f(\boldsymbol{x}) \geq \frac{1}{\alpha}\Big\{f(\boldsymbol{x} + \alpha(\boldsymbol{y} - \boldsymbol{x})) - f(\boldsymbol{x})\Big\} \tag{3.28}$$

となる．ここで，$g(\alpha) = f(\boldsymbol{x} + \alpha(\boldsymbol{y} - \boldsymbol{x}))$ とすると，

$$\lim_{\alpha \to 0} \frac{f(\boldsymbol{x} + \alpha(\boldsymbol{y} - \boldsymbol{x})) - f(\boldsymbol{x})}{\alpha} = \lim_{\alpha \to 0} \frac{g(\alpha) - g(0)}{\alpha} = \frac{dg(0)}{d\alpha} \tag{3.29}$$

となる．$\boldsymbol{x}(\alpha) = \boldsymbol{x} + \alpha(\boldsymbol{y} - \boldsymbol{x})$ とおけば，合成関数の微分より

$$\frac{dg(0)}{d\alpha} = \sum_{j=1}^{n} \frac{\partial f(\boldsymbol{x}(0))}{\partial x_j} \frac{dx_j(0)}{d\alpha} = \nabla f(\boldsymbol{x})^\top (\boldsymbol{y} - \boldsymbol{x}) \tag{3.30}$$

となり，式 (3.27) が成り立つ．

次に，十分条件であることを示す．2 点 $\boldsymbol{x}, \boldsymbol{y}$ を結ぶ線分上の点 $\boldsymbol{x}_\alpha = (1-\alpha)\boldsymbol{x} + \alpha\boldsymbol{y}$ $(0 < \alpha < 1)$ を考える．2 点 $\boldsymbol{x}, \boldsymbol{x}_\alpha$ および 2 点 $\boldsymbol{y}, \boldsymbol{x}_\alpha$ にそれぞれ式 (3.27) を適用すると

$$\begin{aligned} f(\boldsymbol{x}) - f(\boldsymbol{x}_\alpha) &\geq \nabla f(\boldsymbol{x}_\alpha)^\top (\boldsymbol{x} - \boldsymbol{x}_\alpha), \\ f(\boldsymbol{y}) - f(\boldsymbol{x}_\alpha) &\geq \nabla f(\boldsymbol{x}_\alpha)^\top (\boldsymbol{y} - \boldsymbol{x}_\alpha) \end{aligned} \tag{3.31}$$

となる．これらの式をそれぞれ $1-\alpha$ 倍，α 倍して足し合わせると，

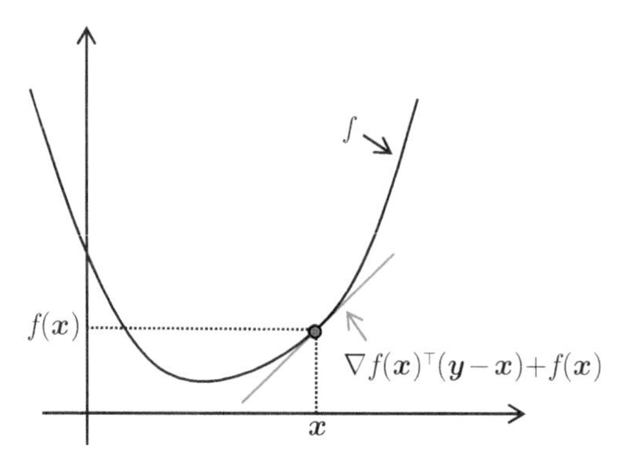

図 3.9　凸関数と接線

$$(1-\alpha)f(\boldsymbol{x})+\alpha f(\boldsymbol{y})-f(\boldsymbol{x}_\alpha) \geq \nabla f(\boldsymbol{x}_\alpha)^\top \Big\{(1-\alpha)\boldsymbol{x}+\alpha\boldsymbol{y}-\boldsymbol{x}_\alpha\Big\} = 0 \quad (3.32)$$

となり，式 (3.18) が得られる．

式 (3.27) は，関数 f がつねにその接平面の上側にあることを表す (**図 3.9**)．定理 3.6 より以下の性質も示せる．

系 3.1

関数 f は連続的微分可能とする．このとき，関数 f が凸関数であるための必要十分条件は，任意の 2 点 $\boldsymbol{x}, \boldsymbol{y} \in \mathbb{R}^n$ に対して，

$$(\nabla f(\boldsymbol{y}) - \nabla f(\boldsymbol{x}))^\top (\boldsymbol{y} - \boldsymbol{x}) \geq 0 \quad (3.33)$$

が成り立つことである．

証明　まず，必要条件であることを示す．式 (3.27) から

$$\begin{aligned} f(\boldsymbol{y}) &\geq \nabla f(\boldsymbol{x})^\top (\boldsymbol{y} - \boldsymbol{x}) + f(\boldsymbol{x}), \\ f(\boldsymbol{x}) &\geq \nabla f(\boldsymbol{y})^\top (\boldsymbol{x} - \boldsymbol{y}) + f(\boldsymbol{y}) \end{aligned} \quad (3.34)$$

が得られる．これらの両式を加えると式 (3.33) が得られる．

次に，十分条件であることを示す．関数 f は連続的微分可能なので，平均値の定理より

$$f(\boldsymbol{y}) = f(\boldsymbol{x}) + \nabla f(\boldsymbol{x}_\alpha)^\top (\boldsymbol{y} - \boldsymbol{x}) \quad (3.35)$$

を満たす点 $\boldsymbol{x}_\alpha = (1-\alpha)\boldsymbol{x} + \alpha\boldsymbol{y}$ $(0 < \alpha < 1)$ が存在する．2 点 $\boldsymbol{x}_\alpha, \boldsymbol{x}$ に

式 (3.33) を適用すると

$$(\nabla f(\boldsymbol{x}_\alpha) - \nabla f(\boldsymbol{x}))^\top (\boldsymbol{x}_\alpha - \boldsymbol{x}) \geq 0 \tag{3.36}$$

となる．これに $\boldsymbol{x}_\alpha = (1-\alpha)\boldsymbol{x} + \alpha\boldsymbol{y}$ を代入して変形すると

$$\nabla f(\boldsymbol{x}_\alpha)^\top (\boldsymbol{y} - \boldsymbol{x}) \geq \nabla f(\boldsymbol{x})^\top (\boldsymbol{y} - \boldsymbol{x}) \tag{3.37}$$

となる．これに式 (3.35) を代入すると式 (3.27) が得られる．

式 (3.33) は 1 変数関数 $f(x)$ $(x \in \mathbb{R})$ では

$$(f'(y) - f'(x))(y - x) \geq 0 \tag{3.38}$$

となるため，1 階導関数 f' が単調非減少[注12]であることは，関数 f が凸関数であることと同値である．

さらに，勾配を偏微分することで関数 f のより詳しい情報が得られる．$\boldsymbol{x} = (x_1, \ldots, x_n)^\top \in \mathbb{R}^n$ を変数とする連続的微分可能な関数 $f(\boldsymbol{x})$ を考える．関数 f の各変数 x_i, x_j に関する 2 次の偏微分係数 $\partial^2 f(\boldsymbol{x})/\partial x_i \partial x_j$ を要素とする行列

$$\nabla^2 f(\boldsymbol{x}) = \begin{pmatrix} \frac{\partial^2 f(\boldsymbol{x})}{\partial x_1^2} & \frac{\partial^2 f(\boldsymbol{x})}{\partial x_1 \partial x_2} & \cdots & \frac{\partial^2 f(\boldsymbol{x})}{\partial x_1 \partial x_n} \\ \frac{\partial^2 f(\boldsymbol{x})}{\partial x_2 \partial x_1} & \frac{\partial^2 f(\boldsymbol{x})}{\partial x_2^2} & \cdots & \frac{\partial^2 f(\boldsymbol{x})}{\partial x_2 \partial x_n} \\ \vdots & \vdots & \ddots & \vdots \\ \frac{\partial^2 f(\boldsymbol{x})}{\partial x_n \partial x_1} & \frac{\partial^2 f(\boldsymbol{x})}{\partial x_n \partial x_2} & \cdots & \frac{\partial^2 f(\boldsymbol{x})}{\partial x_n^2} \end{pmatrix} \in \mathbb{R}^{n \times n} \tag{3.39}$$

に対して

$$f(\boldsymbol{x} + \boldsymbol{d}) = f(\boldsymbol{x}) + \nabla f(\boldsymbol{x})^\top \boldsymbol{d} + \frac{1}{2}\boldsymbol{d}^\top \nabla^2 f(\boldsymbol{x})\boldsymbol{d} + \mathrm{o}(\|\boldsymbol{d}\|^2), \quad \boldsymbol{d} \in \mathbb{R}^n \tag{3.40}$$

が成り立つとき，関数 f は点 $\boldsymbol{x}$ において 2 回微分可能であると呼ぶ．さらに，$\nabla^2 f(\boldsymbol{x})$ が連続ならば，関数 f は点 $\boldsymbol{x}$ において 2 回連続的微分可能であると呼ぶ．

行列 $\nabla^2 f(\boldsymbol{x})$ を点 $\boldsymbol{x}$ における関数 f の**ヘッセ行列** (Hessian) と呼ぶ．関数 f が点 $\boldsymbol{x}$ において 2 回連続的微分可能ならば，ヘッセ行列 $\nabla^2 f(\boldsymbol{x})$ は n 次対称行列となる．たとえば，関数 $f(\boldsymbol{x}) = 3x_1^2 - 2x_1x_2 + 3x_2^2 - 4x_1 - 4x_2$ のヘッセ行列は

注 12　任意の $x < y$ に対して $f(x) \leq f(y)$ が成り立つこと．

$$\nabla^2 f(\boldsymbol{x}) = \begin{pmatrix} 6 & -2 \\ -2 & 6 \end{pmatrix} \tag{3.41}$$

となる．

n 次正方行列 $\boldsymbol{A} \in \mathbb{R}^{n\times n}$ が任意の $\boldsymbol{x} \in \mathbb{R}^n$ に対して

$$\boldsymbol{x}^\top \boldsymbol{A}\boldsymbol{x} = \sum_{i=1}^{n} a_{ii}x_i^2 + \sum_{i\neq j} a_{ij}x_i x_j \geq 0 \tag{3.42}$$

を満たすとき，行列 $\boldsymbol{A}$ は**半正定値** (positive semidefinite) であると呼ぶ．また，任意の $\boldsymbol{x} \in \mathbb{R}^n$ $(\boldsymbol{x} \neq \boldsymbol{0})$ に対して $\boldsymbol{x}^\top \boldsymbol{A}\boldsymbol{x} > 0$ を満たすとき，行列 $\boldsymbol{A}$ は**正定値** (positive definite) であると呼ぶ．

n 次対称行列の固有値[注13] はすべて実数である．n 次対称行列 $\boldsymbol{A}$ は，その固有値 $\lambda_1, \ldots, \lambda_n$ に対応する固有ベクトル $\boldsymbol{p}_1, \ldots, \boldsymbol{p}_n$ からなる直交行列[注14] $\boldsymbol{P} = (\boldsymbol{p}_1, \ldots, \boldsymbol{p}_n)$ を用いて

$$\boldsymbol{P}^\top \boldsymbol{A}\boldsymbol{P} = \begin{pmatrix} \lambda_1 & & 0 \\ & \ddots & \\ 0 & & \lambda_n \end{pmatrix} \tag{3.43}$$

と対角化できる．ここで，$\boldsymbol{x} = \boldsymbol{P}\boldsymbol{y}$ とおくと

$$\boldsymbol{x}^\top \boldsymbol{A}\boldsymbol{x} = \boldsymbol{y}^\top \left(\boldsymbol{P}^\top \boldsymbol{A}\boldsymbol{P}\right) \boldsymbol{y} = \sum_{i=1}^{n} \lambda_i y_i^2 \tag{3.44}$$

となり，行列 $\boldsymbol{A}$ のすべての固有値が非負であれば，行列 $\boldsymbol{A}$ は半正定値であることが分かる．たとえば，式 (3.41) のヘッセ行列の固有方程式

$$\begin{vmatrix} 6-\lambda & -2 \\ -2 & 6-\lambda \end{vmatrix} = (\lambda-4)(\lambda-8) = 0 \tag{3.45}$$

を解くと固有値 $\lambda = 4, 8$ が得られるので，このヘッセ行列は正定値であることが分かる．対称行列 $\boldsymbol{A}$ が半正定値であるための必要十分条件はそのすべての固有値が非負であること，また，対称行列 $\boldsymbol{A}$ が正定値であるための必要十分条件はそのすべての固有値が正であることが知られている．

注 13　n 次正方行列 $\boldsymbol{A}$ に対して $\boldsymbol{A}\boldsymbol{x} = \lambda\boldsymbol{x}$ を満たす λ と $\boldsymbol{x}$ を，それぞれ $\boldsymbol{A}$ の**固有値** (eigen value)，**固有ベクトル** (eigen vector) と呼ぶ．

注 14　n 次正方行列 $\boldsymbol{P} \in \mathbb{R}^{n\times n}$ が $\boldsymbol{P}^\top \boldsymbol{P} = \boldsymbol{I}$ を満たすとき，行列 $\boldsymbol{P}$ を**直交行列** (orthogonal matrix) と呼ぶ．ここで，$\boldsymbol{I}$ は**単位行列** (identity matrix) である．

以下のような 2 次関数の性質を考える．

$$f(\boldsymbol{x}) = \frac{1}{2}\sum_{i=1}^{n}\sum_{j=1}^{n} a_{ij}x_i x_j + \sum_{i=1}^{n} b_i x_i = \frac{1}{2}\boldsymbol{x}^\top \boldsymbol{A}\boldsymbol{x} + \boldsymbol{b}^\top \boldsymbol{x} \tag{3.46}$$

ここで，$\boldsymbol{A} \in \mathbb{R}^{n\times n}$, $\boldsymbol{b} \in \mathbb{R}^n$ である．$\boldsymbol{A}$ が対称行列でない場合は

$$\boldsymbol{x}^\top \boldsymbol{A}\boldsymbol{x} = \boldsymbol{x}^\top \left(\frac{\boldsymbol{A}+\boldsymbol{A}^\top}{2} + \frac{\boldsymbol{A}-\boldsymbol{A}^\top}{2}\right)\boldsymbol{x} = \boldsymbol{x}^\top \left(\frac{\boldsymbol{A}+\boldsymbol{A}^\top}{2}\right)\boldsymbol{x} \tag{3.47}$$

より行列 $\boldsymbol{A}$ を対称行列 $\frac{\boldsymbol{A}+\boldsymbol{A}^\top}{2}$ に置き換えられるので，一般性を失うことなく $\boldsymbol{A}$ は対称行列とできる[注15]．この関数の勾配とヘッセ行列は

$$\nabla f(\boldsymbol{x}) = \boldsymbol{A}\boldsymbol{x} + \boldsymbol{b}, \quad \nabla^2 f(\boldsymbol{x}) = \boldsymbol{A} \tag{3.48}$$

となる．このとき，任意の $\boldsymbol{x}, \boldsymbol{x}' \in \mathbb{R}^n$ に対して

$$(\nabla f(\boldsymbol{x}) - \nabla f(\boldsymbol{x}'))^\top (\boldsymbol{x} - \boldsymbol{x}') = (\boldsymbol{x} - \boldsymbol{x}')^\top \boldsymbol{A}(\boldsymbol{x} - \boldsymbol{x}') \tag{3.49}$$

が成り立つ．したがって，系 3.1 より，行列 $\boldsymbol{A}$ が半正定値であることは，式 (3.46) の 2 次関数が凸関数であることと同値である．図 3.8 に示すように，ヘッセ行列が半正定値となる 2 次関数は凸関数であり，その等高線は楕円を描く．

関数 f が 2 回微分可能ならば，式 (3.40) より，点 $\boldsymbol{x}$ のまわりで関数 f を 2 次関数に近似できる．このように，ヘッセ行列は非線形関数の局所的な性質を知る上で重要な情報を与えてくれる．

定理 3.7

関数 f を 2 回連続的微分可能とする．このとき，関数 f が凸関数であるための必要十分条件は，任意の点 $\boldsymbol{x} \in \mathbb{R}^n$ に対してヘッセ行列 $\nabla^2 f(\boldsymbol{x})$ が半正定値になることである．

証明 まず，必要条件であることを示す．点 $\boldsymbol{x}$ からある方向 $\boldsymbol{d} \in \mathbb{R}^n$ ($\|\boldsymbol{d}\| = 1$) に沿って α (> 0) だけ動いた点を考える．関数 f は 2 回微分可能なので

注 15　$\boldsymbol{x}^\top \left(\frac{\boldsymbol{A}-\boldsymbol{A}^\top}{2}\right)\boldsymbol{x} = 0$ となることに注意する．

$$f(\boldsymbol{x}+\alpha\boldsymbol{d}) = f(\boldsymbol{x}) + \alpha\nabla f(\boldsymbol{x})^\top\boldsymbol{d} + \frac{\alpha^2}{2}\boldsymbol{d}^\top\nabla^2 f(\boldsymbol{x})\boldsymbol{d} + \mathrm{o}(\alpha^2) \tag{3.50}$$

と表せる．関数 f は凸関数なので

$$f(\boldsymbol{x}+\alpha\boldsymbol{d}) \geq f(\boldsymbol{x}) + \alpha\nabla f(\boldsymbol{x})^\top\boldsymbol{d} \tag{3.51}$$

が成り立つ．これらの式から

$$\frac{1}{2}\boldsymbol{d}^\top\nabla^2 f(\boldsymbol{x})\boldsymbol{d} + \frac{\mathrm{o}(\alpha^2)}{\alpha^2} \geq 0 \tag{3.52}$$

が成り立つ．ここで，$\alpha \to 0$ とすると $\mathrm{o}(\alpha^2)/\alpha^2$ は 0 に収束するので $\boldsymbol{d}^\top\nabla^2 f(\boldsymbol{x})\boldsymbol{d} \geq 0$ が成り立つ[注16]．

次に，十分条件であることを示す．関数 f は 2 回連続的微分可能なので，テイラーの定理より

$$f(\boldsymbol{y}) = f(\boldsymbol{x}) + \nabla f(\boldsymbol{x})^\top(\boldsymbol{y}-\boldsymbol{x}) + \frac{1}{2}(\boldsymbol{y}-\boldsymbol{x})^\top\nabla^2 f(\boldsymbol{x}_\alpha)(\boldsymbol{y}-\boldsymbol{x}) \tag{3.53}$$

を満たす点 $\boldsymbol{x}_\alpha = (1-\alpha)\boldsymbol{x} + \alpha\boldsymbol{y}$ $(0 < \alpha < 1)$ が存在する．任意の $\boldsymbol{x} \in \mathbb{R}^n$ に対してヘッセ行列 $\nabla^2 f(\boldsymbol{x})$ は半正定値なので

$$\frac{1}{2}(\boldsymbol{y}-\boldsymbol{x})^\top\nabla^2 f(\boldsymbol{x}_\alpha)(\boldsymbol{y}-\boldsymbol{x}) = f(\boldsymbol{y}) - f(\boldsymbol{x}) - \nabla f(\boldsymbol{x})^\top(\boldsymbol{y}-\boldsymbol{x}) \geq 0 \tag{3.54}$$

が成り立ち，式 (3.27) が得られる．

定理 3.7 より以下の性質も示せる．

系 3.2

関数 f を 2 回連続的微分可能とする．このとき，任意の点 $\boldsymbol{x} \in \mathbb{R}^n$ に対してヘッセ行列 $\nabla^2 f(\boldsymbol{x})$ が正定値ならば，関数 f は狭義凸関数である[注]．

(証明略)

3.2 ● 制約なし最適化問題

一般に，制約なし最適化問題は以下の形で表せる．

注 16　$\boldsymbol{d}^\top\nabla^2 f(\boldsymbol{x})\boldsymbol{d} < 0$ ならば，十分に小さい α に対して式 (3.52) は成り立たないことに注意する．

注　ヘッセ行列 $\nabla^2 f(x)$ が正定値であることは，関数 f が狭義凸関数であるための十分条件であるが必要条件ではないことに注意する．例えば，$f(x) = x^4$ は狭義凸関数であるが，$f''(0) = 0$ となり正の値をとらない．

$$
\begin{array}{ll}
\text{最小化} & f(\boldsymbol{x}) \\
\text{条件} & \boldsymbol{x} \in \mathbb{R}^n.
\end{array}
\tag{3.55}
$$

本節では，制約なし最適化問題の最適性の条件と局所最適解を求めるアルゴリズムを説明する[注17].

3.2.1 制約なし最適化問題の最適性条件

一般に，非線形計画問題では大域最適解のほかに多数の局所最適解が存在する可能性がある．したがって，非線形計画問題では局所最適解を求めることが当面の目標となる．まず，制約なし最適化問題の最適性の条件を考える．

定理 3.8 (制約なし最適化問題：最適性の 1 次の必要条件)

制約なし最適化問題 (3.55) の目的関数 f は微分可能とする．このとき，点 $\boldsymbol{x}^*$ が局所最適解ならば

$$
\nabla f(\boldsymbol{x}^*) = \boldsymbol{0} \tag{3.56}
$$

が成り立つ．

証明　局所最適解 $\boldsymbol{x}^*$ からある方向 $\boldsymbol{d} \in \mathbb{R}^n$ ($\|\boldsymbol{d}\| = 1$) に沿って十分に小さい α (> 0) だけ動いた点を考える．目的関数 f は微分可能なので

$$
f(\boldsymbol{x}^* + \alpha \boldsymbol{d}) = f(\boldsymbol{x}^*) + \alpha \nabla f(\boldsymbol{x}^*)^\top \boldsymbol{d} + \mathrm{o}(\alpha) \tag{3.57}
$$

と表せる．局所最適解 $\boldsymbol{x}^*$ は $f(\boldsymbol{x}^* + \alpha \boldsymbol{d}) - f(\boldsymbol{x}^*) \geq 0$ を満たすので

$$
\nabla f(\boldsymbol{x}^*)^\top \boldsymbol{d} + \frac{\mathrm{o}(\alpha)}{\alpha} \geq 0 \tag{3.58}
$$

が成り立つ．ここで，$\alpha \to 0$ とすると $\mathrm{o}(\alpha)/\alpha$ は 0 に収束するので

$$
\nabla f(\boldsymbol{x}^*)^\top \boldsymbol{d} \geq 0 \tag{3.59}
$$

が成り立つ[注18]．この不等式は任意の方向 $\boldsymbol{d} \in \mathbb{R}^n$ ($\|\boldsymbol{d}\| = 1$) に対して成り立つので，$\nabla f(\boldsymbol{x}^*) = \boldsymbol{0}$ である．

定理 3.8 は，点 $\boldsymbol{x}^*$ が局所最適解となるための必要条件である．一方で，目

注 17　正確には停留点 (3.2.1 節) を求めるアルゴリズムである．

注 18　$\nabla f(\boldsymbol{x}^*)^\top \boldsymbol{d} < 0$ ならば，十分に小さい α に対して式 (3.58) は成り立たないことに注意する．

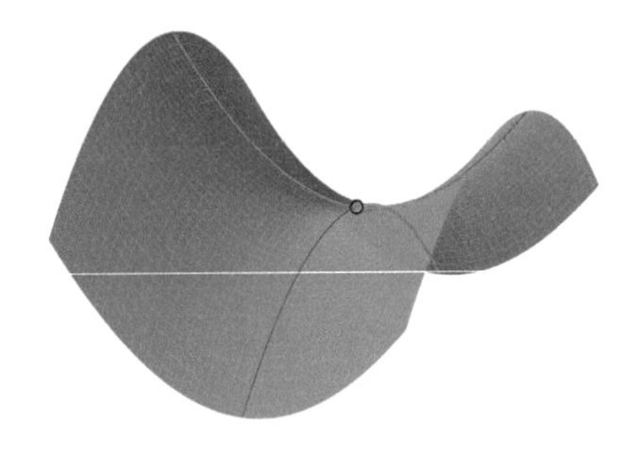

図 3.10　鞍点の例

的関数 f の値が極大になる点や，**図 3.10** に示すような**鞍点** (saddle point)[注19] と呼ばれる点も式 (3.56) を満たすので，定理 3.8 は十分条件ではないことが分かる．一般に，$\nabla f(\boldsymbol{x}) = \boldsymbol{0}$ を満たす点 $\boldsymbol{x}$ を制約なし最適化問題 (3.55) の**停留点** (stationary point) と呼ぶ．

目的関数 f が凸関数ならば，制約なし最適化問題 (3.55) の停留点 $\boldsymbol{x}^*$ は大域最適解となる．これは，定理 3.6 の式 (3.27) に $\boldsymbol{x} = \boldsymbol{x}^*$, $\nabla f(\boldsymbol{x}^*) = \boldsymbol{0}$ を代入すると，任意の $\boldsymbol{y} \in \mathbb{R}^n$ に対して $f(\boldsymbol{y}) \geq f(\boldsymbol{x}^*)$ が成り立つことから確かめられる．

定理 3.9　(制約なし最適化問題：最適性の 2 次の必要条件)

制約なし最適化問題 (3.55) の目的関数 f は 2 回微分可能とする．このとき，点 $\boldsymbol{x}^*$ が局所最適解ならば，ヘッセ行列 $\nabla^2 f(\boldsymbol{x}^*)$ は半正定値である．

証明　局所最適解 $\boldsymbol{x}^*$ からある方向 $\boldsymbol{d} \in \mathbb{R}^n$ ($\|\boldsymbol{d}\| = 1$) に沿って十分に小さい α (> 0) だけ動いた点を考える．目的関数 f は 2 回微分可能なので

$$f(\boldsymbol{x}^* + \alpha\boldsymbol{d}) = f(\boldsymbol{x}^*) + \alpha\nabla f(\boldsymbol{x}^*)^\top \boldsymbol{d} + \frac{\alpha^2}{2}\boldsymbol{d}^\top \nabla^2 f(\boldsymbol{x}^*)\boldsymbol{d} + \mathrm{o}(\alpha^2) \quad (3.60)$$

と表せる．局所最適解 $\boldsymbol{x}^*$ は $f(\boldsymbol{x}^* + \alpha\boldsymbol{d}) - f(\boldsymbol{x}^*) \geq 0$ と $\nabla f(\boldsymbol{x}^*) = \boldsymbol{0}$ を満たすので

$$\frac{1}{2}\boldsymbol{d}^\top \nabla^2 f(\boldsymbol{x}^*)\boldsymbol{d} + \frac{\mathrm{o}(\alpha^2)}{\alpha^2} \geq 0 \quad (3.61)$$

が成り立つ．ここで，$\alpha \to 0$ とすると $\mathrm{o}(\alpha^2)/\alpha^2$ は 0 に収束するので

注 19　馬の背に乗せる鞍のように，関数の値がある方向では極大となり，別の方向では極小となる点を鞍点と呼ぶ．

$$\boldsymbol{d}^\top \nabla^2 f(\boldsymbol{x}^*)\boldsymbol{d} \geq 0 \tag{3.62}$$

が成り立つ[注20]．この不等式は任意の方向 $\boldsymbol{d} \in \mathbb{R}^n$ $(\|\boldsymbol{d}\| = 1)$ に対して成り立つので，ヘッセ行列 $\nabla^2 f(\boldsymbol{x}^*)$ は半正定値である．

定理 3.10　(制約なし最適化問題：最適性の 2 次の十分条件)

制約なし最適化問題 (3.55) の目的関数 f は 2 回微分可能とする．このとき，点 $\boldsymbol{x}^*$ が停留点でヘッセ行列 $\nabla^2 f(\boldsymbol{x}^*)$ が正定値ならば，点 $\boldsymbol{x}^*$ は局所最適解である．

証明　停留点 $\boldsymbol{x}^*$ からある方向 $\boldsymbol{d} \in \mathbb{R}^n$ $(\|\boldsymbol{d}\| = 1)$ に沿って α (> 0) だけ動いた点を考える．目的関数 f は 2 回微分可能なので

$$f(\boldsymbol{x}^* + \alpha\boldsymbol{d}) = f(\boldsymbol{x}^*) + \alpha\nabla f(\boldsymbol{x}^*)^\top\boldsymbol{d} + \frac{\alpha^2}{2}\boldsymbol{d}^\top\nabla^2 f(\boldsymbol{x}^*)\boldsymbol{d} + \mathrm{o}(\alpha^2) \tag{3.63}$$

と表せる．停留点 $\boldsymbol{x}^*$ は $\nabla f(\boldsymbol{x}^*) = \boldsymbol{0}$ を満たすので

$$f(\boldsymbol{x}^* + \alpha\boldsymbol{d}) - f(\boldsymbol{x}^*) = \frac{\alpha^2}{2}\boldsymbol{d}^\top\nabla^2 f(\boldsymbol{x}^*)\boldsymbol{d} + \mathrm{o}(\alpha^2) \tag{3.64}$$

となる．ここで，$\boldsymbol{d}^\top\nabla^2 f(\boldsymbol{x}^*)\boldsymbol{d} > 0$ であり，$\alpha \to 0$ とすると $\mathrm{o}(\alpha^2)/\alpha^2$ は 0 に収束するので，十分に小さい α に対して

$$f(\boldsymbol{x}^* + \alpha\boldsymbol{d}) - f(\boldsymbol{x}^*) > 0 \tag{3.65}$$

が成り立つ．この不等式は任意の方向 $\boldsymbol{d} \in \mathbb{R}^n$ $(\|\boldsymbol{d}\| = 1)$ に対して成り立つので，停留点 $\boldsymbol{x}^*$ は局所最適解である．

たとえば，以下の制約なし最適化問題を考える．

$$\begin{array}{ll} \text{最小化} & f(\boldsymbol{x}) = 3x_1^2 - 2x_1x_2 + 3x_2^2 - 4x_1 - 4x_2 \\ \text{条件} & \boldsymbol{x} = (x_1, x_2)^\top \in \mathbb{R}^2. \end{array} \tag{3.66}$$

この目的関数 f の勾配は式 (3.26) となるので，方程式 $\nabla f(\boldsymbol{x}) = \boldsymbol{0}$ を解くと停留点 $\boldsymbol{x} = (1,1)^\top$ が得られる．また，目的関数 f のヘッセ行列は式 (3.41) となり，その固有値は $\lambda = 4, 8$ といずれも正なので，任意の点 $\boldsymbol{x} \in \mathbb{R}^2$ においてヘッセ行列 $\nabla^2 f(\boldsymbol{x})$ は正定値である．したがって，定理 3.10 より，停留

注 20　$\boldsymbol{d}^\top\nabla^2 f(\boldsymbol{x}^*)\boldsymbol{d} < 0$ ならば，十分に小さな α に対して式 (3.61) は成り立たないことに注意する．

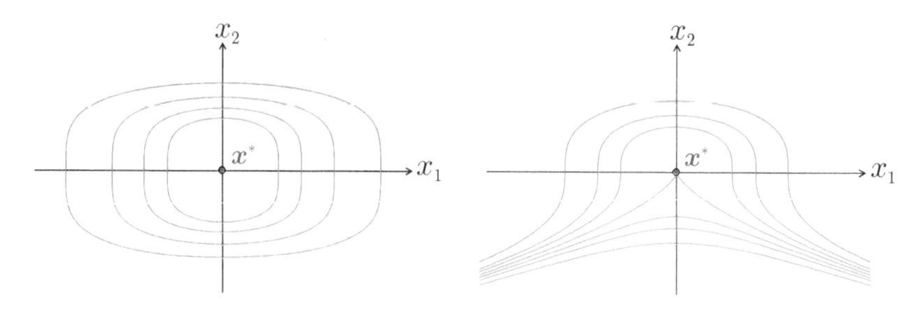

図 3.11　目的関数 $f_1(\boldsymbol{x})$(左) と $f_2(\boldsymbol{x})$(右) の等高線

点 $\boldsymbol{x} = (1,1)^\top$ は局所最適解である[注21].

次に，目的関数が $f_1(\boldsymbol{x}) = x_1^2 + 3x_2^4$ と $f_2(\boldsymbol{x}) = x_1^2 + 3x_2^3$ の場合を考える．これらの目的関数 f_1, f_2 の勾配は

$$\nabla f_1(\boldsymbol{x}) = \begin{pmatrix} 2x_1 \\ 12x_2^3 \end{pmatrix},\ \ \nabla f_2(\boldsymbol{x}) = \begin{pmatrix} 2x_1 \\ 9x_2^2 \end{pmatrix} \tag{3.67}$$

となる．いずれも同じ停留点 $\boldsymbol{x}^* = (0,0)^\top$ を持ち，$f(\boldsymbol{x}^*) = 0$ である．停留点 $\boldsymbol{x}^*$ におけるヘッセ行列 $\nabla^2 f_1(\boldsymbol{x}^*), \nabla^2 f_2(\boldsymbol{x}^*)$ は

$$\nabla^2 f_1(\boldsymbol{x}^*) = \begin{pmatrix} 2 & 0 \\ 0 & 0 \end{pmatrix},\ \ \nabla^2 f_2(\boldsymbol{x}^*) = \begin{pmatrix} 2 & 0 \\ 0 & 0 \end{pmatrix} \tag{3.68}$$

となり，いずれも半正定値である．

目的関数 f_1 と f_2 の等高線を**図 3.11** に示す．この図から分かるように，$\boldsymbol{x}^* = (0,0)^\top$ は目的関数 f_1 では局所最適解であるが，目的関数 f_2 では局所最適解ではない．実際に，十分に小さい $\varepsilon > 0$ に対して，点 $\boldsymbol{x} = (0, -\varepsilon)^\top$ における目的関数 f_2 の値は $-3\varepsilon^3 < 0$ であり，点 $\boldsymbol{x}^*$ が局所最適解ではないことが分かる．このように，最適性の 2 次の必要条件と 2 次の十分条件の間にはギャップがある．すなわち，最適性の 2 次の必要条件を満たしても局所最適解であるとは限らないし，2 次の十分条件を満たさない局所最適解が存在する問題例もある．

以降では，制約なし最適化問題 (3.55) の最適性の 1 次の必要条件を満たす停留点 $\boldsymbol{x}^*$ を 1 つ求める代表的なアルゴリズムを説明する[注22].

注 21　さらに，目的関数 f は凸関数なので停留点 $\boldsymbol{x} = (1,1)^\top$ は大域最適解である．

注 22　特に断らない限り，制約なし最適化問題 (3.55) の目的関数 f は 2 回連続的微分可能とする．

3.2.2 最急降下法

一般に，方程式 $\nabla f(\boldsymbol{x}) = \mathbf{0}$ を直接に解くことは困難なので，停留点 $\boldsymbol{x}^*$ に収束する点列 $\{\boldsymbol{x}^{(k)} \mid k = 0, 1, 2, \ldots\}$ を生成し，停留点 $\boldsymbol{x}^*$ に十分に近いと判断した時点での点 $\boldsymbol{x}^{(k)}$ を近似解として出力する**反復法** (iterative method) が用いられる．

反復法は適当な初期点 $\boldsymbol{x}^{(0)}$ から出発し，反復式

$$\boldsymbol{x}^{(k+1)} = \boldsymbol{x}^{(k)} + \alpha_k \boldsymbol{d}(\boldsymbol{x}^{(k)}) \tag{3.69}$$

により点列 $\{\boldsymbol{x}^{(k)}\}$ を生成する．ここで，点 $\boldsymbol{x}^{(k)}$ は k 回目の反復における停留点 $\boldsymbol{x}^*$ の近似解であり，$\boldsymbol{d}(\boldsymbol{x}^{(k)}) \in \mathbb{R}^n$ を**探索方向** (search direction)，α_k (> 0) を**ステップ幅** (step size) と呼ぶ．

反復法では，各反復において $f(\boldsymbol{x}^{(k)} + \alpha_k \boldsymbol{d}(\boldsymbol{x}^{(k)})) < f(\boldsymbol{x}^{(k)})$ を満たす α_k が存在する探索方向 $\boldsymbol{d}(\boldsymbol{x}^{(k)})$ を決定することが望ましい．目的関数 f は微分可能で

$$f(\boldsymbol{x}^{(k)} + \alpha_k \boldsymbol{d}(\boldsymbol{x}^{(k)})) \approx f(\boldsymbol{x}^{(k)}) + \alpha_k \nabla f(\boldsymbol{x}^{(k)})^\top \boldsymbol{d}(\boldsymbol{x}^{(k)}) \tag{3.70}$$

と近似できるので，$\nabla f(\boldsymbol{x}^{(k)})^\top \boldsymbol{d}(\boldsymbol{x}^{(k)}) < 0$ ならば，十分に小さいステップ幅 α_k に対して $f(\boldsymbol{x}^{(k)} + \alpha_k \boldsymbol{d}(\boldsymbol{x}^{(k)})) < f(\boldsymbol{x}^{(k)})$ が成り立つ．$\nabla f(\boldsymbol{x}^{(k)})^\top \boldsymbol{d}(\boldsymbol{x}^{(k)}) < 0$ を満たす探索方向 $\boldsymbol{d}(\boldsymbol{x}^{(k)})$ を**降下方向** (descent direction) と呼ぶ．**図 3.12** に示すように，勾配 $\nabla f(\boldsymbol{x}^{(k)})$ は点 $\boldsymbol{x}^{(k)}$ において傾きが最大となる方向を表し，勾配 $\nabla f(\boldsymbol{x}^{(k)})$ と鈍角をなす方向が降下方向となる．

探索方向を勾配 $\nabla f(\boldsymbol{x}^{(k)})$ の逆方向，すなわち最急降下方向

$$\boldsymbol{d}(\boldsymbol{x}^{(k)}) = -\nabla f(\boldsymbol{x}^{(k)}) \tag{3.71}$$

に定めれば，$\nabla f(\boldsymbol{x}^{(k)})^\top \boldsymbol{d}(\boldsymbol{x}^{(k)}) = -\|\nabla f(\boldsymbol{x}^{(k)})\|^2 < 0$ より，探索方向

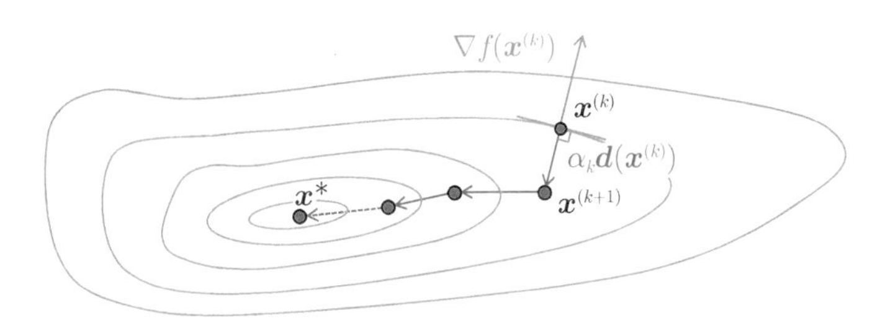

図 3.12　最急降下法

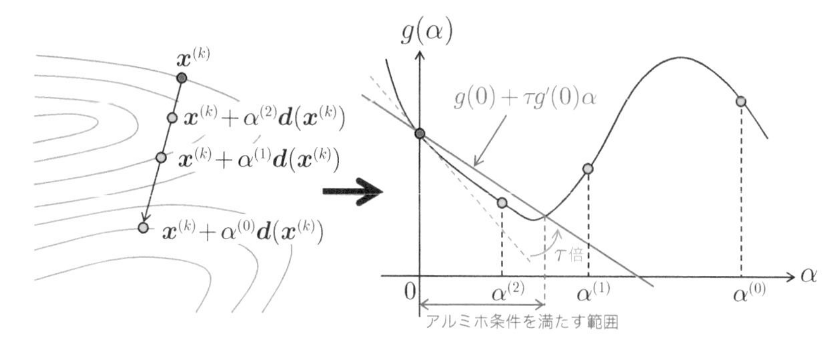

図 3.13　直線探索 (左) とアルミホ条件 (右)

$\boldsymbol{d}(\boldsymbol{x}^{(k)})$ はつねに降下方向となる．この反復法を**最急降下法** (steepest descent method) と呼ぶ．

図 3.13(左) に示すように，点 $\boldsymbol{x}^{(k)}$ から探索方向 $\boldsymbol{d}(\boldsymbol{x}^{(k)})$ に沿って進むと，目的関数 f の値は始めは減少するが，その後は増加に転じる場合が少なくない．そこで，$\alpha\ (>0)$ を変数とする関数

$$g(\alpha) = f(\boldsymbol{x}^{(k)} + \alpha \boldsymbol{d}(\boldsymbol{x}^{(k)})) \tag{3.72}$$

の値を最小化する最適化問題を解き，その最適解をステップ幅 α_k とすることが望ましい．この手続きを**直線探索** (line search) と呼ぶ．

一般に，直線探索において関数 g の値が最小となる α の値を効率的に求めることは容易ではない．そこで，以下の**アルミホ条件** (Armijo condition) や**ウルフ条件** (Wolfe condition) を満たす α の値を求めてステップ幅 α_k とする場合が多い．

アルミホ条件：ある定数 $0<\tau<1$ に対して

$$g(\alpha) \leq g(0) + \tau g'(0)\alpha \tag{3.73}$$

を満たす α の値を選ぶ．

ウルフ条件：ある定数 $0<\tau_1<\tau_2<1$ に対して

$$\begin{aligned} g(\alpha) &\leq g(0) + \tau_1 g'(0)\alpha, \\ g'(\alpha) &\geq \tau_2 g'(0) \end{aligned} \tag{3.74}$$

を満たす α の値を選ぶ．

関数 f は微分可能なので，関数 g の傾きは

$$g'(\alpha) = \nabla f(\boldsymbol{x}^{(k)} + \alpha \boldsymbol{d}(\boldsymbol{x}^{(k)}))^\top \boldsymbol{d}(\boldsymbol{x}^{(k)}) \tag{3.75}$$

と表せる．このとき，$\alpha = 0$ における関数 g の接線は $g(0) + g'(0)\alpha$ となる．アルミホ条件では，この接線の傾きを τ 倍して得られる直線 $g(0) + \tau g'(0)\alpha$ よりも関数 $g(\alpha)$ が下側にある α の値を選ぶ (図 3.13(右))．ただし，アルミホ条件では非常に小さい α の値が選ばれる可能性があるため，傾き $g'(\alpha)$ が $\tau_2 g'(0)$ よりも十分に 0 に近いことを条件に追加したものがウルフ条件である．$\alpha = 0$ ではウルフ条件は成り立たないが，α を大きくすると傾き $g'(\alpha)$ は (有限な最適値が存在すれば) いずれ 0 以上となりウルフ条件が成り立つ．

直線探索では，**バックトラック法** (backtracking line search) や**セカント法** (secant method) などのアルゴリズムが知られている．バックトラック法は，$\alpha^{(0)} = 1$ から始めて，定数 β $(0 < \beta < 1)$ を用いて，反復のたびに $\alpha^{(i+1)} = \beta\alpha^{(i)}$ とする．セカント法は，α における関数 g の傾き $g'(\alpha)$ が簡単に計算できる場合に用いられる．関数 g を 2 次関数

$$g(\alpha) \approx a(\alpha - b)^2 + c \tag{3.76}$$

で近似する．もし，上式の左辺と右辺の値が等しければ，$\alpha^{(i-1)}, \alpha^{(i)}$ における関数 g の傾きは

$$g'(\alpha^{(i-1)}) = 2a(\alpha^{(i-1)} - b), \quad g'(\alpha^{(i)}) = 2a(\alpha^{(i)} - b) \tag{3.77}$$

と表せる．これを解くと

$$b = \frac{g'(\alpha^{(i)})\alpha^{(i-1)} - g'(\alpha^{(i-1)})\alpha^{(i)}}{g'(\alpha^{(i)}) - g'(\alpha^{(i-1)})} \tag{3.78}$$

となる．式 (3.76) の右辺の値は $\alpha = b$ のとき最小になるので，この値を $\alpha^{(i+1)}$ とする．いずれも，現在の $\alpha^{(i)}$ がアルミホ条件もしくはウルフ条件を満たすまで探索を続ける．

最急降下法の手続きを以下にまとめる．

アルゴリズム 3.1　最急降下法

Step 1: 初期点 $\boldsymbol{x}^{(0)}$ を定める．$k = 0$ とする．
Step 2: $\|\nabla f(\boldsymbol{x}^{(k)})\|$ が十分に小さければ終了する．
Step 3: 探索方向 $\boldsymbol{d}(\boldsymbol{x}^{(k)}) = -\nabla f(\boldsymbol{x}^{(k)})$ に沿って直線探索し，ステップ幅 α_k を

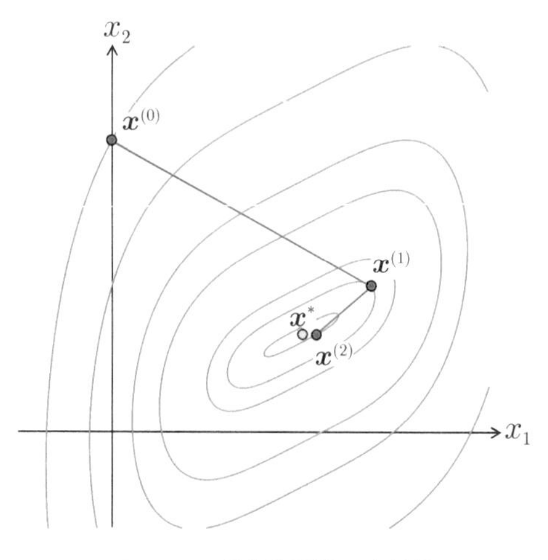

図 3.14　最急降下法の実行例

求める．

Step 4: $\boldsymbol{x}^{(k+1)} = \boldsymbol{x}^{(k)} + \alpha_k \boldsymbol{d}(\boldsymbol{x}^{(k)})$ とする． $k = k+1$ として **Step 2** に戻る．

最急降下法の **Step 2** では，現在の点 $\boldsymbol{x}^{(k)}$ が $\nabla f(\boldsymbol{x}^{(k)}) = \boldsymbol{0}$ を厳密に満たすことは期待できないため，勾配の大きさ $\|\nabla f(\boldsymbol{x}^{(k)})\|$ や解の変動 $\|\boldsymbol{x}^{(k+1)} - \boldsymbol{x}^{(k)}\|$ が十分に小さくなった時点でアルゴリズムを終了する場合が多い．

最急降下法の実行例を**図 3.14** に示す．ここでは，以下の制約なし最適化問題を考える．

$$
\begin{array}{ll}
\text{最小化} & f(\boldsymbol{x}) = (x_1 - 2)^4 + (x_1 - 2x_2)^2 \\
\text{条件} & \boldsymbol{x} = (x_1, x_2)^\top \in \mathbb{R}^2.
\end{array}
\tag{3.79}
$$

この問題の最適解は $\boldsymbol{x}^* = (2, 1)^\top$ である．目的関数 f の勾配は

$$
\nabla f(\boldsymbol{x}) = \begin{pmatrix} 4(x_1 - 2)^3 + 2(x_1 - 2x_2) \\ -4(x_1 - 2x_2) \end{pmatrix}
\tag{3.80}
$$

となる．初期点を $\boldsymbol{x}^{(0)} = (0, 3)^\top$ とする．最急降下法を適用すると，初期の探索方向は $\boldsymbol{d}(\boldsymbol{x}^{(0)}) = (44, -24)^\top$ となる．直線探索を適用するとステップ幅 $\alpha_0 = 0.0625$ が得られ，反復後の点は $\boldsymbol{x}^{(1)} = (2.75, 1.5)^\top$ となる．手続きをさらに繰り返すと $\boldsymbol{x}^{(2)} = (2.15625, 1)^\top$ となり，最適解 $\boldsymbol{x}^*$ に近づくことが分かる．

3.2.3 ニュートン法

制約なし最適化問題の1次の最適性の必要条件は $\nabla f(\boldsymbol{x}) = \boldsymbol{0}$ という連立非線形方程式で表される．そこで，連立非線形方程式を解く代表的なアルゴリズムの1つである**ニュートン法** (Newton's method) を適用し，この条件を満たす停留点 $\boldsymbol{x}^*$ を求める．

ニュートン法は適当な初期点 $\boldsymbol{x}^{(0)}$ から出発し，反復式

$$\boldsymbol{x}^{(k+1)} = \boldsymbol{x}^{(k)} + \boldsymbol{d}(\boldsymbol{x}^{(k)}) \tag{3.81}$$

により点列 $\{\boldsymbol{x}^{(k)}\}$ を生成する．

目的関数 f は2回微分可能なので，

$$\nabla f(\boldsymbol{x}^{(k)} + \boldsymbol{d}) \approx \nabla f(\boldsymbol{x}^{(k)}) + \nabla^2 f(\boldsymbol{x}^{(k)})\boldsymbol{d} \tag{3.82}$$

と近似できる．そこで，

$$\nabla f(\boldsymbol{x}^{(k)}) + \nabla^2 f(\boldsymbol{x}^{(k)})\boldsymbol{d} = \boldsymbol{0} \tag{3.83}$$

を $\boldsymbol{d}$ について解くと

$$\boldsymbol{d} = -\nabla^2 f(\boldsymbol{x}^{(k)})^{-1} \nabla f(\boldsymbol{x}^{(k)}) \tag{3.84}$$

となる．この $\boldsymbol{d}$ の値を $\boldsymbol{d}(\boldsymbol{x}^{(k)})$ として，反復式 (3.81) により点列 $\{\boldsymbol{x}^{(k)}\}$ を生成する．

ところで，目的関数 f は2回微分可能なので，

$$f(\boldsymbol{x}^{(k)} + \boldsymbol{d}) \approx f(\boldsymbol{x}^{(k)}) + \nabla f(\boldsymbol{x}^{(k)})^\top \boldsymbol{d} + \frac{1}{2}\boldsymbol{d}^\top \nabla^2 f(\boldsymbol{x}^{(k)})\boldsymbol{d} \tag{3.85}$$

と近似できる．そこで，$\boldsymbol{d}$ を変数とする2次関数

$$q(\boldsymbol{x}^{(k)}, \boldsymbol{d}) = f(\boldsymbol{x}^{(k)}) + \nabla f(\boldsymbol{x}^{(k)})^\top \boldsymbol{d} + \frac{1}{2}\boldsymbol{d}^\top \nabla^2 f(\boldsymbol{x}^{(k)})\boldsymbol{d} \tag{3.86}$$

の値を最小化する最適化問題を解くことを考える．この問題の最適性の1次の必要条件は式 (3.83) となり，同様に $\boldsymbol{d}(\boldsymbol{x}^{(k)})$ が導出できる．すなわち，ニュートン法は，目的関数 f を点 $\boldsymbol{x}^{(k)}$ のまわりで近似した2次関数 $q(\boldsymbol{x}^{(k)}, \boldsymbol{d})$ の停留点を求める手続きを繰り返すアルゴリズムとも見なせる．

ニュートン法の各反復において，ヘッセ行列 $\nabla^2 f(\boldsymbol{x}^{(k)})$ が半正定値ならば，2次関数 $q(\boldsymbol{x}^{(k)}, \boldsymbol{d})$ は凸関数となる．このとき，最適性の1次の必要条件

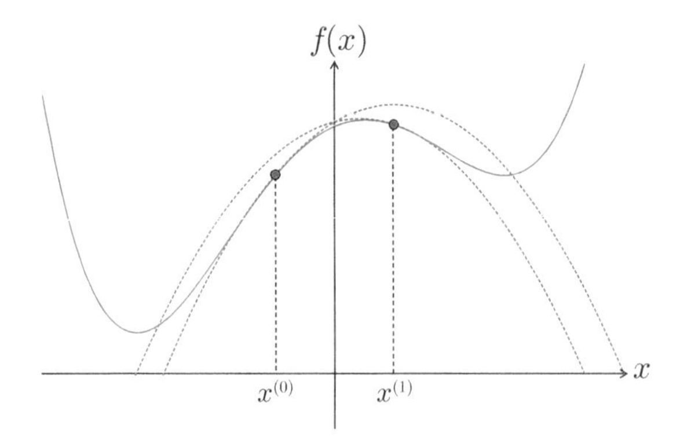

図 3.15　ニュートン法の探索方向 $\boldsymbol{d}(\boldsymbol{x}^{(k)})$ が降下方向にならない例

を満たす $\boldsymbol{d}(\boldsymbol{x}^{(k)})$ で関数 $q(\boldsymbol{x}^{(k)},\boldsymbol{d})$ の値は最小となる．しかし，ヘッセ行列 $\nabla^2 f(\boldsymbol{x}^{(k)})$ が半正定値でなければ，$\boldsymbol{d}(\boldsymbol{x}^{(k)})$ で関数 $q(\boldsymbol{x}^{(k)},\boldsymbol{d})$ の値は最小になるとは限らない．**図 3.15** に示すように，ヘッセ行列 $\nabla^2 f(\boldsymbol{x}^{(k)})$ が負定値 [注23] ならば，関数 $q(\boldsymbol{x}^{(k)},\boldsymbol{d})$(赤い破線) は凹関数となり，$\boldsymbol{d}(\boldsymbol{x}^{(k)})$ で関数 $q(\boldsymbol{x}^{(k)},\boldsymbol{d})$ の値は最大となる．

ニュートン法の手続きを以下にまとめる．

アルゴリズム 3.2　ニュートン法

Step 1: 初期点 $\boldsymbol{x}^{(0)}$ を定める．$k=0$ とする．
Step 2: $\|\nabla f(\boldsymbol{x}^{(k)})\|$ が十分に小さければ終了する．
Step 3: $\boldsymbol{x}^{(k+1)} = \boldsymbol{x}^{(k)} - \nabla^2 f(\boldsymbol{x}^{(k)})^{-1}\nabla f(\boldsymbol{x}^{(k)})$ とする．$k=k+1$ として **Step 2** に戻る．

ニュートン法の実行例を**図 3.16** に示す．ここでは，最急降下法の実行例と同様に制約なし最適化問題 (3.79) を考える．目的関数 f のヘッセ行列は

$$\nabla^2 f(\boldsymbol{x}) = \begin{pmatrix} 12(x_1-2)^2+2 & -4 \\ -4 & 8 \end{pmatrix} \tag{3.87}$$

となる．初期点を $\boldsymbol{x}^{(0)} = (0,3)^\top$ とする．ニュートン法を適用すると，$\boldsymbol{d}(\boldsymbol{x}^{(0)}) = (0.667,-2.667)^\top$ より，反復後の点は $\boldsymbol{x}^{(1)} = (0.667,0.333)^\top$ となる．手続きをさらに繰り返すと $\boldsymbol{x}^{(2)} = (1.111,0.556)^\top$，$\boldsymbol{x}^{(3)} =$

注 23　n 次正方行列 $\boldsymbol{A}\in\mathbb{R}^{n\times n}$ が任意の $\boldsymbol{x}\in\mathbb{R}^n$ に対して $\boldsymbol{x}^\top\boldsymbol{A}\boldsymbol{x}<0$ を満たすとき，行列 $\boldsymbol{A}$ は**負定値** (negative definite) であると呼ぶ．

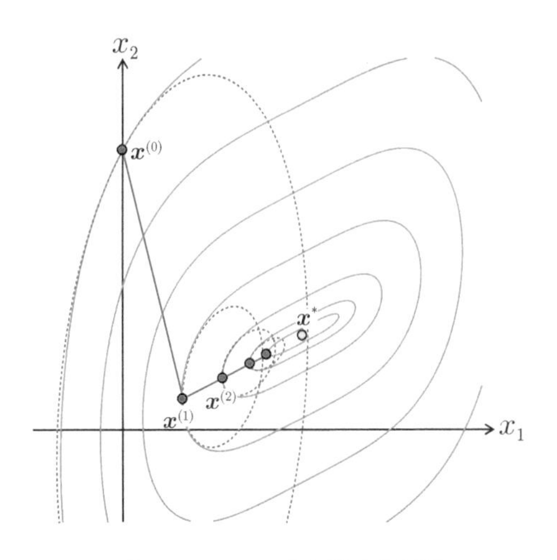

図 3.16　ニュートン法の実行例

$(1.407, 0.703)^\top$, $\boldsymbol{x}^{(4)} = (1.605, 0.802)^\top$ となり，最適解 $\boldsymbol{x}^*$ に近づくことが分かる．また，図 3.16 の楕円 (赤い破線) は点 $\boldsymbol{x}^{(k)}$ における 2 次関数 $q(\boldsymbol{x}^{(k)}, \boldsymbol{d})$ の等高線であり，ニュートン法では関数 $q(\boldsymbol{x}^{(k)}, \boldsymbol{d})$ の停留点を求める手続きを反復していることが分かる．

ニュートン法は，各反復においてステップ幅 α_k を求める直線探索の必要がないことが特徴である．しかし，初期点 $\boldsymbol{x}^{(0)}$ が停留点 $\boldsymbol{x}^*$ から離れていると収束しないことがある．たとえば，以下の 1 変数の狭義凸関数を考える．

$$f(x) = (1 + |x|)\log(1 + |x|) - (1 + |x|). \tag{3.88}$$

この関数の 1 階導関数，2 階導関数は

$$f'(x) = \begin{cases} \log(1 + |x|) & x \geq 0 \\ -\log(1 + |x|) & x < 0, \end{cases} \tag{3.89}$$
$$f''(x) = 1/(1 + |x|)$$

となる．**図 3.17** より明らかに最適解は $x^* = 0$ である．しかし，ニュートン法を $x^{(0)} = \mathrm{e}^2 - 1$ から始めると，$d(x^{(0)}) = -2\mathrm{e}^2$, $x^{(1)} = -\mathrm{e}^2 - 1$ となる．さらに，反復を進めると $|x^{(0)}| < |x^{(1)}| < |x^{(2)}| < \cdots$ と最適解から遠ざかり，点列 $\{x^{(k)}\}$ は収束しない．

ニュートン法の各反復において，ヘッセ行列 $\nabla^2 f(\boldsymbol{x}^{(k)})$ が正定値ならば，

$$\nabla f(\boldsymbol{x}^{(k)})^\top \boldsymbol{d}(\boldsymbol{x}^{(k)}) = -\nabla f(\boldsymbol{x}^{(k)})^\top \nabla^2 f(\boldsymbol{x}^{(k)})^{-1} \nabla f(\boldsymbol{x}^{(k)}) < 0 \tag{3.90}$$

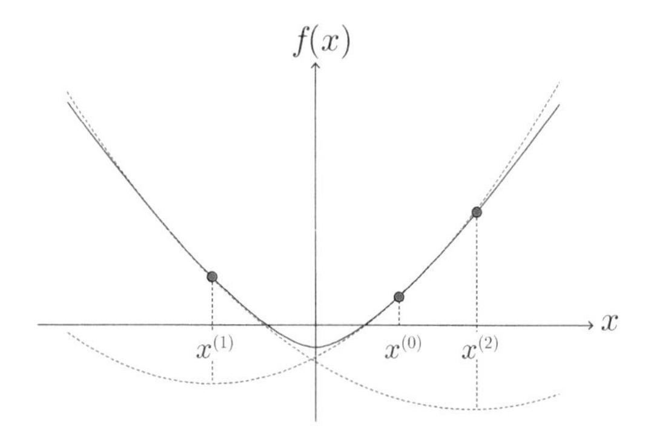

図 3.17　ニュートン法が収束しない例

より，$\boldsymbol{d}(\boldsymbol{x}^{(k)})$ は降下方向となる．そこで，$\boldsymbol{d}(\boldsymbol{x}^{(k)})$ に沿って直線探索し，$f(\boldsymbol{x}^{(k)}+\alpha_k \boldsymbol{d}(\boldsymbol{x}^{(k)})) < f(\boldsymbol{x}^{(k)})$ を満たす適切なステップ幅 α_k を求める方法が考えられる．この例では，直線探索により最適解 $x^* = 0$ に収束する点列 $\{x^{(k)}\}$ を生成できる．このようなニュートン法を**直線探索付きニュートン法** (Newton's method with line search) と呼ぶ．

3.2.4 準ニュートン法

直線探索付きニュートン法では，各反復においてヘッセ行列 $\nabla^2 f(\boldsymbol{x}^{(k)})$ が必ずしも正定値とは限らないため $\boldsymbol{d}(\boldsymbol{x}^{(k)})$ が降下方向となることを保証できない．また，ヘッセ行列が正則ではなく逆行列を持たないこともある．**準ニュートン法** (quasi-Newton method) では，ヘッセ行列 $\nabla^2 f(\boldsymbol{x}^{(k)})$ を近似する正定値対称行列 $\boldsymbol{B}_k$ を用いてこれらの問題点を克服する．探索方向を

$$\boldsymbol{d}(\boldsymbol{x}^{(k)}) = -\boldsymbol{B}_k^{-1} \nabla f(\boldsymbol{x}^{(k)}) \tag{3.91}$$

に定めれば，$\nabla f(\boldsymbol{x}^{(k)})^\top \boldsymbol{d}(\boldsymbol{x}^{(k)}) = -\nabla f(\boldsymbol{x}^{(k)})^\top \boldsymbol{B}_k^{-1} \nabla f(\boldsymbol{x}^{(k)}) < 0$ より，探索方向 $\boldsymbol{d}(\boldsymbol{x}^{(k)})$ はつねに降下方向となる．目的関数 f は 2 回微分可能なので，

$$\nabla f(\boldsymbol{x}^{(k)}) \approx \nabla f(\boldsymbol{x}^{(k+1)}) + \nabla^2 f(\boldsymbol{x}^{(k+1)})(\boldsymbol{x}^{(k)} - \boldsymbol{x}^{(k+1)}) \tag{3.92}$$

と近似できる．そこで，ヘッセ行列 $\nabla^2 f(\boldsymbol{x}^{(k+1)})$ の代わりに，この式を満たす正定値対称行列 $\boldsymbol{B}_{k+1}$ を求める．

$$\boldsymbol{B}_{k+1}(\boldsymbol{x}^{(k+1)} - \boldsymbol{x}^{(k)}) = \nabla f(\boldsymbol{x}^{(k+1)}) - \nabla f(\boldsymbol{x}^{(k)}). \tag{3.93}$$

これを**セカント条件** (secant condition) と呼ぶ．

準ニュートン法では，直前の反復で得られた近似行列 $\boldsymbol{B}_k$ を更新してセカント条件を満たす正定値対称行列 $\boldsymbol{B}_{k+1}$ を求める．以下の **BFGS 公式** (BFGS update)[注24] が近似行列 $\boldsymbol{B}_k$ の更新公式として良く知られている．

$$\boldsymbol{B}_{k+1} = \boldsymbol{B}_k - \frac{\boldsymbol{B}_k \boldsymbol{s}^{(k)} (\boldsymbol{B}_k \boldsymbol{s}^{(k)})^\top}{(\boldsymbol{s}^{(k)})^\top \boldsymbol{B}_k \boldsymbol{s}^{(k)}} + \frac{\boldsymbol{y}^{(k)} (\boldsymbol{y}^{(k)})^\top}{(\boldsymbol{s}^{(k)})^\top \boldsymbol{y}^{(k)}}. \tag{3.94}$$

ここで，

$$\begin{aligned} \boldsymbol{s}^{(k)} &= \boldsymbol{x}^{(k+1)} - \boldsymbol{x}^{(k)}, \\ \boldsymbol{y}^{(k)} &= \nabla f(\boldsymbol{x}^{(k+1)}) - \nabla f(\boldsymbol{x}^{(k)}) \end{aligned} \tag{3.95}$$

である．

BFGS 公式で更新された $\boldsymbol{B}_{k+1}$ が対称行列となることは式 (3.94) から容易に分かる．また，

$$\begin{aligned} \boldsymbol{B}_{k+1} \boldsymbol{s}^{(k)} &= \boldsymbol{B}_k \boldsymbol{s}^{(k)} - \frac{\boldsymbol{B}_k \boldsymbol{s}^{(k)} (\boldsymbol{B}_k \boldsymbol{s}^{(k)})^\top \boldsymbol{s}^{(k)}}{(\boldsymbol{s}^{(k)})^\top \boldsymbol{B}_k \boldsymbol{s}^{(k)}} + \frac{\boldsymbol{y}^{(k)} (\boldsymbol{y}^{(k)})^\top \boldsymbol{s}^{(k)}}{(\boldsymbol{s}^{(k)})^\top \boldsymbol{y}^{(k)}} \\ &= \boldsymbol{B}_k \boldsymbol{s}^{(k)} - \boldsymbol{B}_k \boldsymbol{s}^{(k)} + \boldsymbol{y}^{(k)} \\ &= \boldsymbol{y}^{(k)} \end{aligned} \tag{3.96}$$

からセカント条件が成り立つことも分かる．

最後に $\boldsymbol{B}_{k+1}$ が正定値となることを示す．まず，以下の補題を示す．

補題 3.1

近似行列 $\boldsymbol{B}_k$ が正定値ならば $(\boldsymbol{s}^{(k)})^\top \boldsymbol{y}^{(k)} > 0$ が成り立つ．

証明　準ニュートン法の直線探索で $g(\alpha) = f(\boldsymbol{x}^{(k)} + \alpha \boldsymbol{d}(\boldsymbol{x}^{(k)}))$ が最小となるステップ幅 $\alpha_k (> 0)$ を求めるとする．すると，$dg(\alpha_k)/d\alpha = 0$ が成り立つので，$\boldsymbol{x}(\alpha) = \boldsymbol{x}^{(k)} + \alpha \boldsymbol{d}(\boldsymbol{x}^{(k)})$ とおけば，合成関数の微分より

$$\frac{dg(\alpha_k)}{d\alpha} = \sum_{j=1}^{n} \frac{\partial f(\boldsymbol{x}^{(k+1)})}{\partial x_j} \frac{dx_j(\alpha)}{d\alpha} = \nabla f(\boldsymbol{x}^{(k+1)})^\top \boldsymbol{d}(\boldsymbol{x}^{(k)}) = 0 \tag{3.97}$$

となる．これと，逆行列 $\boldsymbol{B}_k^{-1}$ が正定値であることから

注 24　この名は更新公式の提案者たち，すなわちブロイデン (C. G. Broyden)，フレッチャー (R. Fletcher)，ゴールドファーブ (D. Goldfarb)，シャノ (D. F. Shanno) の頭文字をつなげたものである．

$$
\begin{aligned}
(\boldsymbol{s}^{(k)})^\top \boldsymbol{y}^{(k)} &= \alpha_k \boldsymbol{d}(\boldsymbol{x}^{(k)})^\top (\nabla f(\boldsymbol{x}^{(k+1)}) - \nabla f(\boldsymbol{x}^{(k)})) \\
&= \alpha_k \boldsymbol{d}(\boldsymbol{x}^{(k)})^\top \nabla f(\boldsymbol{x}^{(k+1)}) - \alpha_k \boldsymbol{d}(\boldsymbol{x}^{(k)})^\top \nabla f(\boldsymbol{x}^{(k)}) \\
&= -\alpha_k (-(\boldsymbol{B}_k)^{-1} \nabla f(\boldsymbol{x}^{(k)}))^\top \nabla f(\boldsymbol{x}^{(k)}) \\
&= \alpha_k \nabla f(\boldsymbol{x}^{(k)})^\top (\boldsymbol{B}_k^{-1})^\top \nabla f(\boldsymbol{x}^{(k)}) > 0
\end{aligned}
\tag{3.98}
$$

が成り立つ.

定理 3.11

近似行列 $\boldsymbol{B}_k$ が正定値ならばBFGS 公式により生成される行列 $\boldsymbol{B}_{k+1}$ も正定値となる.

証明 行列 $\boldsymbol{B}_{k+1}$ が正定値であることを示すには, $\boldsymbol{u}\ (\neq \boldsymbol{0}) \in \mathbb{R}^n$ に対して

$$
\boldsymbol{u}^\top \boldsymbol{B}_{k+1} \boldsymbol{u} = \boldsymbol{u}^\top \boldsymbol{B}_k \boldsymbol{u} - \frac{(\boldsymbol{u}^\top \boldsymbol{B}_k \boldsymbol{s}^{(k)})^2}{(\boldsymbol{s}^{(k)})^\top \boldsymbol{B}_k \boldsymbol{s}^{(k)}} + \frac{((\boldsymbol{y}^{(k)})^\top \boldsymbol{u})^2}{(\boldsymbol{s}^{(k)})^\top \boldsymbol{y}^{(k)}} > 0 \tag{3.99}
$$

となることを示せば良い.

行列 $\boldsymbol{B}_k$ は正定値対称なので $\boldsymbol{B}_k = \bar{\boldsymbol{P}}^\top \bar{\boldsymbol{P}}$ を満たす正則行列 $\bar{\boldsymbol{P}}$ が存在する[注25]. そこで, $\bar{\boldsymbol{u}} = \bar{\boldsymbol{P}}^\top \boldsymbol{u}$, $\bar{\boldsymbol{s}} = \bar{\boldsymbol{P}}^\top \boldsymbol{s}^{(k)}$ とおくと

$$
\boldsymbol{u}^\top \boldsymbol{B}_{k+1} \boldsymbol{u} = \frac{(\bar{\boldsymbol{u}}^\top \bar{\boldsymbol{u}})(\bar{\boldsymbol{s}}^\top \bar{\boldsymbol{s}}) - (\bar{\boldsymbol{u}}^\top \bar{\boldsymbol{s}})^2}{\bar{\boldsymbol{s}}^\top \bar{\boldsymbol{s}}} + \frac{((\boldsymbol{y}^{(k)})^\top \boldsymbol{u})^2}{(\boldsymbol{s}^{(k)})^\top \boldsymbol{y}^{(k)}} \tag{3.100}
$$

となる. このとき, 右辺の第 1 項は**コーシー・シュワルツの不等式** (Cauchy-Schwarz inequality)$(\bar{\boldsymbol{u}}^\top \bar{\boldsymbol{u}})(\bar{\boldsymbol{s}}^\top \bar{\boldsymbol{s}}) \geq (\bar{\boldsymbol{u}}^\top \bar{\boldsymbol{s}})^2$[注26] よりつねに非負であり, それが 0 となるのは $\bar{\boldsymbol{u}} = \eta \bar{\boldsymbol{s}}$ を満たす $\eta \in \mathbb{R}$ が存在する場合に限る. また, $(\boldsymbol{s}^{(k)})^\top \boldsymbol{y}^{(k)} > 0$ より, 右辺の第 2 項もつねに非負である. 以上より, $\boldsymbol{u}^\top \boldsymbol{B}_{k+1} \boldsymbol{u} \geq 0$ が成り立つ.

次に, $\boldsymbol{u}^\top \boldsymbol{B}_{k+1} \boldsymbol{u} > 0$ が成り立つことを示す. 上式の第 1 項が 0 でなければ $\boldsymbol{u}^\top \boldsymbol{B}_{k+1} \boldsymbol{u} > 0$ は明らかに成り立つ. 上式の第 1 項が 0 になるのは $\bar{\boldsymbol{u}} = \eta \bar{\boldsymbol{s}}$ を満たす場合に限る. このとき, $\boldsymbol{u} = \eta \boldsymbol{s}^{(k)}$ より右辺の第 2 項は $\eta^2 (\boldsymbol{s}^{(k)})^\top \boldsymbol{y}^{(k)} > 0$ となる ($\boldsymbol{u} \neq \boldsymbol{0}$ より $\eta \neq 0$ である). 以上より,

注 25 正定値対称行列 $\boldsymbol{B}$ は $\boldsymbol{A} = \boldsymbol{P}^\top \boldsymbol{B} \boldsymbol{P}$ と対角化できる. ここで, $\boldsymbol{A}$ は $\boldsymbol{B}$ の固有値 $\lambda_1, \lambda_2, \ldots, \lambda_n$ を対角要素とする対角行列, $\boldsymbol{P}$ は直交行列である. 固有値 λ_i はすべて正なので, $\sqrt{\lambda_i}$ を対角要素とする行列を $\boldsymbol{A}^{1/2}$ とおく. $\bar{\boldsymbol{P}} = \boldsymbol{P}^\top \boldsymbol{A}^{1/2} \boldsymbol{P}$ とすれば, $\bar{\boldsymbol{P}}$ は正則かつ対称であり, $\boldsymbol{B} = \bar{\boldsymbol{P}}^\top \bar{\boldsymbol{P}}$ を満たす.

注 26 $(\bar{\boldsymbol{u}}^\top \bar{\boldsymbol{u}})(\bar{\boldsymbol{s}}^\top \bar{\boldsymbol{s}}) - (\bar{\boldsymbol{u}}^\top \bar{\boldsymbol{s}})^2 = (\sum_{i=1}^n \bar{u}_i^2)(\sum_{i=1}^n \bar{s}_i^2) - (\sum_{i=1}^n \bar{u}_i \bar{s}_i)^2 = (\sum_{i=1}^n \sum_{j=1}^n \bar{u}_i^2 \bar{s}_i^2) - (\sum_{i=1}^n \sum_{j=1}^n \bar{u}_i \bar{u}_j \bar{s}_i \bar{s}_j) = \sum_{i<j} (\bar{u}_i \bar{s}_j - \bar{u}_j \bar{s}_i)^2 \geq 0$ より示される.

$\boldsymbol{u}^\top \boldsymbol{B}_{k+1}\boldsymbol{u} > 0$ が成り立つ. □

準ニュートン法の手続きを以下にまとめる.

アルゴリズム 3.3　準ニュートン法

Step 1: 初期点 $\boldsymbol{x}^{(0)}$ と初期の近似行列 $\boldsymbol{B}_0$ を定める. $k=0$ とする.
Step 2: $\|\nabla f(\boldsymbol{x}^{(k)})\|$ が十分に小さければ終了する.
Step 3: 探索方向 $\boldsymbol{d}(\boldsymbol{x}^{(k)}) = -\boldsymbol{B}_k^{-1}\nabla f(\boldsymbol{x}^{(k)})$ に沿って直線探索し, ステップ幅 α_k を求める.
Step 4: $\boldsymbol{x}^{(k+1)} = \boldsymbol{x}^{(k)} + \alpha_k \boldsymbol{d}(\boldsymbol{x}^{(k)})$ とする.
Step 5: 式 (3.94) を用いて近似行列 $\boldsymbol{B}_k$ を更新し, 新たな近似行列 $\boldsymbol{B}_{k+1}$ を生成する. $k=k+1$ として **Step 2** に戻る.

初期の近似行列 $\boldsymbol{B}_0$ には, たとえば $\boldsymbol{B}_0 = \boldsymbol{I}$ が用いられる. すなわち, 初期の探索方向 $\boldsymbol{d}(\boldsymbol{x}^{(0)})$ は最急降下方向となる.

準ニュートン法の実行例を**図 3.18** に示す. ここでは, 最急降下法の実行例と同様に制約なし最適化問題 (3.79) を考える. 初期点を $\boldsymbol{x}^{(0)} = (0,3)^\top$, 初期の近似行列を $\boldsymbol{B}_0 = \boldsymbol{I}$ とする. 準ニュートン法を適用すると, 初期の探索方向は $\boldsymbol{d}(\boldsymbol{x}^{(0)}) = (44,-24)^\top$ となる. 直線探索を適用するとステップ幅 $\alpha_0 = 0.0625$ が得られ, 反復後の点は $\boldsymbol{x}^{(1)} = (2.75, 1.5)^\top$ となる. また, 式 (3.94) より, 反復後の近似行列は

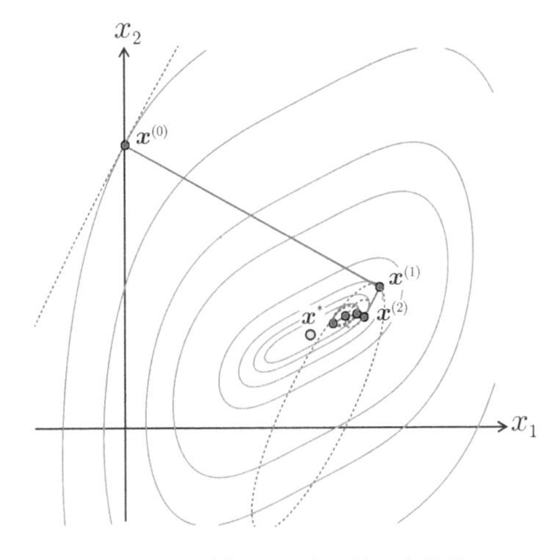

図 3.18　準ニュートン法の実行例

$$
\boldsymbol{B}_1 = \begin{pmatrix} 13.090 & -6.126 \\ -6.126 & 4.103 \end{pmatrix} \tag{3.101}
$$

となる．手続きをさらに繰り返すと $\boldsymbol{x}^{(2)} = (2.580, 1.185)^\top, \boldsymbol{x}^{(3)} = (2.501, 1.217)^\top$，$\boldsymbol{x}^{(4)} = (2.375, 1.196)^\top$ となり，最適解 $\boldsymbol{x}^*$ に近づくことが分かる．

3.2.5 反復法の収束性

これまで説明した最急降下法，ニュートン法，準ニュートン法などの反復法は，反復を際限なく続けると無限点列 $\{\boldsymbol{x}^{(k)}\}$ を生成するため，この点列が停留点 $\boldsymbol{x}^*$ に収束するかどうかを明らかにする必要がある．初期点 $\boldsymbol{x}^{(0)}$ によらずつねに停留点 $\boldsymbol{x}^*$ に収束する点列 $\{\boldsymbol{x}^{(k)}\}$ を生成する反復法は**大域的収束性** (global convergence property) を持つと呼ぶ[注27]．

各反復において，探索方向 $\boldsymbol{d}(\boldsymbol{x}^{(k)})$ が降下方向でかつ直線探索で求まるステップ幅 α_k がウルフ条件を満たす反復法を考える．たとえば，最急降下法，直線探索法付きニュートン法[注28]，準ニュートン法などを考える．ここで，探索方向 $\boldsymbol{d}(\boldsymbol{x}^{(k)})$ と最急降下方向 $-\nabla f(\boldsymbol{x}^{(k)})$ がなす角度を θ_k とする．すなわち，

$$
\cos\theta_k = -\frac{\nabla f(\boldsymbol{x}^{(k)})^\top \boldsymbol{d}(\boldsymbol{x}^{(k)})}{\|\nabla f(\boldsymbol{x}^{(k)})\| \, \|\boldsymbol{d}(\boldsymbol{x}^{(k)})\|} \tag{3.102}
$$

である．このとき，反復法が生成する点列 $\{\boldsymbol{x}^{(k)}\}$ は，以下の**ゾーテンダイク条件** (Zoutendijk condition) を満たす[注29]．

定理 3.12 (ゾーテンダイク条件)

反復法が生成する点列 $\{\boldsymbol{x}^{(k)}\}$ に対して

$$
\sum_{k=0}^{\infty} \|\nabla f(\boldsymbol{x}^{(k)})\|^2 \cos^2\theta_k < \infty \tag{3.103}
$$

が成り立つ．

(証明略)

注 27　どのような初期点から開始しても収束するという意味で大域的であり，大域最適解に収束するという意味ではない．

注 28　ただし，各反復においてヘッセ行列 $\nabla^2 f(\boldsymbol{x}^{(k)})$ はつねに正定値であると仮定する．

注 29　ただし，目的関数 $f(\boldsymbol{x})$ は下に有界で連続的微分可能とする．また，初期点 $\boldsymbol{x}^{(0)}$ の**準位集合** (level set) $\{\boldsymbol{x} \mid f(\boldsymbol{x}) \leq f(\boldsymbol{x}^{(0)})\}$ を含む開集合 $S \subset \mathbb{R}^n$ で勾配 $\nabla f(\boldsymbol{x})$ は**リプシッツ連続** (Lipschitz continuous) とする．すなわち，任意の $\boldsymbol{x}, \boldsymbol{y} \in S$ に対して $\|\nabla f(\boldsymbol{x}) - \nabla f(\boldsymbol{y})\| \leq L\|\boldsymbol{x} - \boldsymbol{y}\|$ を満たす定数 $L > 0$ が存在する．

また，無限級数が収束するための必要条件より

$$\lim_{k\to\infty} \|\nabla f(\boldsymbol{x}^{(k)})\| \cos\theta_k = 0 \tag{3.104}$$

が成り立つ．ある正の定数 ε が存在して，各反復においてつねに $\cos\theta_k \geq \varepsilon$ を満たす探索方向 $\boldsymbol{d}(\boldsymbol{x}^{(k)})$ を生成できれば，

$$\lim_{k\to\infty} \|\nabla f(\boldsymbol{x}^{(k)})\| = 0 \tag{3.105}$$

が成り立ち，反復法の生成する点列 $\{\boldsymbol{x}^{(k)}\}$ は停留点 $\boldsymbol{x}^*$ に収束する．

ところで，ニュートン法は，図 3.17 に示すように，目的関数 f が狭義凸関数であっても大域的収束性を持たないが，停留点 $\boldsymbol{x}^*$ の近くから開始すると収束が非常に速いという特徴を持つ．反復法が生成する点列 $\{\boldsymbol{x}^{(k)}\}$ の停留点 $\boldsymbol{x}^*$ の十分近くにおける収束の速さに関する性質を**局所収束性** (local convergence) と呼び，その尺度として以下の定義が知られている[注30]．

1 次収束 (linear convergence)：ある定数 $0 < \beta < 1$ と整数 $\bar{k} \geq 0$ に対して

$$\|\boldsymbol{x}^{(k+1)} - \boldsymbol{x}^*\| \leq \beta \|\boldsymbol{x}^{(k)} - \boldsymbol{x}^*\|, \quad \forall k \geq \bar{k} \tag{3.106}$$

が成り立つ．ここで，β を**収束比** (convergence ratio) と呼ぶ．

超 1 次収束 (superlinear convergence)：

$$\lim_{k\to\infty} \frac{\|\boldsymbol{x}^{(k+1)} - \boldsymbol{x}^*\|}{\|\boldsymbol{x}^{(k)} - \boldsymbol{x}^*\|} = 0 \tag{3.107}$$

が成り立つ．すなわち，どのように小さな $\beta > 0$ を選んでも対応する整数 $\bar{k} \geq 0$ が存在して，式 (3.106) が成り立つ．

2 次収束 (quadratic convergence)：ある定数 $\beta > 0$ と整数 $\bar{k} \geq 0$ に対して

$$\|\boldsymbol{x}^{(k+1)} - \boldsymbol{x}^*\| \leq \beta \|\boldsymbol{x}^{(k)} - \boldsymbol{x}^*\|^2, \quad \forall k \geq \bar{k} \tag{3.108}$$

が成り立つ．

まず，最急降下法の収束の速さを解析する．定理 3.10 より，停留点 $\boldsymbol{x}^*$ でヘッセ行列 $\nabla^2 f(\boldsymbol{x}^*)$ が正定値ならば，点 $\boldsymbol{x}^*$ は局所最適解である．このとき，

注 30　ここでは，反復法が生成する点列 $\{\boldsymbol{x}^{(k)}\}$ は停留点 $\boldsymbol{x}^*$ に収束すると仮定する．

$$f(\boldsymbol{x}) = f(\boldsymbol{x}^*) + \nabla f(\boldsymbol{x}^*)^\top (\boldsymbol{x} - \boldsymbol{x}^*) + \frac{1}{2}(\boldsymbol{x} - \boldsymbol{x}^*)^\top \nabla^2 f(\boldsymbol{x}^*)(\boldsymbol{x} - \boldsymbol{x}^*) + \mathrm{o}(\|\boldsymbol{x} - \boldsymbol{x}^*\|^2) \tag{3.109}$$

より，局所最適解 $\boldsymbol{x}^*$ の十分に近くで目的関数 f は狭義凸 2 次関数に近似できる．すなわち，以下の制約なし最適化問題に対する最急降下法の局所収束性を解析することが重要になる．

$$\begin{array}{ll} \text{最小化} & f(\boldsymbol{x}) = \boldsymbol{x}^\top \boldsymbol{Q} \boldsymbol{x} \\ \text{条件} & \boldsymbol{x} \in \mathbb{R}^n. \end{array} \tag{3.110}$$

ただし，行列 $\boldsymbol{Q}$ は正定値である．この問題の最適解は $\boldsymbol{x}^* = \boldsymbol{0}$，最適値は $f(\boldsymbol{x}^*) = 0$ である．このとき，各反復において適切なステップ幅 α_k を選べば，最急降下法が生成する点列 $\{\boldsymbol{x}^{(k)}\}$ は 1 次収束する．

定理 3.13

制約なし最適化問題 (3.110) において，行列 $\boldsymbol{Q}$ の最小固有値を $\lambda_{\min}$，最大固有値を $\lambda_{\max}$ とする．各反復において適切なステップ幅 α_k を選べば，最急降下法が生成する点列 $\{\boldsymbol{x}^{(k)}\}$ に対して，以下が成り立つ．

$$\|\boldsymbol{x}^{(k+1)} - \boldsymbol{x}^*\| \leq \left(\frac{\lambda_{\max} - \lambda_{\min}}{\lambda_{\max} + \lambda_{\min}} \right) \|\boldsymbol{x}^{(k)} - \boldsymbol{x}^*\| \tag{3.111}$$

(証明略)

行列 $\boldsymbol{Q}$ に対して $\dfrac{\lambda_{\max}}{\lambda_{\min}}$ を**条件数** (condition number) と呼ぶ．条件数が非常に大きいと**図 3.19**(右) に示すように目的関数 $f(\boldsymbol{x})$ の等高線は細長く潰れた形となる．このとき，

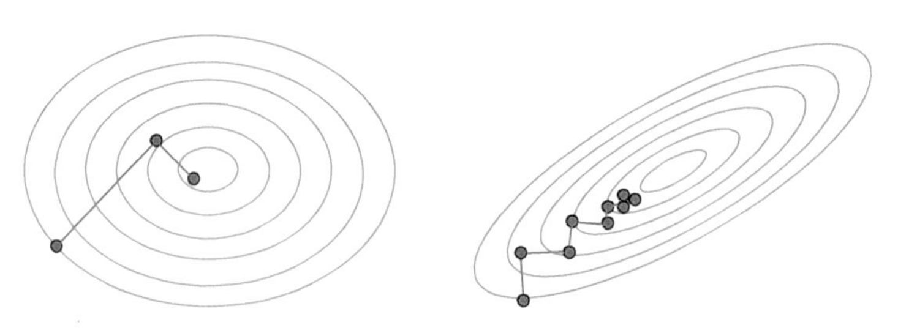

図 3.19　条件数が小さいとき (左) と大きいとき (右) の最急降下法の挙動

$$\frac{\lambda_{\max}-\lambda_{\min}}{\lambda_{\max}+\lambda_{\min}}=\frac{\left(\frac{\lambda_{\max}}{\lambda_{\min}}\right)-1}{\left(\frac{\lambda_{\max}}{\lambda_{\min}}\right)+1} \tag{3.112}$$

より収束比は 1 に近づき，最急降下法の収束が非常に遅くなることが分かる．

次に，ニュートン法の収束の速さを示す．ニュートン法は目的関数 f を点 $\boldsymbol{x}^{(k)}$ のまわりで近似した 2 次関数の停留点を求める手続きを繰り返すため，目的関数が狭義凸 2 次関数ならば 1 回の反復で最適解に収束する．そこで，もう少し一般的な状況を考える．

定理 3.14

停留点 $\boldsymbol{x}^*$ においてヘッセ行列 $\nabla^2 f(\boldsymbol{x}^*)$ は正定値とする．このとき，停留点 $\boldsymbol{x}^*$ の十分に近くから開始したニュートン法は 2 次収束する．

(証明略)

最後に，準ニュートン法の収束の速さを示す．

定理 3.15 （デニス・モレ条件）

停留点 $\boldsymbol{x}^*$ においてヘッセ行列 $\nabla^2 f(\boldsymbol{x}^*)$ は正定値とする．準ニュートン法において，ステップ幅を $\alpha_k=1$ とする反復により生成される点列 $\{\boldsymbol{x}^{(k)}\}$ が停留点 $\boldsymbol{x}^*$ に収束すると仮定する．このとき，近似行列 $\boldsymbol{B}_k$ が

$$\lim_{k\to\infty}\frac{\|(\boldsymbol{B}_k-\nabla^2 f(\boldsymbol{x}^*))\boldsymbol{d}(\boldsymbol{x}^{(k)})\|}{\|\boldsymbol{d}(\boldsymbol{x}^{(k)})\|}=0 \tag{3.113}$$

を満たすならば，準ニュートン法は超 1 次収束する．

(証明略)

この条件を**デニス・モレ条件** (Dennis-Moré condition) と呼ぶ．ニュートン法は 2 次収束するので，近似行列 $\boldsymbol{B}_k$ がヘッセ行列 $\nabla^2 f(\boldsymbol{x})$ にほぼ等しくなれば，準ニュートン法は非常に速く収束する．デニス・モレ条件は，近似行列 $\boldsymbol{B}_k$ がヘッセ行列 $\nabla^2 f(\boldsymbol{x})$ そのものに収束する必要はなく，探索方向 $\boldsymbol{d}(\boldsymbol{x}^{(k)})$ において，$\boldsymbol{B}_k\boldsymbol{d}(\boldsymbol{x}^{(k)})$ が $\nabla^2 f(\boldsymbol{x}^{(k)})\boldsymbol{d}(\boldsymbol{x}^{(k)})$ を近似していれば十分であることを示している．さらに，各反復においてステップ幅 α_k がウルフ条件を満たす準ニュートン法を考える．このとき，目的関数 $f(\boldsymbol{x})$ が十分に滑らかな

らば，BFGS 公式により生成される近似行列 $\boldsymbol{B}_k$ はデニス・モレ条件を満たすことが知られている．

3.3 ● 制約つき最適化問題

一般に，制約つき最適化問題は以下の形で表せる．

$$
\begin{array}{ll}
\text{最小化} & f(\boldsymbol{x}) \\
\text{条件} & g_i(\boldsymbol{x}) \leq 0, \quad i = 1, \ldots, l, \\
& g_i(\boldsymbol{x}) = 0, \quad i = l+1, \ldots, m, \\
& \boldsymbol{x} \in \mathbb{R}^n.
\end{array}
\tag{3.1}
$$

特に断らない限り，目的関数 f および制約関数 $g_1, \ldots, g_m$ は 2 回連続的微分可能であると仮定する．本節では，制約つき最適化問題の最適性の条件と局所最適解を求めるアルゴリズムを説明する．

3.3.1 等式制約つき最適化問題の最適性条件

3.2.1 節で示したように，制約なし最適化問題では点 $\boldsymbol{x}^*$ が局所最適解であれば $\nabla f(\boldsymbol{x}^*) = \boldsymbol{0}$ が成り立つ．しかし，制約つき最適化問題では局所最適解が実行可能領域の境界上に存在することが多く，一般には点 $\boldsymbol{x}^*$ が局所最適解であっても $\nabla f(\boldsymbol{x}^*) = \boldsymbol{0}$ は成り立たない．制約つき最適化問題では，目的関数 f だけではなく制約条件に含まれる制約関数 $g_1, \ldots, g_m$ も考慮する必要がある．

まず，以下のような等式制約だけを持つ最適化問題の最適性の条件を考える．

$$
\begin{array}{ll}
\text{最小化} & f(\boldsymbol{x}) \\
\text{条件} & g_i(\boldsymbol{x}) = 0, \quad i = 1, \ldots, m, \\
& \boldsymbol{x} \in \mathbb{R}^n.
\end{array}
\tag{3.114}
$$

ここで，$n > m$ と仮定する．

まず，**図 3.20** に示す 1 本の等式制約を持つ最適化問題を考える．ここで，点 $\boldsymbol{x}^*$ は局所最適解とする．点 $\boldsymbol{x}^*$ において $\nabla g(\boldsymbol{x}^*)^\top \boldsymbol{d} = 0$ を満たす方向を $\boldsymbol{d} \in \mathbb{R}^n$ とする．制約関数 g は微分可能で，

$$
g(\boldsymbol{x}^* + \boldsymbol{d}) \approx g(\boldsymbol{x}^*) + \nabla g(\boldsymbol{x}^*)^\top \boldsymbol{d} \tag{3.115}
$$

と近似できるので，点 $\boldsymbol{x}^*$ から方向 $\boldsymbol{d}$ に少しだけ進んでもやはり制約条件は満たされる．すなわち，点 $\boldsymbol{x}^*$ のまわりでは制約条件 $g(\boldsymbol{x}^* + \boldsymbol{d}) = 0$ を

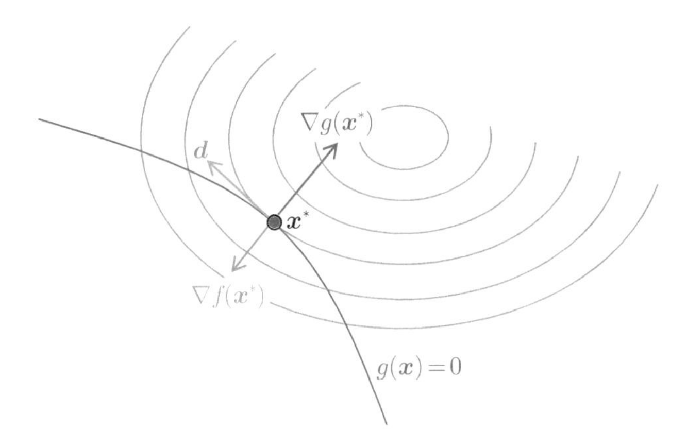

図 3.20　等式制約つき最適化問題の局所最適解の例

$\nabla g(\boldsymbol{x}^*)^\top \boldsymbol{d} = 0$ に近似できる．もし，$\nabla f(\boldsymbol{x}^*)$ と $\nabla g(\boldsymbol{x}^*)$ が平行でなければ $\nabla f(\boldsymbol{x}^*)^\top \boldsymbol{d} \neq 0$ となる．目的関数 f は微分可能で，

$$f(\boldsymbol{x}^* + \boldsymbol{d}) \approx f(\boldsymbol{x}^*) + \nabla f(\boldsymbol{x}^*)^\top \boldsymbol{d} \tag{3.116}$$

と近似できるので，点 $\boldsymbol{x}^*$ から方向 $\boldsymbol{d}$ もしくは $-\boldsymbol{d}$ のいずれかに少しだけ進むと目的関数の値を $f(\boldsymbol{x}^*)$ よりも小さくできる．これは，点 $\boldsymbol{x}^*$ が局所最適解であることに反する．したがって，点 $\boldsymbol{x}^*$ が局所最適解ならば $\nabla f(\boldsymbol{x}^*)$ と $\nabla g(\boldsymbol{x}^*)$ は平行である．すなわち，$\nabla f(\boldsymbol{x}^*) + u\nabla g(\boldsymbol{x}^*) = \boldsymbol{0}$ を満たす $u \in \mathbb{R}$ が存在する．

この結果を等式制約つき最適化問題 (3.114) に拡張する．点 $\boldsymbol{x}^*$ が局所最適解でかつ $\nabla g_1(\boldsymbol{x}^*), \ldots, \nabla g_m(\boldsymbol{x}^*)$ が互いに 1 次独立ならば[注31]，$\nabla f(\boldsymbol{x}^*)$ は $\nabla g_1(\boldsymbol{x}^*), \ldots, \nabla g_m(\boldsymbol{x}^*)$ の 1 次結合で表せる．

定理 3.16　(等式制約つき最適化問題：最適性の 1 次の必要条件)

等式制約つき最適化問題 (3.114) の目的関数 f および制約関数 $g_1, \ldots, g_m$ は微分可能とする．点 $\boldsymbol{x}^*$ は局所最適解かつ正則とする．このとき，以下の条件を満たすベクトル $\boldsymbol{u}^* \in \mathbb{R}^m$ が存在する．

$$\nabla f(\boldsymbol{x}^*) + \sum_{i=1}^{m} u_i^* \nabla g_i(\boldsymbol{x}^*) = \boldsymbol{0}. \tag{3.117}$$

注 31　点 $\boldsymbol{x}$ において $\nabla g_1(\boldsymbol{x}), \ldots, \nabla g_m(\boldsymbol{x})$ が互いに 1 次独立ならば，点 $\boldsymbol{x}$ は**正則** (regular) であると呼ぶ．

(証明略)

ラグランジュ関数 (Lagrangian function) を

$$L(\boldsymbol{x}, \boldsymbol{u}) = f(\boldsymbol{x}) + \sum_{i=1}^{m} u_i g_i(\boldsymbol{x}) \tag{3.118}$$

と定義する．このとき，最適性の 1 次の必要条件を満たす $\boldsymbol{x}^* \in \mathbb{R}^n$ と $\boldsymbol{u}^* \in \mathbb{R}^m$ は以下の連立方程式の解とみなせる．

$$\begin{aligned} \nabla_{\boldsymbol{u}} L(\boldsymbol{x}^*, \boldsymbol{u}^*) &= \boldsymbol{g}(\boldsymbol{x}^*) = \boldsymbol{0}, \\ \nabla_{\boldsymbol{x}} L(\boldsymbol{x}^*, \boldsymbol{u}^*) &= \nabla f(\boldsymbol{x}^*) + \sum_{i=1}^{m} u_i^* \nabla g_i(\boldsymbol{x}^*) = \boldsymbol{0}. \end{aligned} \tag{3.119}$$

ここで，$\boldsymbol{g}(\boldsymbol{x}) = (g_1(\boldsymbol{x}), \ldots, g_m(\boldsymbol{x}))^\top$ である．$\boldsymbol{u} = (u_1, \ldots, u_m)^\top \in \mathbb{R}^m$ を**ラグランジュ乗数** (Lagrangian multiplier) と呼ぶ．また，この連立方程式を解いて局所最適解の候補を得る方法を**ラグランジュの未定乗数法** (method of indeterminate Lagrangian multipliers) と呼ぶ．

同様に，最適性の 2 次の必要条件はラグランジュ関数 $L(\boldsymbol{x}^*, \boldsymbol{u}^*)$ のヘッセ行列

$$\nabla^2_{\boldsymbol{x}\boldsymbol{x}} L(\boldsymbol{x}^*, \boldsymbol{u}^*) = \nabla^2 f(\boldsymbol{x}^*) + \sum_{i=1}^{m} u_i^* \nabla^2 g_i(\boldsymbol{x}^*) \tag{3.120}$$

が半正定値であることに対応する．ただし，等式制約つき最適化問題では $\nabla g_i(\boldsymbol{x}^*)^\top \boldsymbol{d} = 0$ $(i = 1, \ldots, m)$ を満たす方向 $\boldsymbol{d} \in \mathbb{R}^n$ のみを考慮すれば良いことに注意する．

このように，等式制約つき最適化問題の最適性の条件は，目的関数 $f(\boldsymbol{x})$ をラグランジュ関数 $L(\boldsymbol{x}, \boldsymbol{u})$ に置き換えた制約なし最適化問題の最適性の条件となる．

定理 3.17 (等式制約つき最適化問題：最適性の 2 次の必要条件)

等式制約つき最適化問題 (3.114) の目的関数 f および制約関数 $g_1, \ldots, g_m$ は 2 回微分可能とする．点 $\boldsymbol{x}^*$ は局所最適解かつ正則とする．このとき，条件 (3.117) に加えて，以下の条件を満たすベクトル $\boldsymbol{u}^* \in \mathbb{R}^m$ が存在する．

$$\boldsymbol{d}^\top \left(\nabla^2 f(\boldsymbol{x}^*) + \sum_{i=1}^{m} u_i^* \nabla^2 g_i(\boldsymbol{x}^*) \right) \boldsymbol{d} \geq 0, \quad \boldsymbol{d} \in V(\boldsymbol{x}^*). \tag{3.121}$$

ここで，

$$V(\boldsymbol{x}^*) = \{\boldsymbol{d} \in \mathbb{R}^n \mid \nabla g_i(\boldsymbol{x}^*)^\top \boldsymbol{d} = 0, i = 1, \ldots, m\} \tag{3.122}$$

である．

(証明略)

定理 3.18 (等式制約つき最適化問題：最適性の 2 次の十分条件)

等式制約つき最適化問題 (3.114) の目的関数 f および制約関数 $g_1, \ldots, g_m$ は 2 回微分可能とする．このとき，実行可能解 $\boldsymbol{x}^* \in \mathbb{R}^n$ とベクトル $\boldsymbol{u}^* \in \mathbb{R}^m$ が，条件 (3.117) に加えて，以下の条件を満たすならば，点 $\boldsymbol{x}^*$ は局所最適解である．

$$\boldsymbol{d}^\top \left(\nabla^2 f(\boldsymbol{x}^*) + \sum_{i=1}^m u_i^* \nabla^2 g_i(\boldsymbol{x}^*) \right) \boldsymbol{d} > 0, \quad \boldsymbol{d} \in V(\boldsymbol{x}^*) \setminus \{\boldsymbol{0}\}. \tag{3.123}$$

ここで，

$$V(\boldsymbol{x}^*) = \{\boldsymbol{d} \in \mathbb{R}^n \mid \nabla g_i(\boldsymbol{x}^*)^\top \boldsymbol{d} = 0, i = 1, \ldots, m\} \tag{3.124}$$

である．

(証明略)

たとえば，**図 3.21** に示す等式制約つき最適化問題を考える．

$$\begin{array}{ll} \text{最小化} & f(\boldsymbol{x}) = -x_1 x_2 \\ \text{条件} & g(\boldsymbol{x}) = x_1^2 + x_2^2 - 1 = 0, \\ & \boldsymbol{x} = (x_1, x_2)^\top \in \mathbb{R}^2. \end{array} \tag{3.125}$$

目的関数 f と制約関数 g の勾配およびヘッセ行列は

$$\begin{aligned} \nabla f(\boldsymbol{x}) &= \begin{pmatrix} -x_2 \\ -x_1 \end{pmatrix}, \quad \nabla^2 f(\boldsymbol{x}) = \begin{pmatrix} 0 & -1 \\ -1 & 0 \end{pmatrix}, \\ \nabla g(\boldsymbol{x}) &= \begin{pmatrix} 2x_1 \\ 2x_2 \end{pmatrix}, \quad \nabla^2 g(\boldsymbol{x}) = \begin{pmatrix} 2 & 0 \\ 0 & 2 \end{pmatrix} \end{aligned} \tag{3.126}$$

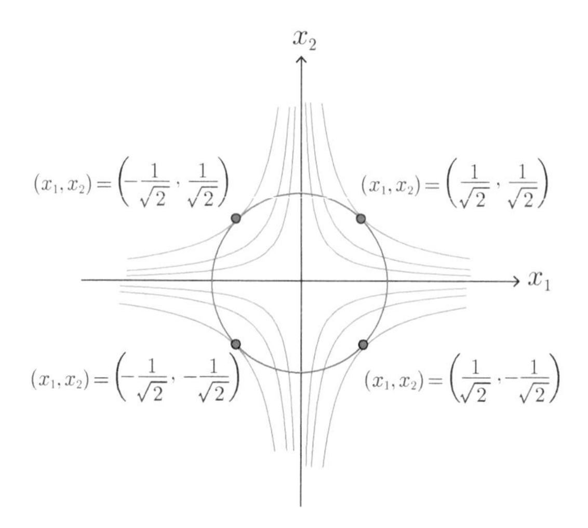

図 3.21　等式制約つき最適化問題の例

となる．制約条件と最適性の 1 次の必要条件は

$$
\begin{aligned}
x_1^2 + x_2^2 - 1 = 0, \\
\begin{pmatrix} -x_2 \\ -x_1 \end{pmatrix} + u \begin{pmatrix} 2x_1 \\ 2x_2 \end{pmatrix} = 0
\end{aligned}
\tag{3.127}
$$

となる．この連立方程式を解くと $(x_1^*, x_2^*, u^*) = (\frac{1}{\sqrt{2}}, \frac{1}{\sqrt{2}}, \frac{1}{2}), (-\frac{1}{\sqrt{2}}, -\frac{1}{\sqrt{2}}, \frac{1}{2}),$ $(\frac{1}{\sqrt{2}}, -\frac{1}{\sqrt{2}}, -\frac{1}{2}), (-\frac{1}{\sqrt{2}}, \frac{1}{\sqrt{2}}, -\frac{1}{2})$ の 4 つの解が得られる．目的関数の値は前の 2 つの解が $f(\boldsymbol{x}^*) = -\frac{1}{2}$，後の 2 つの解が $f(\boldsymbol{x}^*) = \frac{1}{2}$ となる．前の 2 つの解ではラグランジュ関数 $L(\boldsymbol{x}^*, u^*)$ のヘッセ行列は

$$
\nabla^2_{\boldsymbol{xx}} L(\boldsymbol{x}^*, u^*) = \nabla^2 f(\boldsymbol{x}^*) + u^* \nabla^2 g(\boldsymbol{x}^*) = \begin{pmatrix} 1 & -1 \\ -1 & 1 \end{pmatrix}
\tag{3.128}
$$

となる．$\nabla g(\boldsymbol{x}^*)^\top \boldsymbol{d} = 0$ を満たすベクトル $\boldsymbol{d}$ の集合はパラメータ t を用いて

$$
V(\boldsymbol{x}^*) = \{\boldsymbol{d} = (t, -t)^\top \mid t \in \mathbb{R}\}
\tag{3.129}
$$

と書ける．このとき，$\boldsymbol{d}^\top \nabla^2_{\boldsymbol{xx}} L(\boldsymbol{x}^*) \boldsymbol{d} = 4t^2$ となり，$t \neq 0$ ならば正の値をとるので，前の 2 つの解は最適性の 2 次の十分条件を満たす．また，後の 2 つの解ではラグランジュ関数 $L(\boldsymbol{x}^*, u^*)$ のヘッセ行列は

$$
\nabla^2_{\boldsymbol{xx}} L(\boldsymbol{x}^*, u^*) = \nabla^2 f(\boldsymbol{x}^*) + u^* \nabla^2 g(\boldsymbol{x}^*) = \begin{pmatrix} -1 & -1 \\ -1 & -1 \end{pmatrix}
\tag{3.130}
$$

となる．$\nabla g(\boldsymbol{x}^*)^\top \boldsymbol{d} = 0$ を満たすベクトル $\boldsymbol{d}$ の集合はパラメータ t を用いて

$$V(\boldsymbol{x}^*) = \{\boldsymbol{d} = (t, t)^\top \mid t \in \mathbb{R}\} \tag{3.131}$$

と書ける．このとき，$\boldsymbol{d}^\top \nabla^2_{\boldsymbol{xx}} L(\boldsymbol{x}^*)\boldsymbol{d} = -4t^2$ となり，$t \neq 0$ ならば負の値をとるので，後の 2 つの解は最適性の 2 次の必要条件を満たさない．

3.3.2 不等式制約つき最適化問題の最適性条件

今度は，以下のような不等式制約だけを持つ最適化問題の最適性の条件を考える．

$$\begin{array}{ll} \text{最小化} & f(\boldsymbol{x}) \\ \text{条件} & g_i(\boldsymbol{x}) \leq 0, \quad i = 1, \ldots, m, \\ & \boldsymbol{x} \in \mathbb{R}^n. \end{array} \tag{3.132}$$

不等式制約つき最適化問題では，局所最適解 $\boldsymbol{x}^*$ が $g_i(\boldsymbol{x}^*) \leq 0$ を等号で満たす場合とそうでない場合がある．点 $\boldsymbol{x}$ を不等式制約つき最適化問題の実行可能解とする．このとき，$g_i(\boldsymbol{x}) = 0$ となる制約条件 i を点 $\boldsymbol{x}$ において**有効** (active) であると呼び，有効な制約条件の添字集合を

$$I(\boldsymbol{x}) = \{i \mid g_i(\boldsymbol{x}) = 0, i = 1, \ldots, m\} \tag{3.133}$$

と定義する．

まず，**図 3.22** に示す 2 本の不等式制約 $g_1(\boldsymbol{x}) \leq 0$, $g_2(\boldsymbol{x}) \leq 0$ を持つ最適化問題を考える．点 $\boldsymbol{x}^*$ は局所最適解で，$g_1(\boldsymbol{x}^*) = 0$, $g_2(\boldsymbol{x}^*) = 0$ となる．ここで，点 $\boldsymbol{x}^*$ において $\nabla g_1(\boldsymbol{x}^*)^\top \boldsymbol{d} \leq 0$, $\nabla g_2(\boldsymbol{x}^*)^\top \boldsymbol{d} \leq 0$ を満たす方向を

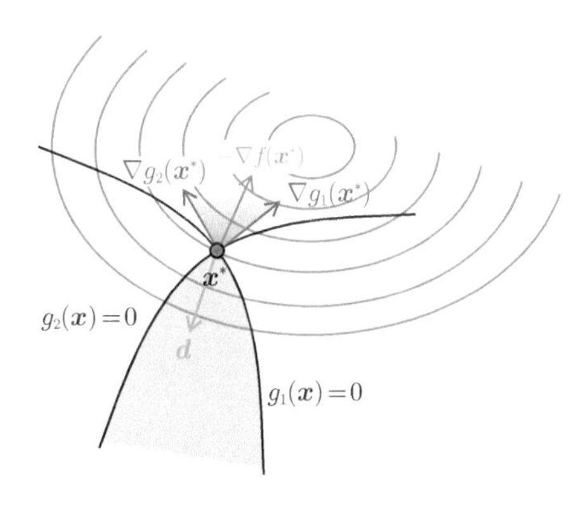

図 3.22　不等式制約つき最適化問題の局所最適解の例

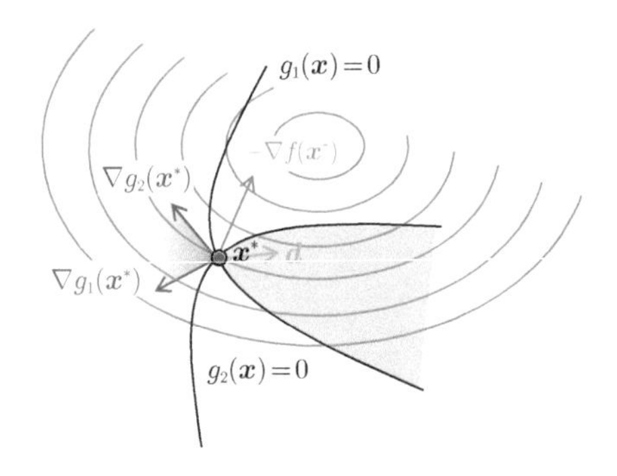

図 3.23　不等式制約つき最適化問題の局所最適解でない例

$\boldsymbol{d} \in \mathbb{R}^n$ とする．制約関数 g_i は微分可能で，

$$g_i(\boldsymbol{x}^* + \boldsymbol{d}) \approx g_i(\boldsymbol{x}^*) + \nabla g_i(\boldsymbol{x}^*)^\top \boldsymbol{d} \tag{3.134}$$

と近似できるので，点 $\boldsymbol{x}^*$ から方向 $\boldsymbol{d}$ に少しだけ進んでもやはり制約条件は満たされる．すなわち，点 $\boldsymbol{x}^*$ のまわりでは制約条件 $g_i(\boldsymbol{x}^* + \boldsymbol{d}) \leq 0$ は $\nabla g_i(\boldsymbol{x}^*)^\top \boldsymbol{d} \leq 0$ に近似できる．もし，$-\nabla f(\boldsymbol{x}^*)$ が領域

$$G(\boldsymbol{x}^*) = \{u_1 \nabla g_1(\boldsymbol{x}^*) + u_2 \nabla g_2(\boldsymbol{x}^*) \mid u_1, u_2 \geq 0\} \tag{3.135}$$

に含まれなければ，**図 3.23** に示すように，$\nabla g_1(\boldsymbol{x}^*)^\top \boldsymbol{d} \leq 0$ と $\nabla g_2(\boldsymbol{x}^*)^\top \boldsymbol{d} \leq 0$ に加えて，さらに $\nabla f(\boldsymbol{x}^*)^\top \boldsymbol{d} < 0$ を満たす方向 $\boldsymbol{d} \in \mathbb{R}^n$ が存在する．これは，点 $\boldsymbol{x}^*$ が局所最適解であることに反する．したがって，点 $\boldsymbol{x}^*$ が局所最適解ならば $-\nabla f(\boldsymbol{x}^*)$ は領域 $G(\boldsymbol{x}^*)$ に含まれる．すなわち，

$$-\nabla f(\boldsymbol{x}^*) = u_1 \nabla g_1(\boldsymbol{x}^*) + u_2 \nabla g_2(\boldsymbol{x}^*) \tag{3.136}$$

を満たす $u_1, u_2 \geq 0$ が存在する．

この結果を不等式制約つき最適化問題 (3.132) に拡張する．点 $\boldsymbol{x}^*$ が局所最適解でかつ $\nabla g_i(\boldsymbol{x}^*)$ $(i \in I(\boldsymbol{x}^*))$ が互いに 1 次独立ならば [注32]，$-\nabla f(\boldsymbol{x}^*)$ は $\nabla g_i(\boldsymbol{x}^*)$ $(i \in I(\boldsymbol{x}^*))$ の錐結合 [注33]

$$-\nabla f(\boldsymbol{x}^*) = \sum_{i \in I(\boldsymbol{x}^*)} u_i \nabla g_i(\boldsymbol{x}^*) \tag{3.137}$$

で表せる．ここで，$u_i \geq 0$ $(i \in I(\boldsymbol{x}^*))$ である．

注 32　点 $\boldsymbol{x}$ において $\nabla g_i(\boldsymbol{x})$ $(i \in I(\boldsymbol{x}))$ が互いに 1 次独立ならば点 $\boldsymbol{x}$ は正則であると呼ぶ．
注 33　非負係数による 1 次結合を指す．

定理 3.19 (不等式制約つき最適化問題：最適性の 1 次の必要条件)

不等式制約つき最適化問題 (3.132) の目的関数 f および制約関数 $g_1, \ldots, g_m$ は微分可能とする．点 $\boldsymbol{x}^*$ は局所最適解かつ正則とする．このとき，以下の条件を満たすベクトル $\boldsymbol{u}^* \in \mathbb{R}^m$ が存在する．

$$
\begin{aligned}
&\nabla f(\boldsymbol{x}^*) + \sum_{i=1}^{m} u_i^* \nabla g_i(\boldsymbol{x}^*) = \boldsymbol{0}, \\
&u_i^* g_i(\boldsymbol{x}^*) = 0, \quad i = 1, \ldots, m, \\
&u_i^* \geq 0, \qquad\qquad i = 1, \ldots, m.
\end{aligned}
\tag{3.138}
$$

(証明略)

この条件を**カルーシュ・キューン・タッカー条件** (Karush-Kuhn-Tucker condition)，または略して **KKT 条件**と呼ぶ．点 $\boldsymbol{x}^*$ において有効でない制約条件 $g_i(\boldsymbol{x}^*) < 0$ $(i \notin I(\boldsymbol{x}^*))$ では $u_i^* = 0$ となる．この不等式制約に関する条件 $u_i^* g_i(\boldsymbol{x}^*) = 0$ $(i = 1, \ldots, m)$ を**相補性条件** (complementarity condition) と呼ぶ．

定理 3.20 (不等式制約つき最適化問題：最適性の 2 次の必要条件)

不等式制約つき最適化問題 (3.132) の目的関数 f および制約関数 $g_1, \ldots, g_m$ は 2 回微分可能とする．点 $\boldsymbol{x}^*$ は局所最適解かつ正則とする．このとき，条件 (3.138) に加えて，以下の条件を満たすベクトル $\boldsymbol{u}^* \in \mathbb{R}^m$ が存在する．

$$
\boldsymbol{d}^\top \left(\nabla^2 f(\boldsymbol{x}^*) + \sum_{i=1}^{m} u_i^* \nabla^2 g_i(\boldsymbol{x}^*) \right) \boldsymbol{d} \geq 0, \quad \boldsymbol{d} \in V'(\boldsymbol{x}^*). \tag{3.139}
$$

ここで，

$$
V'(\boldsymbol{x}^*) = \{ \boldsymbol{d} \in \mathbb{R}^n \mid \nabla g_i(\boldsymbol{x}^*)^\top \boldsymbol{d} = 0, \; i \in I(\boldsymbol{x}^*) \} \tag{3.140}
$$

である．

(証明略)

定理 3.21　(不等式制約つき最適化問題：最適性の 2 次の十分条件)

不等式制約つき最適化問題 (3.132) の目的関数 f および制約関数 $g_1, \ldots, g_m$ は 2 回微分可能とする．このとき，実行可能解 $\boldsymbol{x}^* \in \mathbb{R}^n$ とベクトル $\boldsymbol{u}^* \in \mathbb{R}^m$ が，条件 (3.138) に加えて，以下の条件を満たすならば，点 $\boldsymbol{x}^*$ は局所最適解である．

$$\boldsymbol{d}^\top \left(\nabla^2 f(\boldsymbol{x}^*) + \sum_{i=1}^{m} u_i^* \nabla^2 g_i(\boldsymbol{x}^*) \right) \boldsymbol{d} > 0, \quad \boldsymbol{d} \in V'(\boldsymbol{x}^*) \setminus \{\boldsymbol{0}\}. \tag{3.141}$$

ここで，

$$V'(\boldsymbol{x}^*) = \{\boldsymbol{d} \in \mathbb{R}^n \mid \nabla g_i(\boldsymbol{x}^*)^\top \boldsymbol{d} = 0,\ i \in I(\boldsymbol{x}^*)\} \tag{3.142}$$

である．

(証明略)

KKT 条件が最適性の必要条件となることを保証するためには制約条件に関する仮定が必要である．このような仮定を**制約想定** (constraint qualification) と呼ぶ．点 $\boldsymbol{x}$ が正則であるという仮定を **1 次独立制約想定** (linearly independent constraint qualification) と呼ぶ．

たとえば，**図 3.24** に示す不等式制約つき最適化問題を考える．

$$\begin{array}{ll} \text{最小化} & f(\boldsymbol{x}) = -x_1 - x_2 \\ \text{条件} & g_1(\boldsymbol{x}) = (x_1 - 1)^3 + x_2 \leq 0, \\ & g_2(\boldsymbol{x}) = -x_1 \leq 0, \\ & g_3(\boldsymbol{x}) = -x_2 \leq 0, \\ & \boldsymbol{x} = (x_1, x_2)^\top \in \mathbb{R}^2. \end{array} \tag{3.143}$$

目的関数 $f(\boldsymbol{x})$ と制約関数 $g_1(\boldsymbol{x})$, $g_2(\boldsymbol{x})$, $g_3(\boldsymbol{x})$ の勾配は

$$\begin{gathered} \nabla f(\boldsymbol{x}) = \begin{pmatrix} -1 \\ -1 \end{pmatrix}, \quad \nabla g_1(\boldsymbol{x}) = \begin{pmatrix} 3x_1^2 - 6x_1 + 3 \\ 1 \end{pmatrix}, \\ \nabla g_2(\boldsymbol{x}) = \begin{pmatrix} -1 \\ 0 \end{pmatrix}, \quad \nabla g_3(\boldsymbol{x}) = \begin{pmatrix} 0 \\ -1 \end{pmatrix} \end{gathered} \tag{3.144}$$

となる．この問題の局所最適解は $\boldsymbol{x}^* = (0,1)^\top, (1,0)^\top$ の 2 つである．点

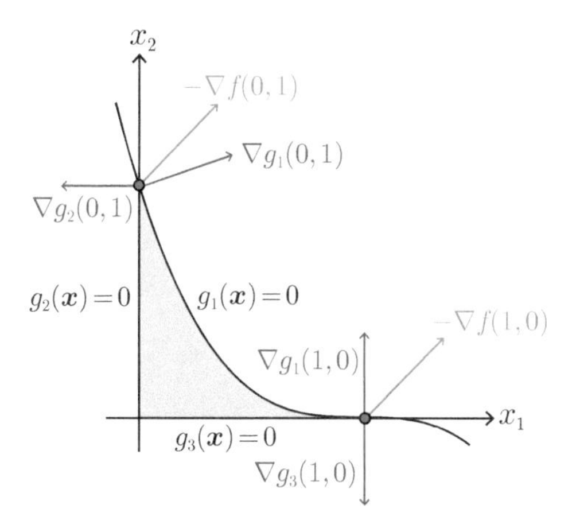

図 3.24　不等式制約つき最適化問題の例

$\boldsymbol{x}^* = (0,1)^\top$ では，$g_1(\boldsymbol{x}^*) = 0, g_2(\boldsymbol{x}^*) = 0$ となり，$(u_1^*, u_2^*, u_3^*) = (1,2,0)$ とすればKKT条件は満たされる．一方で，点 $\boldsymbol{x}^* = (1,0)^\top$ では，$g_1(\boldsymbol{x}^*) = 0$, $g_3(\boldsymbol{x}^*) = 0$ となり，KKT 条件を満たす (u_1^*, u_2^*, u_3^*) は存在しない．

点 $\boldsymbol{x}^* = (0,1)^\top$ では，有効な制約条件の勾配は $\nabla g_1(0,1) = (3,1)^\top$, $\nabla g_2(0,1) = (-1,0)^\top$ と 1 次独立である．このとき，点 $\boldsymbol{x}^* = (0,1)^\top$ のまわりで，制約条件 $g_1(\boldsymbol{x}^* + \boldsymbol{d}) \leq 0$, $g_2(\boldsymbol{x}^* + \boldsymbol{d}) \leq 0$ を満たす実行可能領域は

$$\begin{aligned} \nabla g_1(0,1)^\top \begin{pmatrix} d_1 \\ d_2 \end{pmatrix} &= 3d_1 + d_2 \leq 0, \\ \nabla g_2(0,1)^\top \begin{pmatrix} d_1 \\ d_2 \end{pmatrix} &= -d_1 \leq 0 \end{aligned} \tag{3.145}$$

に近似できる．ここで，$\boldsymbol{d} = (d_1, d_2)^\top \in \mathbb{R}^2$ である．一方で，点 $\boldsymbol{x}^* = (1,0)^\top$ では，有効な制約条件の勾配は $\nabla g_1(1,0) = (0,1)^\top$, $\nabla g_3(1,0) = (0,-1)^\top$ と 1 次従属である．このとき，点 $\boldsymbol{x}^* = (1,0)^\top$ のまわりで，制約条件 $g_1(\boldsymbol{x}^* + \boldsymbol{d}) \leq 0$, $g_3(\boldsymbol{x}^* + \boldsymbol{d}) \leq 0$ を満たす実行可能領域は

$$\begin{aligned} \nabla g_1(1,0)^\top \begin{pmatrix} d_1 \\ d_2 \end{pmatrix} &= d_2 \leq 0, \\ \nabla g_3(1,0)^\top \begin{pmatrix} d_1 \\ d_2 \end{pmatrix} &= -d_2 \leq 0, \end{aligned} \tag{3.146}$$

となり，変数 d_1 に関する制約がないためうまく近似できない．

1 次独立制約想定は局所最適解 $\boldsymbol{x}^*$ に対して定義されるため，不等式制約つき最適化問題 (3.132) から局所最適解 $\boldsymbol{x}^*$ が 1 次独立想定を満たすかどうかは判定できない．しかし，以下の**スレイター制約想定** (Slater's constraint qualification) のように，局所最適解 $\boldsymbol{x}^*$ によらない制約想定も知られている．

スレイター制約想定：制約関数 $g_i(\boldsymbol{x})$ $(i = 1, \dots, m)$ は凸関数であり[注34]，$g_i(\boldsymbol{x}) < 0$ $(i = 1, \dots, m)$ となる実行可能解 $\boldsymbol{x}$ が存在する．

最後に，不等式制約つき最適化問題が凸計画問題であるときに KKT 条件が最適性の十分条件となることを示す．

定理 3.22 (凸計画問題：最適性の十分条件)

不等式制約つき最適化問題 (3.132) の目的関数 f および制約関数 $g_1, \dots, g_m$ は微分可能な凸関数とする．このとき，実行可能解 $\boldsymbol{x}^* \in \mathbb{R}^n$ とベクトル $\boldsymbol{u}^* \in \mathbb{R}^m$ が条件 (3.138) を満たすならば，点 $\boldsymbol{x}^*$ は大域最適解である．

証明　点 $\boldsymbol{x}$ を任意の実行可能解とする．目的関数 $f(\boldsymbol{x})$ は凸関数なので

$$f(\boldsymbol{x}) \geq f(\boldsymbol{x}^*) + \nabla f(\boldsymbol{x}^*)^\top (\boldsymbol{x} - \boldsymbol{x}^*) \tag{3.147}$$

が成り立つ．KKT 条件より

$$\begin{aligned} f(\boldsymbol{x}) - f(\boldsymbol{x}^*) &\geq \left(-\sum_{i=1}^m u_i^* \nabla g_i(\boldsymbol{x}^*) \right)^\top (\boldsymbol{x} - \boldsymbol{x}^*) \\ &= -\sum_{i=1}^m u_i^* \nabla g_i(\boldsymbol{x}^*)^\top (\boldsymbol{x} - \boldsymbol{x}^*) \end{aligned} \tag{3.148}$$

となる．制約関数 $g_i(\boldsymbol{x})$ $(i = 1, \dots, m)$ は凸関数なので

$$g_i(\boldsymbol{x}) \geq g_i(\boldsymbol{x}^*) + \nabla g_i(\boldsymbol{x}^*)^\top (\boldsymbol{x} - \boldsymbol{x}^*), \ \ i = 1, \dots, m \tag{3.149}$$

が成り立つ．$u_i^* \geq 0$ $(i = 1, \dots, m)$ より

$$\sum_{i=1}^m u_i^* \nabla g_i(\boldsymbol{x}^*)^\top (\boldsymbol{x} - \boldsymbol{x}^*) \leq \sum_{i=1}^m u_i^* (g_i(\boldsymbol{x}) - g_i(\boldsymbol{x}^*)) \tag{3.150}$$

注 34　正確には「制約関数 $g_i(\boldsymbol{x})$ $(i \in I(\boldsymbol{x}^*))$ が凸関数」であるが，すべての制約関数 $g_i(\boldsymbol{x})$ $(i = 1, \dots, m)$ が凸関数ならばスレイター制約想定は満たされる．

が成り立つ．ここで，点 $\boldsymbol{x}^*$ は $u_i^* g_i(\boldsymbol{x}^*) = 0\ (i = 1, \ldots, m)$，点 $\boldsymbol{x}$ は $g_i(\boldsymbol{x}) \leq 0$ $(i = 1, \ldots, m)$ を満たすので，

$$\sum_{i=1}^{m} u_i^* (g_i(\boldsymbol{x}) - g_i(\boldsymbol{x}^*)) = \sum_{i=1}^{m} u_i^* g_i(\boldsymbol{x}) \leq 0 \tag{3.151}$$

となる．したがって，

$$f(\boldsymbol{x}) - f(\boldsymbol{x}^*) \geq -\sum_{i=1}^{m} u_i^* \nabla g_i(\boldsymbol{x}^*)^\top (\boldsymbol{x} - \boldsymbol{x}^*) \geq 0 \tag{3.152}$$

が成り立つ．

3.3.3 双対問題と双対定理

2.3 節では線形計画問題の双対問題と双対定理を説明した．本節では，非線形計画問題の双対問題と双対定理を説明する．議論を簡単にするため，ここでは不等式制約つき最適化問題 (3.132) を考える[注35]．

$$\begin{array}{ll} \text{最小化} & f(\boldsymbol{x}) \\ \text{条件} & g_i(\boldsymbol{x}) \leq 0, \quad i = 1, \ldots, m, \\ & \boldsymbol{x} \in \mathbb{R}^n. \end{array} \tag{3.132}$$

3.3.1 節で示したように，この不等式制約つき最適化問題のラグランジュ関数は

$$L(\boldsymbol{x}, \boldsymbol{u}) = f(\boldsymbol{x}) + \sum_{i=1}^{m} u_i g_i(\boldsymbol{x}) \tag{3.118}$$

となる．ここで，$\boldsymbol{u} = (u_1, \ldots, u_m)^\top \in \mathbb{R}_+^m$ である．

任意の実行可能解 $\boldsymbol{x} \in \mathbb{R}^n$ と任意のラグランジュ乗数 $\boldsymbol{u} \in \mathbb{R}_+^m$ に対して $f(\boldsymbol{x}) \geq L(\boldsymbol{x}, \boldsymbol{u})$ が成り立つ．そこで，ラグランジュ乗数 $\boldsymbol{u} \in \mathbb{R}_+^m$ の値を固定した上で，変数 $\boldsymbol{x}$ についてラグランジュ関数 $L(\boldsymbol{x}, \boldsymbol{u})$ を最小化するラグランジュ緩和問題を定義する．

$$\begin{array}{ll} \text{最小化} & L(\boldsymbol{x}, \boldsymbol{u}) = f(\boldsymbol{x}) + \displaystyle\sum_{i=1}^{m} u_i g_i(\boldsymbol{x}) \\ \text{条件} & \boldsymbol{x} \in \mathbb{R}^n. \end{array} \tag{3.153}$$

このラグランジュ緩和問題を解けば，不等式制約つき問題 (3.132) の最適値

注 35　本節の議論は等式制約つき最適化問題 (3.114) についても成り立つ．

$f(\boldsymbol{x}^*)$ に対する下界[注36]が得られる．ここで，ラグランジュ緩和問題の最適値を $\theta(\boldsymbol{u}) = \min_{\boldsymbol{x}\in\mathbb{R}^n} L(\boldsymbol{x},\boldsymbol{u})$[注37]とすると，以下のような最大の下界を求める**ラグランジュ双対問題** (Lagrangian dual problem) が定義できる．

$$
\begin{array}{ll}
\text{最大化} & \theta(\boldsymbol{u}) \\
\text{条件} & \boldsymbol{u} \in \mathbb{R}^m_+.
\end{array}
\tag{3.154}
$$

定理 3.23 (弱双対定理)

不等式制約つき問題 (3.132) の実行可能解 $\boldsymbol{x}$ と双対問題 (3.154) の実行可能解 $\boldsymbol{u}$ に対して $f(\boldsymbol{x}) \geq \theta(\boldsymbol{u})$ が成り立つ．

(証明略)

逆に，変数 $\boldsymbol{x}$ の値を固定した上で，ラグランジュ乗数 $\boldsymbol{u}$ についてラグランジュ関数 $L(\boldsymbol{x},\boldsymbol{u})$ を最大化する問題を考える．

$$
\begin{array}{ll}
\text{最大化} & L(\boldsymbol{x},\boldsymbol{u}) = f(\boldsymbol{x}) + \displaystyle\sum_{i=1}^m u_i g_i(\boldsymbol{x}) \\
\text{条件} & \boldsymbol{u} \in \mathbb{R}^m_+.
\end{array}
\tag{3.155}
$$

もし，$g_i(\boldsymbol{x}) > 0$ となる不等式制約が 1 つでもあれば，ラグランジュ乗数 u_i の値を限りなく増加できるので有限な最適解が存在しない．逆に，すべての不等式制約について $g_i(\boldsymbol{x}) \leq 0$ を満たせば，$\boldsymbol{u} = \boldsymbol{0}$ が最適解となり，$f(\boldsymbol{x}) = \max_{\boldsymbol{u}\in\mathbb{R}^m_+} L(\boldsymbol{x},\boldsymbol{u})$[注38]が得られる．これは，不等式制約つき問題 (3.132) の最適解 $\boldsymbol{x}^*$ についても成り立つので，

$$
f(\boldsymbol{x}^*) = \min_{\boldsymbol{x}\in\mathbb{R}^n} \max_{\boldsymbol{u}\in\mathbb{R}^m_+} L(\boldsymbol{x},\boldsymbol{u}) \tag{3.156}
$$

が得られる．ここで，ラグランジュ双対問題の最適解を $\boldsymbol{u}^*$ とすると，この結果と弱双対定理から

$$
f(\boldsymbol{x}^*) = \min_{\boldsymbol{x}\in\mathbb{R}^n} \max_{\boldsymbol{u}\in\mathbb{R}^m_+} L(\boldsymbol{x},\boldsymbol{u}) \geq \max_{\boldsymbol{u}\in\mathbb{R}^m_+} \min_{\boldsymbol{x}\in\mathbb{R}^n} L(\boldsymbol{x},\boldsymbol{u}) = \theta(\boldsymbol{u}^*) \tag{3.157}
$$

が得られる．不等式制約つき問題 (3.132) における主問題と双対問題の関係を**図 3.25** にまとめる．$f(\boldsymbol{x}^*) - \theta(\boldsymbol{u}^*)$ を**双対ギャップ** (duality gap) と呼ぶ．

注 36　2.3.2 節では最大化問題の最適値に対する上界を求めたが，本節では最小化問題の最適値に対する下界を求めている．

注 37　非線形計画問題では目的関数の値が有限であるが最適解が存在しない場合があるため，厳密には最小値 (minimum; min) ではなく最大下界 (infimum; inf) を用いる必要がある．

注 38　非線形計画問題では目的関数の値が有限であるが最適解が存在しない場合があるため，厳密には最大値 (maximum; max) ではなく最小上界 (supremum; sup) を用いる必要がある．

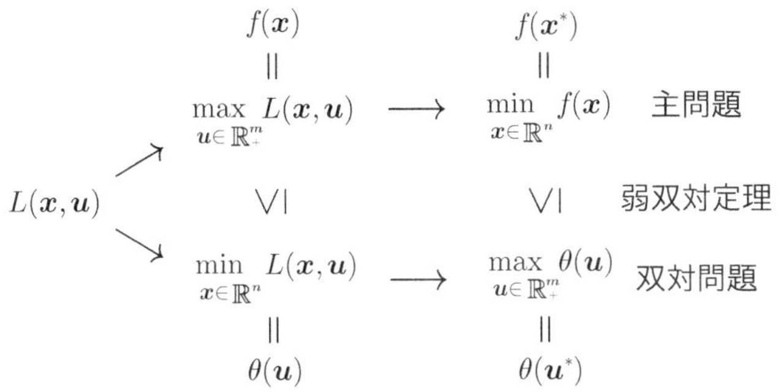

$$
\begin{array}{ccccccc}
 & & f(\boldsymbol{x}) & & f(\boldsymbol{x}^*) & & \\
 & & \| & & \| & & \\
 & \nearrow & \max_{\boldsymbol{u}\in\mathbb{R}^m_+} L(\boldsymbol{x},\boldsymbol{u}) & \longrightarrow & \min_{\boldsymbol{x}\in\mathbb{R}^n} f(\boldsymbol{x}) & \text{主問題} \\
L(\boldsymbol{x},\boldsymbol{u}) & & \geqq & & \geqq & \text{弱双対定理} \\
 & \searrow & \min_{\boldsymbol{x}\in\mathbb{R}^n} L(\boldsymbol{x},\boldsymbol{u}) & \longrightarrow & \max_{\boldsymbol{u}\in\mathbb{R}^m_+} \theta(\boldsymbol{u}) & \text{双対問題} \\
 & & \| & & \| & & \\
 & & \theta(\boldsymbol{u}) & & \theta(\boldsymbol{u}^*) & &
\end{array}
$$

図 3.25　主問題と双対問題の関係

一般に，非線形計画問題では $f(\boldsymbol{x}^*) > \theta(\boldsymbol{u}^*)$ となる場合が多い．次の**鞍点定理** (saddle point theorem) は，双対ギャップが 0 となるための十分条件を与える．

定理 3.24　(鞍点定理)

不等式制約つき問題 (3.132) の実行可能解 $\boldsymbol{x}^*$ と双対問題 (3.154) の $\boldsymbol{u}^*$ が以下の条件を満たすならば，点 $\boldsymbol{x}^*$ と点 $\boldsymbol{u}^*$ は最適解である．

$$
\min_{\boldsymbol{x}\in\mathbb{R}^n} L(\boldsymbol{x},\boldsymbol{u}^*) \geq L(\boldsymbol{x}^*,\boldsymbol{u}^*) \geq \max_{\boldsymbol{u}\in\mathbb{R}^m_+} L(\boldsymbol{x}^*,\boldsymbol{u}). \tag{3.158}
$$

証明　条件より

$$
\begin{aligned}
\max_{\boldsymbol{u}\in\mathbb{R}^m_+} \min_{\boldsymbol{x}\in\mathbb{R}^n} L(\boldsymbol{x},\boldsymbol{u}) &\geq \min_{\boldsymbol{x}\in\mathbb{R}^n} L(\boldsymbol{x},\boldsymbol{u}^*) \geq L(\boldsymbol{x}^*,\boldsymbol{u}^*) \\
&\geq \max_{\boldsymbol{u}\in\mathbb{R}^m_+} L(\boldsymbol{x}^*,\boldsymbol{u}) \geq \min_{\boldsymbol{x}\in\mathbb{R}^n} \max_{\boldsymbol{u}\in\mathbb{R}^m_+} L(\boldsymbol{x},\boldsymbol{u})
\end{aligned} \tag{3.159}
$$

が成り立つ．この結果と式 (3.157) から

$$
\max_{\boldsymbol{u}\in\mathbb{R}^m_+} \min_{\boldsymbol{x}\in\mathbb{R}^n} L(\boldsymbol{x},\boldsymbol{u}) = L(\boldsymbol{x}^*,\boldsymbol{u}^*) = \min_{\boldsymbol{x}\in\mathbb{R}^n} \max_{\boldsymbol{u}\in\mathbb{R}^m_+} L(\boldsymbol{x},\boldsymbol{u}) \tag{3.160}
$$

が成り立つ．すなわち，弱双対定理において $f(\boldsymbol{x}^*) = \theta(\boldsymbol{u}^*)$ が成り立ち，$\boldsymbol{x}^*$ と $\boldsymbol{u}^*$ がそれぞれ不等式制約つき問題 (3.132) と双対問題 (3.154) の最適解であることが示された．

ラグランジュ関数 $L(\boldsymbol{x},\boldsymbol{u})$ の値は，この条件を満たす点 $(\boldsymbol{x}^*,\boldsymbol{u}^*)$ で $\boldsymbol{x}\in\mathbb{R}^n$

について最小，$\boldsymbol{u} \in \mathbb{R}^m_+$ について最大となる．図 3.10 に示すように，その近傍において馬の背に乗せる鞍のような形をしているので，これを**鞍点** (saddle point) と呼ぶ．鞍点定理は，鞍点の存在を保証しているわけではないことに注意する．

次の定理は，不等式制約つき問題 (3.132) が凸計画問題であるときに双対ギャップが 0 となるための十分条件を与える．

定理 3.25　(凸計画問題：強双対定理)

不等式制約つき問題 (3.132) の目的関数 f および不等式制約の制約関数 $g_1, \ldots, g_m$ は凸関数で，スレイター制約想定を満たす．このとき，不等式制約つき問題 (3.132) の最適値 $f(\boldsymbol{x}^*)$ と双対問題 (3.154) の最適値 $\theta(\boldsymbol{u}^*)$ に対して $f(\boldsymbol{x}^*) = \theta(\boldsymbol{u}^*)$ が成り立つ．

(証明略)

たとえば，3.1.1 節の分類問題 (3.13) を考える．

$$
\begin{array}{ll}
\text{最小化} & \frac{1}{2}\|\boldsymbol{w}\|^2 \\
\text{条件} & y^{(i)}(\boldsymbol{w}^\top \boldsymbol{x}^{(i)} + b) \geq 1, \quad i = 1, \ldots, n, \\
 & \boldsymbol{w} \in \mathbb{R}^m, b \in \mathbb{R}.
\end{array}
\tag{3.13}
$$

このとき，ラグランジュ緩和問題は

$$
\text{最小化} \quad L(\boldsymbol{w}, b, \boldsymbol{u}) = \frac{1}{2}\boldsymbol{w}^\top \boldsymbol{w} + \sum_{i=1}^{n} u_i \{1 - y^{(i)}(\boldsymbol{w}^\top \boldsymbol{x}^{(i)} + b)\} \tag{3.161}
$$

と定義できる．ここで，$\boldsymbol{u} = (u_1, \ldots, u_n)^\top \in \mathbb{R}^n_+$ である．

このラグランジュ緩和問題は制約なし最適化問題なので，その最適解は以下の最適性の 1 次の必要条件を満たす．

$$
\begin{aligned}
\nabla_{\boldsymbol{w}} L(\boldsymbol{w}, b, \boldsymbol{u}) &= \boldsymbol{w} - \sum_{i=1}^{n} u_i y^{(i)} \boldsymbol{x}^{(i)} = \boldsymbol{0}, \\
\nabla_b L(\boldsymbol{w}, b, \boldsymbol{u}) &= \sum_{i=1}^{n} u_i y^{(i)} = 0.
\end{aligned}
\tag{3.162}
$$

$\boldsymbol{w} = \sum_{i=1}^{n} u_i y^{(i)} \boldsymbol{x}^{(i)}$ をラグランジュ関数 $L(\boldsymbol{w}, b, \boldsymbol{u})$ に代入すると，以下の

ラグランジュ双対問題が定義できる[注39].

$$
\begin{aligned}
\text{最大化} \quad & -\frac{1}{2}\sum_{i=1}^{n}\sum_{j=1}^{n} y^{(i)}y^{(j)}\boldsymbol{x}^{(i)\top}\boldsymbol{x}^{(j)}u_i u_j + \sum_{i=1}^{n} u_i \\
\text{条件} \quad & \sum_{i=1}^{n} u_i y^{(i)} = 0, \\
& u_i \geq 0, \quad i = 1, \ldots, n.
\end{aligned}
\tag{3.163}
$$

分類問題 (3.13) は凸計画問題でスレイター制約想定を満たすので，その最適値は双対問題 (3.163) の最適値と一致する．双対問題 (3.163) は 1 本の等式制約を持つあつかいやすい最適化問題となるため，データを判別する関数を求める際には元の分類問題 (3.13) の代わりに双対問題 (3.163) を解くことが多い．

次節から，制約つき最適化問題 (3.1) の最適性の 1 次の必要条件 (KKT 条件) を満たす解 $\boldsymbol{x}^*$ を 1 つ求める代表的なアルゴリズムを説明する．

3.3.4 有効制約法

2 次計画問題は，ポートフォリオ選択問題 (3.1.1 節) など多くの応用例を持つだけではなく，逐次 2 次計画法 (3.3.8 節) など制約つき最適化問題を解く反復法の部分問題としても活用される．本節では，以下の**凸 2 次計画問題** (convex quadratic programming problem) に対する**有効制約法** (active set method) を紹介する．

$$
\begin{aligned}
\text{最小化} \quad & f(\boldsymbol{x}) = \frac{1}{2}\boldsymbol{x}^\top \boldsymbol{Q}\boldsymbol{x} + \boldsymbol{c}^\top \boldsymbol{x} \\
\text{条件} \quad & \boldsymbol{a}_i^\top \boldsymbol{x} \geq b_i, \quad i = 1, \ldots, m, \\
& \boldsymbol{x} \in \mathbb{R}^n.
\end{aligned}
\tag{3.164}
$$

ここで，$\boldsymbol{Q} \in \mathbb{R}^{n\times n}$ は半正定値，$\boldsymbol{c} = (c_1, \ldots, c_n)^\top \in \mathbb{R}^n$, $\boldsymbol{a}_i = (a_{i1}, \ldots, a_{in})^\top \in \mathbb{R}^n$, $b_i \in \mathbb{R}$ である．

凸計画問題の最適性の十分条件 (定理 3.22) より，$\boldsymbol{x}^* \in \mathbb{R}^n$ と $\boldsymbol{u}^* \in \mathbb{R}^m$ が以下の条件を満たすならば，点 $\boldsymbol{x}^*$ は問題 (3.164) の大域最適解である．

注 39　分類問題 (3.13) では，線形関数 $\boldsymbol{w}^\top \boldsymbol{x} + b$ の代わりに非線形関数 $\boldsymbol{w}^\top \phi(\boldsymbol{x}) + b$ を用いることが多い．双対問題では $\boldsymbol{x}^{(i)\top}\boldsymbol{x}^{(j)}$ を $\phi(\boldsymbol{x}^{(i)})^\top \phi(\boldsymbol{x}^{(j)})$ に置き換えるだけで対応できる．

$$
\begin{aligned}
&\boldsymbol{Q}\boldsymbol{x}^* + \boldsymbol{c} - \sum_{i=1}^{m} u_i^* \boldsymbol{a}_i = \boldsymbol{0}, && \\
&\boldsymbol{a}_i^\top \boldsymbol{x}^* \geq b_i, && i = 1, \ldots, m, \\
&u_i^*(\boldsymbol{a}_i^\top \boldsymbol{x}^* - b_i) = 0, && i = 1, \ldots, m, \\
&u_i^* \geq 0, && i = 1, \ldots, m.
\end{aligned}
\tag{3.165}
$$

有効制約法は，この最適性の十分条件の 1 番目から 3 番目までの条件を満たす点列 $\{\boldsymbol{x}^{(k)}\}$ を生成し，4 番目の条件を満たした時点で点 $\boldsymbol{x}^{(k)}$ を最適解として出力するアルゴリズムである．

有効制約法の各反復において，実行可能解 $\boldsymbol{x}^{(k)}$ に対する有効な制約条件の添字集合を $I(\boldsymbol{x}^{(k)})$ とする．このとき，有効な制約条件を等式制約とし，その他の制約条件を無視した以下の凸 2 次計画問題を考える．

$$
\begin{aligned}
\text{最小化} \quad & \frac{1}{2}\boldsymbol{x}^\top \boldsymbol{Q}\boldsymbol{x} + \boldsymbol{c}^\top \boldsymbol{x} \\
\text{条件} \quad & \boldsymbol{a}_i^\top \boldsymbol{x} = b_i, \quad i \in I(\boldsymbol{x}^{(k)}), \\
& \boldsymbol{x} \in \mathbb{R}^n.
\end{aligned}
\tag{3.166}
$$

最適性の十分条件より，以下の連立 1 次方程式を解けば，この問題の最適解 $\bar{\boldsymbol{x}}$ とラグランジュ乗数 $\bar{u}_i$ $(i \in I(\boldsymbol{x}^{(k)}))$ が得られる．

$$
\begin{aligned}
&\boldsymbol{Q}\boldsymbol{x} + \boldsymbol{c} - \sum_{i \in I(\boldsymbol{x}^{(k)})} u_i \boldsymbol{a}_i = \boldsymbol{0}, \\
&\boldsymbol{a}_i^\top \boldsymbol{x} = b_i, \quad i \in I(\boldsymbol{x}^{(k)}).
\end{aligned}
\tag{3.167}
$$

問題 (3.166) は元の問題 (3.164) の緩和問題なので，$f(\bar{\boldsymbol{x}}) \leq f(\boldsymbol{x}^{(k)})$ となる．ただし，点 $\bar{\boldsymbol{x}}$ は無視した制約条件 $\boldsymbol{a}_i^\top \boldsymbol{x} \geq b_i$ $(i \notin I(\boldsymbol{x}^{(k)}))$ を満たすとは限らないことに注意する．

まず，$\bar{\boldsymbol{x}} \neq \boldsymbol{x}^{(k)}$ となる場合を考える．点 $\boldsymbol{x}$ が元の問題 (3.164) の実行可能解ならば $\boldsymbol{x}^{(k+1)} = \bar{\boldsymbol{x}}$ とする．そうでなければ，**図 3.26** に示すように，点 $\boldsymbol{x}^{(k)}$ と点 $\bar{\boldsymbol{x}}$ を結ぶ線分上の点を考える．点 $\boldsymbol{x}^{(k)}$ から点 $\bar{\boldsymbol{x}}$ に近づくにしたがって目的関数 f の値は減少するので，点 $\boldsymbol{x}^{(k)}$ と点 $\bar{\boldsymbol{x}}$ を結ぶ線分上で実行可能領域の中で点 $\bar{\boldsymbol{x}}$ にもっとも近い点を $\boldsymbol{x}^{(k+1)}$ とする．

次に，$\bar{\boldsymbol{x}} = \boldsymbol{x}^{(k)}$ となる場合を考える．もし，有効な制約条件 $\boldsymbol{a}_i^\top \boldsymbol{x} \geq b_i$ $(i \in I(\boldsymbol{x}^{(k)}))$ に対応するラグランジュ乗数の値が $\bar{u}_i \geq 0$ ならば，点 $\boldsymbol{x}^{(k)}$ は最適性の十分条件 (3.165) を満たすので，元の問題 (3.164) の最適解である．一方で，ラグランジュ乗数の値が $\bar{u}_{i^*} < 0$ となる $i^* \in I(\boldsymbol{x}^{(k)})$ が存在すれば，問題 (3.166) から制約条件 $\boldsymbol{a}_{i^*}^\top \boldsymbol{x} = b_{i^*}$ を除いた凸 2 次計画問題の最適解を

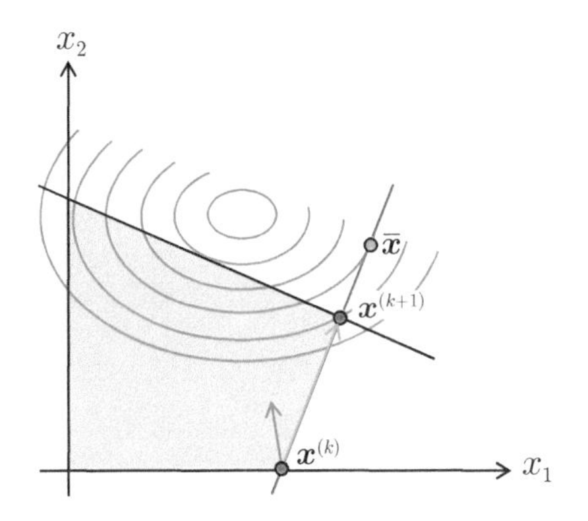

図 3.26　有効制約法 ($\bar{\boldsymbol{x}} \neq \boldsymbol{x}^{(k)}$ となる場合)

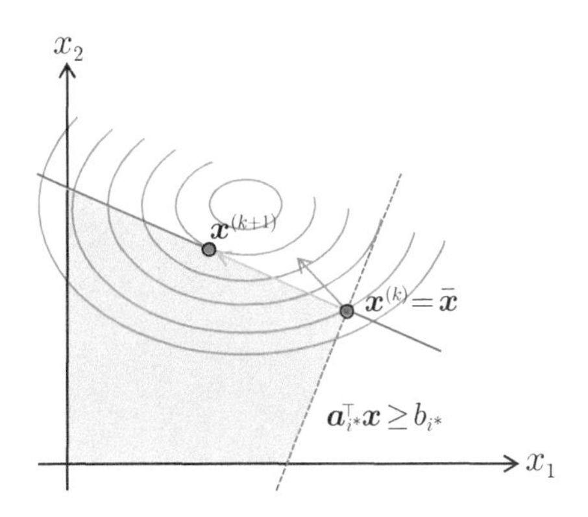

図 3.27　有効制約法 ($\bar{\boldsymbol{x}} = \boldsymbol{x}^{(k)}$ となる場合)

$\boldsymbol{x}^{(k+1)}$ とすると，$f(\boldsymbol{x}^{(k+1)}) < f(\boldsymbol{x}^{(k)})$ となる (**図 3.27**).

有効制約法の手続きを以下にまとめる.

アルゴリズム 3.4　有効制約法

Step 1: 初期実行可能解 $\boldsymbol{x}^{(0)}$ を定める．$k = 0$ とする.

Step 2: 点 $\boldsymbol{x}^{(k)}$ において有効な制約条件の集合を $I(\boldsymbol{x}^{(k)})$ とする.

Step 3: 問題 (3.166) を解いて，その最適解 $\bar{\boldsymbol{x}}$ とラグランジュ乗数 $\bar{\boldsymbol{u}}$ を求める.

Step 4: $\bar{\boldsymbol{x}} \neq \boldsymbol{x}^{(k)}$ ならば，$\max\{\alpha \in [0,1] \mid \boldsymbol{a}_i^\top(\boldsymbol{x}^{(k)} + \alpha(\bar{\boldsymbol{x}} - \boldsymbol{x}^{(k)})) \geq b_i, i = 1,\ldots,m\}$ を達成する $\bar{\alpha}$ を求め，$\boldsymbol{x}^{(k+1)} = \boldsymbol{x}^{(k)} + \bar{\alpha}(\bar{\boldsymbol{x}} - \boldsymbol{x}^{(k)})$，$k = k+1$ として **Step 2** に戻る.

Step 5: $\bar{\boldsymbol{u}} \geq \boldsymbol{0}$ ならば終了する.

Step 6: $\min\{\bar{u}_i \mid i \in I(\boldsymbol{x}^{(k)})\}$ を達成する添字 i^* を求め，$I(\boldsymbol{x}^{(k+1)}) =$

$I(\boldsymbol{x}^{(k)}) \setminus \{i^*\}$, $k = k+1$ として **Step 3** に戻る.

有効制約法の実行例を**図 3.28** に示す. ここでは, 以下の凸 2 次計画問題を考える.

$$\begin{array}{lll} \text{最小化} & f(\boldsymbol{x}) = (x_1 - 1)^2 + (x_2 - 2.5)^2 & \\ \text{条件} & x_1 - 2x_2 \geq -2, & \to ① \\ & -x_1 - 2x_2 \geq -6, & \to ② \\ & -x_1 + 2x_2 \geq -2, & \to ③ \\ & x_1 \geq 0, & \to ④ \\ & x_2 \geq 0. & \to ⑤ \end{array} \tag{3.168}$$

初期実行可能解を $\boldsymbol{x}^{(0)} = (2,0)^\top$ とすると, $I(\boldsymbol{x}^{(0)}) = \{3,5\}$ となる. 問題 (3.166) を解くと, $\bar{\boldsymbol{x}} = (2,0)^\top$, $(\bar{u}_3, \bar{u}_5) = (-2,-1)$ となる. このとき, $\bar{\boldsymbol{x}} = \boldsymbol{x}^{(0)}$ かつ $\bar{u}_3 = -2$ なので, $I(\boldsymbol{x}^{(1)}) = \{5\}$, $\boldsymbol{x}^{(1)} = (2,0)^\top$ とする. 問題 (3.166) を解くと, $\bar{\boldsymbol{x}} = (1,0)^\top$, $\bar{u}_5 = -5$ となる. このとき, $\bar{\boldsymbol{x}} \neq \boldsymbol{x}^{(1)}$ かつ点 $\bar{\boldsymbol{x}}$ は実行可能解なので $\boldsymbol{x}^{(2)} = \bar{\boldsymbol{x}}$ とする. 手続きをさらに反復すると $\boldsymbol{x}^{(5)} = (1.4, 1.7)^\top$, $I(\boldsymbol{x}^{(5)}) = \{1\}$ となる. このとき, $\bar{\boldsymbol{x}} = \boldsymbol{x}^{(5)}$ かつ $\bar{u}_1 = 0.8$ なので, $\boldsymbol{x}^{(5)}$ は最適解である.

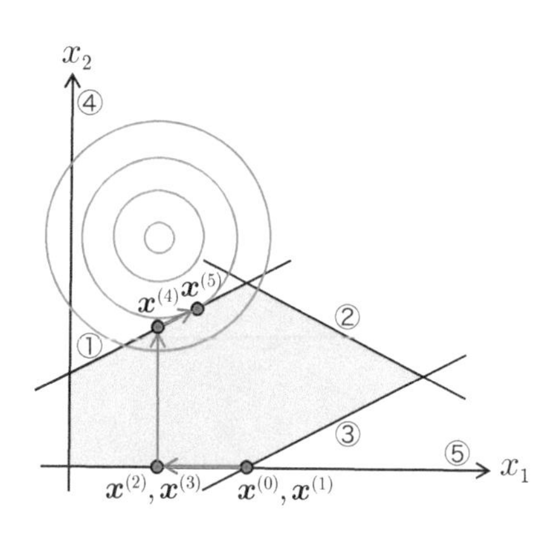

図 3.28　有効制約法の実行例

3.3.5　ペナルティ関数法とバリア関数法

制約つき最適化問題では, 目的関数の値を最小化するだけではなく, 同時に制約条件を満たす必要がある. そこで, 目的関数に実行可能領域の境界近辺で大きな値をとるペナルティ関数を組み込み，制約つき最適化問題を制約なし最適化問題に変形する方法が考えられる．本節では，代表的な方法である**ペナルティ関数法** (penalty function method) と**バリア関数法** (barrier function method) を紹介する[注40]．

ペナルティ関数 (penalty function)[注41] は，制約つき最適化問題 (3.1) の制約条件を満たす場合には 0 を，満たさない場合には正の値をとる関数である．たとえば，不等式制約 $g_i(\boldsymbol{x}) \leq 0$ に対して $\max\{g_i(\boldsymbol{x}), 0\}^2$，等式制約 $g_i(\boldsymbol{x}) = 0$ に対して $g_i(\boldsymbol{x})^2$ をペナルティとして課すとペナルティ関数は

$$\bar{g}(\boldsymbol{x}) = \sum_{i=1}^{l} \max\{g_i(\boldsymbol{x}), 0\}^2 + \sum_{i=l+1}^{m} g_i(\boldsymbol{x})^2 \tag{3.169}$$

となる．ペナルティ関数法では，目的関数とペナルティ関数を足し合わせた

$$\bar{f}_\rho(\boldsymbol{x}) = f(\boldsymbol{x}) + \rho\bar{g}(\boldsymbol{x}) \tag{3.170}$$

を最小化する制約なし最適化問題を解く．ここで，$\rho > 0$ はペナルティ関数の重みを表すパラメータである．制約つき最適化問題 (3.1) の実行可能解が得られるならば，ペナルティ関数の重み ρ はできる限り小さいことが望ましい．ペナルティ関数法は，パラメータ ρ の初期値を比較的小さい値に設定した上で，その値を増加させる手続きと，直前の反復で得られた解を初期点として $\bar{f}_\rho(\boldsymbol{x})$ を最小化する制約なし最適化問題を解く手続きを交互に繰り返し適用する．

ペナルティ関数法の手続きを以下にまとめる．

アルゴリズム 3.5　ペナルティ関数法

Step 1: 初期点 $\boldsymbol{x}^{(0)}$ およびパラメータの初期値 ρ_0 を定める．$k = 0$ とする．
Step 2: $\boldsymbol{x}^{(k)}$ を初期点として $\bar{f}_{\rho_k}(\boldsymbol{x})$ を最小化する制約なし最適化問題を解き，新たな点 $\boldsymbol{x}^{(k+1)}$ を求める．
Step 3: $\rho_k\bar{g}(\boldsymbol{x}^{(k)})$ が十分に小さければ終了する．
Step 4: $\rho_{k+1} > \rho_k$ を満たすパラメータの値 ρ_{k+1} を定める．$k = k + 1$ として **Step 2** に戻る．

たとえば，以下の制約つき最適化問題

注 40　ペナルティ関数法とバリア関数法を，それぞれ**外部ペナルティ関数法** (exterior penalty function method) と**内部ペナルティ関数法** (interior penalty function method) とも呼ぶ．

注 41　罰金関数とも呼ぶ．

$$
\begin{array}{ll}
\text{最小化} & e^x \\
\text{条件} & x \geq 1
\end{array}
\tag{3.171}
$$

に対して，

$$
\bar{f}_\rho(x) = e^x + \rho \max\{1-x, 0\}^2 \tag{3.172}
$$

と定義する．**図 3.29**(左) に示すように，パラメータ ρ の値が無限大 $(\rho \to \infty)$ ならば，ペナルティ関数法が出力する点 $\boldsymbol{x}$ は，制約つき最適化問題 (3.1) の局所最適解 $\boldsymbol{x}^*$ に収束する．しかし，パラメータ ρ の値が有限 $(\rho < \infty)$ ならば，ペナルティ関数法が出力する点 $\boldsymbol{x}$ は，局所最適解 $\boldsymbol{x}^*$ の近似にしかならない．また，パラメータ ρ の値が大きいと関数 $\bar{f}_\rho(\boldsymbol{x})$ の変化が実行可能領域の境界近辺で急峻となり，制約なし最適化問題を解くことが数値的に困難となる場合が多い．

この他にも，不等式制約 $g_i(\boldsymbol{x}) \leq 0$ に対して $\max\{g_i(\boldsymbol{x}), 0\}$，等式制約 $g_i(\boldsymbol{x}) = 0$ に対して $|g_i(\boldsymbol{x})|$ をペナルティとして課し，ペナルティ関数を

$$
\bar{g}(\boldsymbol{x}) = \sum_{i=1}^{l} \max\{g_i(\boldsymbol{x}), 0\} + \sum_{i=l+1}^{m} |g_i(\boldsymbol{x})| \tag{3.173}
$$

とすることも考えられる．このとき，図 3.29(右) に示すように，ある定数 ρ^* 以上のパラメータ値 $\rho \geq \rho^*$ を用いると，ペナルティ関数法が出力する点 $\boldsymbol{x}$ は，制約つき最適化問題 (3.1) の局所最適解 $\boldsymbol{x}^*$ と一致する．このような性質を持つペナルティ関数を，**正確なペナルティ関数** (exact penalty function) と呼ぶ．ただし，適切なパラメータの値 ρ^* が事前に分かるわけではない．ま

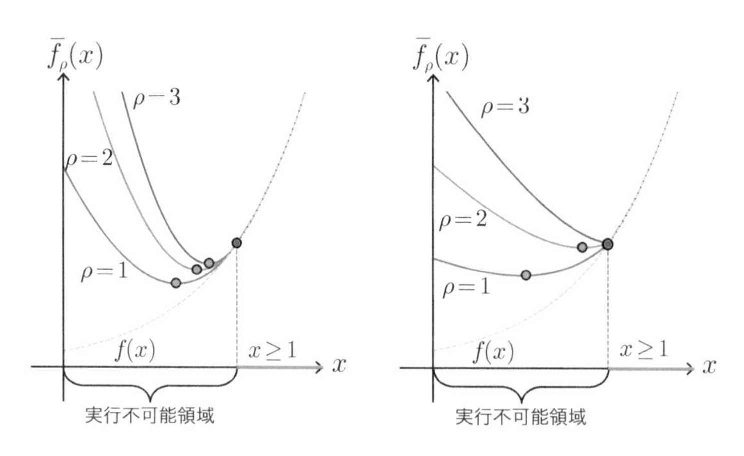

図 3.29　目的関数と 2 つのペナルティ関数

た，このペナルティ関数は実行可能領域の境界では微分可能ではないため，3.2 節の制約なし最適化問題に対するアルゴリズムをそのまま適用できないという問題点もある．

バリア関数は，実行可能領域の内部では有限の値をとり，その境界に近づくと無限大に発散する関数である．ここでは，不等式制約つき最適化問題 (3.132) を考える．たとえば，不等式制約 $g_i(\boldsymbol{x}) \leq 0$ に対して $-g_i(\boldsymbol{x})^{-1}$ や $-\log(-g_i(\boldsymbol{x}))$ などをペナルティとして課すと，バリア関数は

$$\begin{aligned} \tilde{g}(\boldsymbol{x}) &= -\sum_{i=1}^{m} g_i(\boldsymbol{x})^{-1}, \\ \tilde{g}(\boldsymbol{x}) &= -\sum_{i=1}^{m} \log(-g_i(\boldsymbol{x})) \end{aligned} \tag{3.174}$$

となる．バリア関数法では，目的関数とバリア関数を足し合わせた

$$\tilde{f}_\rho(\boldsymbol{x}) = f(\boldsymbol{x}) + \rho \tilde{g}(\boldsymbol{x}) \tag{3.175}$$

を最小化する制約なし最適化問題を解く．ここで，$\rho > 0$ はバリア関数の重みを表すパラメータである．バリア関数法は，適当な実行可能解 $\boldsymbol{x}^{(0)}$ から始め，パラメータ ρ の初期値を設定した上で，その値を減少させる手続きと，直前の反復で得られた解を初期点として $\tilde{f}_\rho(\boldsymbol{x})$ を最小化する制約なし最適化問題を解く手続きを交互に繰り返し適用する．

バリア関数法の手続きを以下にまとめる．

アルゴリズム 3.6　バリア関数法

Step 1: 実行可能な初期点 $\boldsymbol{x}^{(0)}$ およびパラメータの初期値 ρ_0 を定める．$k = 0$ とする．
Step 2: $\boldsymbol{x}^{(k)}$ を初期点として $\tilde{f}_{\rho_k}(\boldsymbol{x})$ を最小化する制約なし最適化問題を解き，新たな点 $\boldsymbol{x}^{(k+1)}$ を求める．
Step 3: $\rho_k \tilde{g}(\boldsymbol{x}^{(k)})$ が十分に小さければ終了する．
Step 4: $\rho_{k+1} < \rho_k$ を満たすパラメータの値 ρ_{k+1} を定める．$k = k + 1$ として **Step 2** に戻る．

たとえば，以下の制約つき最適化問題

$$\begin{aligned} &\text{最小化} \quad 0.1(x - 3.5)^2 \\ &\text{条件} \quad 0.5 \leq x \leq 3 \end{aligned} \tag{3.176}$$

に対して，

$$\tilde{f}_\rho(x) = 0.1(x-3.5)^2 - \frac{\rho}{x-3} - \frac{\rho}{0.5-x} \tag{3.177}$$

と定義する．**図 3.30** に示すように，バリア関数法は関数 $\tilde{f}_\rho(\boldsymbol{x})$ の変化が実行可能領域の境界近辺で急峻となり，制約なし最適化問題を解くことが数値的に困難となる場合が多い．また，初期点として必要な実行可能領域の**内点** (interior point)[注42] が容易に得られるとは限らない．

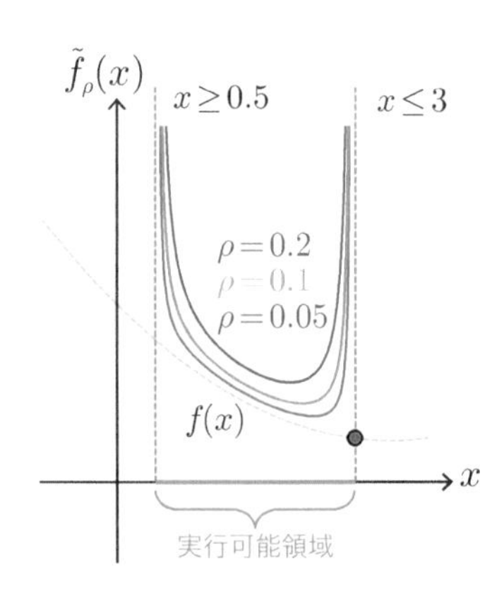

図 3.30　目的関数とバリア関数

3.3.6　拡張ラグランジュ関数法

ペナルティ関数法では，変換された制約なし問題を解いても制約つき最適化問題の局所最適解が得られない，ペナルティ関数の重みを表すパラメータ ρ の値が増大すると，変形して得られた制約なし問題を解くことが数値的に困難となるなどの問題点がある．**拡張ラグランジュ関数法** (augmented Lagrangian method)[注43] では，ラグランジュ関数とペナルティ関数を足し合わせた拡張ラグランジュ関数を用いて，制約つき最適化問題を制約なし最適化問題に変形して解くことで，これらの問題点を克服する．

議論を簡単にするため，等式制約つき最適化問題 (3.114) を考える．不等式制約を持つ最適化問題では，不等式制約 $g_i(\boldsymbol{x}) \leq 0$ にスラック変数 s_i を導入して，等式制約 $g_i(\boldsymbol{x}) + s_i^2 = 0$ に変形する．3.3.1 節で説明したように，点 $\boldsymbol{x}^* \in \mathbb{R}^n$ が局所最適解ならば，等式制約つき最適化問題の最適性の 1 次の必要条件 (定理 3.16) より

注 42　ここでは，すべての不等式制約に対して $g_i(\boldsymbol{x}) < 0$ を満たす点 $\boldsymbol{x}$ を指す．
注 43　**乗数法** (multiplier method) とも呼ぶ．

$$\begin{aligned}
\nabla_{\boldsymbol{x}} L(\boldsymbol{x}^*, \boldsymbol{u}^*) &= \nabla f(\boldsymbol{x}^*) + \sum_{i=1}^{m} u_i^* \nabla g_i(\boldsymbol{x}^*) = \boldsymbol{0}, \\
\nabla_{\boldsymbol{u}} L(\boldsymbol{x}^*, \boldsymbol{u}^*) &= \boldsymbol{g}(\boldsymbol{x}^*) = \boldsymbol{0}
\end{aligned} \tag{3.178}$$

を満たすラグランジュ乗数 $\boldsymbol{u}^* \in \mathbb{R}^m$ が存在する．しかし，ラグランジュ関数のヘッセ行列 $\nabla^2_{\boldsymbol{xx}} L(\boldsymbol{x}^*, \boldsymbol{u}^*)$ は必ずしも正定値ではないため，$\boldsymbol{x}$ についてラグランジュ関数 $L(\boldsymbol{x}, \boldsymbol{u}^*)$ を最小化しても，等式制約つき最適化問題 (3.114) の局所最適解 $\boldsymbol{x}^*$ が得られるとは限らない．そこで，ラグランジュ関数 $L(\boldsymbol{x}, \boldsymbol{u})$ と等式制約 $g_i(\boldsymbol{x}) = 0$ に対するペナルティ関数 $g_i(\boldsymbol{x})^2$ を足し合わせた**拡張ラグランジュ関数** (augmented Lagrangian function)

$$L_\rho(\boldsymbol{x}, \boldsymbol{u}) = f(\boldsymbol{x}) + \sum_{i=1}^{m} u_i g_i(\boldsymbol{x}) + \frac{\rho}{2} \sum_{i=1}^{m} g_i(\boldsymbol{x})^2 \tag{3.179}$$

を $\boldsymbol{x}$ について最小化する制約なし最適化問題を解く．ここで，$\rho > 0$ はペナルティ関数の重みを表すパラメータである．

$(\boldsymbol{x}^*, \boldsymbol{u}^*)$ を等式制約つき最適化問題 (3.114) の最適性の 2 次の十分条件 (3.123) を満たす点とする．このとき，拡張ラグランジュ関数の $\boldsymbol{x}$ に関する勾配を考えると

$$\begin{aligned}
\nabla_{\boldsymbol{x}} L_\rho(\boldsymbol{x}^*, \boldsymbol{u}^*) &= \nabla f(\boldsymbol{x}^*) + \sum_{i=1}^{m} u_i^* \nabla g_i(\boldsymbol{x}^*) + \rho \sum_{i=1}^{m} g_i(\boldsymbol{x}^*) \nabla g_i(\boldsymbol{x}^*) \\
&= \nabla_{\boldsymbol{x}} L(\boldsymbol{x}^*, \boldsymbol{u}^*) = \boldsymbol{0}
\end{aligned} \tag{3.180}$$

が成り立つ[注44]．したがって，点 $\boldsymbol{x}^*$ は $\boldsymbol{x}$ について拡張ラグランジュ関数 $L_\rho(\boldsymbol{x}, \boldsymbol{u}^*)$ を最小化する制約なし最適化問題の停留点となる．

次に，拡張ラグランジュ関数のヘッセ行列を考えると

$$\begin{aligned}
\nabla^2_{\boldsymbol{xx}} L_\rho(\boldsymbol{x}^*, \boldsymbol{u}^*) &= \nabla^2 f(\boldsymbol{x}^*) + \sum_{i=1}^{m} (u_i^* + \rho g_i(\boldsymbol{x}^*)) \nabla^2 g_i(\boldsymbol{x}^*) \\
&\quad + \rho \sum_{i=1}^{m} \nabla g_i(\boldsymbol{x}^*) \nabla g_i(\boldsymbol{x}^*)^\top \\
&= \nabla^2_{\boldsymbol{xx}} L(\boldsymbol{x}^*, \boldsymbol{u}^*) + \rho \sum_{i=1}^{m} \nabla g_i(\boldsymbol{x}^*) \nabla g_i(\boldsymbol{x}^*)^\top
\end{aligned} \tag{3.181}$$

となる．このとき，$\nabla g_i(\boldsymbol{x}^*)^\top \boldsymbol{d} = 0$ $(i = 1, \ldots, m)$ を満たす任意のベクトル

注 44　$g_i(\boldsymbol{x}^*) = 0$ $(i = 1, \ldots, m)$ が成り立つことに注意する．

$\boldsymbol{d} \in \mathbb{R}^n \setminus \{\boldsymbol{0}\}$ に対して，

$$\boldsymbol{d}^\top \nabla^2_{\boldsymbol{xx}} L_\rho(\boldsymbol{x}^*, \boldsymbol{u}^*)\boldsymbol{d} = \boldsymbol{d}^\top \nabla^2_{\boldsymbol{xx}} L(\boldsymbol{x}^*, \boldsymbol{u}^*)\boldsymbol{d} > 0 \tag{3.182}$$

が成り立つ．それ以外の任意のベクトル $\boldsymbol{d} \in \mathbb{R}^n \setminus \{\boldsymbol{0}\}$ についても，パラメータ ρ の値を十分に大きくとれば，$\boldsymbol{d}^\top \nabla^2_{\boldsymbol{xx}} L_\rho(\boldsymbol{x}^*, \boldsymbol{u}^*)\boldsymbol{d} > 0$ が成り立つ．したがって，点 $\boldsymbol{x}^*$ は $\boldsymbol{x}$ について拡張ラグランジュ関数 $L_\rho(\boldsymbol{x}, \boldsymbol{u}^*)$ を最小化する制約なし最適化問題の最適性の 2 次の十分条件を満たす局所最適解となる．

このように，ラグランジュ乗数 $\boldsymbol{u}$ が $\boldsymbol{u}^*$ に近ければ，パラメータ ρ の値を有限に抑えつつ，$\boldsymbol{x}$ について拡張ラグランジュ関数 $L_\rho(\boldsymbol{x}, \boldsymbol{u})$ を最小化する制約なし最適化問題を解くことで，等式制約つき最適化問題 (3.114) の局所最適解 $\boldsymbol{x}^*$ の精度の高い近似解が得られる．

拡張ラグランジュ関数法では，$\boldsymbol{x}$ について拡張ラグランジュ関数 $L_\rho(\boldsymbol{x}, \boldsymbol{u})$ を最小化したあとに，ラグランジュ乗数 $\boldsymbol{u}$ を更新する手続きを繰り返す．各反復において，まず，$\boldsymbol{x}$ について拡張ラグランジュ関数 $L_\rho(\boldsymbol{x}, \boldsymbol{u}^{(k)})$ を最小化する．この制約なし最適化問題の停留点を $\boldsymbol{x}^{(k+1)}$ とすると，最適性の 1 次の必要条件 (定理 3.8) より

$$\begin{aligned}\nabla_{\boldsymbol{x}} L_\rho(\boldsymbol{x}^{(k+1)}, \boldsymbol{u}^{(k)}) = \nabla f(\boldsymbol{x}^{(k+1)}) + \sum_{i=1}^m u_i^{(k)} \nabla g_i(\boldsymbol{x}^{(k+1)}) \\ + \rho \sum_{i=1}^m g_i(\boldsymbol{x}^{(k+1)}) \nabla g_i(\boldsymbol{x}^{(k+1)}) = \boldsymbol{0}\end{aligned} \tag{3.183}$$

が成り立つ．次に，ラグランジュ乗数 $\boldsymbol{u}^{(k)}$ を

$$\boldsymbol{u}^{(k+1)} = \boldsymbol{u}^{(k)} + \rho \boldsymbol{g}(\boldsymbol{x}^{(k+1)}) \tag{3.184}$$

と更新すると，

$$\begin{aligned}\nabla_{\boldsymbol{x}} L(\boldsymbol{x}^{(k+1)}, \boldsymbol{u}^{(k+1)}) &= \nabla f(\boldsymbol{x}^{(k+1)}) + \sum_{i=1}^m u_i^{(k+1)} \nabla g_i(\boldsymbol{x}^{(k+1)}) \\ &= \nabla f(\boldsymbol{x}^{(k+1)}) + \sum_{i=1}^m \left(u_i^{(k)} + \rho g_i(\boldsymbol{x}^{(k+1)}) \right) \nabla g_i(\boldsymbol{x}^{(k+1)}) \\ &= \nabla_{\boldsymbol{x}} L_\rho(\boldsymbol{x}^{(k+1)}, \boldsymbol{u}^{(k)}) = \boldsymbol{0}\end{aligned} \tag{3.185}$$

となる．このように，拡張ラグランジュ関数法は，等式制約つき最適化問題 (3.114) の最適性の 1 次の必要条件 (3.117) のうち，

$$\nabla_{\boldsymbol{x}} L(\boldsymbol{x}^{(k)}, \boldsymbol{u}^{(k)}) = \nabla f(\boldsymbol{x}^{(k)}) + \sum_{i=1}^{m} u_i^{(k)} \nabla g_i(\boldsymbol{x}^{(k)}) = \boldsymbol{0} \tag{3.186}$$

を満たしつつ，最終的に

$$\nabla_{\boldsymbol{u}} L(\boldsymbol{x}^{(k)}, \boldsymbol{u}^{(k)}) = \boldsymbol{g}(\boldsymbol{x}^{(k)}) = \boldsymbol{0} \tag{3.187}$$

を満たす $(\boldsymbol{x}^{(k)}, \boldsymbol{u}^{(k)})$ を求める．

各反復において，等式制約に対するペナルティ $\bar{g}(\boldsymbol{x}^{(k)}) = \sum_{i=1}^{m} g_i(\boldsymbol{x}^{(k)})^2$ が直前の反復から十分に減少していない場合にはパラメータ ρ の値を増加することが多い．

拡張ラグランジュ関数法の手続きを以下にまとめる．

アルゴリズム 3.7　拡張ラグランジュ関数法

Step 1: 初期点 $(\boldsymbol{x}^{(0)}, \boldsymbol{u}^{(0)})$ およびパラメータの初期値 ρ_0 を定める．$k = 0$ とする．

Step 2: $\boldsymbol{x}^{(k)}$ を初期点として $\boldsymbol{x}$ について拡張ラグランジュ関数 $L_\rho(\boldsymbol{x}, \boldsymbol{u}^{(k)})$ を最小化する制約なし最適化問題を解き，新たな点 $\boldsymbol{x}^{(k+1)}$ を求める．

Step 3: $\rho_k \bar{g}(\boldsymbol{x}^{(k)})$ が十分に小さければ終了する．

Step 4: $\boldsymbol{u}^{(k+1)} = \boldsymbol{u}^{(k)} + \rho_k \boldsymbol{g}(\boldsymbol{x}^{(k+1)})$ とする．$\rho_{k+1} \geq \rho_k$ を満たすパラメータの値 ρ_{k+1} を定める．$k = k + 1$ として **Step 2** に戻る．

拡張ラグランジュ関数法 (赤線) とペナルティ関数法 (青線) の実行例を**図 3.31** に示す．ここでは，以下の等式制約つき最適化問題を考える．

$$\begin{aligned} &\text{最小化} \quad f(\boldsymbol{x}) = (x_1 - 2)^4 + (x_1 - 2x_2)^2 \\ &\text{条件} \quad\quad g(\boldsymbol{x}) = x_1^2 - x_2 = 0, \\ &\quad\quad\quad\quad \boldsymbol{x} = (x_1, x_2)^\top \in \mathbb{R}^2. \end{aligned} \tag{3.188}$$

この問題の最適解は $\boldsymbol{x}^* = (0.946, 0.893)^\top$ である．初期点を $\boldsymbol{x}^{(0)} = (2, 1)^\top$, $u^{(0)} = 0$ とする．$\rho_0 = 1$, $\rho_{k+1} = 2\rho_k$ として拡張ラグランジュ関数法を適用すると，反復後の点は $\boldsymbol{x}^{(1)} = (1.252, 0.730)^\top$ となる．手続きをさらに繰り返すと $\boldsymbol{x}^{(2)} = (1.099, 0.765)^\top, \ldots, \boldsymbol{x}^{(6)} = (0.946, 0.893)^\top$ となり，最適解 $\boldsymbol{x}^*$ に近づくことが分かる．一方で，$\rho_0 = 1$, $\rho_{k+1} = 2\rho_k$ としてペナルティ関数法を適用すると，反復後の点は $\boldsymbol{x}^{(1)} = (1.168, 0.741)^\top$ となる．手続きをさらに繰り返すと $\boldsymbol{x}^{(2)} = (1.096, 0.766)^\top, \boldsymbol{x}^{(3)} = (1.040, 0.800)^\top, \ldots, \boldsymbol{x}^{(10)} = (0.947, 0.893)^\top$ となり，拡張ラグランジュ関数法と同程度の精度の近似解を

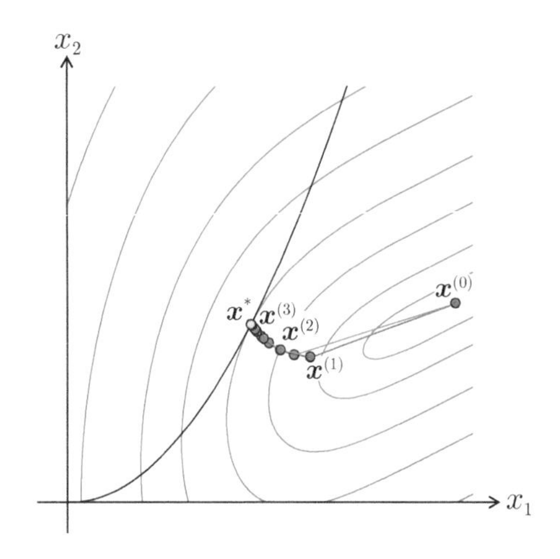

図 3.31 拡張ラグランジュ関数法とペナルティ関数法の実行例

得るためにより多くの反復回数を要することが分かる．

3.3.7 内点法

内点法 (interior point method) は，もともとは線形計画問題に対するアルゴリズムとして開発された．これを非線形計画問題に拡張することで，バリア関数法 (3.3.5 節) の問題点を克服するアルゴリズムともなった．現在では，制約つき最適化問題の代表的なアルゴリズムとして逐次 2 次計画法 (3.3.8 節) とともに広く使われている．内点法は，等式制約つき最適化問題 (3.114) の最適性の 1 次の必要条件 (定理 3.16) に着目し，ニュートン法を用いて条件を満たす解を求めるアルゴリズムである．生成される点列 $\{\boldsymbol{x}^{(k)}\}$ がすべて内点であるため内点法と呼ぶ．

制約つき最適化問題 (3.1) の不等式制約 $g_i(\boldsymbol{x}) \leq 0$ にスラック変数 s_i (≥ 0) を導入して，等式制約 $g_i(\boldsymbol{x}) + s_i = 0$ に変形した以下の最適化問題を考える．

$$
\begin{array}{lll}
\text{最小化} & f(\boldsymbol{x}) & \\
\text{条件} & g_i(\boldsymbol{x}) + s_i = 0, & i = 1, \ldots, l, \\
& g_i(\boldsymbol{x}) = 0, & i = l+1, \ldots, m, \\
& \boldsymbol{x} \in \mathbb{R}^n, & \\
& s_i \geq 0, & i = 1, \ldots, l.
\end{array}
\tag{3.189}
$$

この問題において，$s_i > 0$ (すなわち，$g_i(\boldsymbol{x}) < 0$) $(i = 1, \ldots, l)$ を満たす点を**内点** (interior point)，さらに $g_i(\boldsymbol{x}) = 0$ $(i = l+1, \ldots, m)$ を満たす点を

実行可能内点 (feasible interior point) と呼ぶ.

実行可能内点 $\boldsymbol{x}$ が存在することを仮定し, 各スラック変数 s_i の非負制約に対してバリア関数を導入すると以下の等式制約つき最適化問題に変形できる.

$$
\begin{array}{lll}
\text{最小化} & f(\boldsymbol{x}) - \rho \sum_{i=1}^{l} \log s_i & \\
\text{条件} & g_i(\boldsymbol{x}) + s_i = 0, & i = 1, \ldots, l, \\
& g_i(\boldsymbol{x}) = 0, & i = l+1, \ldots, m, \\
& \boldsymbol{x} \in \mathbb{R}^n, & \\
& s_i \geq 0, & i = 1, \ldots, l.
\end{array}
\tag{3.190}
$$

ここで, $\rho > 0$ はバリア関数の重みを表すパラメータである. この問題の局所最適解を $(\bar{\boldsymbol{x}}, \bar{\boldsymbol{s}})$ とすると, 等式制約つき最適化問題 (3.114) の最適性の 1 次の必要条件 (定理 3.16) より

$$
\begin{array}{ll}
\nabla f(\bar{\boldsymbol{x}}) + \sum_{i=1}^{m} \bar{u}_i \nabla g_i(\bar{\boldsymbol{x}}) = \boldsymbol{0}, & \\
\bar{u}_i \bar{s}_i = \rho, & i = 1, \ldots, l, \\
g_i(\bar{\boldsymbol{x}}) + s_i = 0, & i = 1, \ldots, l, \\
g_i(\bar{\boldsymbol{x}}) = 0, & i = l+1, \ldots, m, \\
\bar{s}_i > 0, & i = 1, \ldots, l, \\
\bar{u}_i > 0, & i = 1, \ldots, l
\end{array}
\tag{3.191}
$$

を満たすラグランジュ乗数 $\bar{\boldsymbol{u}} \in \mathbb{R}^m$ が存在する[注45]. パラメータ $\rho \to 0$ のとき, これらの条件を満たす点 $(\bar{\boldsymbol{x}}(\rho), \bar{\boldsymbol{s}}(\rho), \bar{\boldsymbol{u}}(\rho))$ がとる軌跡を**中心パス** (center path) と呼ぶ.

図 3.32 の点線は, 不等式制約つき最適化問題 (3.132) の実行可能領域の端点の 1 つに局所最適解 $\boldsymbol{x}^*$ があると想定した中心パスである. パラメータ ρ の値を十分に大きくとればスラック変数 $\bar{s}_i$ の値も大きくなるため, 境界から遠く離れた実行可能領域の内部の点 $\bar{\boldsymbol{x}}(\rho)$ が得られる. パラメータ ρ の値が 0 に近づくにしたがって, 点 $\bar{\boldsymbol{x}}(\rho)$ は実行可能領域の内部を通り局所最適解 $\boldsymbol{x}^*$ に近づく.

注 45　2 番目の条件はラグランジュ関数

$$
L(\boldsymbol{x}, \boldsymbol{s}, \boldsymbol{u}) = f(\boldsymbol{x}) - \rho \sum_{i=1}^{l} \log s_i + \sum_{i=1}^{l} u_i (g_i(\boldsymbol{x}) + s_i) + \sum_{i=l+1}^{m} u_i g_i(\boldsymbol{x})
$$

をスラック変数 s_i で偏微分した $-\frac{\rho}{s_i} + u_i$ から得られる. $\rho > 0$, $s_i \geq 0$ より $\bar{s}_i > 0$, $\bar{u}_i > 0$ となることに注意する.

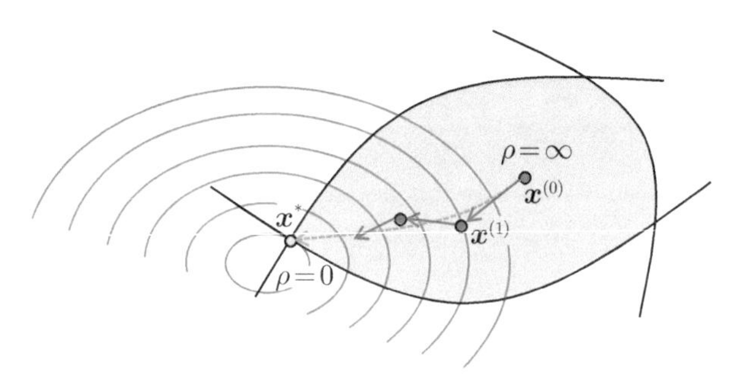

図 3.32　内点法

各反復では，ニュートン法を用いて現在の点 $(\boldsymbol{x}^{(k)}, \boldsymbol{s}^{(k)}, \boldsymbol{u}^{(k)})$ から最適性の 1 次の必要条件 (3.191) を適当な精度で満たす近似解 $(\boldsymbol{x}^{(k+1)}, \boldsymbol{s}^{(k+1)}, \boldsymbol{u}^{(k+1)}) = (\boldsymbol{x}^{(k)} + \Delta\boldsymbol{x}, \boldsymbol{s}^{(k)} + \Delta\boldsymbol{s}, \boldsymbol{u}^{(k)} + \Delta\boldsymbol{u})$ を求める．目的関数 f と制約関数 g_i は 2 回微分可能なので，

$$\begin{aligned}
\nabla f(\boldsymbol{x}^{(k)} + \Delta\boldsymbol{x}) &\approx \nabla f(\boldsymbol{x}^{(k)}) + \nabla^2 f(\boldsymbol{x}^{(k)})\Delta\boldsymbol{x}, \\
g_i(\boldsymbol{x}^{(k)} + \Delta\boldsymbol{x}) &\approx g_i(\boldsymbol{x}^{(k)}) + \nabla g_i(\boldsymbol{x}^{(k)})^\top \Delta\boldsymbol{x}, \\
\nabla g_i(\boldsymbol{x}^{(k)} + \Delta\boldsymbol{x}) &\approx \nabla g_i(\boldsymbol{x}^{(k)}) + \nabla^2 g_i(\boldsymbol{x}^{(k)})\Delta\boldsymbol{x}
\end{aligned} \tag{3.192}$$

と近似できる．これらを式 (3.191) に代入すると，$\Delta\boldsymbol{x}$, $\Delta\boldsymbol{s}$, $\Delta\boldsymbol{u}$ を変数とする以下の連立 1 次方程式が得られる[注46]．

$$\begin{aligned}
\nabla^2 f(\boldsymbol{x}^{(k)})\Delta\boldsymbol{x} + \sum_{i=1}^{m} \Big(u_i^{(k)} \nabla^2 g_i(\boldsymbol{x}^{(k)})\Delta\boldsymbol{x} + \Delta u_i \nabla g_i(\boldsymbol{x}^{(k)}) \Big) \\
= -\nabla f(\boldsymbol{x}^{(k)}) - \sum_{i=1}^{m} u_i^{(k)} \nabla g_i(\boldsymbol{x}^{(k)}), \\
u_i^{(k)}\Delta s_i + \Delta u_i s_i^{(k)} = \rho - u_i^{(k)} s_i^{(k)}, \quad i = 1, \ldots, l, \\
\nabla g_i(\boldsymbol{x}^{(k)})^\top \Delta\boldsymbol{x} + \Delta s_i = -g_i(\boldsymbol{x}^{(k)}) - s_i^{(k)}, \quad i = 1, \ldots, l, \\
\nabla g_i(\boldsymbol{x}^{(k)})^\top \Delta\boldsymbol{x} = -g_i(\boldsymbol{x}^{(k)}), \quad i = l+1, \ldots, m.
\end{aligned} \tag{3.193}$$

ここで，右辺は $(\boldsymbol{x}^{(k)}, \boldsymbol{s}^{(k)}, \boldsymbol{u}^{(k)})$ より決まるので定数となる．この連立 1 次方程式は $n + l + m$ 個の変数と同数の制約条件を持つので，その係数行列が正則であれば $(\boldsymbol{x}^{(k+1)}, \boldsymbol{s}^{(k+1)}, \boldsymbol{u}^{(k+1)})$ を求めることができる．

内点法は，探索の途中で式 (3.191) を満たす中心パス上の点 $(\bar{\boldsymbol{x}}(\rho), \bar{\boldsymbol{s}}(\rho), \bar{\boldsymbol{u}}(\rho))$

注 46　この連立 1 次方程式では $\Delta\boldsymbol{x}$, $\Delta\boldsymbol{s}$, $\Delta\boldsymbol{u}$ に関する 2 次の項は微小なものとして除いている．

を求めるわけではない．図 3.32 に示すように，連立 1 次方程式 (3.193) から近似解 $(\boldsymbol{x}^{(k+1)}, \boldsymbol{s}^{(k+1)}, \boldsymbol{u}^{(k+1)})$ を求める手続きと，パラメータ ρ の値を更新する手続きを交互に繰り返し，近似的に中心パスに沿いつつ最適性の 1 次の必要条件を満たす点 $\boldsymbol{x}^*$ に収束させる方法をとる．

各反復では，$\boldsymbol{s}^{(k+1)} > \mathbf{0}$, $\boldsymbol{u}^{(k+1)} > \mathbf{0}$ を満たす適切なステップ幅 α_k $(0 < \alpha_k \leq 1)$ を求める．このとき，式 (3.190) の目的関数そのものではなく，目的関数とペナルティ関数を足し合わせた**メリット関数** (merit funtion) を最小化することが多い．たとえば，

$$\phi_\eta(\boldsymbol{x}, \boldsymbol{s}) = f(\boldsymbol{x}) - \rho \sum_{i=1}^{l} \log s_i + \eta \sum_{i=1}^{l} |g_i(\boldsymbol{x}) + s_i| + \eta \sum_{i=l+1}^{m} |g_i(\boldsymbol{x})| \quad (3.194)$$

に対して直線探索を行い，$\boldsymbol{s}^{(k)} + \alpha_k \Delta\boldsymbol{s} > \mathbf{0}$, $\boldsymbol{u}^{(k)} + \alpha_k \Delta\boldsymbol{u} > \mathbf{0}$ を満たしつつ関数 $\phi_\eta(\boldsymbol{x}^{(k)} + \alpha_k \Delta\boldsymbol{x}, \boldsymbol{s}^{(k)} + \alpha_k \Delta\boldsymbol{s})$ の値を最小化するステップ幅 α_k を求めて新たな点を $(\boldsymbol{x}^{(k+1)}, \boldsymbol{s}^{(k+1)}, \boldsymbol{u}^{(k+1)}) = (\boldsymbol{x}^{(k)} + \alpha_k \Delta\boldsymbol{x}, \boldsymbol{s}^{(k)} + \alpha_k \Delta\boldsymbol{s}, \boldsymbol{u}^{(k)} + \alpha_k \Delta\boldsymbol{u})$ とする．ここで，$\eta > 0$ はペナルティ関数の重みを表すパラメータである．

内点法の手続きを以下にまとめる．

アルゴリズム 3.8　内点法

Step 1: 初期点 $(\boldsymbol{x}^{(0)}, \boldsymbol{s}^{(0)}, \boldsymbol{u}^{(0)})$ およびパラメータの初期値 ρ_0 を定める．$k = 0$ とする．

Step 2: ρ_k が十分に小さければ終了する．

Step 3: 連立 1 次方程式 (3.193) を解いて $(\Delta\boldsymbol{x}, \Delta\boldsymbol{s}, \Delta\boldsymbol{u})$ を求める．$\boldsymbol{s}^{(k)} + \alpha_k \Delta\boldsymbol{s} > \mathbf{0}$, $\boldsymbol{u}^{(k)} + \alpha_k \Delta\boldsymbol{u} > \mathbf{0}$ を満たすステップ幅 α_k を求める．

Step 4: $(\boldsymbol{x}^{(k+1)}, \boldsymbol{s}^{(k+1)}, \boldsymbol{u}^{(k+1)}) = (\boldsymbol{x}^{(k)} + \alpha_k \Delta\boldsymbol{x}, \boldsymbol{s}^{(k)} + \alpha_k \Delta\boldsymbol{s}, \boldsymbol{u}^{(k)} + \alpha_k \Delta\boldsymbol{u})$ とする．$\rho_{k+1} < \rho_k$ を満たすパラメータの値 ρ_{k+1} を定める．$k = k + 1$ として **Step 2** に戻る．

新たな点 $(\boldsymbol{x}^{(k+1)}, \boldsymbol{s}^{(k+1)}, \boldsymbol{u}^{(k+1)})$ がもし中心パス上にあれば，条件 $u_i^{(k+1)} s_i^{(k+1)} = \rho_k$ $(i = 1, \ldots, l)$ より $(\boldsymbol{u}^{(k+1)})^\top \boldsymbol{s}^{(k+1)} = l\rho_k$ すなわち $\rho_k = (\boldsymbol{u}^{(k+1)})^\top \boldsymbol{s}^{(k+1)}/l$ を満たす．そこで，あらかじめパラメータ δ $(0 < \delta < 1)$ を与えて，パラメータ ρ_{k+1} の値を

$$\rho_{k+1} = \delta \frac{(\boldsymbol{u}^{(k+1)})^\top \boldsymbol{s}^{(k+1)}}{l} \quad (3.195)$$

と定めることが多い．

内点法の実行例を**図 3.33** に示す．ここでは，以下の不等式制約つき最適化問題を考える．

$$
\begin{aligned}
&\text{最小化} && f(\boldsymbol{x}) = (x_1 - 2)^4 + (x_1 - 2x_2)^2 \\
&\text{条件} && g(\boldsymbol{x}) = x_1^2 - x_2 \leq 0, \\
& && \boldsymbol{x} = (x_1, x_2)^\top \in \mathbb{R}^2.
\end{aligned} \tag{3.196}
$$

この問題にスラック変数 $s \geq 0$ を導入して，以下の等式制約つき最適化問題に変形する．

$$
\begin{aligned}
&\text{最小化} && f(\boldsymbol{x}) = (x_1 - 2)^4 + (x_1 - 2x_2)^2 \\
&\text{条件} && g(\boldsymbol{x}) = x_1^2 - x_2 + s = 0, \\
& && \boldsymbol{x} = (x_1, x_2)^\top \in \mathbb{R}^2, \\
& && s \geq 0.
\end{aligned} \tag{3.197}
$$

この問題の最適解は $\boldsymbol{x}^* = (0.946, 0.893)^\top$ である．初期点を $\boldsymbol{x}^{(0)} = (1, 2)^\top$, $s^{(0)} = 1$, $u^{(0)} = 0$ とする．$\rho = 1$, $\delta = 0.1$ として内点法を適用する．連立 1 次方程式 (3.193) を解くと，$\Delta\boldsymbol{x} = (0.208, -1.271)^\top$, $\Delta s = -1.688$, $\Delta u = 1.000$ が得られる．$s^{(0)} + \alpha_0 \Delta s > 0$, $u^{(0)} + \alpha_0 \Delta u > 0$ より，ステップ幅は $\alpha_0 < 0.593$ を満たす必要がある．ここで，余裕をとって $\alpha_0 = 0.474$ とすると，反復後の点は $\boldsymbol{x}^{(1)} = (1.099, 1.398)^\top$ となる．また，式 (3.195) より，反復後のパラメータは $\rho_1 = 0.009$ となる．手続きをさらに繰り返すと $\boldsymbol{x}^{(2)} = (1.102, 1.246)^\top, \ldots, \boldsymbol{x}^{(8)} = (0.946, 0.894)^\top$ となり，最適解 $\boldsymbol{x}^*$ に近

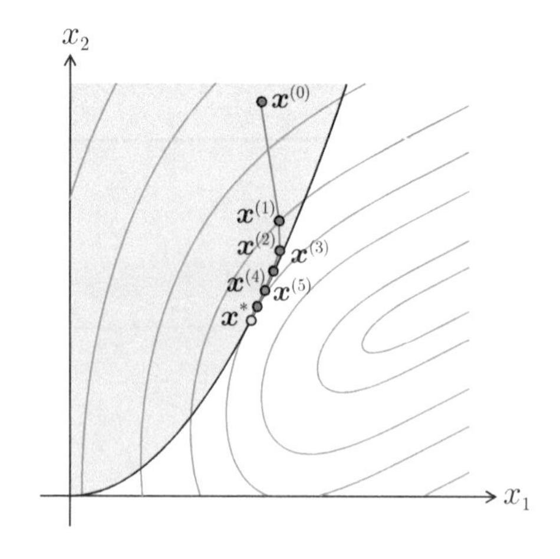

図 3.33　内点法の実行例

づくことが分かる．

制約つき最適化問題 (3.1) の特別な場合として，以下の凸 2 次計画問題を考える[注47]．

$$
\begin{aligned}
&\text{最小化} \quad \frac{1}{2}\boldsymbol{x}^\top \boldsymbol{Q}\boldsymbol{x} + \boldsymbol{c}^\top \boldsymbol{x} \\
&\text{条件} \quad \boldsymbol{A}\boldsymbol{x} = \boldsymbol{b}, \\
&\qquad\quad\ \boldsymbol{x} \in \mathbb{R}^n_+ .
\end{aligned}
\tag{3.198}
$$

ここで，$\boldsymbol{Q} \in \mathbb{R}^{n\times n}$ は半正定値，$\boldsymbol{c} \in \mathbb{R}^n$, $\boldsymbol{A} \in \mathbb{R}^{m\times n}$, $\boldsymbol{b} \in \mathbb{R}^m$ である．この問題において式 (3.191) は

$$
\begin{aligned}
&\boldsymbol{Q}\bar{\boldsymbol{x}} + \boldsymbol{c} - \boldsymbol{A}^\top \bar{\boldsymbol{u}} - \bar{\boldsymbol{v}} = \boldsymbol{0}, \\
&\bar{v}_j \bar{x}_j = \rho, \quad j = 1, \ldots, n, \\
&\boldsymbol{A}\bar{\boldsymbol{x}} = \boldsymbol{b}, \\
&\bar{x}_j > 0, \qquad j = 1, \ldots, n, \\
&\bar{v}_j > 0, \qquad j = 1, \ldots, n
\end{aligned}
\tag{3.199}
$$

となる[注48][注49]．この問題では，式 (3.192) が近似ではなく正確に成り立つので，連立 1 次方程式 (3.193) は

$$
\begin{aligned}
&\boldsymbol{Q}\Delta\boldsymbol{x} - \boldsymbol{A}^\top \Delta\boldsymbol{u} - \Delta\boldsymbol{v} = -\boldsymbol{Q}\boldsymbol{x}^{(k)} - \boldsymbol{c} + \boldsymbol{A}^\top \boldsymbol{u}^{(k)} + \boldsymbol{v}^{(k)}, \\
&v_j^{(k)} \Delta x_j + \Delta v_j x_j^{(k)} = \rho - v_j^{(k)} x_j^{(k)}, \quad j = 1, \ldots, n, \\
&\boldsymbol{A}\Delta\boldsymbol{x} = \boldsymbol{b} - \boldsymbol{A}\boldsymbol{x}^{(k)}
\end{aligned}
\tag{3.200}
$$

となる．ここで，点 $\boldsymbol{x}^{(k)}$ が凸 2 次計画問題 (3.198) の実行可能解ならば，$\boldsymbol{A}\Delta\boldsymbol{x} = \boldsymbol{b} - \boldsymbol{A}\boldsymbol{x}^{(k)} = \boldsymbol{0}$ より $\boldsymbol{x}^{(k+1)} = \boldsymbol{x}^{(k)} + \alpha_k \Delta\boldsymbol{x}$ もやはり実行可能解となり，各反復において連立 1 次方程式 (3.200) を解くことで，中心パスに十分に近い点が求められる．そのため，内点法により凸 2 次計画問題の最適解を効率的に求められる[注50]．

3.3.8 逐次 2 次計画法

制約なし最適化問題に対するニュートン法 (3.2.3 節) や準ニュートン法

注 47 凸 2 次計画問題は線形計画問題を含むことに注意する．すなわち，凸 2 次計画問題に対する内点法から目的関数の 2 次の項に関する部分を削除すれば，線形計画問題に対する内点法となる．

注 48 非負制約 $x_j \geq 0$ の場合はスラック変数 s_j を導入して等式制約 $-x_j + s_j = 0$ に変形する必要がないことに注意する．

注 49 1 番目の条件は，線形計画問題 $\min\{\boldsymbol{c}^\top \boldsymbol{x} \mid \boldsymbol{A}\boldsymbol{x} = \boldsymbol{b}, \boldsymbol{x} \geq \boldsymbol{0}\}$ では双対問題 $\max\{\boldsymbol{b}^\top \boldsymbol{u} \mid \boldsymbol{A}^\top \boldsymbol{u} \leq \boldsymbol{c}\}$ の制約条件となる．

注 50 内点法は凸 2 次計画問題に対する多項式時間アルゴリズムであることが知られている．また，凸 2 次計画問題は線形計画問題を含むので，内点法は線形計画問題に対する多項式時間アルゴリズムでもある．

(3.2.4 節) では目的関数 $f(\boldsymbol{x}^{(k)})$ を点 $\boldsymbol{x}^{(k)}$ のまわりで近似した 2 次関数の停留点を求める手続きを繰り返す．同様の考えにもとづき，**逐次 2 次計画法** (sequential quadratic programming method; SQP) では凸 2 次計画問題を部分問題として繰り返し解くことで，不等式制約つき最適化問題 (3.132) の KKT 条件 (定理 3.19) を満たす点 $\boldsymbol{x}^*$ に収束する点列 $\{\boldsymbol{x}^{(k)}\}$ を生成する．

議論を簡単にするため，等式制約つき最適化問題 (3.114) を考える．この問題の局所最適解を $\boldsymbol{x}^* \in \mathbb{R}^n$ とすると，等式制約つき最適化問題の最適性の 1 次の必要条件 (定理 3.16) より

$$\begin{aligned} \nabla_{\boldsymbol{x}} L(\boldsymbol{x}^*, \boldsymbol{u}^*) &= \nabla f(\boldsymbol{x}^*) + \sum_{i=1}^{m} u_i^* \nabla g_i(\boldsymbol{x}^*) = \boldsymbol{0}, \\ \nabla_{\boldsymbol{u}} L(\boldsymbol{x}^*, \boldsymbol{u}^*) &= \boldsymbol{g}(\boldsymbol{x}^*) = \boldsymbol{0} \end{aligned} \tag{3.201}$$

を満たすラグランジュ乗数 $\boldsymbol{u}^* \in \mathbb{R}^m$ が存在する．逐次 2 次計画法の各反復では，ニュートン法を用いて現在の点 $(\boldsymbol{x}^{(k)}, \boldsymbol{u}^{(k)})$ から最適性の 1 次の必要条件 (3.117) を適当な精度で満たす近似解 $(\boldsymbol{x}^{(k+1)}, \boldsymbol{u}^{(k+1)}) = (\boldsymbol{x}^{(k)} + \Delta\boldsymbol{x}, \boldsymbol{u}^{(k)} + \Delta\boldsymbol{u})$ を求める．目的関数 f と制約関数 g_i は 2 回微分可能なので，

$$\begin{aligned} \nabla f(\boldsymbol{x}^{(k)} + \Delta\boldsymbol{x}) &\approx \nabla f(\boldsymbol{x}^{(k)}) + \nabla^2 f(\boldsymbol{x}^{(k)})\Delta\boldsymbol{x}, \\ g_i(\boldsymbol{x}^{(k)} + \Delta\boldsymbol{x}) &\approx g_i(\boldsymbol{x}^{(k)}) + \nabla g_i(\boldsymbol{x}^{(k)})^\top \Delta\boldsymbol{x}, \\ \nabla g_i(\boldsymbol{x}^{(k)} + \Delta\boldsymbol{x}) &\approx \nabla g_i(\boldsymbol{x}^{(k)}) + \nabla^2 g_i(\boldsymbol{x}^{(k)})\Delta\boldsymbol{x} \end{aligned} \tag{3.202}$$

と近似できる．これらを最適性の 1 次の必要条件 (3.117) に代入すると，以下のような $\Delta\boldsymbol{x}, \Delta\boldsymbol{u}$ を変数とする連立 1 次方程式が得られる [注51]．

$$\begin{aligned} &\nabla f(\boldsymbol{x}^{(k)}) + \left(\nabla^2 f(\boldsymbol{x}^{(k)}) + \sum_{i=1}^{m} u_i^{(k)} \nabla^2 g_i(\boldsymbol{x}^{(k)}) \right) \Delta\boldsymbol{x} + \sum_{i=1}^{m} (u_i^{(k)} + \Delta u_i) \nabla g_i(\boldsymbol{x}^{(k)}) \\ &= \nabla f(\boldsymbol{x}^{(k)}) + \nabla^2_{\boldsymbol{x}\boldsymbol{x}} L(\boldsymbol{x}^{(k)}, \boldsymbol{u}^{(k)})\Delta\boldsymbol{x} + \sum_{i=1}^{m} (u_i^{(k)} + \Delta u_i) \nabla g_i(\boldsymbol{x}^{(k)}) = \boldsymbol{0}, \\ &g_i(\boldsymbol{x}^{(k)}) + \nabla g_i(\boldsymbol{x}^{(k)})^\top \Delta\boldsymbol{x} = 0, \ \ i = 1, \ldots, m. \end{aligned} \tag{3.203}$$

ところで，$\boldsymbol{d} \in \mathbb{R}^n$ を変数とする以下の 2 次計画問題を考える．

$$\begin{array}{ll} \text{最小化} & \dfrac{1}{2}\boldsymbol{d}^\top \nabla^2_{\boldsymbol{x}\boldsymbol{x}} L(\boldsymbol{x}^{(k)}, \boldsymbol{u}^{(k)})\boldsymbol{d} + \nabla f(\boldsymbol{x}^{(k)})^\top \boldsymbol{d} \\ \text{条件} & g_i(\boldsymbol{x}^{(k)}) + \nabla g_i(\boldsymbol{x}^{(k)})^\top \boldsymbol{d} = 0, \quad i = 1, \ldots, m, \\ & \boldsymbol{d} \in \mathbb{R}^n. \end{array} \tag{3.204}$$

注 51　この連立 1 次方程式では $\Delta\boldsymbol{x}$, $\Delta\boldsymbol{u}$ に関する 2 次の項は微小なものとして除いている．

この問題は, 等式制約つき最適化問題 (3.114) の目的関数 f を点 $\boldsymbol{x}^{(k)}$ のまわりで 2 次関数に近似し, 制約関数 g_i を点 $\boldsymbol{x}^{(k)}$ のまわりで線形関数に近似したものと見なせる. ただし, 目的関数の 2 次の項は目的関数 f のヘッセ行列 $\nabla^2 f(\boldsymbol{x}^{(k)})$ ではなくラグランジュ関数 $L(\boldsymbol{x}^{(k)}, \boldsymbol{u}^{(k)})$ のヘッセ行列 $\nabla^2_{\boldsymbol{xx}} L(\boldsymbol{x}^{(k)}, \boldsymbol{u}^{(k)})$ を用いる. このとき, この 2 次計画問題の最適性の 1 次の必要条件は

$$
\begin{aligned}
&\nabla^2_{\boldsymbol{xx}} L(\boldsymbol{x}^{(k)}, \boldsymbol{u}^{(k)})\boldsymbol{d} + \nabla f(\boldsymbol{x}^{(k)}) + \sum_{i=1}^{m} v_i \nabla g_i(\boldsymbol{x}^{(k)}) = \boldsymbol{0}, \\
&g_i(\boldsymbol{x}^{(k)}) + \nabla g_i(\boldsymbol{x}^{(k)})^\top \boldsymbol{d} = 0, \quad i = 1, \dots, m,
\end{aligned}
\tag{3.205}
$$

となる. ここで, $\boldsymbol{v} = (v_1, \dots, v_m)^\top \in \mathbb{R}^m$ はラグランジュ乗数である. このとき, $\boldsymbol{d} = \Delta\boldsymbol{x}$, $\boldsymbol{v} = \boldsymbol{u}^{(k)} + \Delta\boldsymbol{u}$ とおけば, この最適性の 1 次の必要条件は連立 1 次方程式 (3.203) に対応付けられる. すなわち, 2 次計画問題 (3.204) の最適性の 1 次の必要条件を満たす点を求めることは, 元の等式制約つき最適化問題 (3.114) の最適性の 1 次の必要条件 (3.117) を近似した連立 1 次方程式 (3.203) を解くことと等価である.

次に, 不等式制約つき最適化問題 (3.132) を考える. 逐次 2 次計画法の各反復では, 探索方向 $\boldsymbol{d} \in \mathbb{R}^n$ を変数とする以下のような部分問題

$$
\begin{array}{ll}
\text{最小化} & \dfrac{1}{2}\boldsymbol{d}^\top \nabla^2_{\boldsymbol{xx}} L(\boldsymbol{x}^{(k)}, \boldsymbol{u}^{(k)})\boldsymbol{d} + \nabla f(\boldsymbol{x}^{(k)})^\top \boldsymbol{d} \\
\text{条件} & g_i(\boldsymbol{x}^{(k)}) + \nabla g_i(\boldsymbol{x}^{(k)})^\top \boldsymbol{d} \le 0, \quad i = 1, \dots, m, \\
& \boldsymbol{d} \in \mathbb{R}^n
\end{array}
\tag{3.206}
$$

を解き, この問題の KKT 条件 (3.138) を満たす $(\boldsymbol{d}, \boldsymbol{v})$ を求めて $(\boldsymbol{x}^{(k+1)}, \boldsymbol{u}^{(k+1)}) = (\boldsymbol{x}^{(k)} + \boldsymbol{d}, \boldsymbol{v})$ とする手続きを繰り返して点列 $\{(\boldsymbol{x}^{(k)}, \boldsymbol{u}^{(k)})\}$ を生成することを考える.

2 次計画問題 (3.206) は, 目的関数が凸関数であれば, 有効制約法 (3.3.4 節) や内点法 (3.3.7 節) を用いて効率的に解ける. しかし, 一般の不等式制約つき最適化問題ではラグランジュ関数 $L(\boldsymbol{x}^{(k)}, \boldsymbol{u}^{(k)})$ のヘッセ行列 $\nabla^2_{\boldsymbol{xx}} L(\boldsymbol{x}^{(k)}, \boldsymbol{u}^{(k)})$ が半正定値とは限らない. そこで, 2 次計画問題 (3.206) においてラグランジュ関数 $L(\boldsymbol{x}^{(k)}, \boldsymbol{u}^{(k)})$ のヘッセ行列 $\nabla^2_{\boldsymbol{xx}} L(\boldsymbol{x}^{(k)}, \boldsymbol{u}^{(k)})$ を正定値対称行列 $\boldsymbol{B}_k$ で置き換えた以下の凸 2 次計画問題

$$
\begin{array}{ll}
\text{最小化} & \dfrac{1}{2}\boldsymbol{d}^\top \boldsymbol{B}_k \boldsymbol{d} + \nabla f(\boldsymbol{x}^{(k)})^\top \boldsymbol{d} \\
\text{条件} & g_i(\boldsymbol{x}^{(k)}) + \nabla g_i(\boldsymbol{x}^{(k)})^\top \boldsymbol{d} \le 0, \quad i = 1, \dots, m, \\
& \boldsymbol{d} \in \mathbb{R}^n.
\end{array}
\tag{3.207}
$$

を考える．この凸 2 次計画問題 (3.207) の最適解 $\boldsymbol{d}$ とラグランジュ乗数 $\boldsymbol{v}$ は，以下の KKT 条件を満たす．

$$\begin{aligned} &\boldsymbol{B}_k\boldsymbol{d} + \nabla f(\boldsymbol{x}^{(k)}) + \sum_{i=1}^{m} v_i \nabla g_i(\boldsymbol{x}^{(k)}) = \boldsymbol{0}, \\ &g_i(\boldsymbol{x}^{(k)}) + \nabla g_i(\boldsymbol{x}^{(k)})^\top \boldsymbol{d} \leq 0, \quad i = 1, \ldots, m, \\ &v_i \geq 0, \quad i = 1, \ldots, m, \\ &v_i \left(g_i(\boldsymbol{x}^{(k)}) + \nabla g_i(\boldsymbol{x}^{(k)})^\top \boldsymbol{d} \right) = 0, \quad i = 1, \ldots, m. \end{aligned} \tag{3.208}$$

もし，$\boldsymbol{d} = \boldsymbol{0}$ ならば，点 $\boldsymbol{x}^{(k)}$ は不等式制約つき最適化問題 (3.132) の KKT 条件を満たすのでアルゴリズムを終了する．$\boldsymbol{d} \neq \boldsymbol{0}$ ならば，目的関数とペナルティ関数を足し合わせたメリット関数

$$\bar{f}_\rho(\boldsymbol{x}) = f(\boldsymbol{x}) + \rho \sum_{i=1}^{m} \max\{g_i(\boldsymbol{x}), 0\} \tag{3.209}$$

に対して直線探索を行い，関数 $\bar{f}_\rho(\boldsymbol{x}^{(k)} + \alpha_k \boldsymbol{d})$ の値を最小化するステップ幅 $\alpha_k > 0$ を求めて新たな点を $\boldsymbol{x}^{(k+1)} = \boldsymbol{x}^{(k)} + \alpha_k \boldsymbol{d}$ とする．ここで，$\rho > 0$ はペナルティ関数の重みを表すパラメータである．

逐次 2 次計画法でも準ニュートン法と同様に，直前の反復で得られた近似行列 $\boldsymbol{B}_k$ を更新してセカント条件

$$\boldsymbol{B}_{k+1}(\boldsymbol{x}^{(k+1)} - \boldsymbol{x}^{(k)}) = \nabla_{\boldsymbol{x}} L(\boldsymbol{x}^{(k+1)}, \boldsymbol{u}^{(k+1)}) - \nabla_{\boldsymbol{x}} L(\boldsymbol{x}^{(k)}, \boldsymbol{u}^{(k)}) \tag{3.210}$$

を満たす正定値対称行列 $\boldsymbol{B}_{k+1}$ を求める．このとき，

$$\begin{aligned} \boldsymbol{s}^{(k)} &= \boldsymbol{x}^{(k+1)} - \boldsymbol{x}^{(k)}, \\ \boldsymbol{y}^{(k)} &= \nabla_{\boldsymbol{x}} L(\boldsymbol{x}^{(k+1)}, \boldsymbol{u}^{(k+1)}) - \nabla_{\boldsymbol{x}} L(\boldsymbol{x}^{(k)}, \boldsymbol{u}^{(k)}) \end{aligned} \tag{3.211}$$

とおいて，準ニュートン法における BFGS 公式 (3.94) をそのまま適用することが考えられる．しかし，逐次 2 次計画法では $(\boldsymbol{s}^{(k)})^\top \boldsymbol{y}^{(k)} > 0$ を満たすとは限らないため，近似行列 $\boldsymbol{B}_{k+1}$ の正定値性を保証できない．そこで，$\boldsymbol{y}^{(k)}$ を $\tilde{\boldsymbol{y}}^{(k)}$ に置き換えた**パウエルの修正 BFGS 公式** (Powell's modified BFGS update) を用いて近似行列 $\boldsymbol{B}_k$ を更新する．

$$\boldsymbol{B}_{k+1} = \boldsymbol{B}_k - \frac{\boldsymbol{B}_k \boldsymbol{s}^{(k)} (\boldsymbol{B}_k \boldsymbol{s}^{(k)})^\top}{(\boldsymbol{s}^{(k)})^\top \boldsymbol{B}_k \boldsymbol{s}^{(k)}} + \frac{\tilde{\boldsymbol{y}}^{(k)} (\tilde{\boldsymbol{y}}^{(k)})^\top}{(\boldsymbol{s}^{(k)})^\top \tilde{\boldsymbol{y}}^{(k)}}. \tag{3.212}$$

ここで，$\tilde{\boldsymbol{y}}^{(k)}$ は定数 γ $(0 < \gamma < 1)$ を用いて

$$\tilde{\boldsymbol{y}}^{(k)} = \begin{cases} \boldsymbol{y}^{(k)} & (\boldsymbol{s}^{(k)})^\top \boldsymbol{y}^{(k)} \geq \gamma (\boldsymbol{s}^{(k)})^\top \boldsymbol{B}_k \boldsymbol{s}^{(k)} \\ \beta_k \boldsymbol{y}^{(k)} + (1-\beta_k)\boldsymbol{B}_k \boldsymbol{s}^{(k)} & (\boldsymbol{s}^{(k)})^\top \boldsymbol{y}^{(k)} < \gamma (\boldsymbol{s}^{(k)})^\top \boldsymbol{B}_k \boldsymbol{s}^{(k)} \end{cases} \tag{3.213}$$

と定義する．ただし，

$$\beta_k = \frac{(1-\gamma)(\boldsymbol{s}^{(k)})^\top \boldsymbol{B}_k \boldsymbol{s}^{(k)}}{(\boldsymbol{s}^{(k)})^\top \boldsymbol{B}_k \boldsymbol{s}^{(k)} - (\boldsymbol{s}^{(k)})^\top \boldsymbol{y}^{(k)}} \tag{3.214}$$

である．

逐次 2 次計画法の手続きを以下にまとめる．

アルゴリズム 3.9　逐次 2 次計画法

Step 1: 初期点 $\boldsymbol{x}^{(0)}$ と初期の近似行列 $\boldsymbol{B}_0$ を定める．$k=0$ とする．
Step 2: 凸 2 次計画問題 (3.207) を解いて，探索方向 $\boldsymbol{d}$ とラグランジュ乗数 $\boldsymbol{u}^{(k+1)}$ を求める．
Step 3: $\|\boldsymbol{d}\|$ が十分に小さければ終了する．
Step 4: 直線探索によりステップ幅 α_k を求める．$\boldsymbol{x}^{(k+1)} = \boldsymbol{x}^{(k)} + \alpha_k \boldsymbol{d}$ とする．
Step 5: 式 (3.212) を用いて近似行列 $\boldsymbol{B}_k$ を更新し，新たな近似行列 $\boldsymbol{B}_{k+1}$ を生成する．$k = k+1$ として **Step 2** に戻る．

逐次 2 次計画法の実行例を**図 3.34** に示す．ここでは，以下の不等式制約つき最適化問題を考える．

$$\begin{aligned} &\text{最小化} \quad f(\boldsymbol{x}) = (x_1-2)^4 + (x_1 - 2x_2)^2 \\ &\text{条件} \quad g(\boldsymbol{x}) = x_1^2 - x_2 \leq 0, \\ &\qquad\quad \boldsymbol{x} = (x_1, x_2)^\top \in \mathbb{R}^2. \end{aligned} \tag{3.215}$$

この問題の最適解は $\boldsymbol{x}^* = (0.946, 0.893)^\top$ である．初期点を $\boldsymbol{x}^{(0)} = (1,2)^\top$，初期の近似行列を $\boldsymbol{B}_0 = \boldsymbol{I}$ とする．$\rho = 10$, $\gamma = 0.2$ として逐次 2 次計画法を適用する．凸 2 次計画問題 (3.207) を解くと，$\boldsymbol{d} = (-2.400, -5.800)^\top$ が得られる．直線探索を適用するとステップ幅 $\alpha_0 = 0.292$ が得られ，反復後の点は $\boldsymbol{x}^{(1)} = (0.299, 0.306)^\top$ となる．また，式 (3.212) より，反復後の近似行列は

$$\boldsymbol{B}_1 = \begin{pmatrix} 1.00012192 & 1.2192 \times 10^{-4} \\ 1.2192 \times 10^{-4} & 1.00012192 \end{pmatrix} \tag{3.216}$$

となる．手続きをさらに繰り返すと $\boldsymbol{x}^{(2)} = (1.116, 0.810)^\top, \ldots, \boldsymbol{x}^{(7)} =$

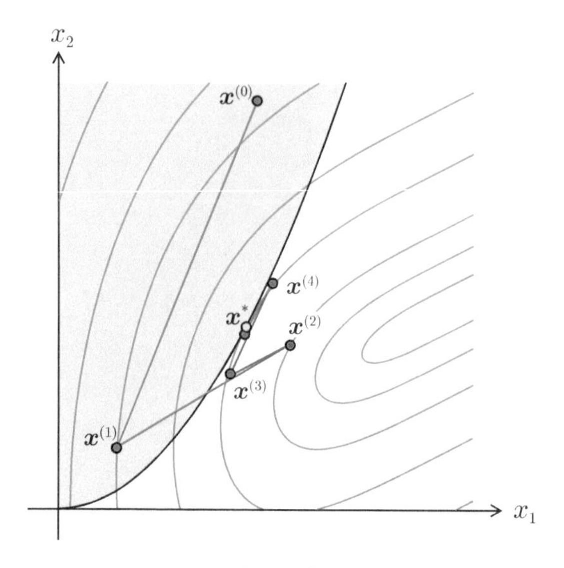

図 3.34　逐次 2 次計画法の実行例

$(0.947, 0.896)^\top$ となり，最適解 $\boldsymbol{x}^*$ に近づくことが分かる[注52].

3.4 ● まとめ

凸計画問題：目的関数が凸関数でかつ実行可能領域が凸集合となる最適化問題．局所最適解が大域最適解となる．

制約なし最適化問題の最適性の 1 次の必要条件：点 $\boldsymbol{x}^*$ が局所最適解ならば，$\nabla f(\boldsymbol{x}^*) = \boldsymbol{0}$ が成り立つ．

停留点：最適性の 1 次の必要条件を満たす点．

制約なし最適化問題の最適性の 2 次の必要条件：点 $\boldsymbol{x}^*$ が局所最適解ならば，ヘッセ行列 $\nabla^2 f(\boldsymbol{x}^*)$ は半正定値である．

制約なし最適化問題の最適性の 2 次の十分条件：点 $\boldsymbol{x}^*$ が停留点でヘッセ行列 $\nabla^2 f(\boldsymbol{x}^*)$ が正定値ならば，$\boldsymbol{x}^*$ は局所最適解である．

最急降下法：最急降下方向 $-\nabla f(\boldsymbol{x}^{(k)})$ を探索方向とする反復法．

ニュートン法：$-\nabla^2 f(\boldsymbol{x}^{(k)})^{-1} \nabla f(\boldsymbol{x}^{(k)})$ を探索方向とする反復法．

準ニュートン法：ヘッセ行列 $\nabla^2 f(\boldsymbol{x}^{(k)})$ を近似する正定値対称行列 $\boldsymbol{B}_k$ を用いて $-(\boldsymbol{B}_k)^{-1} \nabla f(\boldsymbol{x}^{(k)})$ を探索方向とする反復法．

大域的収束性：反復法が生成する点列が初期点によらずつねに停留点に収束

注 52　各反復において点 $\boldsymbol{x}^{(k)}$ は不等式制約つき最適化問題 (3.132) の実行可能解であるとは限らないことに注意する．

する．

局所的収束性：反復法が生成する点列の停留点の十分近くにおける収束の速さに関する性質．1次収束，超1次収束，2次収束などがある．

KKT条件：不等式制約つき最適化問題の最適性の1次の必要条件．凸計画問題では最適性の十分条件となる．

制約想定：KKT条件が最適性の必要条件となることを保証するための制約条件に関する仮定．

弱双対定理：主問題の実行可能解 $\boldsymbol{x}$ と双対問題の実行可能解 $\boldsymbol{u}$ に対して $f(\boldsymbol{x}) \geq \theta(\boldsymbol{u})$ が成り立つ．

鞍点定理：$(\boldsymbol{x}^*, \boldsymbol{u}^*)$ がラグランジュ関数 $L(\boldsymbol{x}, \boldsymbol{u})$ の鞍点ならば，$\boldsymbol{x}^*$ と $\boldsymbol{u}^*$ はそれぞれ主問題と双対問題の最適解である．

有効制約法：凸2次計画問題に対して，有効な制約条件の集合を等式制約とし，他の制約条件を無視した凸2次計画問題の最適解を求める手続きを繰り返す反復法．

ペナルティ関数法：実行可能領域の境界近くで大きな値をとるペナルティ関数を目的関数に組み込み，制約つき最適化問題を制約なし最適化問題に変形して解く手法．

拡張ラグランジュ関数法：ラグランジュ関数とペナルティ関数を足し合わせた拡張ラグランジュ関数を用いて，制約つき最適化問題を制約なし最適化問題に変形して解く手法．

内点法：制約つき最適化問題の実行可能領域の内部を通りKKT条件を満たす点に収束する点列を生成する反復法．

逐次2次計画法：凸2次計画問題を部分問題として繰り返し解くことで，制約つき最適化問題のKKT条件を満たす点に収束する点列を生成する反復法．

文献ノート

線形計画と非線形計画を含む連続最適化の入門書として，たとえば，以下の4冊が挙げられる．本書であつかわなかった**半正定値計画問題** (semidefinite programming problem; SDP) や**2次錐計画問題** (second-order cone programming problem; SOCP) などが紹介されている．

- 矢部博, 工学基礎 最適化とその応用, 数理工学社, 2006.

- 田村明久, 村松正和, 最適化法, 共立出版, 2002.
- 寒野善博, 土谷隆, 最適化と変分法, 丸善出版, 2014.
- D. G. Luenberger and Y. Ye, *Linear and Nonlinear Programming* (4th edition), Springer, 2016.

非線形計画に関する書籍として，たとえば，以下の 5 冊が挙げられる．

- 山下信雄, 非線形計画法, 朝倉書店, 2015.
- S. Boyd and L. Vandenberghe, *Convex Optimization*, Cambridge University Press, 2004.
- J. Nocedal and S. J. Wright, *Numerical Optimization* (2nd edition), Springer, 2006.
- D. P. Bertsekas, *Nonlinear Programming* (3rd edition), Athena Scientific, 2016.
- M. S. Bazaraa, H. D. Sherali and C. M. Shetty, *Nonlinear Programming: Theory and Algorithms* (3rd edition), John Wiley & Sons, Ltd., 2006.

また，非線形計画の理論に関する書籍として，たとえば，以下の 3 冊が挙げられる．

- 福島雅夫, 非線形最適化の基礎, 朝倉書店, 2001.
- 田中謙輔, 凸解析と最適化理論, 牧野書店, 1994.
- R. T. Rockafellar, *Convex Analysis*, Princeton University Press, 1970.

機械学習における連続最適化の入門書として，たとえば，以下の 1 冊が挙げられる．線形計画は含まれていないが，数理最適化にもとづく機械学習のアルゴリズムが多く紹介されている．

- 金森敬文, 鈴木大慈, 竹内一郎, 佐藤一誠, 機械学習のための連続最適化, 講談社, 2016.

演習問題

3.1 行列 $\begin{pmatrix} a & b \\ b & c \end{pmatrix}$ が正定値であることと，$a>0$ かつ $ac-b^2>0$ であることが同値であることを示せ．

3.2 1.1 節の平均 2 乗誤差を表す関数

$$f(a,b)=\frac{1}{n}\sum_{i=1}^{n}(y_i-ax_i-b)^2$$

が凸関数であることを示せ．

3.3 3.1.1 節の施設配置問題 (3.4) の目的関数

$$f(x,y)=\max_{i=1,\ldots,n}\sqrt{(x_i-x)^2+(y_i-y)^2}$$

が凸関数であることを示せ．

3.4 $\mathbb{R}^n$ 上で定義された関数

$$f(\boldsymbol{x})=\sqrt{\sum_{i=1}^{n}x_i^2}$$

が凸関数であることを示せ．

3.5 $\mathbb{R}^n$ 上で定義された関数

$$f(\boldsymbol{x})=\log\left(\sum_{i=1}^{n}e^{x_i}\right)$$

が凸関数であることを示せ．

3.6 次の最適化問題を凸計画問題に変形せよ．

$$\begin{array}{ll} \text{最小化} & x_2/x_1 \\ \text{条件} & x_1^2+x_2/x_3\le\sqrt{x_2}, \\ & x_1/x_2=x_3^2, \\ & 2\le x_1\le 3, \\ & x_1,x_2,x_3>0. \end{array}$$

3.7 次の制約なし最適化問題を考える．

$$\begin{array}{ll} \text{最小化} & f(\boldsymbol{x})=\frac{1}{2}\boldsymbol{x}^\top\boldsymbol{Q}\boldsymbol{x}+\boldsymbol{c}^\top\boldsymbol{x} \\ \text{条件} & \boldsymbol{x}\in\mathbb{R}^n. \end{array}$$

ここで，$\boldsymbol{Q} \in \mathbb{R}^{n\times n}$ は正定値，$\boldsymbol{c} \in \mathbb{R}^n$ である．この問題に対して，降下方向に沿って直線探索を繰り返す反復法を適用する．反復法の k 回目の反復における近似解を $\boldsymbol{x}^{(k)}$，探索方向を $\boldsymbol{d}(\boldsymbol{x}^{(k)})$ とする．このとき，ステップ幅 α (>0) を変数とする関数 $g(\alpha) = f(\boldsymbol{x}^{(k)} + \alpha \boldsymbol{d}(\boldsymbol{x}^{(k)}))$ を最小化する最適化問題を解け．

3.8 次の制約なし最適化問題をニュートン法で解け．

$$\begin{array}{ll} \text{最小化} & f(\boldsymbol{x}) = 2x_1^2 + x_1x_2 + x_2^2 - 5x_1 - 3x_2 + 4 \\ \text{条件} & \boldsymbol{x} = (x_1, x_2)^\top \in \mathbb{R}^2. \end{array}$$

ただし，初期点を $\boldsymbol{x}^{(0)} = (1, 2)^\top$ とする．

3.9 次の制約つき最適化問題を解け[注53]．

(1)

$$\begin{array}{ll} \text{最小化} & x_1^2 - x_2^2 \\ \text{条件} & x_1^2 + 4x_2^2 = 1. \end{array}$$

(2)

$$\begin{array}{ll} \text{最小化} & 4x_1^2 - 4x_1x_2 + 3x_2^2 - 8x_1 \\ \text{条件} & x_1 + x_2 \leq 4. \end{array}$$

3.10 次の 2 次計画問題の双対問題を導け．

$$\begin{array}{ll} \text{最小化} & \frac{1}{2}\boldsymbol{x}^\top \boldsymbol{Q}\boldsymbol{x} + \boldsymbol{c}^\top \boldsymbol{x} \\ \text{条件} & \boldsymbol{A}\boldsymbol{x} = \boldsymbol{b}, \\ & \boldsymbol{x} \geq \boldsymbol{0}. \end{array}$$

ここで，$\boldsymbol{Q} \in \mathbb{R}^{n\times n}$ は正則行列, $\boldsymbol{c} \in \mathbb{R}^n$, $\boldsymbol{A} \in \mathbb{R}^{m\times n}$, $\boldsymbol{b} \in \mathbb{R}^m$ である．

3.11 逐次 2 次計画法において，近似行列 $\boldsymbol{B}_k$ が正定値ならば，パウエルの修正 BFGS 公式 (3.212) により得られる近似行列 $\boldsymbol{B}_{k+1}$ が正定値となることを示せ．

注 53　1.2 節で説明したように，一般には，最適化問題に最適解が存在するとは限らないが，ここでは，最適解が存在すると仮定して構わない．

第 4 章

整数計画と組合せ最適化

線形計画問題において変数が整数値のみをとる整数計画問題は，産業や学術の幅広い分野における現実問題を定式化できる汎用的な最適化問題の１つである．本章では，まず，整数計画問題の定式化と，組合せ最適化問題の難しさを評価する計算の複雑さの理論の基本的な考え方を説明する．いくつかの特殊な整数計画問題の効率的なアルゴリズムと，整数計画問題の代表的なアルゴリズムである分枝限定法と切除平面法を説明したあとに，任意の問題例に対して近似性能の保証を持つ実行可能解を求める近似解法と，多くの問題例に対して質の高い実行可能解を求める発見的解法を説明する．

1832 年にドイツで出版された行商人の手引書では，良い巡回路の必要性が書かれている．

> 商売のために行商人はあちらへこちらへと旅するが，すべての場合に都合の良い巡回路があるわけではない．しかし，巡回路を適切に選び分割すればおおいに時間を節約できるため，その指針を示さざるを得ないと思う．誰でも自身の用務に役立つと思う助言はできる限り利用すべきだろう．距離や往復を考慮しながらドイツ全域の巡回路を計画することは不可能だろうが，それだけに旅行者は経済性に一層の注意を払うだけの価値がある．まず覚えておくべきことは，つねにできるだけ多くの地域をちょうど一度ずつ訪れることである．

これこそが，行商人自身が記した巡回セールスマン問題の明確な説明である！

W. J. Cook, *In Pursuit of the Traveling Salesman, Priceton University Press, 2012.* (ウィリアム・J・クック (著)，松浦俊輔 (訳)，驚きの数学 巡回セールスマン問題，青土社， 2013)

4.1 ● 整数計画問題の定式化

線形計画問題は，目的関数が線形関数で，すべての制約条件が線形の等式もしくは不等式で与えられるもっとも基本的な最適化問題であり，一般に以下の標準形で表される．

$$
\begin{array}{lll}
\text{最大化} & \displaystyle\sum_{j=1}^{n} c_j x_j & \\
\text{条件} & \displaystyle\sum_{j=1}^{n} a_{ij} x_j \leq b_i, & i = 1, \ldots, m, \\
& x_j \geq 0, & j = 1, \ldots, n.
\end{array}
\tag{4.1}
$$

通常の線形計画問題ではすべての変数は連続的な実数値をとるが，すべての変数が離散的な整数値のみをとる線形計画問題を**整数 (線形) 計画問題** (integer programming problem; IP) と呼ぶ[注1]．ここで，実数値をとる変数を実数変数，整数値のみをとる変数を**整数変数**と呼ぶ．上記の標準形では，各変数の非負条件 $x_j \geq 0$ を (非負) 整数条件 $x_j \in \mathbb{Z}_+$ に置き換えると整数計画問題が得られる[注2]．一部の変数が整数値のみをとる場合は**混合整数計画問題** (mixed integer programming problem; MIP) と呼ぶ[注3]．

2 変数の整数計画問題の実行可能領域を**図 4.1** に示す．線形計画問題の実行可能領域は直線に囲まれた凸多角形となる．整数計画問題の実行可能領域は凸多角形内の整数格子点の集合となる．また，x_1 が整数値，x_2 が実数値

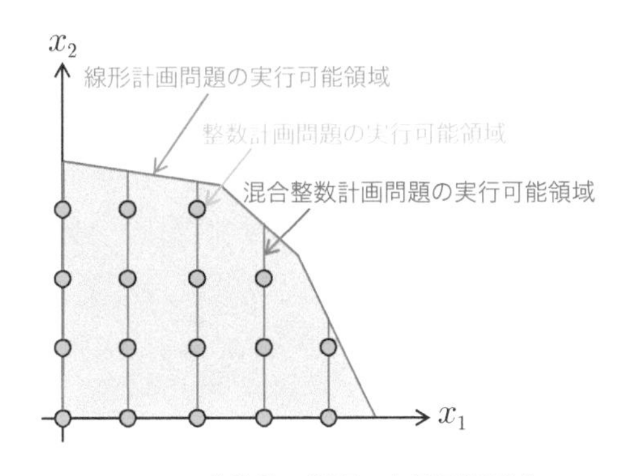

図 4.1 整数計画問題の実行可能領域

注 1 最近では非線形関数を含む問題も整数計画問題と呼ぶことも多いが，本書では線形関数のみを含む問題を整数計画問題と呼ぶ．

注 2 $\mathbb{Z}_+$ は非負整数全体の集合を表す．

注 3 本書では簡単のため混合整数計画問題も区別せずに整数計画問題と呼ぶ．

をとる混合整数計画問題の実行可能領域は凸多角形内の整数格子点を通る垂直な線分の集合となる．

組合せ最適化問題 (combinatorial optimization problem) は，最適解を含む解の集合が組合せ的な構造を持つ最適化問題であり，解が集合，順序，割当，グラフ，論理値，整数などで表される場合が多い．整数変数は離散的な値をとる事象を表すだけではなく，制約条件や状態を切り替えるスイッチとして用いることが可能であり，原理的にすべての組合せ最適化問題は整数計画問題に定式化できる．

整数計画問題は整数変数を含む線形計画問題であるが，線形計画問題の方が整数計画問題よりもはるかに解きやすい事実を考慮すれば，現実問題において離散値をとる量を決定するという理由だけで安易に整数変数を用いるべきではない．たとえば，自動車や機械部品の生産数を決定する問題を整数計画問題に定式化することは必ずしも適切でない．このような場合は，各変数の整数条件を取り除いた線形計画問題を解いて実数最適解を得たあとに，その端数を丸めてもっとも近い整数解を求めれば十分に実用的な解となる場合が多い．実際に，多くの現実的な整数計画問題では，yes/no の決定や離散的な状態の切り替えを表すために $\{0,1\}$ の 2 値のみをとる 2 値変数を用いる．本節では，手始めに，整数計画問題の例として，雑誌購読計画問題，文書要約問題，商品推薦問題，コミュニティ検出問題，線形順序付け問題を紹介したあとに，整数計画問題の基本的な定式化の手法を説明する．

4.1.1 整数計画問題の応用例

雑誌購読計画問題：図書館では限られた予算の下で幅広い利用者の需要に応える雑誌の購読計画を決定する必要がある．雑誌の集合 $N = \{1, \ldots, n\}$ と予算額 B が与えられる[注4]．雑誌 j の購読額を f_j，前年度の閲覧数を d_j とする．x_j は変数で，雑誌 j を購読するならば $x_j - 1$，そうでなければ $x_j = 0$ の値をとる．雑誌 j の今年度の閲覧数が前年度とほぼ同数であると仮定すれば，前年度の閲覧数 d_j は雑誌 j に対する需要とみなせる．与えられた予算額 B の下で需要に対する充足率 $(\sum_{j \in N} d_j x_j / \sum_{j \in N} d_j)$ を最大にする購読雑誌の組合せを求める問題は以下の整数計画問題に定式化できる．

注 4　ここでは，予算額が前年度より少なく，購読できない雑誌が生じる状況を考える．

$$
\begin{aligned}
\text{最大化}\quad & \sum_{j \in N} d_j x_j \\
\text{条件}\quad & \sum_{j \in N} f_j x_j \le B, \\
& x_j \in \{0,1\}, \qquad j \in N.
\end{aligned}
\tag{4.2}
$$

この問題は**ナップサック問題** (knapsack problem) と呼ばれる NP 困難 (4.2.2 節) な組合せ最適化問題であるが，動的計画法や分枝限定法など多くの問題例に対して現実的な計算手間で最適解を求めるアルゴリズムが知られている．

このナップサック問題を解くことで需要に対する充足率を最大化できる．しかし，需要に対する充足率を分野ごとに集計すると，分野により大きな偏りが生じることが少なくない．そこで，分野ごとの充足率を平準化する定式化を考える．分野の集合を $M = \{1, \ldots, m\}$，分野 i に含まれる雑誌の集合を $N_i \subset N$ とする．前年度の分野 i に属する雑誌 $j \in N_i$ の閲覧数の合計を $D_i = \sum_{j \in N_i} d_j$ とする．分野 i における需要に対する充足率 $(\sum_{j \in N_i} d_j x_j / D_i)$ を考えると，この最小値 z を最大にする購読雑誌の組合せを求める問題は以下の整数計画問題に定式化できる[注5]．

$$
\begin{aligned}
\text{最大化}\quad & z \\
\text{条件}\quad & \sum_{j \in N} f_j x_j \le B, \\
& \sum_{j \in N_i} d_j x_j \ge D_i z, \quad i \in M, \\
& x_j \in \{0,1\}, \qquad j \in N, \\
& 0 \le z \le 1.
\end{aligned}
\tag{4.3}
$$

この整数計画問題を解くことで各分野における需要に対する充足率を平準化できる．

ある大学の附属図書館において，ナップサック問題 (4.2) と整数計画問題 (4.3) を解いて，購読する雑誌を決定した場合の各分野における需要に対する充足率をそれぞれ**図 4.2** と**図 4.3** に示す[注6]．ナップサック問題 (4.2) を解いて購読する雑誌を決定した場合は分野により大きな偏りが生じる一方で，整数計画問題 (4.3) を解いて購読する雑誌を決定した場合は分野による偏りを大幅に軽減できることが確かめられる．

注 5　2.1.3 節の与えられた条件の下で限られた予算を n 個の事業にできる限り公平に配分する問題の定式化を用いている．

注 6　図中の赤い点線は全体の充足率を表す．

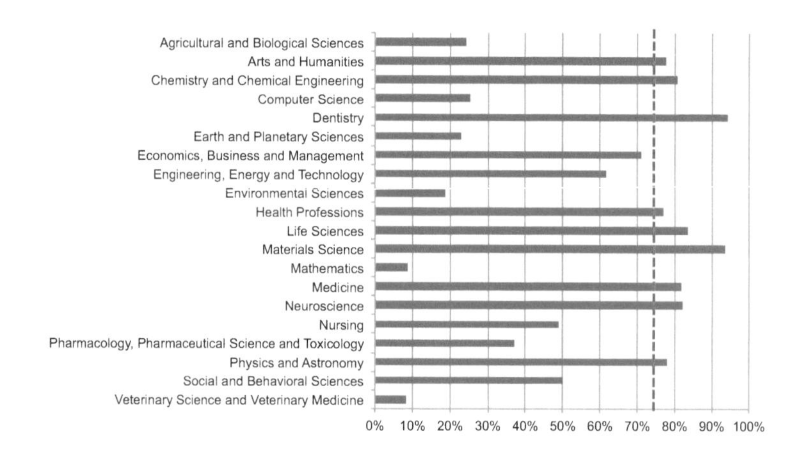

図 4.2　ナップサック問題 (4.2) を解いて購読する雑誌を決定した場合の各分野における需要に対する充足率

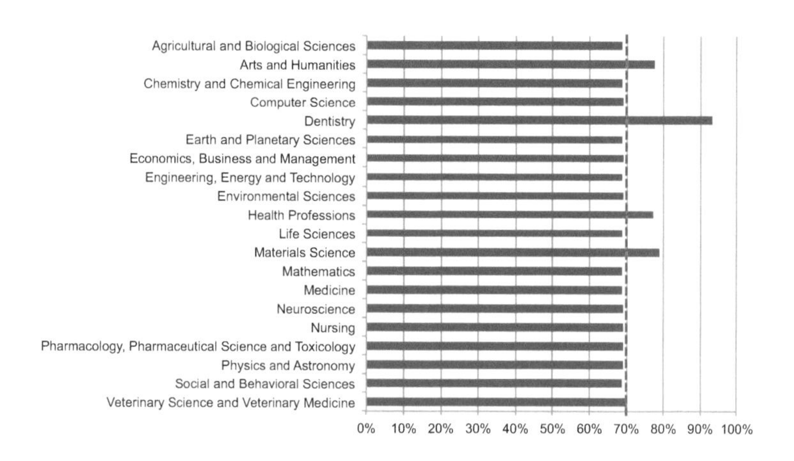

図 4.3　整数計画問題 (4.3) を解いて購読する雑誌を決定した場合の各分野における需要に対する充足率

文書要約問題 (document summarization problem)：文書の自動要約は与えられた1つもしくは複数の文書から要約を生成する問題であり，**図 4.4** に示すように，与えられた文書から必要な文の組合せを選ぶ手法が知られている．文書要約の問題には，1つだけの文書が与えられる単一文書の要約と，同じトピックを表す複数の文書が与えられる複数文書の要約がある[注7]．まず，単一

注 7　ここでは，単一の文書に類似した内容の文は含まれないと仮定する．

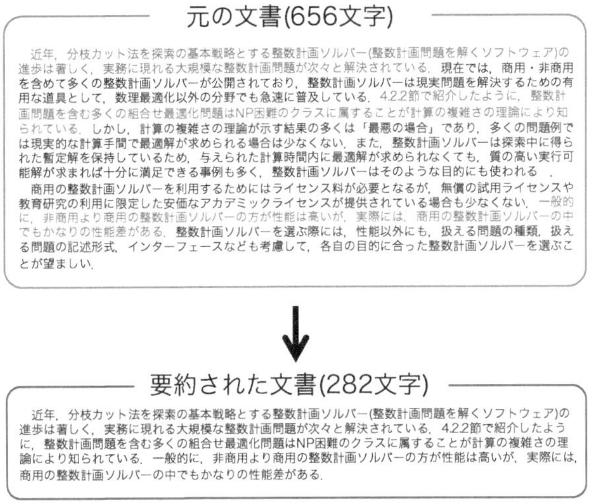

元の文書(656文字)

近年，分枝カット法を探索の基本戦略とする整数計画ソルバー(整数計画問題を解くソフトウェア)の進歩は著しく，実務に現れる大規模な整数計画問題が次々と解決されている．現在では，商用・非商用を含めて多くの整数計画ソルバーが公開されており，整数計画ソルバーは現実問題を解決するための有用な道具として，数理最適化以外の分野でも急速に普及している．4.2.2節で紹介したように，整数計画問題を含む多くの組合せ最適化問題はNP困難のクラスに属することが計算の複雑さの理論により知られている．しかし，計算の複雑さの理論が示す結果の多くは「最悪の場合」であり，多くの問題例では現実的な計算手間で最適解が求められる場合は少なくない．また，整数計画ソルバーは探索中に得られた暫定解を保持しているため，与えられた計算時間内に最適解が求められなくても，質の高い実行可能解が求まれば十分に満足できる事例も多く，整数計画ソルバーはそのような目的にも使われる．

商用の整数計画ソルバーを利用するためにはライセンス料が必要となるが，無償の試用ライセンスや教育研究の利用に限定した安価なアカデミックライセンスが提供されている場合も少なくない．一般的に，非商用より商用の整数計画ソルバーの方が性能は高いが，実際には，商用の整数計画ソルバーの中でもかなりの性能差がある．整数計画ソルバーを選ぶ際には，性能以外にも，扱える問題の種類，扱える問題の記述形式，インターフェースなども考慮して，各自の目的に合った整数計画ソルバーを選ぶことが望ましい．

要約された文書(282文字)

近年，分枝カット法を探索の基本戦略とする整数計画ソルバー(整数計画問題を解くソフトウェア)の進歩は著しく，実務に現れる大規模な整数計画問題が次々と解決されている．4.2.2節で紹介したように，整数計画問題を含む多くの組合せ最適化問題はNP困難のクラスに属することが計算の複雑さの理論により知られている．一般的に，非商用より商用の整数計画ソルバーの方が性能は高いが，実際には，商用の整数計画ソルバーの中でもかなりの性能差がある．

図 4.4　文書要約の例

文書の要約を考える．m 個の概念と n 個の文と要約長 L が与えられる．概念 i の重要度を $w_i(>0)$，文 j の長さを l_j とする．概念 i が文 j に含まれるなら $a_{ij}=1$，そうでなければ $a_{ij}=0$ とする．x_j は変数で，文 j が要約に含まれるならば $x_j=1$，そうでなければ $x_j=0$ の値をとる．文 j に含まれる概念の重要度の合計 $p_j=\sum_{i=1}^m w_i a_{ij}$ はあらかじめ計算できるので，要約長 L を超えない範囲で重要度の合計が最大となる要約を構成する問題は以下のナップサック問題に定式化できる．

$$
\begin{array}{ll}
\text{最大化} & \displaystyle\sum_{j=1}^n p_j x_j \\
\text{条件} & \displaystyle\sum_{j=1}^n l_j x_j \le L, \\
 & x_j \in \{0,1\}, \qquad j=1,\dots,n.
\end{array}
\tag{4.4}
$$

次に，複数文書の要約を考える．複数の文書に類似した内容の文が含まれる場合はこれらの文が同時に選ばれ，生成された要約の中に類似した内容が繰り返し現れる恐れがある．そこで，概念 i が要約に含まれているならば $z_i=1$，そうでなければ $z_i=0$ の値をとる変数 z_i を導入すると以下の整数計画問題に定式化できる．

$$
\begin{array}{ll}
\text{最大化} & \displaystyle\sum_{i=1}^{m} w_i z_i \\
\text{条件} & \displaystyle\sum_{j=1}^{n} a_{ij} x_j \geq z_i, \quad i = 1, \ldots, m, \\
& \displaystyle\sum_{j=1}^{n} l_j x_j \leq L, \\
& x_j \in \{0,1\}, \qquad j = 1, \ldots, n, \\
& z_i \in \{0,1\}, \qquad i = 1, \ldots, m.
\end{array}
\tag{4.5}
$$

1 番目の制約条件は，左辺の値にかかわらず $z_i = 0$ の値をとれば必ず制約条件が満たされる．そのため，最適解において概念 i を含む文 j が要約に含まれているにもかかわらず $z_i = 0$ の値をとる場合があるように思われる．しかし，目的関数は最大化で各変数 z_i の係数 w_i は正の値であり，このような場合は $z_i = 1$ に値を変更すれば目的関数の値を改善できるため，最適解では概念 i を含む文 j が要約に含まれていれば必ず $z_i = 1$ の値をとることが分かる．この定式化では，重要度の高い概念が要約の中に繰り返し現れても目的関数の値は改善しないので，冗長性を自然に抑えられる．この問題は (ナップサック制約付き) 最大被覆問題と呼ばれる NP 困難な組合せ最適化問題であり，大規模な問題例では最適解を効率的に求めることは難しい．

商品推薦問題：情報通信技術の発展にともない大量のデータを用いた顧客の嗜好分析が盛んに行われるようになった．しかし，各顧客が興味を持つ商品をそのまま推薦すれば良いわけではない．実際には，推薦にかかる費用を予算内に収める，偏りが生じないように各顧客に推薦する商品数に制限を設けるなど，多くの実務的な制約の下で顧客に商品を推薦する必要がある．

顧客の集合 $M = \{1, \ldots, m\}$，商品の集合 $N = \{1, \ldots, n\}$ と予算額 B が与えられる．顧客 i に商品 j を推薦するときに生じる期待利得を p_{ij}，期待費用を c_{ij} とする．推薦される顧客に偏りが生じないように，顧客 i に推薦する商品数を K 個とする．また，推薦する商品に偏りが生じないように，商品 j の期待利得の合計が q_j 以上となるように商品を推薦する (**図 4.5**)．x_{ij} は変数で，顧客 i に商品 j を推薦するならば $x_{ij} = 1$，そうでなければ $x_{ij} = 0$ の値をとる．このとき，期待利得の合計を最大にする推薦商品の割当を求める問題は以下の整数計画問題に定式化できる．

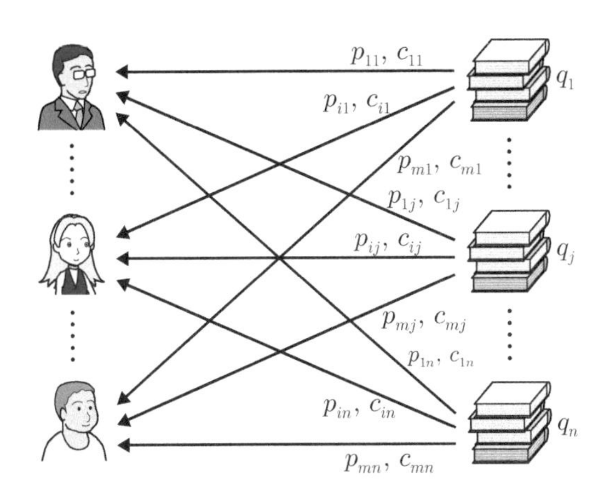

図 4.5　商品推薦問題の例

$$
\begin{array}{lll}
\text{最大化} & \displaystyle\sum_{i \in M}\sum_{j \in N} p_{ij} x_{ij} & \\
\text{条件} & \displaystyle\sum_{i \in M}\sum_{j \in N} c_{ij} x_{ij} \leq B, & \\
& \displaystyle\sum_{j \in N} x_{ij} = K, & i \in M, \\
& \displaystyle\sum_{i \in M} p_{ij} x_{ij} \geq q_j, & j \in N, \\
& x_{ij} \in \{0, 1\}, & i \in M, j \in N.
\end{array}
\tag{4.6}
$$

この問題は NP 困難な組合せ最適化問題であり，多くの顧客や商品を考慮した大規模な問題例では最適解を効率的に求めることは難しい．

コミュニティ検出問題：コンピュータネットワークやソーシャルネットワークなどの普及にともないネットワークの構造を解析する研究が盛んに行われるようになった．現実世界における多くのネットワークはコミュニティ構造と呼ばれる密な部分ネットワークを持つ．コミュニティ内の要素は互いに多くのリンクで結ばれた密な関係を持ち，コミュニティ外の要素とは少ないリンクで結ばれた疎な関係を持つ．**図 4.6** に示すように，与えられたネットワークをコミュニティに分割することを**コミュニティ検出**と呼ぶ．

グラフ (graph) $G = (V, E)$ は，**頂点** (vertex) の集合 V と 2 つの頂点をつなぐ**辺** (edge) の集合 $E \subseteq V \times V = \{(u, v) \mid u, v \in V\}$ からなる組合せ的な構造であり，交通網，通信網，ソーシャルネットワークなどを始めとする

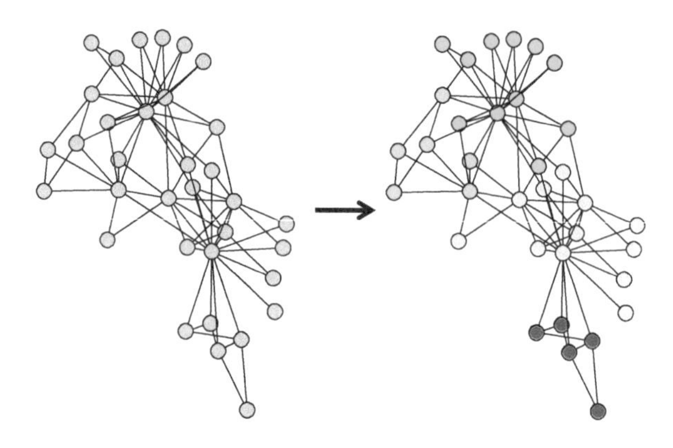

図 4.6　コミュニティ検出の例

現実世界における多種多様なネットワークを表せる[注8]．辺 $e=(u,v)$ の方向を考慮する (すなわち，(u,v) と (v,u) を区別する) とき，グラフ G を**有向グラフ** (directed graph) と呼ぶ[注9]．また，辺 $e=(u,v)$ の方向を考慮しない (すなわち，(u,v) と (v,u) を区別しない) ときは $e=\{u,v\}$ と表し，グラフ G を**無向グラフ** (undirected graph) と呼ぶ[注10]．ここでは，無向グラフ $G=(V,E)$ に対するモジュラリティを用いたコミュニティ検出を考える．**モジュラリティ** (modularity) とは，コミュニティ検出の良さを表す評価関数の 1 つである．

無向グラフ $G=(V,E)$ の頂点集合 V を k 個のコミュニティ $C=\{V_1,V_2,\ldots,V_k\}$ に分割する．頂点 u,v をつなぐ辺 $\{u,v\}$ が存在すれば $a_{uv}=1$，存在しなければ $a_{uv}=0$ とする．また，d_v は頂点 v につながる辺の数を表し，これを頂点 v の**次数** (degree) と呼ぶ．頂点 v がコミュニティ V_k に属するならば $\sigma_v=k$ とすると，分割 C に対するモジュラリティは

$$Q(C)=\frac{1}{2m}\sum_{u\in V}\sum_{v\in V}\left(a_{uv}-\frac{d_u d_v}{2m}\right)\delta(\sigma_u,\sigma_v) \tag{4.7}$$

と表せる．ここで，m は辺集合 E の要素数を表す．$\delta(\sigma_u,\sigma_v)$ は**クロネッカーのデルタ** (Kronecker delta) と呼ばれる関数で，

$$\delta(\sigma_u,\sigma_v)=\begin{cases}1 & \sigma_u=\sigma_v\\ 0 & \sigma_u\neq\sigma_v\end{cases} \tag{4.8}$$

注 8　頂点を**節点** (node) とも呼ぶ．また，辺を**枝** (arc) とも呼ぶ．

注 9　有向グラフの辺 $e=(u,v)$ の頂点 u を**始点** (initial vertex)，頂点 v を**終点** (terminal vertex) と呼ぶ．

注 10　無向グラフの辺 $e=\{u,v\}$ の頂点 u,v を**端点** (end vertex) と呼ぶ．

と定義される．頂点 u, v が同じコミュニティに属していれば $\delta(\sigma_u, \sigma_v) = 1$，そうでなければ $\delta(\sigma_u, \sigma_v) = 0$ となる．

モジュラリティ $Q(C)$ は，コミュニティ内の頂点同士をつなぐ辺の割合から，ランダムに辺をつないだ場合の期待値を引いた値を表す．コミュニティ内の頂点同士をつなぐ辺の割合は $\frac{1}{2m} \sum_{u \in V} \sum_{v \in V} a_{uv} \delta(\sigma_u, \sigma_v)$ と表せる．また，各頂点 v の次数 d_v のみが与えられたグラフに対してランダムに辺をつないだ場合を考えると，コミュニティ内の頂点同士をつなぐ辺の割合の期待値は $\sum_{u \in V} \sum_{v \in V} \frac{d_u}{2m} \frac{d_v}{2m} \delta(\sigma_u, \sigma_v)$ と表せる．モジュラリティ $Q(C)$ の値はつねに 1 以下であり，値が高いほどコミュニティ検出の結果が良いと判断される．

与えられた無向グラフ $G = (V, E)$ に対して，モジュラリティの値を最大にする頂点集合 V の分割 C を求める問題を考える[注11]．$q_{uv} = a_{uv} - \frac{d_u d_v}{2m}$ とする．x_{uv} は変数で，頂点 u, v が同じコミュニティに属していれば $x_{uv} = 1$，そうでなければ $x_{uv} = 0$ の値をとる．ここで，つねに $x_{uu} = 1$ なので，x_{uu} は変数として採用せず，$\frac{1}{2m} \sum_{u \in V} q_{uu}$ を目的関数に加える．さらに，任意の頂点の組 u, v に対して $x_{uv} = x_{vu}$, $q_{uv} = q_{vu}$ となるので，x_{uv} $(u < v)$ のみ変数として採用すると，モジュラリティの値を最大にする頂点集合の分割を求める問題は，以下の整数計画問題に定式化できる．

$$
\begin{array}{lll}
\text{最大化} & \displaystyle \frac{1}{m} \sum_{u \in V} \sum_{v \in V, v > u} q_{uv} x_{uv} + \frac{1}{2m} \sum_{u \in V} q_{uu} & \\
\text{条件} & x_{uv} + x_{vw} - x_{uw} \le 1, & u, v, w \in V, u < v < w, \\
 & x_{uv} - x_{vw} + x_{uw} \le 1, & u, v, w, \in V, u < v < w, \\
 & -x_{uv} + x_{vw} + x_{uw} \le 1, & u, v, w \in V, u < v < w, \\
 & x_{uv} \in \{0, 1\}, & u, v \in V, u < v.
\end{array}
\tag{4.9}
$$

1 番目の制約条件は，頂点 u, v が同じコミュニティに属してかつ頂点 v, w が同じコミュニティに属するならば，頂点 u, w も同じコミュニティに属するという推移律を表す．2, 3 番目の制約条件も同様である．この問題は NP 困難な組合せ最適化問題であり，大規模なネットワークを考慮した問題例では最適解を効率的に求めることは難しい．

線形順序付け問題 (linear ordering problem; LOP)：投票により複数の候補の順位を決定する状況を考える．各投票者がすべての候補を同時に評価して順位付けすることが困難な場合には，各投票者がいくつかの候補の組を一対

注 11　ここで，コミュニティの個数 k は与えられていないことに注意する．

一で比較した結果を統合して，すべての候補の順位を決定する一対比較の方法が用いられることが多い．このとき，できる限り多くの投票者の意思に沿うようにすべての候補の順位を決定する問題を考える．

図 4.7 に示すように，この問題は有向グラフ $G = (V, E)$ を用いて定義できる．各候補を頂点，候補の組 (u, v) に対して候補 u の方が候補 v よりも良いと投票した人数を辺 (u, v) の重み c_{uv} とする．このとき，頂点を左から右に 1 列に並べて，左側の頂点から右側の頂点に向かう辺の重みの合計を最大にする問題を考える．

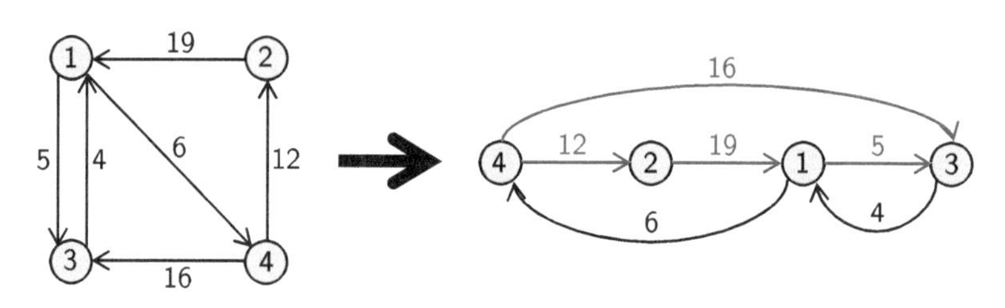

図 4.7　線形順序付け問題の例

x_{uv} は変数で，候補 u が候補 v よりも上位ならば $x_{uv} = 1$，そうでなければ $x_{uv} = 0$ の値をとる．このとき，すべての候補の順位を決定する問題は，以下の整数計画問題に定式化できる．

$$
\begin{array}{lll}
\text{最大化} & \displaystyle\sum_{u \in V} \sum_{v \in V, v \neq u} c_{uv} x_{uv} & \\
\text{条件} & x_{uv} + x_{vu} = 1, & u, v \in V, u \neq v, \\
& x_{uv} + x_{vw} + x_{wu} \leq 2, & u, v, w \in V, u \neq v, v \neq w, w \neq u, \\
& x_{uv} \in \{0, 1\}, & u, v \in V, u \neq v.
\end{array}
\tag{4.10}
$$

1 番目の制約条件は，候補 u が候補 v よりも上位もしくは下位となることを表す．2 番目の制約条件は，候補 u が候補 v よりも上位かつ候補 v が候補 w よりも上位ならば，候補 u が候補 w よりも上位となるという推移律を表す．

線形順序付け問題は，経済における**産業連関表** (industry transaction matrix) あるいは**投入産出表** (input-output matrix) と呼ばれるデータ解析に応用があり，古くから研究されている．この他にも考古学における出土品の年代順の推定やスポーツにおけるチームのランキングなどにも応用を持つ．この問題は NP 困難な組合せ最適化問題であり，多くの候補を考慮した大規模な問題例では最適解を効率的に求めることは難しい．

4.1.2 論理的な制約条件

現実問題が既知の組合せ最適化問題と一致することはまれであり，実務上の要求から生じる制約条件が追加される場合が多い．ここでは，ナップサック問題を例にいくつかの論理的な制約条件とその記述を紹介する．

ナップサック問題 (knapsack problem)：**図 4.8** に示すように，1 つの袋と n 個の荷物が与えられる．袋に詰め込める荷物の重さの合計の上限を $C(>0)$，各荷物 j の重さを $w_j(0 < w_j < C)$，価値を $p_j(>0)$ とする．x_j は変数で，荷物 j を袋に詰めるならば $x_j = 1$，そうでなければ $x_j = 0$ の値をとる．このとき，価値の合計を最大にする荷物の詰め合わせを求める問題は以下の整数計画問題に定式化できる．

$$
\begin{array}{ll}
\text{最大化} & \displaystyle\sum_{j=1}^{n} p_j x_j \\
\text{条件} & \displaystyle\sum_{j=1}^{n} w_j x_j \leq C, \\
& x_j \in \{0,1\}, \qquad j = 1,\ldots,n.
\end{array}
\tag{4.11}
$$

ちなみに，複数の制約条件を持つナップサック問題を**多次元ナップサック問題**

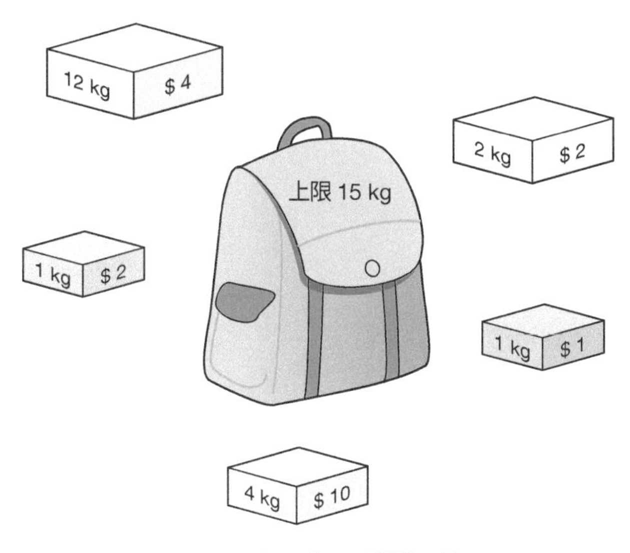

図 4.8 ナップサック問題の例

(multi-dimensional knapsack problem) と呼ぶ[注12]．ナップサック問題は，投資計画やポートフォリオ最適化などの応用を持つ．

以下にいくつかの論理的な制約条件とその記述を示す．

(1) 詰め込む荷物の数は高々 K 個．

$$\sum_{j=1}^{n} x_j \leq K. \tag{4.12}$$

(2) 荷物 j_1, j_2 の少なくとも一方を詰め込む．

$$x_{j_1} + x_{j_2} \geq 1. \tag{4.13}$$

(3) 荷物 j_1 を詰め込むならば荷物 j_2 も詰め込む．

$$x_{j_1} \leq x_{j_2}. \tag{4.14}$$

(4) 詰め込む荷物の数は 0 または 2．

$$\sum_{j=1}^{n} x_j = 2y, \quad y \in \{0, 1\}. \tag{4.15}$$

もしくは変数 y を使わずに，以下のようにも表せる．

$$\begin{aligned} +x_1 + x_2 + \cdots + x_n &\leq 2, \\ -x_1 + x_2 + \cdots + x_n &\geq 0, \\ +x_1 - x_2 + \cdots + x_n &\geq 0, \\ &\vdots \\ +x_1 + x_2 + \cdots - x_n &\geq 0. \end{aligned} \tag{4.16}$$

2 番目以降の制約条件は $\sum_{j=1}^{n} x_j = 1$ を満たす解を除外している．**図 4.9** に示すように，これらの制約条件は実行可能解全体の**凸包** (convex hull)[注13] から得られる．

注 12　複数の制約条件を持つので**多制約ナップサック問題** (multi-constraint knapsack problem) とも呼ばれるが，実際には多次元ナップサック問題と呼ばれることが多い．

注 13　与えられた集合 S を含む最小の凸集合を S の凸包と呼ぶ．

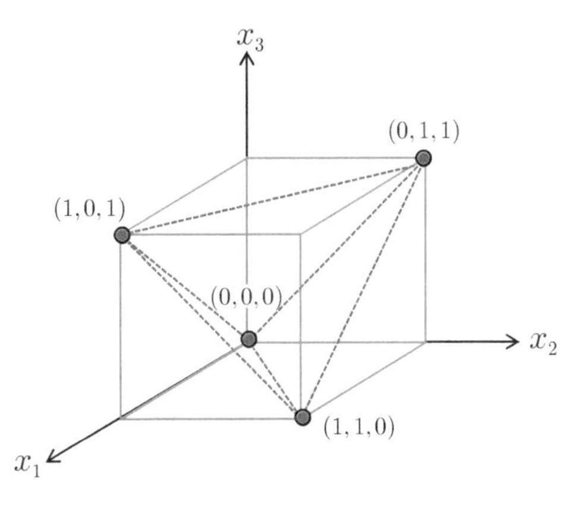

図 4.9　$x_1 + x_2 + x_3 = 0$ もしくは 2 を満たすすべての解を含む凸包

4.1.3　固定費用付き目的関数

生産計画や物流計画など多くの現実問題では，取り扱う製品量により生じる変動費用と段取り替えなど所定の作業の有無により生じる固定費用の両方を考慮する場合が多い．たとえば，x は製品の生産量を表す変数で，単位量あたりの生産費を c_1 とする．もし，その製品を少しでも生産すれば初期費用 c_2 が生じるとすると，総費用は**図 4.10** に示すような非線形関数となる．

$$f(x) = \begin{cases} 0 & x = 0 \\ c_1 x + c_2 & 0 < x \leq C. \end{cases} \tag{4.17}$$

ここで，C は製品の生産量の上限とする．そこで，少しでも製品を生産するならば $y = 1$，そうでなければ $y = 0$ の値をとる 2 値変数 y を導入すると，

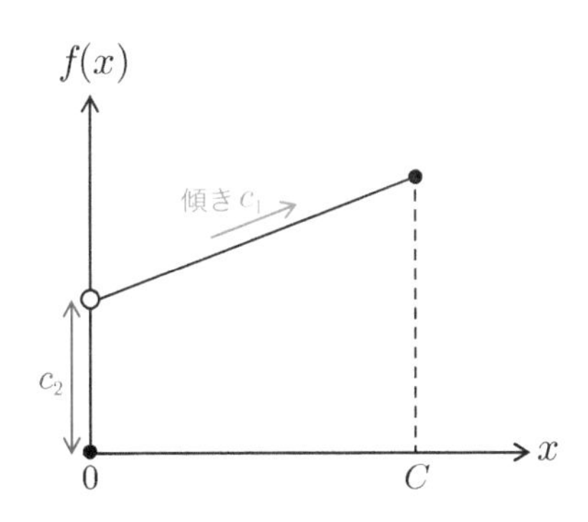

図 4.10　固定費用付き目的関数

総費用は以下のように表せる．

$$f(x, y) = \{c_1 x + c_2 y \mid x \leq Cy, 0 \leq x \leq C, y \in \{0, 1\}\}. \tag{4.18}$$

ここで，製品をまったく生産しない場合でも $y = 1$ の値をとる実行可能解が存在する．しかし，総費用を最小化する問題であれば，$y = 0$ と値を変更すれば制約条件を違反することなく総費用を減らせるので，このような解は最適解ではないことが分かる．

ところで，$x = 0$ または $l \leq x \leq u$ $(l > 0)$ という条件を持つ変数 x を**半連続変数** (semi-continuous variable) と呼ぶ．これは，$x = 0$ ならば $y = 0$，$l \leq x \leq u$ ならば $y = 1$ の値をとる 2 値変数 y を導入すると，$ly \leq x \leq uy$，$y \in \{0, 1\}$ と表せる．

以下では，固定費用を持つ整数計画問題の例として施設配置問題，ビンパッキング問題，ロットサイズ決定問題を紹介する．

施設配置問題： 2.1.1 節では，線形計画問題の応用例として輸送計画問題を紹介した．今度は，m ヵ所の候補地にいくつかの工場を建設したあとに，各工場の生産量を超えない範囲で各顧客の需要を満たすように製品を輸送したい．このとき，工場の建設費と輸送費の合計を最小にするためには，どの候補地に工場を建設し，どの工場からどの顧客にどれだけの量の製品を輸送すれば良いだろうか．

候補地 i の工場の建設費を f_i，候補地 i に建設した工場の生産量の上限を a_i，顧客 j の需要量を b_j，候補地 i に建設した工場から顧客 j への単位量あたりの輸送費を c_{ij} とする (**図 4.11**)．x_{ij} は変数で，候補地 i に建設した工

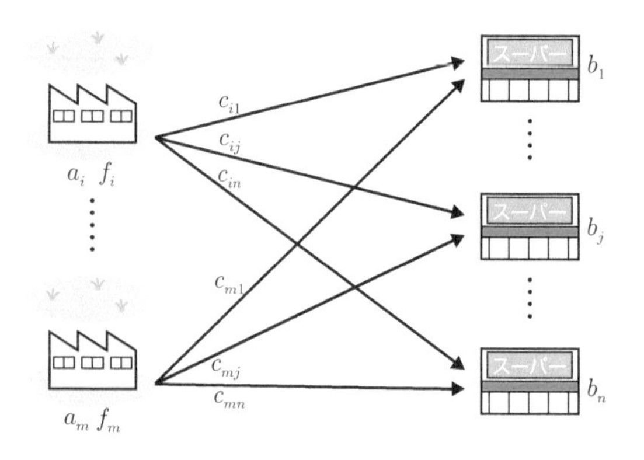

図 4.11　施設配置問題の例

場から顧客 j への輸送量を表す．候補地 i に工場を建設するならば $y_i = 1$，そうでなければ $y_i = 0$ の値をとる変数 y_i を導入すると，工場の建設地の選択と工場と顧客との輸送量を同時に決定する問題は以下の整数計画問題に定式化できる．

$$
\begin{array}{lll}
\text{最小化} & \displaystyle\sum_{i=1}^{m}\sum_{j=1}^{n} c_{ij}x_{ij} + \sum_{i=1}^{m} f_i y_i & \\
\text{条件} & \displaystyle\sum_{j=1}^{n} x_{ij} \le a_i y_i, & i = 1, \dots, m, \\
& \displaystyle\sum_{i=1}^{m} x_{ij} = b_j, & j = 1, \dots, n, \\
& x_{ij} \ge 0, & i = 1, \dots, m,\ j = 1, \dots, n, \\
& y_i \in \{0, 1\}, & i = 1, \dots, m.
\end{array}
\tag{4.19}
$$

1 番目の制約条件は，候補地 i に工場を建設した場合は，その工場から出荷される製品の量が生産量を超えないことを表す．2 番目の制約条件は，顧客 j に納入される製品の量が需要量と一致することを表す．ここで，候補地 i から製品をまったく出荷しない場合でも $y_i = 1$ の値をとる実行可能解が存在する．しかし，$y_i = 0$ と値を変更すれば制約条件を違反することなく目的関数の値を改善できるので，このような解は最適解ではないことが分かる．

ビンパッキング問題 (bin packing problem)：**図 4.12** に示すように，十分な数の箱と n 個の荷物が与えられる[注14]．箱に詰め込める荷物の重さの合計の上限を $C(>0)$，各荷物 j の重さを $w_j(<C)$ とする．x_{ij} と y_i は変数で，荷

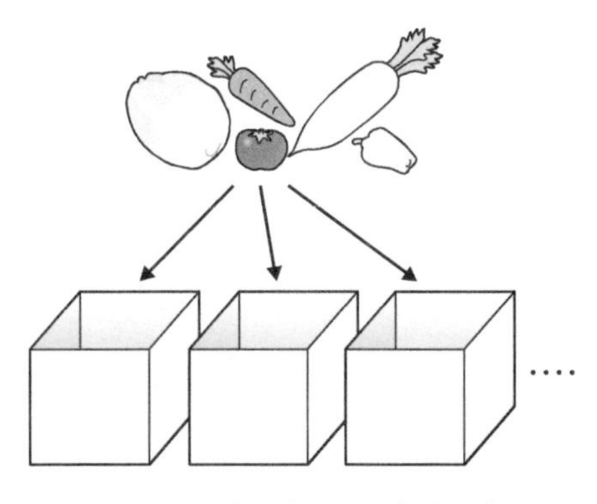

図 4.12　ビンパッキング問題の例

注 14　ビン (bin) は商品や資材を入れるための大箱であって瓶 (bottle) ではないことに注意する．

物 j が i 番目の箱に入っていれば $x_{ij}=1$，そうでなければ $x_{ij}=0$，i 番目の箱を使用していれば $y_i=1$，そうでなければ $y_i=0$ の値をとる．このとき，使用する箱の数を最小にする荷物の詰め込みを求める問題は以下の整数計画問題に定式化できる．

$$
\begin{array}{lll}
\text{最小化} & \displaystyle\sum_{i=1}^{n} y_i & \\
\text{条件} & \displaystyle\sum_{j=1}^{n} w_j x_{ij} \leq C y_i, & i=1,\dots,n, \\
& \displaystyle\sum_{i=1}^{n} x_{ij} = 1, & j=1,\dots,n, \\
& x_{ij} \in \{0,1\}, & i=1,\dots,n,\ j=1,\dots,n, \\
& y_i \in \{0,1\}, & i=1,\dots,n.
\end{array}
\tag{4.20}
$$

ここで，箱は高々 n 個しか使わないことに注意する．1 番目の制約条件は，i 番目の箱が使用されている場合は詰め込まれた荷物の重さ合計が上限 C 以内に収まることを，箱が使用されていない場合は荷物を詰め込めないことを表す．2 番目の制約条件は，各荷物 j がいずれか 1 つの箱に詰め込まれることを表す．ここで，i 番目の箱に荷物が 1 つも詰め込まれていない場合でも $y_i=1$ の値をとる実行可能解が存在する．しかし，変数の値を $y_i=0$ と変更すれば制約条件を違反することなく目的関数の値を改善できるので，このような解は最適解ではないことが分かる．

ロットサイズ決定問題 (lot sizing problem)：2.1.1 節では，線形計画問題の応用例として生産計画問題を紹介した．今度は，製品を生産する際に生じる**段取り替え費用** (setup cost) を考える．ある企業では，工場の生産と倉庫の在庫を組み合わせて顧客に製品を卸している[注15]．顧客の需要が期により変動するとき，どの期にどれだけの量の製品を工場で生産し，倉庫の在庫で賄えば良いだろうか．

計画期間を T，各期 t の需要量を d_t，製品 1 個あたりの生産費を c_t，各期の生産量の上限を C，段取り替え費用を $f_t(\geq 0)$，製品 1 個あたりの在庫費を $g_t(\geq 0)$ とする．また，最初の期 $t=0$ における在庫量を 0 とする．x_t と s_t は変数で，それぞれ期 t における生産量と在庫量を表す．y_t は変数で，期 t に製品を生産するならば $y_t=1$，そうでなければ $y_t=0$ の値をとる．このとき，費用の合計が最小となる各期の生産量を求める問題は以下の整数計画

注 15　ここでは，簡単のため製品を 1 種類とする．

問題に定式化できる．

$$
\begin{array}{lll}
\text{最小化} & \sum_{t=1}^{T} (f_t y_t + c_t x_t + g_t s_t) & \\
\text{条件} & s_{t-1} + x_t - s_t = d_t, & t = 1, \dots, T, \\
& x_t \leq C y_t, & t = 1, \dots, T, \\
& s_0 = 0, & \\
& x_t, s_t \geq 0, & t = 1, \dots, T, \\
& y_t \in \{0, 1\}, & t = 1, \dots, T.
\end{array}
\tag{4.21}
$$

1 番目の制約条件は，前期からの持ち越し在庫量 s_{t-1} に今期の生産量 x_t を加えて，今期の需要量 d_t を差し引いたものが来期に持ち越す在庫量 s_t であることを表す．2 番目の制約条件は，各期の生産量が上限を超えないことを表す．ここで，期 t に製品を生産しない場合でも $y_t = 1$ の値をとる実行可能解が存在する．しかし，変数の値を $y_t = 0$ と変更すれば制約条件を違反することなく目的関数の値を改善できるので，このような解は最適解ではないことが分かる．

4.1.4 離接した制約条件

一般に，最適化問題ではすべての制約条件を同時に満たすことを求められるが，現実問題では m 本の制約条件のうちちょうど k 本だけを満たすことを求められる場合も少なくない．これは**離接した制約条件** (disjunctive constraints) と呼ばれ，選択や順序付けなどの組合せ的な制約条件を表す場合に用いられる．たとえば，**図 4.13** に示すように，2 つの制約条件 $\sum_{j=1}^{n} a_{1j} x_j \leq b_1$ と $\sum_{j=1}^{n} a_{2j} x_j \leq b_2$ の少なくとも一方を満たすことを求める場合は，各制約条件に対応する 2 値変数 y_1, y_2 を導入すれば以下のように表せる．

$$
\begin{array}{l}
\sum_{j=1}^{n} a_{1j} x_j \leq b_1 + M(1 - y_1), \\
\sum_{j=1}^{n} a_{2j} x_j \leq b_2 + M(1 - y_2), \\
y_1 + y_2 = 1, \\
y_1, y_2 \in \{0, 1\}.
\end{array}
\tag{4.22}
$$

ここで，M は十分に大きな定数で **big-*M*** と呼ばれる．各変数 x_j の取り得る範囲が $0 \leq x_j \leq u_j$ ならば，

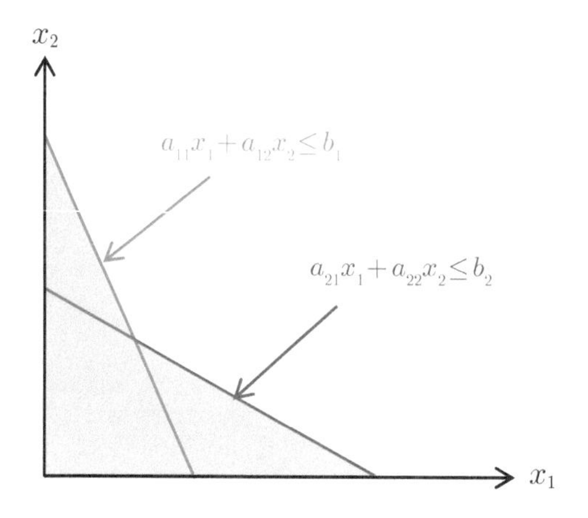

図 4.13　離接した制約条件

$$M \geq \max\left\{\sum_{j=1}^{n} a_{1j}x_j - b_1, \sum_{j=1}^{n} a_{2j}x_j - b_2 \;\middle|\; 0 \leq x_j \leq u_j, j=1,\ldots,n\right\} \tag{4.23}$$

となる．$y_i = 0$ の場合は，制約条件の右辺は $b_i + M$ と十分に大きな値をとり，各変数 x_j の値にかかわらず必ず満たされる．

以下では，離接した制約条件を持つ整数計画問題の例として 1 機械スケジューリング問題と長方形詰込み問題を紹介する．

1 機械スケジューリング問題 (single machine scheduling problem)：n 個の仕事とこれらを処理する 1 台の機械が与えられる．機械は 2 つ以上の仕事を同時に処理できないものとする．また，仕事の処理を開始したら途中で中断できないものとする．仕事 i の処理にかかる時間を p_i (> 0)，納期を d_i (≥ 0) とする．s_i は変数で仕事 i の開始時刻を表す．仕事 i が仕事 j に先行するならば $x_{ij} = 1$，そうでなければ $x_{ij} = 0$ の値をとる変数 x_{ij} を導入すると，仕事の納期遅れの合計を最小にするスケジュールを求める問題は以下の最適化問題に定式化できる．

$$
\begin{array}{lll}
\text{最小化} & \displaystyle\sum_{i=1}^{n} \max\{s_i + p_i - d_i, 0\} & \\
\text{条件} & s_i + p_i \leq s_j + M(1 - x_{ij}), & i = 1, \ldots, n, j = 1, \ldots, n, j \neq i, \\
& x_{ij} + x_{ji} = 1, & i = 1, \ldots, n, j = 1, \ldots, n, j > i, \\
& x_{ij} \in \{0, 1\}, & i = 1, \ldots, n, j = 1, \ldots, n, j \neq i, \\
& s_i \geq 0, & i = 1, \ldots, n.
\end{array}
\tag{4.24}
$$

納期遅れは仕事 i の完了時刻 $s_i + p_i$ が納期 d_i より遅くなる場合のみ生じるので，仕事 i の納期遅れは $\max\{s_i + p_i - d_i, 0\}$ と表せる (**図 4.14**)．1 番目の制約条件は，仕事 i が仕事 j に先行するならば仕事 i の完了時刻 $s_i + p_i$ が仕事 j の開始時刻 s_j より早くなることを表す．2 番目の制約条件は，仕事 i が仕事 j に先行するかもしくはその逆が必ず成り立つことを表す．目的関数が最大値の最小化なので，仕事 i の納期遅れを表す新たな変数 $t_i = \max\{s_i + p_i - d_i, 0\}$ を導入すると整数計画問題に変形できる．

$$
\begin{array}{lll}
\text{最小化} & \displaystyle\sum_{i=1}^{n} t_i & \\
\text{条件} & s_i + p_i \leq s_j + M(1 - x_{ij}), & i = 1, \ldots, n, j = 1, \ldots, n, j \neq i, \\
& x_{ij} + x_{ji} = 1, & i = 1, \ldots, n, j = 1, \ldots, n, j > i, \\
& s_i + p_i - d_i \leq t_i, & i = 1, \ldots, n, \\
& x_{ij} \in \{0, 1\}, & i = 1, \ldots, n, j = 1, \ldots, n, j \neq i, \\
& s_i, t_i \geq 0, & i = 1, \ldots, n.
\end{array}
\tag{4.25}
$$

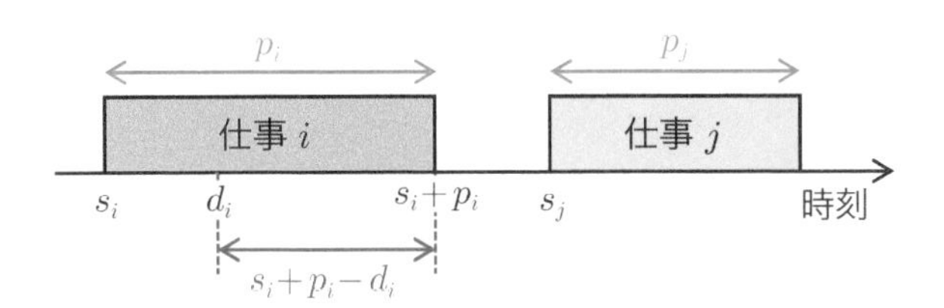

図 4.14　1 機械スケジューリング問題における仕事遅れ

長方形詰込み問題 (rectangle packing problem)：**図 4.15** に示すように，幅が固定で十分な高さがある長方形の容器と n 個の長方形の荷物が与えられる．容器の幅を W，高さを H，各荷物 i の幅を w_i，高さを h_i とする．荷物はその下辺が容器の下辺と平行になるように配置し，回転は許さないものとする．

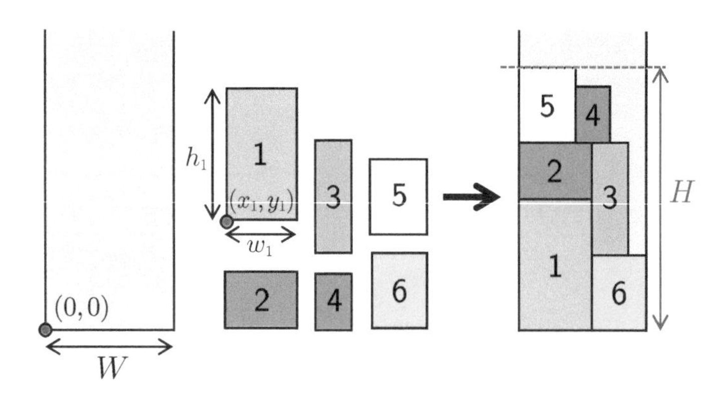

図 4.15　長方形詰込み問題の例

ここで，すべての荷物を互いに重ならないように容器内に配置する．容器の左下隅を原点 $(0,0)$，荷物 i の左下隅の座標を変数 (x_i, y_i) とすると，問題の制約条件は以下のように表せる．

制約条件 1：荷物 i は容器内に配置される．

これは，以下の 2 本の不等式がともに成り立つことと同値である．

$$
\begin{aligned}
&0 \leq x_i \leq W - w_i, \\
&0 \leq y_i \leq H - h_i.
\end{aligned} \tag{4.26}
$$

制約条件 2：荷物 i, j は互いに重ならない．

これは，以下の 4 本の不等式のうち少なくとも 1 本以上が成り立つことと同値であり，各不等式はそれぞれ荷物 i が荷物 j の左側，右側，下側，上側にあることを表す (**図 4.16**)．

$$
\begin{aligned}
&x_i + w_i \leq x_j, \\
&x_j + w_j \leq x_i, \\
&y_i + h_i \leq y_j, \\
&y_j + h_j \leq y_i.
\end{aligned} \tag{4.27}
$$

荷物 i が荷物 j の左側，右側，下側，上側にあるならば 1，そうでなければ 0 の値をとる変数 z_{ij}^{left}, z_{ij}^{right}, z_{ij}^{bottom}, z_{ij}^{top} を導入する．このとき，制約条件を満たした上で必要な容器の高さ H を最小にする荷物の配置を求める問題は以下の整数計画問題に定式化できる．

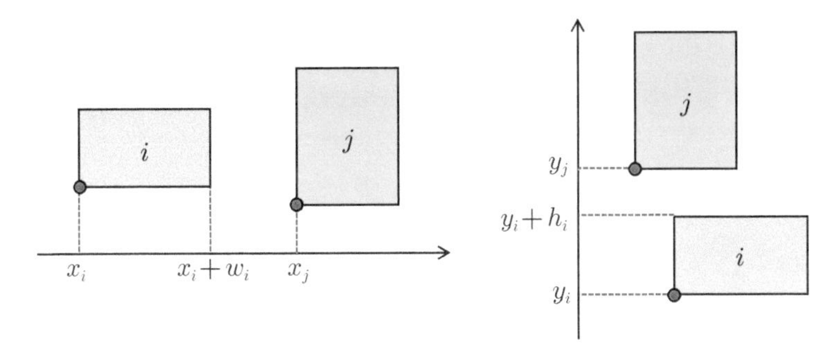

図 4.16　長方形の組の位置関係

$$
\begin{array}{lll}
\text{最小化} & H & \\
\text{条件} & 0 \le x_i \le W - w_i, & i = 1, \dots, n, \\
& 0 \le y_i \le H - h_i, & i = 1, \dots, n, \\
& x_i + w_i \le x_j + M(1 - z_{ij}^{\text{left}}), & i = 1, \dots, n, j = 1, \dots, n, j \neq i, \\
& x_j + w_j \le x_i + M(1 - z_{ij}^{\text{right}}), & i = 1, \dots, n, j = 1, \dots, n, j \neq i, \\
& y_i + h_i \le y_j + M(1 - z_{ij}^{\text{bottom}}), & i = 1, \dots, n, j = 1, \dots, n, j \neq i, \\
& y_j + h_j \le y_i + M(1 - z_{ij}^{\text{top}}), & i = 1, \dots, n, j = 1, \dots, n, j \neq i, \\
& z_{ij}^{\text{left}} + z_{ij}^{\text{right}} + z_{ij}^{\text{bottom}} + z_{ij}^{\text{top}} = 1, & i = 1, \dots, n, j = 1, \dots, n, j \neq i, \\
& z_{ij}^{\text{left}}, z_{ij}^{\text{right}}, z_{ij}^{\text{bottom}}, z_{ij}^{\text{top}} \in \{0, 1\}, & i = 1, \dots, n, j = 1, \dots, n, j \neq i.
\end{array}
\tag{4.28}
$$

4.1.5　非凸な非線形関数の近似

分離可能で非凸な非線形関数の最小化問題は整数計画問題に近似できる[注16]．以下のような 1 変数の非凸関数 $f_j(x_j)$ の和を最小化する問題を考える．

$$
\text{最小化} \quad \sum_{j=1}^{n} f_j(x_j). \tag{4.29}
$$

この問題は 1 変数の非凸関数 $f_j(x_j)$ の最小化問題に分解できる．そこで，**図 4.17** に示すように，1 変数の非凸関数 $f(x)$ を区分線形関数 $g(x)$ で近似的に表すことを考える．非凸関数 $f(x)$ 上の m 個の点 $(a_1, f(a_1)), \dots, (a_m, f(a_m))$ を適当に選んで線分でつなぐと区分線形関数 $g(x)$ が得られる．区分線形関数上の点 $(x, g(x))$ はいずれかの線分上にある．たとえば，点 $(x, g(x))$ が $(a_i, f(a_i))$ と $(a_{i+1}, f(a_{i+1}))$ で結ばれる線分上にある場合は以下のように表せる．

注 16　分離可能で凸な非線形関数の最小化問題は線形計画問題に近似できる (2.1.2 節を参照)．

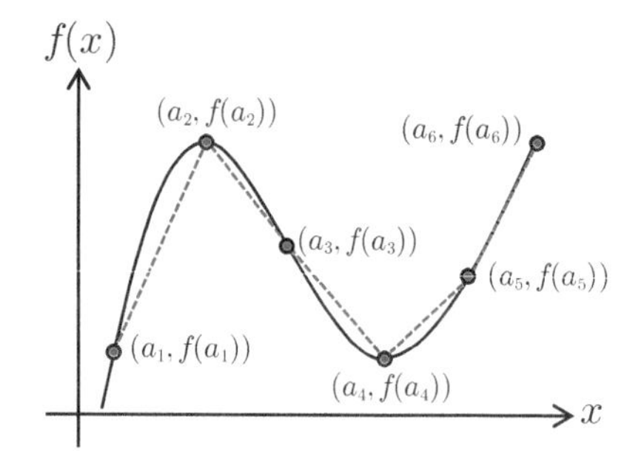

図 4.17　非凸関数の区分線形関数による近似

$$
\begin{aligned}
&(x, g(x)) = t_i(a_i, f(a_i)) + t_{i+1}(a_{i+1}, f(a_{i+1})),\\
&t_i + t_{i+1} = 1, \qquad (4.30)\\
&t_i, t_{i+1} \geq 0.
\end{aligned}
$$

一般の場合も以下のように表せる．

$$
\begin{aligned}
&(x, g(x)) = \sum_{i=1}^{m} t_i(a_i, f(a_i)),\\
&\sum_{i=1}^{m} t_i = 1, \qquad (4.31)\\
&t_i \geq 0, \quad i = 1, \ldots, m,\\
&\text{高々 2 つの隣り合う } t_i \text{ が正}.
\end{aligned}
$$

ここで，点 $(x, g(x))$ が i 番目の線分上にあることを表す 2 値変数 z_i $(i = 1, \ldots, m-1)$ を導入すると「高々 2 つの隣り合う t_i が正」という制約条件は以下のように表せる．

$$
\begin{aligned}
&t_1 \leq z_1,\\
&t_i \leq z_{i-1} + z_i, \quad i = 2, \ldots, m-1,\\
&t_m \leq z_{m-1}, \qquad (4.32)\\
&\sum_{i=1}^{m-1} z_i = 1,\\
&z_i \in \{0, 1\}, \qquad i = 1, \ldots, m-1.
\end{aligned}
$$

次に，2 値変数で表される**多項式計画問題** (polynomial programming

problem) を整数計画問題に定式化する方法を紹介する．まず，2 値変数 $x_1, x_2 \in \{0,1\}$ の積 $y = x_1 x_2$ を考える．このとき，(x_1, x_2, y) の取り得る値の組合せは $(0,0,0)$, $(1,0,0)$, $(0,1,0)$, $(1,1,1)$ の 4 通りなので以下のように表せる．

$$\begin{aligned} & y \geq x_1 + x_2 - 1, \\ & y \leq x_1, \\ & y \leq x_2, \\ & x_1, x_2 \in \{0,1\}. \end{aligned} \tag{4.33}$$

同様に k 個の 2 値変数 $x_i \in \{0,1\}$ $(i = 1, \ldots, k)$ の積 $y = \prod_{i=1}^{k} x_i$ も以下のように表せる．

$$\begin{aligned} & y \geq \sum_{i=1}^{k} x_i - (k-1), \\ & y \leq x_i, \qquad i = 1, \ldots, k, \\ & x_i \in \{0,1\}, \quad i = 1, \ldots, k. \end{aligned} \tag{4.34}$$

また，実数変数 x $(l \leq x \leq u)$ と 2 値変数 $z \in \{0,1\}$ の積 $y = xz$ も以下のように表せる．

$$\begin{aligned} & lz \leq y \leq uz, \\ & x - u(1-z) \leq y \leq x - l(1-z). \end{aligned} \tag{4.35}$$

例として，以下の 2 値変数からなる制約なし 2 次計画問題を考える．

$$\begin{aligned} \text{最小化} \quad & \sum_{i=1}^{n} \sum_{j=1}^{n} q_{ij} x_i x_j \\ \text{条件} \quad & x_i \in \{0,1\}, \qquad i = 1, \ldots, n. \end{aligned} \tag{4.36}$$

2 値変数 x_i, x_j の積を表す変数 $y_{ij} = x_i x_j$ を導入すると，この問題は以下の整数 (線形) 計画問題に変形できる．

$$\begin{aligned} \text{最小化} \quad & \sum_{i=1}^{n} \sum_{j=1}^{n} q_{ij} y_{ij} \\ \text{条件} \quad & y_{ij} \geq x_i + x_j - 1, \quad i = 1, \ldots, n,\ j = 1, \ldots, n, \\ & y_{ij} \leq x_i, \qquad i = 1, \ldots, n, \\ & y_{ij} \leq x_j, \qquad j = 1, \ldots, n, \\ & y_{ij} \in \{0,1\}, \qquad i = 1, \ldots, n,\ j = 1, \ldots, n, \\ & x_i \in \{0,1\}, \qquad i = 1, \ldots, n. \end{aligned} \tag{4.37}$$

4.1.6 整数性を持つ整数計画問題

整数計画問題は一般には NP 困難な最適化問題 (4.2.2 節) で効率的に解くことは難しいが，いくつかの特殊な整数計画問題は効率的に解けることが知られている．ここでは，制約条件の係数行列 $\boldsymbol{A}$ が完全単模行列となる整数計画問題 $\min\{\boldsymbol{c}^\top \boldsymbol{x} \mid \boldsymbol{A}\boldsymbol{x} = \boldsymbol{b}, \boldsymbol{x} \in \mathbb{Z}_+^n\}$ を紹介する．ここで，$\boldsymbol{A} \in \mathbb{Z}^{m\times n}$, $\boldsymbol{b} \in \mathbb{Z}^m$, $\boldsymbol{c} \in \mathbb{R}^n$ とする．ただし，$n > m$ かつ $\boldsymbol{A}$ のすべての行ベクトルが 1 次独立であると仮定する．

行列式の値が 1 または -1 となる整数正方行列を**単模行列** (unimodular matrix) と呼ぶ．ある整数行列 $\boldsymbol{A} \in \mathbb{Z}^{m\times n}$ の正方部分行列 $\boldsymbol{B} \in \mathbb{Z}^{m\times m}$ を考える．$\boldsymbol{B}$ が単模行列ならば行列式の値は $\det \boldsymbol{B} = \pm 1$ である．このとき，正方部分行列 $\boldsymbol{B}$ の余因子行列を $\widetilde{\boldsymbol{B}}$ とすると，**クラーメルの公式** (Cramer's rule) より逆行列は $\boldsymbol{B}^{-1} = \frac{\widetilde{\boldsymbol{B}}}{\det \boldsymbol{B}}$ と表せるので，逆行列 $\boldsymbol{B}^{-1}$ は整数行列となる．さらに，$\det \boldsymbol{B}^{-1} = \frac{1}{\det \boldsymbol{B}}$ より $\det \boldsymbol{B}^{-1} = \pm 1$ となるので，逆行列 $\boldsymbol{B}^{-1}$ も単模行列となることが分かる．たとえば，

$$\boldsymbol{B} = \begin{pmatrix} 1 & 2 \\ 1 & 1 \end{pmatrix} \tag{4.38}$$

は単模行列で，その逆行列

$$\boldsymbol{B}^{-1} = \begin{pmatrix} -1 & 2 \\ 1 & -1 \end{pmatrix} \tag{4.39}$$

は整数行列である．任意の正方部分行列 $\boldsymbol{B}$ の行列式が $0, \pm 1$ のいずれかの値をとる整数行列 $\boldsymbol{A}$ を**完全単模行列** (totally unimodular matrix) と呼ぶ[注17]．

単体法の原理 (2.2.4 節) より，整数計画問題の整数条件 $\boldsymbol{x} \in \mathbb{Z}_+^n$ を緩和した線形計画問題 $\min\{\boldsymbol{c}^\top \boldsymbol{x} \mid \boldsymbol{A}\boldsymbol{x} = \boldsymbol{b}, \boldsymbol{x} \geq \boldsymbol{0}\}$ の実行可能基底解は $\boldsymbol{x} = (\boldsymbol{x}_B, \boldsymbol{x}_N) = (\boldsymbol{B}^{-1}\boldsymbol{b}, \boldsymbol{0})$ と表せる．ここで，線形計画問題の制約行列 $\boldsymbol{A}$ が完全単模行列で最適基底解 $\boldsymbol{x}^* = (\boldsymbol{x}_B^*, \boldsymbol{x}_N^*) = ((\boldsymbol{B}^*)^{-1}\boldsymbol{b}, \boldsymbol{0})$ が存在すれば，$(\boldsymbol{B}^*)^{-1}$ は整数行列なので最適基底解 $\boldsymbol{x}^*$ は整数解となる (**図 4.18**)．すなわち，整数条件を緩和した線形計画問題に対して単体法を適用すれば元の整数計画問題の最適解が得られる．

完全単模行列について，以下の性質が知られている．

注 17　したがって，完全単模行列 $\boldsymbol{A}$ の任意の要素 a_{ij} は $0, \pm 1$ のいずれかの値をとる．

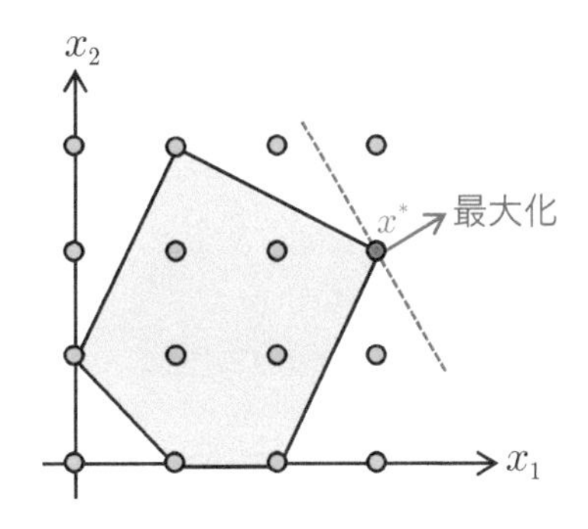

図 4.18　整数性を持つ整数計画問題の例

定理 4.1　(完全単模行列の十分条件)

整数行列 $\boldsymbol{A} = (a_{ij}) \in \mathbb{Z}^{m \times n}$ が以下の条件を満たすならば，行列 $\boldsymbol{A}$ は完全単模行列である．

(1) 任意の要素 a_{ij} は $0, \pm 1$ のいずれかの値をとる．
(2) 任意の列 j は高々 2 つの非零の要素を持つ $(\sum_{i=1}^{m} |a_{ij}| \leq 2)$.
(3) ある $M = \{1, \ldots, m\}$ の分割 (M_1, M_2) が存在して，

$$\sum_{i \in M_1} a_{ij} - \sum_{i \in M_2} a_{ij} \in \{0, \pm 1\} \tag{4.40}$$

となる．

(証明略)

グラフの構造を表す接続行列は完全単模行列の代表的な例である．有向グラフ $G = (V, E)$ が与えられたとき，点の番号を行番号，辺の番号を列番号とする行列 $\boldsymbol{A}$ で，辺 $e = (u, v)$ に対応する列の要素が $a_{ue} = 1$，$a_{ve} = -1$(それ以外は 0) で与えられる行列を**接続行列** (incidence matrix) と呼ぶ[注18]．また，無向グラフの接続行列では辺に対応する列が $a_{ue} = a_{ve} = 1$(それ以外は 0) で与えられる．**図 4.19** に示す有向グラフの接続行列を考える．この有向グラフの頂点集合は $V = \{1, 2, 3, 4\}$，辺集合は $E = \{(2, 1), (1, 3), (1, 4), (3, 2)\}$ であり，接続行列は

注 18　ちなみに，無向グラフ $G = (V, E)$ が与えられたとき，点の番号を行番号，列番号とする正方行列 $\boldsymbol{A}$ で，辺 $e = \{u, v\}$ に対応する要素が $a_{uv} = a_{vu} = 1$ (それ以外は 0) で与えられる行列を**隣接行列** (adjacency matrix) と呼ぶ．接続行列と混同しやすいので注意する．

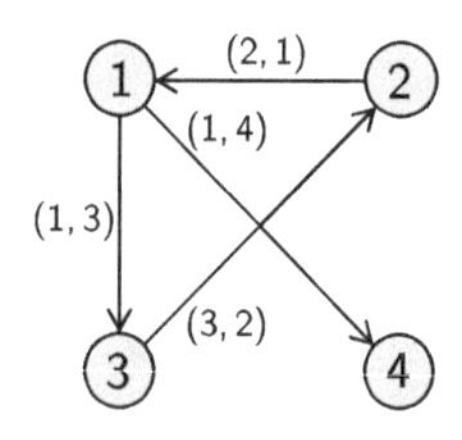

図 4.19　有向グラフの例

$$
\boldsymbol{A} = \begin{array}{c} \\ 1 \\ 2 \\ 3 \\ 4 \end{array} \begin{array}{c} \begin{array}{cccc} (2,1) & (1,3) & (1,4) & (3,2) \end{array} \\ \left(\begin{array}{cccc} -1 & 1 & 1 & 0 \\ 1 & 0 & 0 & -1 \\ 0 & -1 & 0 & 1 \\ 0 & 0 & -1 & 0 \end{array} \right) \end{array} \tag{4.41}
$$

となる．任意の有向グラフに対して，その接続行列は完全単模行列となる．また，無向グラフでは**2部グラフ** (bipartite graph)[注19] の接続行列は完全単模行列となることが知られている．

以下では，制約行列が完全単模行列である整数計画問題の例として最短路問題と割当問題を紹介する．

最短路問題 (shortest path problem)：**図 4.20** に示すように，有向グラフ $G = (V, E)$ と各辺 $e \in E$ の長さ $d_e (> 0)$ が与えられる．$e_i = (v_i, v_{i+1}) \in E$, $i = 1, \ldots, k-1$ を満たす頂点の系列 $P = (v_1, v_2, \ldots, v_k)$ を**路** (path) と呼ぶ．すなわち，一方の頂点 v_i を前の辺 e_{i-1} と共有し，他方の頂点 v_{i+1} を次の辺 e_{i+1} と共有する辺 $e_i = (v_i, v_{i+1})$ の系列でもある[注20]．ここで，路

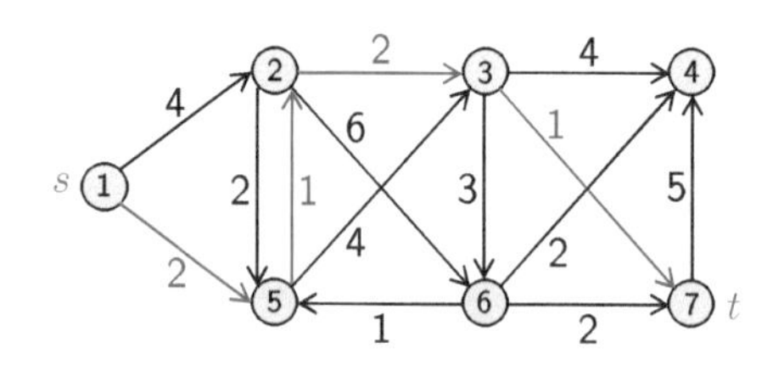

図 4.20　最短路問題の例

注 19　無向グラフ $G = (V, E)$ に対して，頂点集合 V が 2 つの集合 V_1, V_2 に分割され，V_1 の頂点と V_2 の頂点をつなぐ辺のみ存在する (すなわち，$E = \{\{u, v\} \mid u \in V_1, v \in V_2\}$) とき，このグラフを 2 部グラフと呼ぶ．

注 20　この辺集合 $P = \{e_1, e_2, \ldots, e_{k-1}\}$ を路と呼ぶこともある．

P の長さを $\sum_{i=1}^{k-1} d_{e_i}$ と定義する．x_e は変数で，辺 e が路に含まれるならば $x_e = 1$，そうでなければ $x_e = 0$ の値をとる．このとき，与えられた始点 $s \in V$ から終点 $t \in V$ にいたる最短路を求める問題は以下の整数計画問題に定式化できる．

$$
\begin{array}{lll}
\text{最小化} & \displaystyle\sum_{e \in E} d_e x_e & \\
\text{条件} & \displaystyle\sum_{e \in \delta^+(s)} x_e = 1, & \\
 & \displaystyle\sum_{e \in \delta^-(t)} x_e = 1, & \\
 & \displaystyle\sum_{e \in \delta^+(v)} x_e - \sum_{e \in \delta^-(v)} x_e = 0, & v \in V \setminus \{s, t\}, \\
 & x_e \in \{0, 1\}, & e \in E.
\end{array}
\tag{4.42}
$$

ここで，$\delta^+(v)$ は頂点 v を始点とする辺集合，$\delta^-(v)$ は頂点 v を終点とする辺集合である．1 番目と 2 番目の制約条件は，始点 s から出る辺と終点 t に入る辺をちょうど 1 本ずつ選ぶことを表す．3 番目の制約条件は，訪問する頂点 v では出る辺と入る辺をちょうど 1 本ずつ選び，それ以外の頂点ではいずれの辺も選ばないことを表す．

割当問題 (assignment problem)：**図 4.21** に示すように，m 人の学生を n 個のクラスに割り当てる．クラス j の受講者の上限を u_j，学生 i のクラス j に対する満足度を p_{ij} とする．x_{ij} は変数で，学生 i をクラス j に割り当てれば $x_{ij} = 1$，そうでなければ $x_{ij} = 0$ の値をとる．このとき，学生の満足度の合計を最大にする割当を求める問題は以下の整数計画問題に定式化できる．

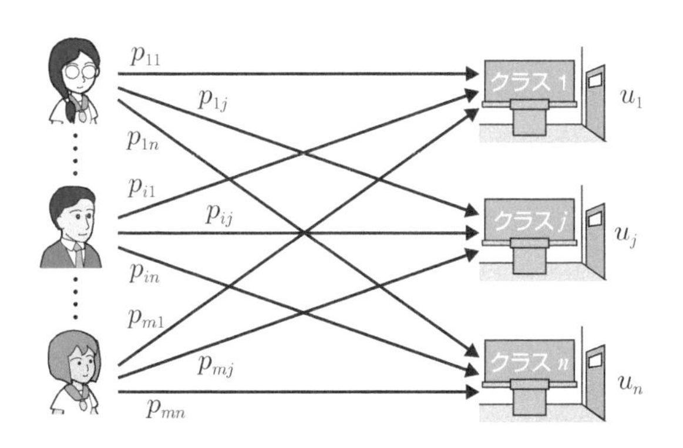

図 4.21　割当問題の例

$$
\begin{aligned}
\text{最大化}\quad & \sum_{i=1}^{m}\sum_{j=1}^{n} p_{ij}x_{ij} \\
\text{条件}\quad & \sum_{j=1}^{n} x_{ij} = 1, \qquad i = 1,\dots,m, \\
& \sum_{i=1}^{m} x_{ij} \le u_j, \quad j = 1,\dots,n, \\
& x_{ij} \in \{0,1\}, \qquad i = 1,\dots,m,\, j = 1,\dots,n.
\end{aligned}
\tag{4.43}
$$

1 番目の制約条件は，各学生 i をちょうど 1 つのクラスに割り当てることを表す．2 番目の制約条件は，各クラス j に割り当てる学生の数が受講者数の上限 u_j 以下となることを表す．

最短路問題と割当問題はそれぞれ少ない計算手間で最適解を求める効率的なアルゴリズムが知られている (4.3 節)．しかし，現実問題では実務上の要求から生じる制約条件が追加される場合が多いため，これらの効率的なアルゴリズムがそのまま適用できるとは限らない．一方で，与えられた現実問題を完全単模行列に近い形の制約行列を持つ整数計画問題に定式化できるならば，分枝限定法 (4.4.1 節) などの整数計画問題に対するアルゴリズムを用いて現実的な計算手間で最適解を求められる場合は少なくない．

4.1.7 グラフの連結性

グラフにおける最適化問題では，選択した部分グラフ[注21]の連結性を求める場合が少なくない．ここでは，グラフの連結性を制約条件に持つ整数計画問題の例として最小全域木問題と巡回セールスマン問題を紹介する．無向グラフ $G = (V, E)$ の任意の頂点 $u, v \in V$ の間に路が存在すれば G は**連結** (connected) であると呼ぶ．連結なグラフと非連結なグラフの例を**図 4.22** に示す．これは，任意の頂点集合 $S \subset V$ $(S \neq \emptyset)$ に対して，S と $V \setminus S$ をつなぐ辺が少なくとも 1 本は存在するという条件に置き換えられる．

最小全域木問題 (minimum spanning tree problem; MST)：**図 4.23** に示すように，連結な無向グラフ $G = (V, E)$ と各辺 $e \in E$ の長さ d_e (> 0) が与えられる．閉路[注22]を持たない連結な部分グラフを**木** (tree)，すべての頂点をつなぐ木を**全域木** (spanning tree) と呼ぶ．x_e は変数で，辺 e は木に含まれ

注 21　グラフ $G = (V, E)$ の頂点集合 V と辺集合 E の部分集合 $V' \subseteq V$ と $E' \subseteq E$ により定まる $G' = (V', E')$ がグラフであるとき (すなわち，$e = (u, v) \in E'$ ならば，その両端点は $u, v \in V'$ を満たす)，G' を G の**部分グラフ** (subgraph) と呼ぶ．

注 22　2 本以上の辺を含む始点と終点が同じ路を**閉路** (cycle) と呼ぶ．

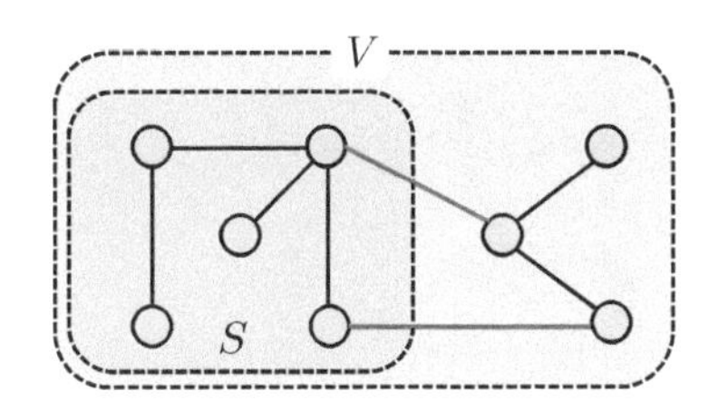

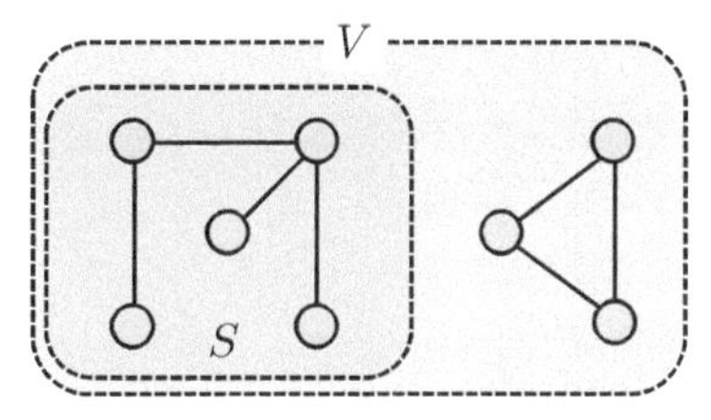

図 4.22　連結なグラフ (左) と非連結なグラフ (右)

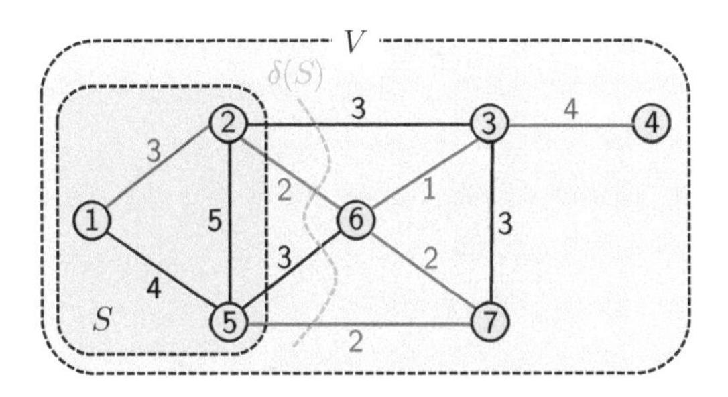

図 4.23　最小全域木問題の例

るならば $x_e = 1$，そうでなければ $x_e = 0$ の値をとる．このとき，辺の長さの合計を最小にする全域木を求める問題は以下の整数計画問題に定式化できる[注23]．

$$
\begin{array}{lll}
\text{最小化} & \displaystyle\sum_{e \in E} d_e x_e & \\
\text{条件} & \displaystyle\sum_{e \in E} x_e = |V| - 1, & \\
& \displaystyle\sum_{e \in \delta(S)} x_e \geq 1, & S \subset V,\ S \neq \emptyset, \\
& x_e \in \{0, 1\}, & e \in E.
\end{array}
\tag{4.44}
$$

ここで，$\delta(S) = \{(u, v) \in E \mid u \in S, v \in V \setminus S\}$ は頂点集合 S と $V \setminus S$ をつなぐ辺集合であり，これを**カット** (cut) と呼ぶ．1 番目の制約条件は，辺集合 $T = \{e \in E \mid x_e = 1\}$ が $|T| = |V| - 1$ を満たすことを表す．2 番目の制約条件は，辺集合 T がすべての頂点を連結することを表し，これを**カットセット不等式** (cut-set inequality)[注24] と呼ぶ．これらの制約条件は辺集合 T が全域木となるための必要十分条件である．この整数計画問題のカットセット不等式は $2^{|V|} - 2$ 本と膨大な数になるため，その求解には制約条件を逐次

注 23　$|S|$ は集合 S の要素数を表し，これを集合 S の**位数** (cardinality) と呼ぶ．

注 24　連結なグラフ $G = (V, E)$ から辺集合 $E' \subseteq E$ を除いて得られるグラフ $G' = (V, E \setminus E')$ が連結でないとき，辺集合 E' を**カットセット** (cut-set) と呼ぶ．

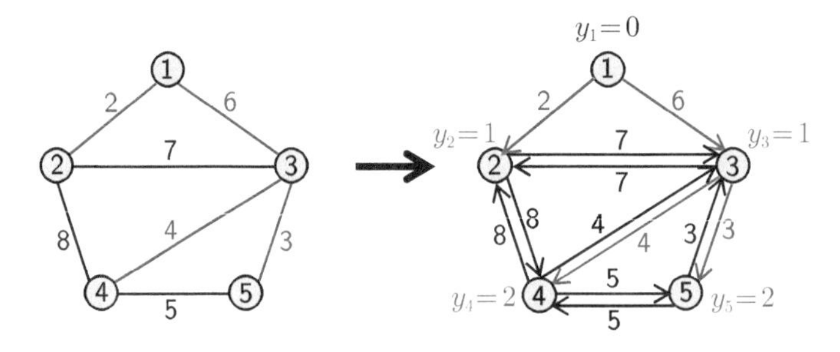

図 4.24　無向グラフから有向グラフへの変換

的に追加する切除平面法 (4.4.2 節) が必要となる．

次に，制約条件の数が少ない別の定式化を考える．まず，**図 4.24** に示すように，無向グラフ $G=(V,E)$ を有向グラフ $\widetilde{G}=(V,\widetilde{E})$ に変換する．まず，適当な頂点 $r \in V$ を選び**根** (root) とする．無向辺 $e=\{u,v\} \in E$ を 2 本の有向辺 $(u,v),(v,u)$ に置き換え，それらの長さを $\tilde{d}_{uv}=\tilde{d}_{vu}=d_e$ とする．ただし，根 r に入る辺 (v,r) $(v \in V \setminus \{r\})$ は張らない．x_{uv} は変数で，辺 (u,v) は木に含まれるならば $x_{uv}=1$，そうでなければ $x_{uv}=0$ の値をとる．木において頂点 r から頂点 v にいたるまでに通る辺の本数を表す変数 y_v を導入すると，最小全域木問題は以下の整数計画問題に定式化できる．

$$
\begin{array}{lll}
\text{最小化} & \displaystyle\sum_{(u,v)\in\widetilde{E}} \tilde{d}_{uv} x_{uv} & \\
\text{条件} & \displaystyle\sum_{u\in\delta^-(v)} x_{uv} = 1, & v \in V \setminus \{r\}, \\
& y_u - y_v + |V| x_{uv} \le |V| - 1, & (u,v) \in \widetilde{E}, \\
& x_{uv} \in \{0,1\}, & (u,v) \in \widetilde{E}, \\
& y_r = 0, & \\
& 1 \le y_v \le |V| - 1, & v \in V \setminus \{r\}.
\end{array}
\tag{4.45}
$$

1 番目の制約条件は，根 r 以外の頂点 v では入る辺がちょうど 1 本ずつ選ばれることを表す．2 番目の制約条件は，選ばれた辺集合が閉路を持たないことを表す．$x_{uv}=0$ の場合は，制約条件の右辺は $|V|-1$ と十分に大きな値をとり，y_u, y_v のとる値にかかわらず必ず満たされる．$x_{uv}=1$ の場合は，制約条件は $y_u \le y_v - 1$ となる．たとえば，選ばれた辺集合が**図 4.25** のような閉路を持つと，制約条件は

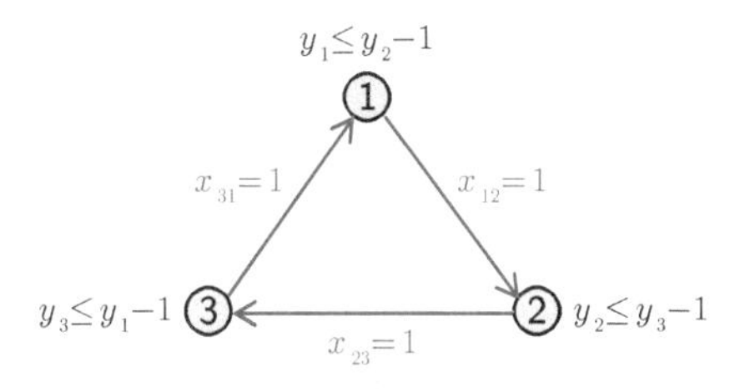

図 4.25　MTZ 制約を満たさない辺集合の例

$$
\begin{aligned}
y_1 &\leq y_2 - 1, \\
y_2 &\leq y_3 - 1, \\
y_3 &\leq y_1 - 1
\end{aligned}
\tag{4.46}
$$

となり，これら制約条件を満たす y_1, y_2, y_3 は存在しない．この制約条件を**ミラー・タッカー・ゼムリン制約** (Miller-Tucker-Zemlin constraint)，または略して **MTZ 制約**と呼ぶ．この整数計画問題の MTZ 制約は $|\widetilde{E}|$ 本となる．

巡回セールスマン問題 (traveling salesman problem; TSP)：都市の集合 V と 2 都市 $u, v \in V$ の距離 d_{uv} (> 0) が与えられる．**図 4.26** に示すように，すべての都市をちょうど 1 回ずつ訪問したあとに出発した都市に戻る路を**巡回路** (tour) と呼ぶ．x_{uv} は変数で，都市 u の次に都市 v を訪問するならば $x_{uv} = 1$，そうでなければ $x_{uv} = 0$ の値をとる．このとき，移動距離の合計を最小にする巡回路を求める問題は以下の整数計画問題に定式化できる．

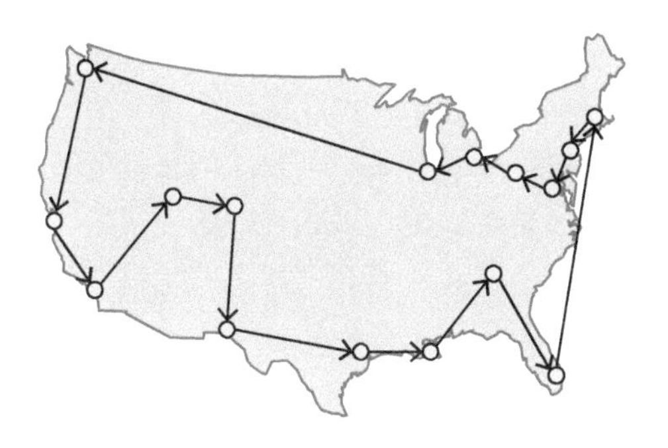

図 4.26　巡回セールスマン問題の例

$$
\begin{array}{lll}
\text{最小化} & \displaystyle\sum_{u \in V} \sum_{v \in V, v \neq u} d_{uv} x_{uv} & \\
\text{条件} & \displaystyle\sum_{u \in V, u \neq v} x_{uv} = 1, & v \in V, \\
& \displaystyle\sum_{u \in V, u \neq v} x_{vu} = 1, & v \in V, \\
& \displaystyle\sum_{(u,v) \in E(S)} x_{uv} \leq |S| - 1, & S \subset V, |S| \geq 2, \\
& x_{uv} \in \{0, 1\}, & u, v \in V, u \neq v.
\end{array}
\tag{4.47}
$$

ここで，$E(S)$ は両端点 u, v がともに都市集合 S に含まれる辺 (u, v) の集合である．1 番目と 2 番目の制約条件は，各都市 v に入る辺と出る辺をちょうど 1 本ずつ選ぶことを表す．3 番目の制約条件は，部分巡回路を持たないことを表し，これを**部分巡回路除去不等式** (subtour elimination inequality) と呼ぶ．たとえば，**図 4.27**(右) に示すように，部分巡回路を含む極小の都市集合 S は $\sum_{(u,v) \in E(S)} x_{uv} \geq |S|$ となり制約条件を満たさない．この整数計画問題の部分巡回路除去不等式は $2^{|V|} - |V| - 2$ 本と膨大な数になるため，その求解には制約条件を逐次的に追加する切除平面法 (4.4.2 節) が必要となる．

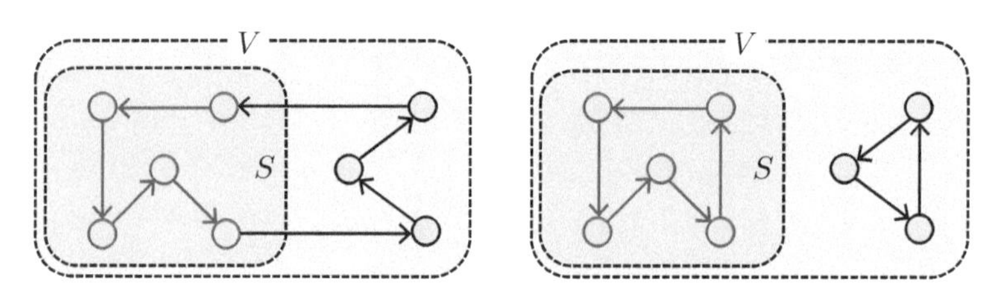

図 4.27　部分巡回路除去不等式の例

次に，最小全域木問題と同様に MTZ 制約を用いた定式化を考える．適当な都市 $s \in V$ を選び出発点とする．巡回路において都市 v を訪問する順番を表す変数 y_v を導入すると，巡回セールスマン問題は以下の整数計画問題に定式化できる．

$$
\begin{array}{lll}
\text{最小化} & \displaystyle\sum_{u \in V} \sum_{v \in V, v \neq u} d_{uv} x_{uv} & \\
\text{条件} & \displaystyle\sum_{u \in V, u \neq v} x_{uv} = 1, & v \in V, \\
& \displaystyle\sum_{u \in V, u \neq v} x_{vu} = 1, & v \in V, \\
& y_u - y_v + |V| x_{uv} \leq |V| - 1, & u, v \in V \setminus \{s\}, u \neq v, \\
& x_{uv} \in \{0, 1\}, & u, v \in V, u \neq v, \\
& y_s = 0, & \\
& 1 \leq y_v \leq |V| - 1, & v \in V \setminus \{s\}.
\end{array}
\tag{4.48}
$$

3 番目の制約条件は，選ばれた辺集合が都市 s を通らない閉路を持たないことを表す MTZ 制約である．この整数計画問題の MTZ 制約は $(|V|-1)(|V|-2)$ 本となる．

4.1.8 パターンの列挙

現実問題では，実務上の要求から生じる制約条件を満たしつつ，部分巡回路や木など特殊な構造を持つ連結な部分グラフの組合せを求める場合が少なくない．これらの現実問題をカットセット不等式や部分巡回路除去不等式を用いて定式化すると大規模かつ複雑な整数計画問題となり，現実的な計算手間で最適解を求められない場合が多い．そこで，解が特徴的な構造を持つパターンの組合せとして表せる場合には，あらかじめ可能なパターンを列挙した上でパターンの組合せを求める整数計画問題に定式化する方法も用いられる．

以下では，パターンの組合せを求める整数計画問題の例として配送計画問題，乗務員スケジューリング問題，選挙区割り問題を紹介する．

配送計画問題 (vehicle routing problem; VRP)：コンビニエンスストアなど小売店への配送，スクールバスの巡回，郵便や新聞の配達，ゴミの収集など，複数の車両を用いて m ヵ所の顧客に荷物を集配送する問題を考える．各車両はデポと呼ばれる特定の地点を出発していくつかの顧客を訪問したあとに再びデポに戻る．車両の積載能力，顧客間の移動時間および移動費用，各顧客の需要などを考慮して，1 台の車両で配送できる経路を列挙したものを $\boldsymbol{a}_1, \boldsymbol{a}_2, \ldots, \boldsymbol{a}_n$ とする．ここで，$\boldsymbol{a}_j = (a_{1j}, a_{2j}, \ldots, a_{mj})^\top \in \{0,1\}^m$ であり，経路 j が顧客 i を訪問するならば $a_{ij} = 1$，そうでなければ $a_{ij} = 0$ とする (**図 4.28**)．また，経路 j を用いたときの費用を c_j とする．このとき，最小の費用ですべての顧客に荷物を配送する経路の組合せを求める問題は以下

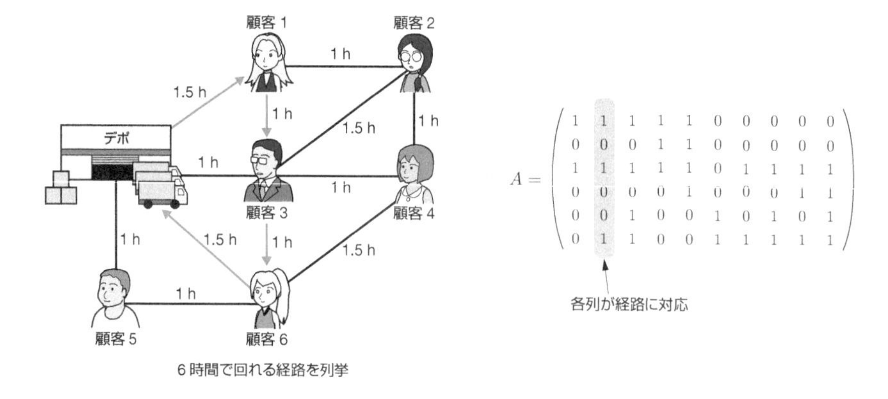

図 4.28　配送計画問題の例

の整数計画問題に定式化できる．

$$
\begin{aligned}
&\text{最小化} && \sum_{j=1}^{n} c_j x_j \\
&\text{条件} && \sum_{j=1}^{n} a_{ij} x_j \geq 1, \quad i = 1, \ldots, m, \\
& && x_j \in \{0, 1\}, \qquad j = 1, \ldots, n.
\end{aligned}
\tag{4.49}
$$

1 番目の制約条件は，少なくとも 1 台の車両は顧客 i を訪問することを表す．この問題は**集合被覆問題** (set covering problem; SCP) と呼ばれる NP 困難な組合せ最適化問題である．

乗務員スケジューリング問題 (crew scheduling problem)：航空機，鉄道，バスなどの交通機関において，m 本の便を運行するために必要な乗務員の勤務スケジュールを作成する問題を考える．1 人の乗務員の 1 勤務のスケジュールは，A 地点から B 地点までの便に乗務したあとに，B 地点から C 地点までの便に乗務し $\cdots$ という具合に決まる．このとき，連続して乗務する便は同じ地点に発着し，さらに発着の先行関係を満たす必要がある．また，乗務員の勤務は就業規則により，1 日に乗務する便数，1 日の乗務時間，連続して乗務する便の間隔など多くの厳しい制約がある．これらの条件を考慮して，1 人の乗務員が 1 回の勤務で担当できるスケジュールをすべて列挙したものを $\boldsymbol{a}_1, \boldsymbol{a}_2, \ldots, \boldsymbol{a}_n$ とする．ここで，$\boldsymbol{a}_j = (a_{1j}, a_{2j}, \ldots, a_{mj})^\top \in \{0, 1\}^m$ であり，あるスケジュール j において乗務員が便 i に乗務するなら $a_{ij} = 1$，そうでなければ $a_{ij} = 0$ とする．スケジュール j の費用を c_j とすると，最小の費用ですべての便の運行に必要な乗務員を充足するスケジュールの組合せを求める問題は以下の整数計画問題に定式化できる．

$$\begin{array}{lll} \text{最小化} & \sum_{j=1}^{n} c_j x_j & \\ \text{条件} & \sum_{j=1}^{n} a_{ij} x_j = 1, & i = 1, \ldots, m, \\ & x_j \in \{0, 1\}, & j = 1, \ldots, n. \end{array} \tag{4.50}$$

制約条件は，すべての便にちょうど 1 人の乗務員が割り当てられることを表す．ただし，乗務員が便に客として便乗できるならば，この条件を $\sum_{j=1}^{n} a_{ij} x_j \geq 1$ に置き換えられる．この問題は**集合分割問題** (set partitioning problem; SPP) と呼ばれる NP 困難な組合せ最適化問題である．乗務員スケジューリング問題の例を**図 4.29** に示す．

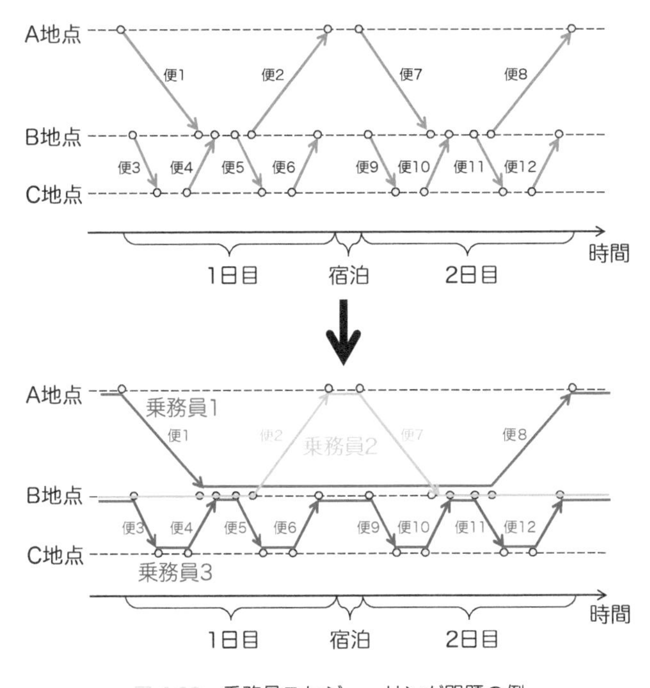

図 4.29　乗務員スケジューリング問題の例

選挙区割り問題 (political districting problem)：1 選挙区から 1 人の議員を選出する小選挙区制の下で，各選挙区の有権者数がなるべく等しくなる選挙区割りを求めたい．ある県において m 個の市区郡を k 個の選挙区に分割する問題を考える．ただし，各市区郡はただ 1 つの選挙区に属し，選挙区内で飛び地は作らないとする．市区郡の集合を V，隣接する市区郡の組の集合を E とすると，**図 4.30** に示すように，選挙区割りを求める問題は無向グラフ $G = (V, E)$ を k 個の連結な部分グラフに分割する問題となる．無向グラフ $G = (V, E)$ の連結な部分グラフすなわち可能な選挙区割りを列挙したものを $\boldsymbol{a}_1, \boldsymbol{a}_2, \ldots, \boldsymbol{a}_n$ とする．ここで，$\boldsymbol{a}_j = (a_{1j}, a_{2j}, \ldots, a_{mj})^\top \in \{0, 1\}^m$ であり，選挙区割り j が市区郡 i を含むならば $a_{ij} = 1$，そうでなければ $a_{ij} = 0$ とする．市区郡 i の有権者数を p_i とすると，選挙区割り j の有権者数は $q_j = \sum_{i=1}^{m} a_{ij} p_i$ となる．1 選挙区の有権者数の上限を変数 u，下限を変数 l で表すと，各選挙区の有権者数がなるべく等しくなる選挙区割りを求める問題は以下の整数計画問題に定式化できる[注25]．

図 4.30　選挙区割りの例

注 25　実際の選挙区割りでは 1 票の重みの格差 u/l を最小化する．

$$
\begin{aligned}
\text{最小化} \quad & u - l \\
\text{条件} \quad & q_j x_j \leq u, & j = 1, \dots, n, \\
& q_j x_j + M(1 - x_j) \geq l, & j = 1, \dots, n, \\
& \sum_{j=1}^{n} a_{ij} x_j = 1, & i = 1, \dots, m, \\
& \sum_{j=1}^{n} x_j = k, \\
& x_j \in \{0, 1\}, & j = 1, \dots, n.
\end{aligned}
\tag{4.51}
$$

ここで，M は十分に大きな定数であり，$M \geq \max_{j=1,\dots,n} q_j$ を満たす．1番目の制約条件は，選ばれた選挙区割り j の人口が上限 u を上回らないことを表す．2番目の制約条件は，選ばれた選挙区割り j の人口が下限 l を下回らないことを表す．

4.2 ● アルゴリズムの性能と問題の難しさの評価

整数計画問題を含む組合せ最適化問題では解候補の数が有限となる場合が少なくない．しかし，その数は問題例の規模の増加にしたがって急激に大きくなるため，すべての解候補を調べる方法は実用的ではない[注26]．たとえば，n 都市の巡回セールスマン問題 (4.1.7 節) のすべての巡回路を列挙すると $(n-1)!$ 通りとなる[注27]．巡回路の長さを求めるために n 回の足し算が必要なので，すべての巡回路を評価するために必要な足し算は $n!$ 回となる．$n!$ は**スターリングの公式** (Stirling's formula) を用いると

$$
n! \simeq \sqrt{2\pi n} \left(\frac{n}{\mathrm{e}} \right)^n \tag{4.52}
$$

と近似できる[注28]．すなわち，$n!$ が 2^n のような指数関数よりもさらに急激に増加する関数であることが分かる．一方で，最小全域木問題，最短路問題，割当問題など，いくつかの組合せ最適化問題では少ない計算手間で最適解を求める効率的なアルゴリズムが知られている (4.3 節)．本節では，アルゴリズムの性能および問題の難しさを評価する計算の複雑さの理論の基本的な考え方を説明する．

注 26　この現象をしばしば組合せ爆発と呼ぶ．

注 27　最初に訪れる都市を固定しても一般性を失わないことに注意する．さらに，2 都市 $u, v \in V$ の距離が対称 (すなわち，$d_{uv} = d_{vu}$) ならば，逆回りも同じ巡回路と見なせるので $(n-1)!/2$ 通りとなる．

注 28　π は円周率，e はネイピア数，$\simeq$ は両辺の比が $n \to \infty$ のとき 1 に近づくことを表す．

4.2.1 アルゴリズムの計算量とその評価

アルゴリズムの性能は，計算終了までに実行される基本演算 (四則演算，比較演算，入力データの読み込み，出力データの書き込みなど) の回数を用いて評価されることが多く，これを計算手間あるいは**時間量** (time complexity) と呼ぶ．また，計算の途中経過を一時的に保持するために必要な記憶領域の大きさを**領域量** (space complexity) と呼ぶ．時間量と領域量をまとめて**計算量** (computational complexity) と呼ぶ．本書では，簡単のため時間量のみを考える．

1 つの**問題** (problem) は一般に無限個の**問題例** (instance) からなる．問題例は，問題を記述するパラメータの値を具体的に与えることで定義される．たとえば，巡回セールスマン問題の 1 つの問題例は，都市の数 n と任意の 2 都市 u, v の距離 d_{uv} の具体的な値を与えることで定まる．

同じアルゴリズムでも，入力する問題例により実行に必要な計算量は異なる．そこで，アルゴリズムの実行に必要な計算量を問題例の入力データの長さ (単語数)N をパラメータとする関数 (たとえば，$N \log_2 N$, N^2, 2^N, $N!$ など) で表すことが多い．たとえば，巡回セールスマン問題では，都市の数 n と 2 都市 u, v の距離 d_{uv} はそれぞれ 1 単語に格納できるので，入力データの長さ N は $1 + n(n-1)$ となる[注29]．また，都市 v を平面上の点 (x_v, y_v) として与える場合には，x_v, y_v をそれぞれ 1 単語に格納できるので，入力データの長さ N は $1 + 2n$ となる．

アルゴリズムの実行に必要な計算量を評価するとき，アルゴリズムの細部の影響を除外するために，定数倍の違いを無視した**オーダー記法** (order notation)[注30] が良く用いられる．アルゴリズムの実行に必要な計算量 $T(N)$ の上界を評価するとき，オーダー記法を用いて $T(N) = \mathrm{O}(f(N))$[注31] と表す．これは，ある正の定数 c と $\overline{N}$ が存在して，$N \geq \overline{N}$ に対してつねに

$$T(N) \leq cf(N) \tag{4.53}$$

が成り立つことを表す．たとえば，N^2, $100N^2$, $2N^2 + 100N$ などはすべて $\mathrm{O}(N^2)$ と表せる．特に，$\mathrm{O}(1)$ は $T(N)$ の値が N と独立なある定数で上から抑えられることを表す．$\mathrm{O}(1)$ の時間量を**定数時間** (constant time) と呼ぶ．

入力データの長さが同じでも問題例によりアルゴリズムの実行に必要な計

注 29　アルゴリズムにより入力データの長さ N を文字数で評価することもある．たとえば，2 都市 u, v の距離 d_{uv} を整数とする．これを 2 進数で表すと文字数は $\lceil \log_2 d_{uv} \rceil$ であり，入力データの長さ N は $\lceil \log_2 n \rceil + n(n-1)\lceil \log_2 d_{\max} \rceil$ となる．ここで，$d_{\max}$ は d_{uv} の最大値である．

注 30　**ランダウの O-記法** (Landau O-notation) とも呼ぶ．

注 31　オーダー $f(N)$ と読む．

算量が異なる場合は少なくない．そこで，入力データの長さが同じ問題例の全体を評価するために最悪計算量と平均計算量が良く用いられる．

最悪計算量 (worst-case complexity)：入力データの長さが同じ問題例の中で最大の計算量を求める．

平均計算量 (average complexity)：入力データの長さが同じ問題例の中でそれぞれの生起確率にもとづいて平均の計算量を求める．

前者は後者に比べて解析が容易で，任意の問題例に対する保証を与えられる利点がある．しかし，ごく少数の特殊な問題例に引きずられた悲観的な評価となる場合も少なくない．その意味で，後者はより実用的ではあるが，それぞれの問題例の生起確率を正確に知ることは一般に困難であり，人為的な生起確率で代用すると現実からかけ離れてしまう恐れがある．本書では，特に断らない限りは最悪計算量を用いる．

計算の複雑さの理論では，時間量が問題例の入力データの長さ N の**多項式オーダー** (polynomial order) かどうか，すなわち，時間量を入力データの長さ N と独立な定数 k を用いて $O(N^k)$(たとえば，N, $N\log_2 N$, N^2 など) と表せるかどうかでアルゴリズムの実用性を判断する場合が多い[注32]．たとえば，1 秒間に 100 万回の基本演算を実行できる計算機と，入力データの長さ N の問題例に対して時間量が N, $N\log_2 N$, N^2, N^3, 2^N, $N!$ となるアルゴリズムを考える．入力データの長さ N の問題例に対するこれらのアルゴリズムの計算時間を**表 4.1** に示す[注33]．このように，時間量が問題例の入力データの長さ N の多項式より大きなオーダー (たとえば，$O(2^N)$, $O(N!)$ など) のア

表 4.1　1 秒間に 100 万回の基本演算を実行できる計算機上におけるアルゴリズムの実行に必要な計算時間

	N	$N\log_2 N$	N^2	N^3	2^N	$N!$
$N=10$	<0.01 秒	<0.01 秒	<0.01 秒	<0.01 秒	<0.01 秒	3.63 秒
$N=20$	<0.01 秒	<0.01 秒	<0.01 秒	0.01 秒	1.05 秒	77100 年
$N=50$	<0.01 秒	<0.01 秒	<0.01 秒	0.13 秒	35.7 年	9.64×10^{50} 年
$N=100$	<0.01 秒	<0.01 秒	0.01 秒	1.00 秒	4.02×10^{16} 年	2.96×10^{144} 年
$N=1000$	<0.01 秒	0.01 秒	1.00 秒	16.7 分	3.40×10^{287} 年	—
$N=1$ 万	0.01 秒	0.13 秒	1.67 分	11.6 日	—	—
$N=10$ 万	0.10 秒	1.66 秒	2.78 時間	31.7 年	—	—
$N=100$ 万	1.00 秒	19.9 秒	11.6 日	31700 年	—	—

注 32　巡回セールスマン問題における 2 都市 u, v の距離 d_{uv} のような数値の大小がアルゴリズムの計算量にかかわる場合は注意が必要である．入力される数値 (整数) の最大値を U とすると，その文字数 L は $\lceil \log_2 U \rceil$ となる．$U > 2^{L-1}$ より $O(U)$ は文字数 L の多項式より大きなオーダーだが，U が特に大きくなければアルゴリズムの実用性が失われることはない．これらを区別するため，$O(N^k U^l)$(k, l は定数) を**擬多項式オーダー** (pseudo-polynomial order) と呼ぶ．

注 33　表中の「—」は非常に長い時間であることを表す．

ルゴリズムは，N の増加にともない計算時間が急激に長くなるため実用的とは見なされない．時間量が問題例の入力データの長さ N の多項式オーダーであるアルゴリズムを**多項式時間アルゴリズム** (polynomial time algorithm) と呼ぶ．

4.2.2 問題の難しさと NP 困難問題

前節では，問題を解くアルゴリズムの計算量を評価する方法を説明した．本節では，問題自身の難しさを評価する方法を説明する．一般に，1 つの問題は異なる入力データの長さを持つ問題例を含むため，ひとまず同じ入力データの長さ N を持つ問題例からなる問題 Q を考える．問題 Q は一般に無限個の問題例からなるため，この問題に対するアルゴリズム A の計算量を評価するために，問題例 $I_1, I_2, \ldots$ の中で計算量が最大となる問題例を考える．すなわち，問題例 $I \in Q$ に対するアルゴリズム A の計算量を $T_A(I)$ とすると，問題 Q に対するアルゴリズム A の計算量 $T_A(Q)$ は

$$T_A(Q) = \max_{I \in Q} T_A(I) \tag{4.54}$$

と定義できる．一方で，問題 Q を解くアルゴリズムは無限個あるので，この問題 Q の難しさを評価するために，アルゴリズム $A_1, A_2, \ldots$ の中で計算量が最小となるアルゴリズムを考える．すなわち，問題 Q を解くすべてのアルゴリズムの集合を $A(Q)$ とすると，問題 Q の難しさ $T(Q)$ は

$$T(Q) = \min_{A \in A(Q)} T_A(Q) \tag{4.55}$$

と定義できる (**図 4.31**)．

最小全域木問題 (4.3.1 節)，最短路問題 (4.3.2 節)，割当問題 (4.3.3 節) な

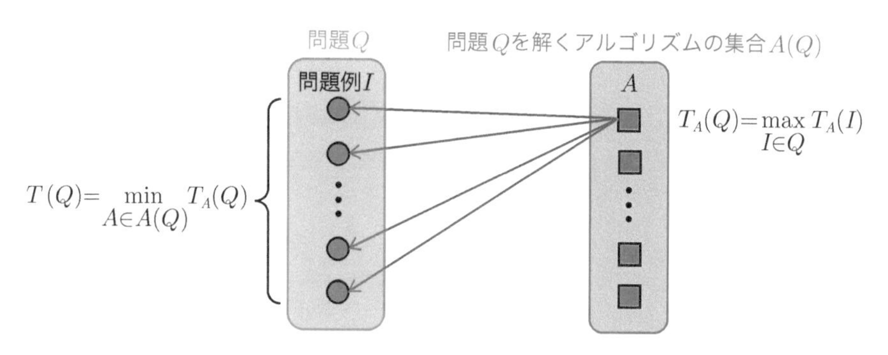

図 4.31 アルゴリズムの計算量と問題の難しさの評価

ど，問題例の入力データの長さ N に対する多項式時間アルゴリズムが知られている問題のクラスを P と記す[注34]．ある問題 Q がクラス P に属することを示すには，この問題を解く多項式時間アルゴリズムを具体的に与えれば良い．一方で，問題 Q に対する多項式時間アルゴリズムが存在しないことを示すのは容易ではない．問題 Q に対して，**指数時間アルゴリズム** (exponential time algorithm)[注35] など，時間量が多項式オーダーより大きなアルゴリズムをどれだけ集めても，問題 Q に対する多項式時間アルゴリズムが存在しないことは示せないからである．

このような状況において，問題の難しさを特徴付けるために，計算の複雑さの理論では NP 困難と呼ばれる概念が導入されている．まず，準備として，個々の問題例に対してある性質を満たすかどうかを判定し，yes か no の回答を求める**決定問題** (decision problem) を考える．決定問題は最適化問題と近い関係にあり，たとえば，巡回セールスマン問題に対して，ある定数 K を与えて「長さが K 以下となる巡回路は存在するか？」を問う決定問題を作れる．

多くの場合では，決定問題に対するアルゴリズムを用いて元の最適化問題に対するアルゴリズムを作れる．たとえば，巡回セールスマン問題において 2 都市 u, v の距離 d_{uv} が整数値のみをとると仮定すれば，巡回路の長さが取り得る範囲 $[L, U]$ を求めることができる[注36]．最適な巡回路の長さは L から U までのいずれかの整数値なので，それぞれの整数値について決定問題に対するアルゴリズムを適用し，yes が出力された最小の巡回路の長さを出力すれば良い．なお，L から U までのすべての整数値を試すと，決定問題に対するアルゴリズムを $(U - L + 1)$ 回だけ呼び出すことになるが，**2 分探索** (binary search) の手法を用いると $O(\log_2(U - L))$ 回の呼び出しで済む．以降では，最適化問題から作られた決定問題について考える．

組合せ最適化問題から作られた決定問題はその答えが yes である証拠となる解を簡単に確認できる場合が多い．たとえば，巡回セールスマン問題では，yes である証拠として与えられた巡回路の長さを計算して K 以下であることを確かめれば良い．このように，答えが yes である証拠となる解を与えれば，それを問題例の入力データの長さ N に対する多項式オーダーの時間量で確認

注 34　P は polynomial time の略である．

注 35　実行に必要な時間量が問題例の入力データの長さ N に対する**指数オーダー** (exponential order) であるアルゴリズムのこと．

注 36　巡回路はちょうど都市の数と同じ n 本の辺を含むので，距離 d_{uv} の昇順に n 本だけ辺を選び，それらの距離の合計を求めれば，巡回路の長さの下界 L が得られる．同様の方法で巡回路の長さの上界 U も得られる．

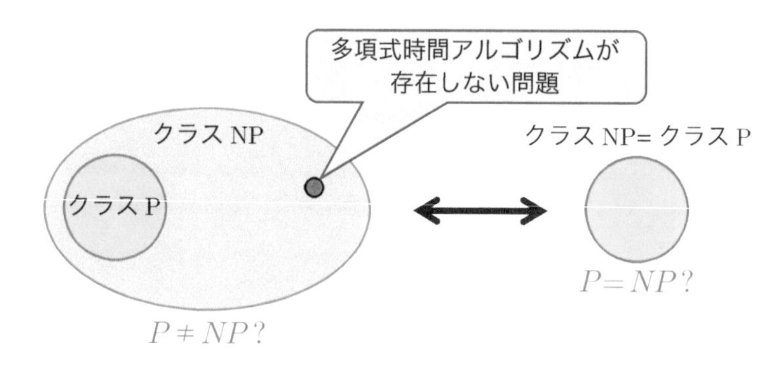

図 4.32　$P = NP$ 問題

できる決定問題のクラスを NP と記す[注37].

クラス P に含まれる問題の集合を P, クラス NP に含まれる問題の集合を NP と表すと, 定義より $P \subseteq NP$ は明らかである. クラス NP の中には, 巡回セールスマン問題, ナップサック問題, ビンパッキング問題, 整数計画問題など, 多くの研究者の長年の努力にもかかわらず多項式時間アルゴリズムがいまだに見つかっていない問題が多く知られている. このような状況から, 多くの研究者は $P \neq NP$ であろうと予想しているが, クラス NP の中で多項式時間アルゴリズムが存在しないことが証明された問題もまだない. クラス NP に含まれるがクラス P に含まれない問題が存在するかどうかという問題は「$P = NP$ 問題」と呼ばれ, 計算の複雑さの理論における最大の未解決問題として知られている (**図 4.32**).

そこで, クラス NP の中でもっとも難しい問題に着目する. 1 つの問題の絶対的な難しさは分からなくても, 他の問題との相対的な比較は可能な場合がある. この目的に用いられるのが**帰着可能性** (reducibility) の概念である. ある 2 つの決定問題 Q と Q' を考える. 問題 Q' の任意の問題例 I' が, その問題例の入力データの長さ N に対する多項式時間アルゴリズムにより問題 Q のある問題例 I に変換でき, 問題 Q' における問題例 I' の答え (yes あるいは no) と問題 Q における問題例 I の答えがつねに一致するとき, 問題 Q' は問題 Q に**帰着可能** (reducible)[注38] であると呼ぶ. また, この手続きを**多項式時間変換** (polynomial transformation) と呼ぶ. **図 4.33** に示すように, これは問題 Q' を問題 Q に変換するアルゴリズムと問題 Q を解くアルゴリズムを

注 37　NP は nondeteministic polynomial time の略である. **非決定性計算機** (nondeterministic computer) と呼ばれる計算途中に生じるすべての分岐を同時に実行できる仮想的な計算機を用いて解ける問題のクラスであることにもとづく.

注 38　還元可能とも呼ぶ.

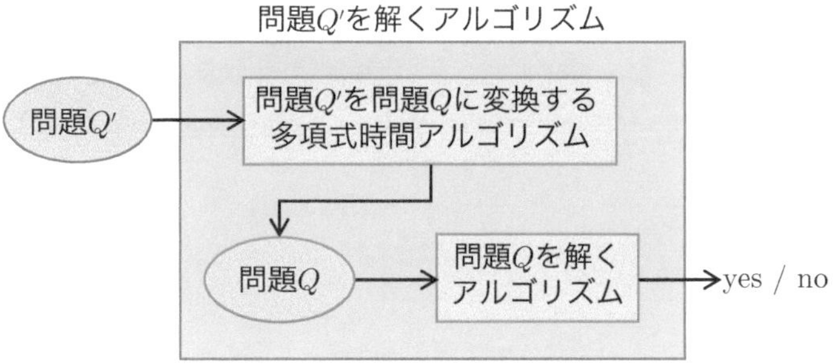

問題Q'を解くアルゴリズム

問題Q'

問題Q'を問題Qに変換する
多項式時間アルゴリズム

問題Q

問題Qを解く
アルゴリズム

yes / no

図 4.33　決定問題の帰着可能性

組み合わせて，問題 Q' を解くアルゴリズムを作る手続きとも言える．この手続きにより，問題 Q が多項式時間で解けるならば問題 Q' も多項式時間で解けることが示される．一方で，問題 Q' が多項式時間で解けても問題 Q が多項式時間で解けるかどうかは分からないので，

$$(\text{問題 } Q' \text{ の難しさ}) \leq (\text{問題 } Q \text{ の難しさ}) \tag{4.56}$$

となる[注39]．

この帰着可能性を用いて，クラス NP の中でもっとも難しい問題を定義する．ある決定問題 Q が次の 2 つの条件を満たすとき，問題 Q は **NP 完全** (NP-complete) であると呼ぶ．

(1) 問題 Q はクラス NP に含まれる．
(2) クラス NP に含まれる任意の問題 Q' が問題 Q に帰着可能である．

問題 Q が NP 完全ならば，クラス NP に含まれる任意の問題 Q' に対して

$$(\text{問題 } Q' \text{ の難しさ}) \leq (\text{問題 } Q \text{ の難しさ}) \tag{4.57}$$

が成り立つので，問題 Q はクラス NP の中でもっとも難しい問題であることが分かる．ちなみに，NP 完全問題はただ 1 つではなく，現在では，巡回セールスマン問題，ナップサック問題，ビンパッキング問題，整数計画問題など多くの問題が NP 完全であることが知られている．

クラス NP に含まれるある問題 Q が NP 完全であることを示すにはどのような手順を踏めば良いだろうか．もちろん，最初の NP 完全問題は定義に

注 39　ここでは，簡単のため多項式時間で解ける問題はいずれも同程度の難しさであると考える．さらに，問題 Q が問題 Q' に帰着可能ならば (問題 Q' の難しさ) = (問題 Q の難しさ) となる．

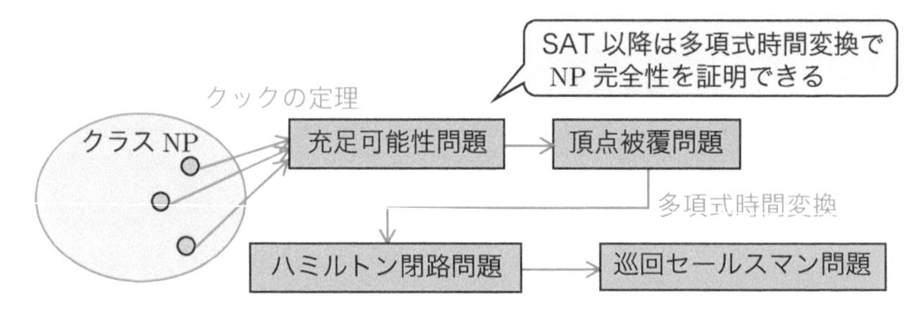

図 4.34　巡回セールスマン問題の NP 完全性の証明

もとづく証明が必要である．しかし，1 つでも NP 完全問題を発見できれば，以降は，適当な NP 完全問題 Q' を選び，問題 Q' が問題 Q に帰着可能であることを示せば良い．一番最初に，**充足可能性問題** (satisfiability problem; SAT) が NP 完全であることを 1971 年にクック (Cook) が証明した[注40]．たとえば，巡回セールスマン問題が NP 完全であることは，充足可能性問題から始めて，**頂点被覆問題** (vertex cover problem)，**ハミルトン閉路問題** (Hamiltonian cycle problem)，巡回セールスマン問題と帰着を繰り返すことで示された (**図 4.34**)．

ある最適化問題 Q は決定問題ではないのでクラス NP には含まれない．しかし，クラス NP に含まれる任意の決定問題 Q' が最適化問題 Q に帰着可能ならば，最適化問題 Q は NP 完全問題と同等以上に難しいことが分かる．このような最適化問題 Q は **NP 困難** (NP-hard) であると呼ぶ．ある最適化問題 Q が NP 困難であることを示すには，ある NP 完全問題 Q' が最適化問題 Q に帰着可能であることを示せば良い．たとえば，巡回セールスマン問題では，元の最適化問題に対するアルゴリズムを用いて最適な巡回路の長さ K^* を求め，決定問題に対しては，$K^* \leq K$ ならば yes，$K^* > K$ ならば no を出力すれば良いので，決定問題は元の最適化問題に帰着できる．NP 完全の定義から条件 (1) を除くと NP 困難の定義が得られる．NP 完全問題と NP 困難問題の関係を**図 4.35** に示す．

ある NP 完全問題に対して多項式時間アルゴリズムが見つかれば，クラス NP に含まれるすべての問題に対して多項式時間アルゴリズムを作ることができる．しかし，多くの研究者の長年の努力にもかかわらず多項式時間アルゴリズムが見つかった NP 完全問題はただの 1 つもない．このような状況から，多くの研究者は NP 完全問題に対する多項式時間アルゴリズムは存在し

注 40　1973 年にレビン (Levin) が同様の結果を得ていたことが後に明らかになったため，**クック・レビンの定理** (Cook-Levin theorem) と呼ぶ．

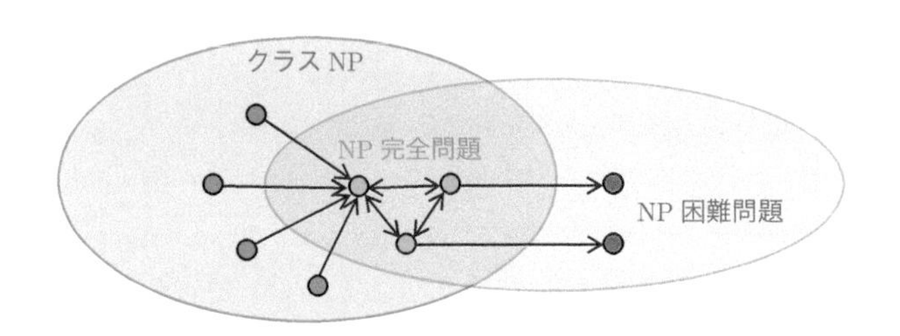

図 4.35　NP 完全問題と NP 困難問題

そうにないと予想している．このように書くと，多くの組合せ最適化問題に対して最適解を求めることは非常に困難であるように思われるが，計算の複雑さの理論が示す結果の多くは「最悪の場合」であり，多くの問題例では現実的な計算手間で最適解を求めることができる場合は少なくない．また，与えられた計算時間内に最適解を求めることができなくても，質の高い実行可能解が求まれば十分に満足できる事例も多く，産業や学術の幅広い分野における多くの現実問題が整数計画問題を含む組合せ最適化問題に定式化されている．

NP 困難な組合せ最適化問題を解くアルゴリズムは，厳密解法，近似解法，発見的解法に分類できる．任意の問題例に対して最適解を 1 つ出力するアルゴリズムを**厳密解法** (exact algorithm) と呼ぶ．NP 困難な組合せ最適化問題であっても，4.1.8 節の選挙区割り問題のようにルールやシステムの限界を評価するために与えられた問題例に対する最適解が必要となる事例は少なくない．NP 困難な組合せ最適化問題に対する厳密解法は指数時間アルゴリズムであるが，多くの問題例に対して現実的な計算手間で最適解を求めることができるように，それぞれの問題が持つ構造をうまく利用してアルゴリズムを効率化している．

任意の問題例に対して最適値に対する近似性能を保証する実行可能解を 1 つ出力するアルゴリズムを**近似解法** (approximation algorithm) と呼ぶ．多くの近似解法は多項式時間アルゴリズムである．一方で，最適値に対する近似性能が保証されていない実行可能解を 1 つ出力するアルゴリズムを**発見的解法** (heuristic algorithm) と呼ぶ．組合せ最適化問題では，多くの問題例に対して有効であるにもかかわらずごく少数の反例が存在したり，理論的な解析が非常に困難なために最適値に対する近似性能が保証できない知見が多く存在する．発見的解法はそのような知見にもとづいて作られたアルゴリズムの総称とも言える[注41].

4.3 ● 効率的に解ける組合せ最適化問題

前節で紹介したように，整数計画問題を含む多くの組合せ最適化問題はNP困難であり，任意の問題例に対して少ない計算手間で最適解を求める効率的なアルゴリズムを開発することは非常に困難である．一方で，最小全域木問題，最短路問題，割当問題など，特殊な構造を持ついくつかの組合せ最適化問題は，問題例の入力データの長さに対する多項式時間アルゴリズムが知られている．本節では，効率的に解ける組合せ最適化問題とそのアルゴリズムを紹介する．

4.3.1 貪欲法

組合せ最適化問題の実行可能解を段階的に構築する際に，各段階で局所的な評価値がもっとも高い要素を選ぶ手法を**貪欲法** (greedy method) もしくは欲張り法と呼ぶ．本節では，貪欲法により効率的に最適解を求めることができる組合せ最適化問題の例として，資源配分問題と最小全域木問題を紹介する．

資源配分問題 (resource allocation problem)：n 個の事業と利用可能な総資源量 B が与えられる．x_j は変数で，事業 j に資源を x_j 単位配分すると利益 $f_j(x_j)$ が生じるとする．ここでは，簡単のため変数 x_j は非負整数値をとるものとする．たとえば，作業員を何人ずつ配分するか，車両を何台ずつ配分するかなどである．このとき，総利益を最大にする各事業への資源の配分を求める問題は以下の最適化問題に定式化できる．

$$
\begin{array}{ll}
\text{最大化} & \displaystyle\sum_{j=1}^{n} f_j(x_j) \\
\text{条件} & \displaystyle\sum_{j=1}^{n} x_j = B, \\
& x_j \in \mathbb{Z}_+, \qquad j = 1, \ldots, n.
\end{array}
\tag{4.58}
$$

ここで，目的関数は分離可能で，n 個の1変数関数の和で与えられる．

注41　近似解法と発見的解法の違いは最適値に対する近似性能の保証の有無によるが，既存の発見的解法に対して後に最適値に対する近似性能の保証が示されることも少なくない．すなわち，近似解法と発見的解法の違いはアルゴリズムそのものではなく近似性能を保証する証明の有無によるため，近似解法と発見的解法の区別なくすべて近似解法と呼ぶべきであるという意見もある．

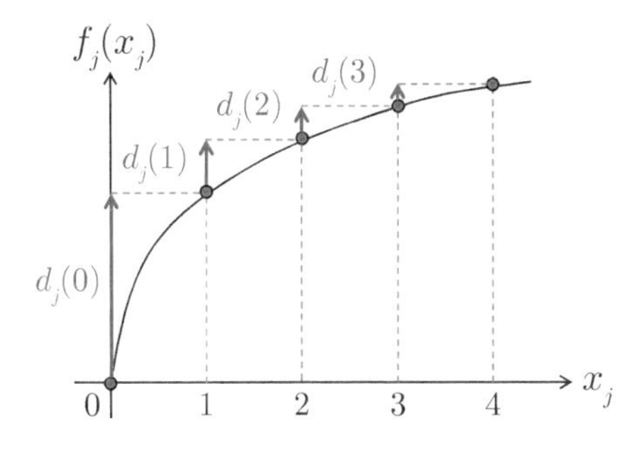

図 4.36　1 変数凹関数の例

図 4.36 に示すように，多くの現実問題では，事業 j の配分量 x_j が増えるにしたがって，利益の変化量 $d_j(x_j) = f_j(x_j+1) - f_j(x_j)$ は減少する傾向にある[注42]．そこで，関数 $f_j(x_j)$ は凹関数であると仮定する．変数 x_j は非負整数値のみとるので，

$$d_j(0) \geq d_j(1) \geq \cdots \geq d_j(B-2) \geq d_j(B-1) \tag{4.59}$$

が成り立つ．すなわち，変化量 $d_j(x_j)$ は変数 x_j について非増加である．この資源配分問題では，資源量を合計で B だけ配分するため，$\boldsymbol{x} = (0,\ldots,0)^\top$ から始めて，現在の解 $\boldsymbol{x} = (x_1,\ldots,x_n)^\top$ において $\sum_{j=1}^{n} x_j < B$ ならば，変化量 $d_j(x_j)$ が最大となる変数 x_j の値を $x_j \to x_j + 1$ と増やす貪欲法により最適解を求めることができる．

この資源配分問題に対する貪欲法[注43]の手続きを以下にまとめる．

アルゴリズム 4.1　資源配分問題に対する貪欲法

Step 1: 初期解 $\boldsymbol{x} = (0,\ldots,0)^\top$ とする．

Step 2: $\displaystyle\sum_{j=1}^{n} x_j = B$ ならば終了．

Step 3: $d_j(x_j) = \max_{k=1,\ldots,n} d_k(x_k)$ を満たす事業 j を求める．$x_j = x_j + 1$ として **Step 2** に戻る．

ある変数 x_j の値を $x_j \to x_j + 1$ と増加したあとに変化量 $d_j(x_j+1)$ を定数時間で計算できると仮定すれば，1 回の反復あたりの計算手間は $\mathrm{O}(n)$

注 42　この性質は経済学では限界効用逓減の法則と呼ばれる．たとえば，同じ広告を繰り返し配信すると，1 回あたりの広告の効果は徐々に減少する．

注 43　資源配分問題では**増分法** (incremental method) とも呼ぶ．

となる．反復回数は B 回なので，貪欲法の全体の計算手間は $\mathrm{O}(nB)$ となる．ここで，**ヒープ** (heap) と呼ばれるデータ構造を用いると，各反復において $d_j(x_j)$ $(j = 1, \ldots, n)$ の最大値を求める計算手間は $\mathrm{O}(\log_2 n)$ となる．ヒープの初期化にかかる計算手間は $\mathrm{O}(n)$ なので，貪欲法の全体の計算手間を $\mathrm{O}(n + B \log_2 n)$ に改善できる[注44]．

資源配分問題の例として，n 選挙区に議員総数 B を配分する問題を考える．選挙区 j の有権者数を p_j，議員定数を x_j とする．各選挙区 j の 1 票の重みを $\frac{x_j}{p_j}$ で評価し，この 1 票の重みのばらつきをできるだけ小さくしたい．そこで，各選挙区の 1 票の重みの平均値 $b = \frac{B}{\sum_{j=1}^{n} p_j}$ からの 2 乗誤差の総和を最小化する問題を考える．

$$
\begin{array}{lll}
\text{最小化} & \displaystyle\sum_{j=1}^{n} p_j \left(\frac{x_j}{p_j} - b\right)^2 & \\
\text{条件} & \displaystyle\sum_{j=1}^{n} x_j = B, & \\
& x_j \in \mathbb{Z}_+, & j = 1, \ldots, n.
\end{array}
\tag{4.60}
$$

ここで，関数 $f_j(x_j) = p_j \left(\frac{x_j}{p_j} - b\right)^2$ は凸関数なので貪欲法を適用できる[注45]．このとき，関数 $f_j(x_j)$ の変化量は $d_j(x_j) = \frac{2x_j+1}{p_j} - 2b$ となるので，貪欲法の各反復では $\min_{j=1,\ldots,n} \frac{2x_j+1}{p_j}$ を求めれば良い．この方法は，比例代表制の選挙制度においてしばしば採用されている方法で**ウェブスター法** (Webster method)[注46] と呼ばれる．

最小全域木問題：4.1.7 節では，グラフの連結性を制約条件に持つ整数計画問題の例として最小全域木問題を紹介した．一方で，最小全域木問題は整数計画問題に定式化しなくても，貪欲法により効率的に最適解を求めることができる．ここでは，最小全域木問題に対する貪欲法である**クラスカル法** (Kruskal's algorithm) と**プリム法** (Prim's algorithm) を紹介する．これらのアルゴリズムは，以下の性質にもとづいて作られている．ここで，グラフ $G = (V, E)$ は連結であると仮定する[注47]．また，簡単のため各辺 $e \in E$ の長さ d_e はすべ

注 44　この資源配分問題の入力データの長さ (文字数) は $\mathrm{O}(n + \log_2 B)$ なので，この貪欲法は多項式時間アルゴリズムではない．しかし，この貪欲法とは別に計算手間が $\mathrm{O}(n + n \log_2 B/n)$ となる多項式時間アルゴリズムが知られている．

注 45　最小化問題であることに注意する．

注 46　**算術平均法** (arithmetic mean method) とも呼ばれる．

注 47　**深さ優先探索** (depth first search) もしくは**幅優先探索** (breadth first search) を用いれば，グラフ $G = (V, E)$ が連結であるかどうか $\mathrm{O}(|V| + |E|)$ の計算手間で確かめられる．

て異なると仮定する[注48].

定理 4.2

任意のカット $\delta(S)(S \subset V)$ について，$\delta(S)$ の中で長さが最小となる辺は最小全域木 T^* に含まれる．

証明 背理法を用いる．あるカット $\delta(S)(S \subset V)$ の中で長さが最小となる辺 e が最小全域木 T^* に含まれないと仮定する．辺 e を T^* に加えるとただ1つの閉路 C ができる[注49]．閉路 C の中で辺 e 以外にカット $\delta(S)$ に含まれる辺 e' が存在する (**図 4.37**)．辺 e はカット $\delta(S)$ の中で長さが最小なので $d_e < d_{e'}$ が成り立つ．このとき，T^* から辺 e' を除いて辺 e を加えて得られる辺集合 $T^* \cup \{e\} \setminus \{e'\}$ は全域木で，その長さの合計は T^* より小さくなり，T^* が最小全域木であることに反する．

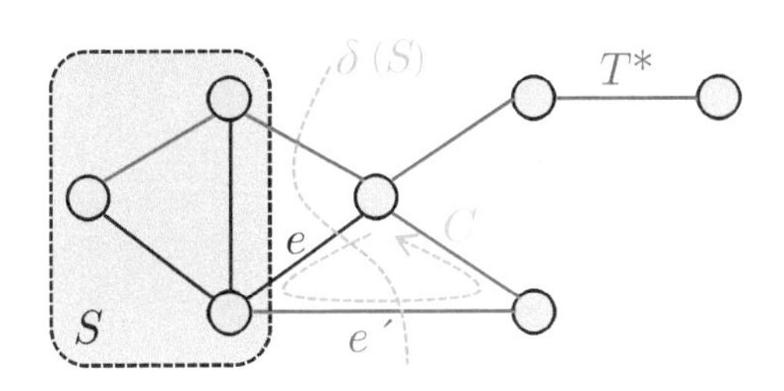

図 4.37 最小全域木の性質

最小全域木問題では $|V|-1$ 本の辺を選ぶため[注50]，空の辺集合 $T=\emptyset$ から始めて，現在の辺集合 T において $|T|<|V|-1$ ならば，閉路を作らない辺の中で長さが最小となる辺 $e \in E \setminus T$ を辺集合 T に加えるクラスカル法により最適解を求めることができる．クラスカル法では，選ばれた辺集合 T により作られる複数の連結成分[注51]が，次第に併合されて1つの連結成分となる．

クラスカル法の手続きを以下にまとめる．

注 48 この仮定の有無により貪欲法の出力する解の最適性が失われたり，アルゴリズムの手続きが変わることはない．

注 49 これは，辺集合 T^* が全域木であるための必要十分条件である．

注 50 これは，辺集合 T^* が全域木であるための必要条件である．

注 51 連結な部分グラフを**連結成分** (connected component) と呼ぶ．

アルゴリズム 4.2　クラスカル法

Step 1: すべての辺を長さの昇順に整列し，$d_{e_1} \leq d_{e_2} \leq \cdots \leq d_{e_{|E|}}$ とする．$k = 1$，$T = \emptyset$ とする．
Step 2: $|T| = |V| - 1$ ならば終了．
Step 3: $T \cup \{e_k\}$ が閉路を含まないならば $T = T \cup \{e_k\}$ とする．$k = k + 1$ として **Step 2** に戻る．

クラスカル法のある反復において，現在の辺集合を T，次に選ばれる辺を $e_k \in E \setminus T$ とする．辺集合 T に辺 e_k を加えて閉路ができなければ，辺 e_k を含みかつ辺集合 T の辺を含まないカット $\delta(S)(S \subset V)$ が存在する．辺 e_k はカット $\delta(S)$ の中で長さが最小なので，定理 4.2 より辺 e_k は最小全域木に含まれることが分かる．

クラスカル法の実行例を**図 4.38** に示す．クラスカル法では，始めに辺を長さの昇順に整列する．これは，**クイックソート** (quick sort) など効率的な整列アルゴリズムを用いれば $O(|E| \log_2 |V|)$ の計算手間で済む[注52]．各反復では，現在の辺集合 T により作られる複数の連結成分を保持すれば，次に加える辺 $e_k \in E \setminus T$ が閉路を作らないかどうかを確かめられる．すなわち，次に加える辺 e_k の両端点が同じ連結成分に含まれていれば閉路が生じるし，異なる連結成分に含まれていれば閉路は生じない．各頂点 v が含まれる連結成分をラベル f_v で表す．始めは，各頂点 v はただ 1 つの頂点からなる連結成分に含まれ

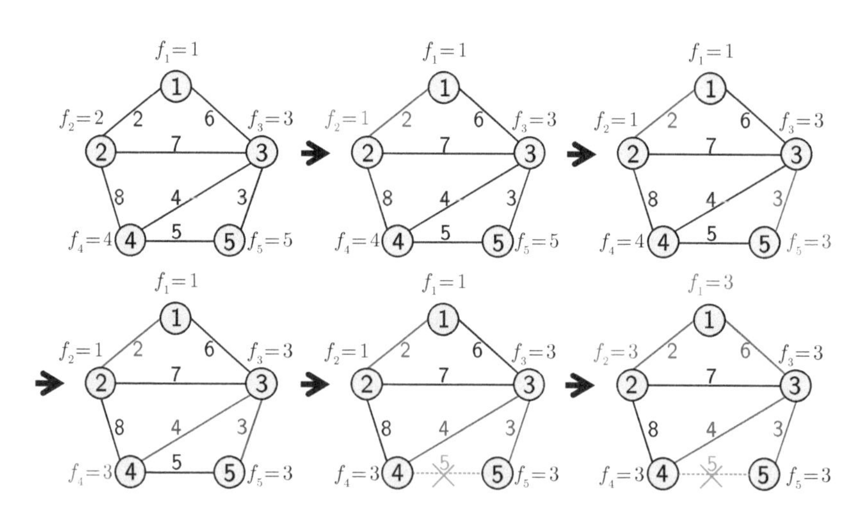

図 4.38　クラスカル法の実行例

注 52　$|E| = O(|V|^2)$ より $\log_2 |E| = O(\log_2 |V|)$ となることに注意する．

るので $f_v = v$ とする．各反復において，辺 $e_k = \{u, v\}$ に対して $f_u = f_v$ ならば，$T \cup \{e_k\}$ は閉路を含むので何もしない．$f_u \neq f_v$ ならば，$T = T \cup \{e_k\}$ としたあとに頂点 u を含む連結成分と頂点 v を含む連結成分を併合する．このとき，小さい連結成分を大きい連結成分に併合する．すなわち，頂点 u を含む連結成分を C_u，頂点 v を含む連結成分を C_v とし，$|C_u| \leq |C_v|$ ならば，各頂点 $u' \in C_u$ に対して $f_{u'} = f_v$ とする．$|C_u| > |C_v|$ ならば，各頂点 $v' \in C_v$ に対して $f_{v'} = f_u$ とする．各頂点 u のラベル f_u が更新されるたびに，頂点 u を含む連結成分の大きさは 2 倍以上となるので，各頂点 u のラベル f_u が更新される回数は $\lfloor \log_2 |V| \rfloor$ 回となる．ここで，**連結リスト** (linked list) と呼ばれるデータ構造を用いて，辺集合 T により作られる複数の連結成分を保持すれば，連結成分の併合の全体の計算手間は $\mathrm{O}(|V| \log_2 |V|)$ となる．したがって，クラスカル法の全体の計算手間は $\mathrm{O}(|E| \log_2 |V|)$ となる．

ある 1 つの頂点から木を成長させてすべての頂点を連結するプリム法でも最適解を求めることができる．プリム法の手続きを以下にまとめる．

アルゴリズム 4.3　プリム法

Step 1: 任意の頂点を 1 つ選び v_0 とする．$S = \{v_0\}$，$T = \emptyset$ とする．
Step 2: $S = V$ ならば終了．
Step 3: $\min\{d_e \mid e \in \delta(S)\}$ を達成する辺 $e^* = \{u^*, v^*\}(u^* \in S, v^* \in V \setminus S)$ を求め，$T = T \cup \{e^*\}$，$S = S \cup \{v^*\}$ として **Step 2** に戻る．

プリム法のある反復において，次に選ばれる辺 e^* はカット $\delta(S)$ の中で長さが最小なので，定理 4.2 より辺 e_k は最小全域木に含まれることが分かる．

プリム法の実行例を**図 4.39** に示す．各反復では，$\min\{d_e \mid e \in \delta(S)\}$ を達成する辺 e^* を求める必要がある．各頂点 $v \in V \setminus S$ に対して，頂点 v と頂点集合 S をつなぐ辺の最小長さを保持すれば，辺 e^* を $\mathrm{O}(|V|)$ の計算手間で求められる．ある頂点 $v \in V \setminus S$ と頂点集合 S をつなぐ辺集合を $\delta(v, S)$ とする．各頂点 $v \in V \setminus S$ に対して，$\delta(v, S)$ に含まれる辺の最小長さをラベル値 $f_v = \min\{d_e \mid e \in \delta(v, S)\}$ で表す．各反復では，選ばれた頂点 v^* から各頂点 $v \in V \setminus S$ につながる辺 $e = \{v^*, v\}$ に着目すると，各頂点 $v \in V \setminus S$ の新たなラベル値は $f_v = \min\{f_v, d_e\}$ となり，$\mathrm{O}(|V|)$ の計算手間でラベル値 f_v を更新できる．このとき，最小のラベル値 $f^* = \min\{f_v \mid v \in V \setminus S\}$ も同時に更新できる．反復回数は $|V|$ 回なので，プリム法の全体の計算手間は $\mathrm{O}(|V|^2)$ となる．

プリム法は，ちょうど 1 回ずつ各辺 $e \in E$ を走査するため，ラベル値 f_v

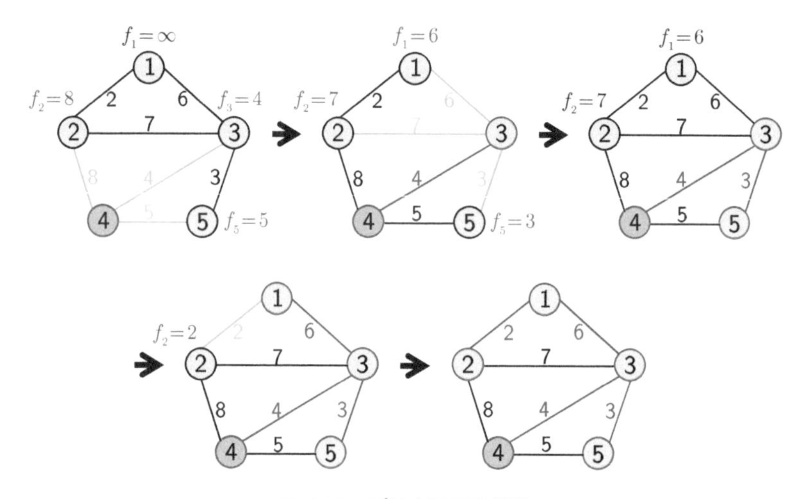

図 4.39　プリム法の実行例

の更新は全体で高々 $|E|$ 回となる．ここで，**フィボナッチヒープ** (Fibonacci heap) と呼ばれるデータ構造を用いて，各頂点 $v \in V \setminus S$ のラベル値 f_v を保持すれば，$|V|$ 回の最小のラベル値 f^* の探索に要する計算手間は全体で $\mathrm{O}(|V| \log_2 |V|)$, $|E|$ 回のラベル値 f_v の更新に要する計算手間は全体で $\mathrm{O}(|E|)$ となり，プリム法の全体の計算手間を $\mathrm{O}(|E| + |V| \log_2 |V|)$ に改善できる．

最小全域木問題のように，貪欲法により最適解が求められる組合せ最適化問題は特殊な構造を持つ．たとえば，グラフの全域木が持つ性質は**マトロイド** (matroid) と呼ばれる概念に抽象化できることが知られている．

4.3.2　動的計画法

動的計画法 (dynamic programming; DP)[注53] は，問題を小さな部分問題に分割して解いたあとに，部分問題の最適解を統合して元の問題の最適解を求める**分割統治法** (divide-and-conquer method) と似た手法である．分割統治法では，問題を独立な部分問題に分割して解く手続きをトップダウンで再帰的に行うため，同じ部分問題が繰り返し現れると最適解を効率的に求められないことがある．そこで，各部分問題を解いたときにその最適解を記憶することで，同じ部分問題を繰り返し解くことを防ぐ履歴管理の手法が良く用いられる．動的計画法は「元の問題の最適解がある部分問題の最適解を含む」

注 53　動的計画法は 1950 年頃にベルマン (Bellman) により提案された手法で，組合せ最適化問題に限らない幅広い分野の問題に適用されている．

という**部分構造最適性** (optimal substructure)[注54] を持つ問題を対象とする．動的計画法では，それまでに得られた小さな部分問題の最適解を利用して，より大きな部分問題の最適解を求める手続きをボトムアップに積み上げるため，同じ部分問題を繰り返し解くことなく最適解を効率的に求めることができる．本節では，動的計画法により効率的に最適解を求めることができる組合せ最適化問題の例として，ナップサック問題，資源配分問題，最小費用弾性マッチング問題，最短路問題を紹介する．

ナップサック問題：4.1.2 節では，整数計画問題の例としてナップサック問題を紹介した．n 個の荷物からなるナップサック問題のすべての荷物の詰め合わせを列挙すると 2^n 通りとなる．詰め合わせた荷物の重さと価値の合計を評価するために必要な足し算はそれぞれ n 回となるので，単純な列挙法の計算手間は $\mathrm{O}(n2^n)$ となる．一方で，ナップサック問題は動的計画法により効率的に最適解を求めることができる．ただし，各荷物 j の価値 p_j と重さ w_j はすべて整数値をとると仮定する．

袋の容量を $u\ (\leq C)$，詰め込む荷物の候補を $1,\dots,k\ (\leq n)$ に制限した部分問題を考える．

$$
\begin{aligned}
&\text{最大化} && \sum_{j=1}^{k} p_j x_j \\
&\text{条件} && \sum_{j=1}^{k} w_j x_j \leq u, \\
& && x_j \in \{0,1\}, \qquad j=1,\dots,k.
\end{aligned}
\tag{4.61}
$$

この部分問題の最適値を表す関数を $f(k,u)$ とする．このとき，$f(1,u)$ の値は

$$
f(1,u) = \begin{cases} 0 & u < w_1 \\ p_1 & u \geq w_1 \end{cases}
\tag{4.62}
$$

となる．また，$f(k,u)$ の値は以下の漸化式で求められる．

$$
f(k,u) = \begin{cases} f(k-1,u) & u < w_k \\ \max\{f(k-1,u), f(k-1,u-w_k)+p_k\} & u \geq w_k. \end{cases}
\tag{4.63}
$$

$u < w_k$ のときは，荷物 k を選ぶことはできないので，詰め込む荷物の候補を

注 54　動的計画法では，**最適性の原理** (principle of optimality) と呼ぶことが多い．

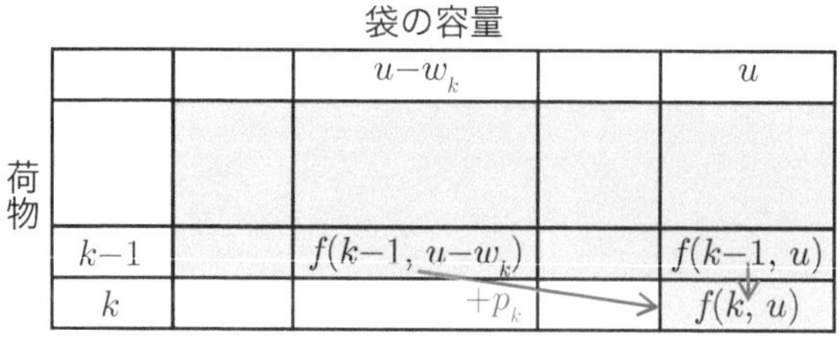

袋の容量

荷物				
		$u-w_k$		u
$k-1$		$f(k-1, u-w_k)$		$f(k-1, u)$
k		$+p_k$		$f(k, u)$

図 4.40　ナップサック問題に対する動的計画法

$1, \ldots, k-1$ に制限した部分問題の最適値 $f(k-1, u)$ がそのまま採用される．一方で，$u \geq w_k$ のときは，荷物 k を選ばなかった場合の最適値 $f(k-1, u)$ と，荷物 k を選んだ場合の最適値 $f(k-1, u-w_k)+p_k$ を比較して値の大きい方を採用する (**図 4.40**)．$f(k-1, u)$ $(u=0, \ldots, C)$ の値が分かれば，漸化式を用いて $f(k, u)$ $(u=0, \ldots, C)$ の値を求められる．最後に求めた $f(n, C)$ の値がナップサック問題の最適値となる．最適値 $f(n, C)$ だけではなく，それを実現する荷物の詰め合わせ (最適解) も求めたい場合には，$f(k, u)$ の値を計算する際に荷物 k が選ばれたかどうかも記憶すれば良い．

ナップサック問題に対する動的計画法の手続きを以下にまとめる．

アルゴリズム 4.4　ナップサック問題に対する動的計画法

Step 1: 式 (4.62) にしたがって $f(1, u)$ $(u=0, \ldots, C)$ を計算する．$k=1$ とする．

Step 2: $k=n$ ならば終了．そうでなければ $k=k+1$ とする．

Step 3: 式 (4.63) にしたがって $f(k, u)$ $(u=0, \ldots, C)$ を計算し，**Step 2** に戻る．

各部分問題の最適値 $f(k, u)$ は漸化式より定数時間で求められる．部分問題は nC 個なので，ナップサック問題に対する動的計画法の全体の計算手間は $\mathrm{O}(nC)$ となる[注55]．

たとえば，以下のナップサック問題を考える．

$$
\begin{array}{ll}
\text{最大化} & 16x_1 + 19x_2 + 23x_3 + 28x_4 \\
\text{条件} & 2x_1 + 3x_2 + 4x_3 + 5x_4 \leq 7, \\
 & \boldsymbol{x} = (x_1, x_2, x_3, x_4)^\top \in \{0, 1\}^4.
\end{array}
\tag{4.64}
$$

注 55　袋の容量 C の入力に必要なデータの長さ N は $\lceil \log_2 C \rceil$ である．$C > 2^{N-1}$ なので，この動的計画法は多項式時間アルゴリズムではなく擬多項式時間アルゴリズムであることに注意する．

		袋の容量						
		0	1	2	3	4	5	6	7
荷物	1	0	0	16	16	16	16	16	16
	2	0	0	16	19	19	35	35	35
	3	0	0	16	19	23	35	39	42
	4	0	0	16	19	23	35	39	44

図 4.41　ナップサック問題に対する動的計画法の実行例

このとき，各部分問題の最適値 $f(k,u)$ は**図 4.41** に示す表にまとめられる．問題 (4.64) の最適解は $\boldsymbol{x} = (1,0,0,1)^{\top}$，最適値は 44 となる．

別の部分問題の定義にもとづく動的計画法を考える．詰め込んだ荷物の価値の合計をちょうど v，詰め込む荷物の候補を $1,\ldots,k\ (\leq n)$ に制限した上で，詰め込んだ荷物の重さの合計を最小化する部分問題を考える．

$$
\begin{array}{ll}
\text{最小化} & \displaystyle\sum_{j=1}^{k} w_j x_j \\
\text{条件} & \displaystyle\sum_{j=1}^{k} p_j x_j = v, \\
& x_j \in \{0,1\}, \qquad j = 1,\ldots,k.
\end{array}
\tag{4.65}
$$

この部分問題の最適値を表す関数を $g(k,v)$ とする．ただし，実行可能解が存在しない場合は $g(k,v) = \infty$ とする．このとき，$g(1,v)$ の値は

$$
g(1,v) = \begin{cases} 0 & v = 0 \\ w_1 & v = p_1 \\ \infty & \text{それ以外}, \end{cases}
\tag{4.66}
$$

となる．また，$g(k,v)$ の値は以下の漸化式で求められる．

$$
g(k,v) = \begin{cases} g(k-1,v) & v < p_k \\ \min\{g(k-1,v), g(k-1,v-p_k) + w_k\} & v \geq p_k. \end{cases}
\tag{4.67}
$$

$v < p_k$ のときは，荷物 k を選ぶことはできないので，詰め込む荷物の候補を $1,\ldots,k-1$ に制限した部分問題の最適値 $g(k-1,v)$ がそのまま採用される．一方で，$v \geq p_k$ のときは，荷物 k を選ばなかった場合の最適値 $g(k-1,v)$ と，荷物 k を選んだ場合の最適値 $g(k-1,v-p_k) + w_k$ を比較して値の小さい方を採用する．$g(n,v) \leq C$ を満たす価格 v の最大値がナップサック問題

の最適値となる．この動的計画法では価格 v を 0 から最適値まで調べる必要がある．しかし，ナップサック問題の最適値を事前に知ることはできないので，代わりに最適値の上界 $P=\sum_{j=1}^{n} p_j$ の値まで調べる．

ナップサック問題に対する動的計画法の手続きを以下にまとめる．

アルゴリズム 4.5　ナップサック問題に対する動的計画法

Step 1: 式 (4.66) にしたがって $g(1,v)$ $(v=0,\ldots,P)$ を計算する．$k=1$ とする．

Step 2: $k=n$ ならば終了．そうでなければ $k=k+1$ とする．

Step 3: 式 (4.67) にしたがって $g(k,v)$ $(v=0,\ldots,P)$ を計算し，**Step 2** に戻る．

各部分問題の最適値 $g(k,v)$ は漸化式より定数時間で求められる．最適値の上界を P で見積もると部分問題は nP 個なので，ナップサック問題に対する動的計画法の計算手間は $\mathrm{O}(nP)$ となる[注56]．

たとえば，以下のナップサック問題を考える．

$$
\begin{array}{ll}
\text{最大化} & 3x_1+4x_2+x_3+2x_4 \\
\text{条件} & 2x_1+3x_2+x_3+3x_4 \leq 4, \\
 & \boldsymbol{x}=(x_1,x_2,x_3,x_4)^\top \in \{0,1\}^4.
\end{array}
\tag{4.68}
$$

このとき，各部分問題の最適値 $g(k,v)$ は，**図 4.42** に示す表にまとめられる．問題 (4.68) の最適解は $\boldsymbol{x}=(0,1,1,0)^\top$，最適値は 5 となる．

詰め込んだ荷物の価格の合計

荷物	0	1	2	3	4	5	6	7	8	9	10
1	0	∞	∞	2	∞	∞	∞	∞	∞	∞	∞
2	0	∞	∞	2	3	∞	∞	5	∞	∞	∞
3	0	1	∞	2	3	4	∞	5	6	∞	∞
4	0	1	3	2	3	4	6	5	6	8	9

図 4.42　ナップサック問題に対する動的計画法の実行例

資源配分問題：4.3.1 節では，関数 $f_j(x_j)$ が凹関数である資源配分問題に対

注 56　最適値の上界 P の入力に必要なデータの長さ N は $\lceil \log_2 P \rceil$ である．$P > 2^{N-1}$ なので，この動的計画法は多項式時間アルゴリズムではなく擬多項式時間アルゴリズムであることに注意する．

する貪欲法を紹介した．今度は，関数 $f_j(x_j)$ が凹関数とは限らない資源配分問題を考える．資源の総量を u $(\leq B)$，事業の候補を $1,\dots,k$ $(\leq n)$ に制限した部分問題を考える．

$$\begin{array}{lll} \text{最大化} & \displaystyle\sum_{j=1}^{k} f_j(x_j) & \\ \text{条件} & \displaystyle\sum_{j=1}^{k} x_j = u, & \\ & x_j \in \mathbb{Z}_+, \qquad j = 1,\dots,k. & \end{array} \tag{4.69}$$

この部分問題の最適値を表す関数を $f(k,u)$ とする．このとき，$f(1,u)$ の値は $f_1(u)$ となる．また，$f(k,u)$ の値は以下の漸化式で求められる．

$$f(k,u) = \max\{f(k-1, u-x_k) + f_k(x_k) \mid x_k = 0,\dots,u\}. \tag{4.70}$$

資源配分問題に対する動的計画法の手続きを以下にまとめる．

アルゴリズム 4.6　資源配分問題に対する動的計画法

Step 1: $f(1,u) = f_1(u)$ $(u = 0,\dots,B)$ とする．$k = 1$ とする．
Step 2: $k = n$ ならば終了．そうでなければ $k = k+1$ とする．
Step 3: 式 (4.70) にしたがって $f(k,u)$ $(u = 0,\dots,B)$ を計算し，**Step 2** に戻る．

各部分問題の最適値 $f(k,u)$ は漸化式より $\mathrm{O}(B)$ の計算手間で求められる．部分問題は nB 個なので，資源配分問題に対する動的計画法の全体の計算手間は $\mathrm{O}(nB^2)$ となる[注57]．

たとえば，以下の資源配分問題を考える．

$$\begin{array}{ll} \text{最大化} & 10|x_1 - 1| + x_2^2 + 2(x_3 - 1)^2 + \dfrac{60}{|2x_4 - 9|} \\ \text{条件} & x_1 + x_2 + x_3 + x_4 = 6, \\ & \boldsymbol{x} = (x_1, x_2, x_3, x_4)^\top \in \mathbb{Z}_+^4. \end{array} \tag{4.71}$$

このとき，各部分問題の最適値 $f(k,u)$ は**図 4.43** に示す表にまとめられる．問題 (4.71) の最適解は $\boldsymbol{x} = (0,2,0,4)^\top$，最適値は 76 となる．

注 57　資源の総量 B の入力に必要なデータの長さ N は $\lceil \log_2 B \rceil$ である．$B > 2^{N-1}$ なので，この動的計画法は多項式時間アルゴリズムではなく擬多項式時間アルゴリズムであることに注意する．

事業 \ 資源	0	1	2	3	4	5	6
1	10	0	10	20	30	40	50
2	10	11	14	20	30	40	50
3	12	13	16	22	32	42	60
4	$\frac{56}{3}$	$\frac{144}{7}$	24	32	72	73	76

図 4.43　資源配分問題に対する動的計画法の実行例

最小費用弾性マッチング問題 (minimum cost elastic matching problem)：2つの列 $A = (a_1, a_2, \ldots, a_m)$ と $B = (b_1, b_2, \ldots, b_n)$ が与えられたときに，それらの要素間の対応付けを求める問題を考える．2つの列の要素の対 (a_i, b_j) の集合 $M \subseteq \{(a_i, b_j) \mid i = 1, \ldots, m, j = 1, \ldots, n\}$ が以下の条件を満たすとき，集合 M を**弾性マッチング** (elastic matching) と呼ぶ．

(1) 2つの列の各要素は集合 M の中の少なくとも1つの対に含まれる．
(2) 任意の2つの要素の対 $(a_i, b_j), (a_k, b_l) \in M$ について，$i < k$ ならば $j \leq l$ が成り立つ．

弾性マッチング (左) と弾性ではないマッチング (右) を**図 4.44** に示す．ここで，2部グラフの頂点が2つの列の各要素，辺集合がマッチング M を表す．条件 (1) は各頂点が辺集合 M の中の少なくとも1本の辺につながること，条件 (2) は辺集合 M に含まれる任意の2本の辺が交差しないことを表す．また，これらの条件から両端の対 (a_1, b_1), (a_m, b_n) はともに弾性マッチング M に含まれる．2つの列の要素 a_i, b_j の間に対応付け費用 c_{ij} が与えられたときに，対応付け費用の合計 $\sum_{(i,j) \in M} c_{ij}$ を最小にする弾性マッチング M を求める問題を考える．最小費用弾性マッチング問題は，音声・画像認識，自然言語処理，生命情報科学など幅広い分野の問題に適用されている[注58]．

列 A の i 番目までの要素からなる部分列 $A_i = (a_1, a_2, \ldots, a_i)$ と，列 B の j 番目までの要素からなる部分列 $B_j = (b_1, b_2, \ldots, b_j)$ に制限した部分問題を考える．この部分問題の最適値を表す関数を $f(i, j)$ とする．このとき，$f(1, 1)$ の値は c_{11} となる．また，$f(i, j)$ の値は以下の漸化式で求められる．

注 58　これらの分野では，**系列アラインメント問題** (sequence alignment problem) と呼ぶことが多い．**最長共通部分列問題** (longest common subsequence problem; LCS) も最小費用弾性マッチング問題に帰着できる．

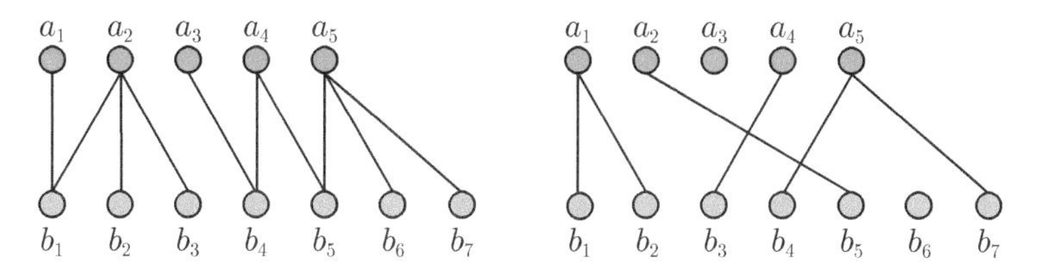

図 4.44　弾性マッチング (左) と弾性ではないマッチング (右)

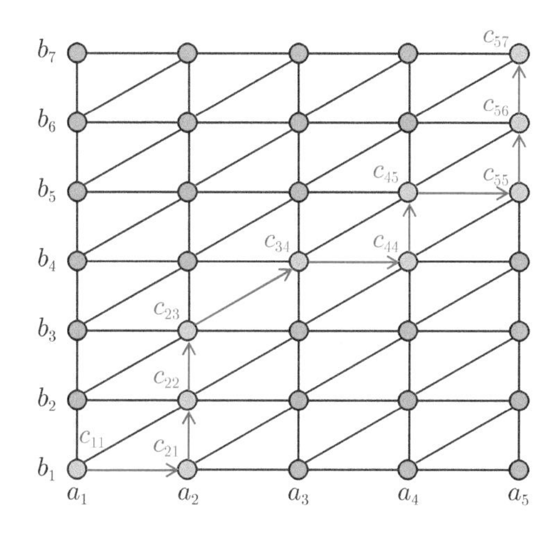

図 4.45　最小費用弾性マッチング問題に対する動的計画法の実行例

$$
\begin{aligned}
&f(i,1) = f(i-1,1) + c_{i1}, \\
&f(1,j) = f(1,j-1) + c_{1j}, \\
&f(i,j) = \min\{f(i-1,j-1), f(i-1,j), f(i,j-1)\} + c_{ij}.
\end{aligned}
\tag{4.72}
$$

最小費用弾性マッチング問題に対する動的計画法の手続きを以下にまとめる．

アルゴリズム 4.7　最小費用弾性マッチング問題に対する動的計画法

Step 1: $f(1,1) = c_{11}$ とする．$f(i,1) = f(i-1,1) + c_{i1}$ $(i = 2, \ldots, m)$ とする．$j = 1$ とする．

Step 2: $j = n$ ならば終了．そうでなければ $j = j + 1$ とする．

Step 3: $f(1,j) = f(1,j-1) + c_{1j}$ とする．$f(i,j) = \min\{f(i-1,j-1), f(i-1,j), f(i,j-1)\} + c_{ij}$ $(i = 2, \ldots, m)$ として **Step 2** に戻る．

最小費用弾性マッチング問題は，**図 4.45** に示すようなグラフの左下端の頂点から右上端の頂点までの最短路を求める問題とみなせる．漸化式は，要素の対 (a_i, b_j) にいたる路が直前に左下の (a_{i-1}, b_{j-1})，左の (a_{i-1}, b_j)，下の (a_i, b_{j-1}) のいずれか1つの頂点を通ることを表す．$f(i-1, j)$ $(j = 1, \ldots, n)$ の値が分かれば，漸化式を用いて $f(i, j)$ $(j = 1, \ldots, n)$ の値を求められる．最後に求めた $f(m, n)$ の値が最小費用弾性マッチング問題の最適値となる．最適値 $f(m, n)$ だけではなく，それを実現する対応付け (最適解) も求めたい場合には，$f(i, j)$ の値を計算する際にどの要素の対が選ばれたかどうかも記憶すれば良い．各部分問題の最適値 $f(i, j)$ は漸化式より定数時間で求められる．部分問題は mn 個なので，最小費用弾性マッチング問題に対する動的計画法の全体の計算手間は $\mathrm{O}(mn)$ となる．

最短路問題：4.1.6 節では，完全単模行列を制約行列に持つ整数計画問題の例として最短路問題を紹介した．制約行列が完全単模行列となる整数計画問題では，整数条件を緩和した線形計画問題に対して単体法を適用すれば元の整数計画問題の最適解が得られる．一方で，最短路問題では動的計画法によりさらに効率的に最適解を求めることができる．

有向グラフ $G = (V, E)$ と各辺 $e \in E$ の長さ d_e が与えられる．ここで，有向グラフ $G = (V, E)$ は強連結であると仮定する[注59]．このとき，与えられた始点 $s \in V$ から各頂点 $v \in V \setminus \{s\}$ にいたる最短路を求める問題を**単一始点最短路問題** (single-source shortest path problem) と呼ぶ．また，すべての頂点の組 $u, v \in V$ に対して頂点 u から頂点 v にいたる最短路を求める問題を**全点対最短路問題** (all-pairs shortest path problem) と呼ぶ[注60]．

ある閉路に含まれる辺の長さの合計が負であるとき，この閉路を**負閉路** (negative cycle) と呼ぶ．**図 4.46** に示すように，始点 s から頂点 v にいたる路が負閉路を含む場合には，負閉路を繰り返し通ることで路の長さを限りなく減少できるため最短路の長さは有限にならない．逆に，始点 s から頂点 v にいたる任意の路が負閉路を含まない場合には，始点 s から頂点 v にいたる最短路の長さは有限となる．このとき，ある最短路が閉路を含むならばその長さは非負であるため，この閉路を通らない始点 s から頂点 v にいたる別の最短路が存在する．すなわち，始点 s から頂点 v にいたる有限な長さの最短

注 59　有向グラフ $G = (V, E)$ の任意の頂点の組 $u, v \in V$ に対して頂点 u から頂点 v にいたる路が存在すれば G は**強連結** (strongly connected) であると呼ぶ．深さ優先探索もしくは幅優先探索を用いれば，有向グラフ $G = (V, E)$ が強連結であるかどうか $\mathrm{O}(|V| + |E|)$ の計算手間で確かめられる．

注 60　与えられた始点 $s \in V$ から終点 $t \in V$ にいたる最短路を求める問題を**単一点対最短路問題** (single-pair shortest path problem) と呼ぶ．ダイクストラ法など単一始点最短路問題に対するアルゴリズムを用いて単一点対最短路問題も効率的に解けることが知られている．

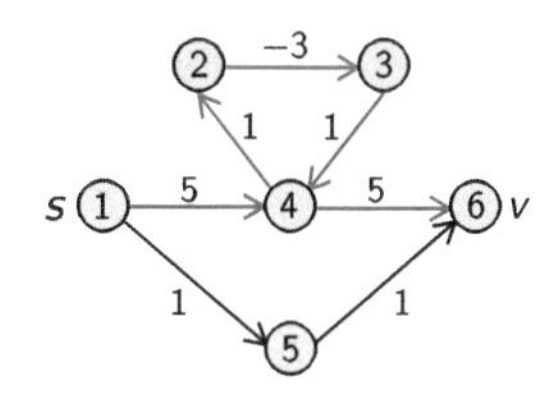

図 4.46　負閉路を持つ最短路問題の例

路が存在すれば，それらの中に閉路を含まない最短路が存在する[注61]．

まず，単一始点最短路問題に対する**ダイクストラ法** (Dijkstra's algorithm) と**ベルマン・フォード法** (Bellman-Ford algorithm) を紹介する．これらのアルゴリズムは，以下の性質にもとづいて作られている．

定理 4.3

始点 s から各頂点 $v \in V$ へのある路の長さを f_v とする．ただし，$f_s = 0$ とする．このとき，すべての頂点 $v \in V$ について f_v が最短路の長さであるための必要十分条件は

$$f_v \leq f_u + d_e, \quad e = (u, v) \in E \tag{4.73}$$

が成り立つことである．

証明　まず，必要条件であることを示す．対偶を示す．もし，$f_v > f_u + d_e$ となる辺 $e = (u, v) \in E$ があれば，f_u を実現する始点 s から頂点 u への路 P_u に辺 e を加えた路の長さは f_v より短い．したがって，f_v は最短路の長さではない．

次に，十分条件であることを示す．始点 s から頂点 v への任意の路を $P_v = (s = v_1, v_2, \ldots, v_k = v)$，その各辺を $e_i = (v_i, v_{i+1}) \in E$ とする．このとき，路 P_v の長さは $f_{v_{i+1}} \leq f_{v_i} + d_{e_i}$ より，

$$\sum_{i=1}^{k-1} d_{e_i} \geq \sum_{i=1}^{k-1} (f_{v_{i+1}} - f_{v_i}) = f_v - f_s = f_v \tag{4.74}$$

となる．したがって，f_v よりも短い路は存在しない．

注 61　閉路を含まない路を**単純路** (simple path) と呼ぶ．始点 s から頂点 v にいたる路の中に負閉路を含む路が存在する場合に，最短の単純路を求める問題は NP 困難であることが知られている．

式 (4.73) を**三角不等式** (triangle inequality) と呼ぶ[注62]．始点 s から頂点 v への最短路の長さを f_v^* とする．式 (4.74) から以下の性質が得られる．

系 4.1

始点 s から頂点 v への路 $P_v = (s = v_1, v_2, \ldots, v_k = v)$ が最短路であるための必要十分条件は

$$f_{v_{i+1}}^* = f_{v_i}^* + d_{e_i}, \quad e_i = (v_i, v_{i+1}),\ i = 1, \ldots, k-1 \tag{4.75}$$

が成り立つことである．

(証明略)

系 4.2

始点 s から頂点 v への最短路を $P_v = (s = v_1, v_2, \ldots, v_k = v)$ とする．任意の i $(1 \leq i \leq k)$ に対して，路 P_v の部分路 $P_{v_i} = (s = v_1, \ldots, v_i)$ は，始点 s から頂点 v_i への最短路である．

(証明略)

系 4.2 は以下のように示すこともできる．部分路 P_{v_i} が始点 s から頂点 v_i への最短路でないと仮定する．始点 s から頂点 v_i への最短路を $P'_{v_i} (\neq P_{v_i})$ とすると，部分路 P'_{v_i} を通り頂点 v_i を経由して頂点 v にいたる路 P'_v の長さは最短路 P_v の長さより短くなり，路 P_v が最短路であることに反する (**図 4.47**)．系 4.2 の性質は最短路問題における部分構造最適性を表す．最短路問題に対する多くのアルゴリズムは，この部分構造最適性にもとづいて設計されている．

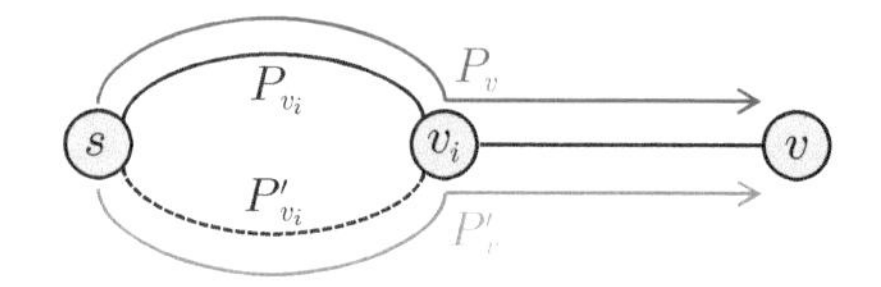

図 4.47　最短路問題における部分構造最適性

注 62　三角不等式 (4.73) は最短路問題 (4.42) の双対問題 $\max\{y_t - y_s \mid y_v - y_u \leq d_e, e = (u, v) \in E\}$ の制約条件と対応している．双対問題の最適解を y_v^* $(v \in V)$ とすると，相補性条件より始点 s から終点 t への最短路 P_t に含まれる辺 $e = (u, v) \in P_t$ は $y_v^* - y_u^* = d_e$ を満たす．

ラベリング法 (labeling method) は，単一始点最短路問題に対する基本的なアルゴリズムで，始点 s から各頂点 $v \in V$ への最短路の長さの上界を表すラベル値 f_v を更新する手続きを繰り返す．負の長さの閉路が存在する場合は，この閉路を繰り返し通ることで路の長さをいくらでも小さくできるため，負の長さの閉路が見つかった時点でアルゴリズムを終了する．ラベリング法の手続きを以下にまとめる．

アルゴリズム 4.8　ラベリング法

Step 1: $f_s = 0$，$f_v = \infty$ $(v \in V \setminus \{s\})$ とする．
Step 2: 頂点 $v \in V$ を選ぶ．
Step 3: 頂点 v を端点とする各辺 $e = (v, u)$ に対して，$f_u > f_v + d_e$ ならば $f_u = f_v + d_e$ とする．
Step 4: すべての辺 $e \in E$ が三角不等式 (4.73) を満たすか負の長さの閉路が見つかれば終了．そうでなければ **Step 2** に戻る．

最短路の長さだけではなく最短路も求めたい場合には，**Step 3** で頂点 u のラベル値 f_u を更新する際にどの辺 $e = (v, u)$ が選ばれたかも記憶すれば良い[注63]．ラベリング法は **Step 2** における頂点の選択方法によりいくつかのバリエーションがある．

ダイクストラ法は，すべての辺の長さ d_e $(e \in E)$ が非負の有向グラフ $G = (V, E)$ に対するラベリング法の 1 つであり，各反復でこれまでに選ばれていない頂点のなかで最小のラベル値 f_v を持つ頂点を選ぶ．すべての辺の長さ d_e $(e \in E)$ が非負ならば，各反復で選ばれた頂点のラベル値は始点 s から頂点 v への最短路の長さに等しい．ダイクストラ法ではラベル値 f_v が最短路の長さに等しい頂点を選ぶため，一度選ばれた頂点のラベル値 f_v は以降の反復では変化しない．そのため，ダイクストラ法を**ラベル確定法** (label-setting algorithm) とも呼ぶ．系 4.2 の性質と合わせると，ダイクストラ法は，反復のたびに始点 s に 1 番目に近い頂点，2 番目に近い頂点，3 番目に近い頂点と，始点 s にもっとも近い頂点から順に最短路の長さを求めていることが分かる．

ダイクストラ法の手続きを以下にまとめる．

注 63　具体的には，辺 $e = (v, u)$ のもう一方の頂点 v を記憶する．

アルゴリズム 4.9　ダイクストラ法

Step 1: $f_s = 0$，$f_v = \infty$ $(v \in V \setminus \{s\})$，$S = \emptyset$ とする．
Step 2: $S = V$ ならば終了．
Step 3: $\min\{f_v \mid v \in V \setminus S\}$ を達成する頂点 v^* を選ぶ．$S = S \cup \{v^*\}$ とする．
Step 4: 頂点 v^* を端点とする各辺 $e = (v^*, u) \in E$ $(u \in V \setminus S)$ に対して，
　$f_u > f_{v^*} + d_e$ ならば $f_u = f_{v^*} + d_e$ として **Step 2** に戻る．

ダイクストラ法の実行例を**図 4.48** に示す．各反復では，最小のラベル値 $f^* = \min\{f_v \mid v \in V \setminus S\}$ を達成する頂点 v^* を求める必要がある．各反復では，選ばれた頂点 v^* に隣接する頂点 $u \in V \setminus S$ に着目すれば，$O(|V|)$ の計算手間でラベル値 f_u を更新できる．このとき，最小のラベル値 f^* も同時に更新できる．反復回数は $|V|$ 回なので，ダイクストラ法の全体の計算手間

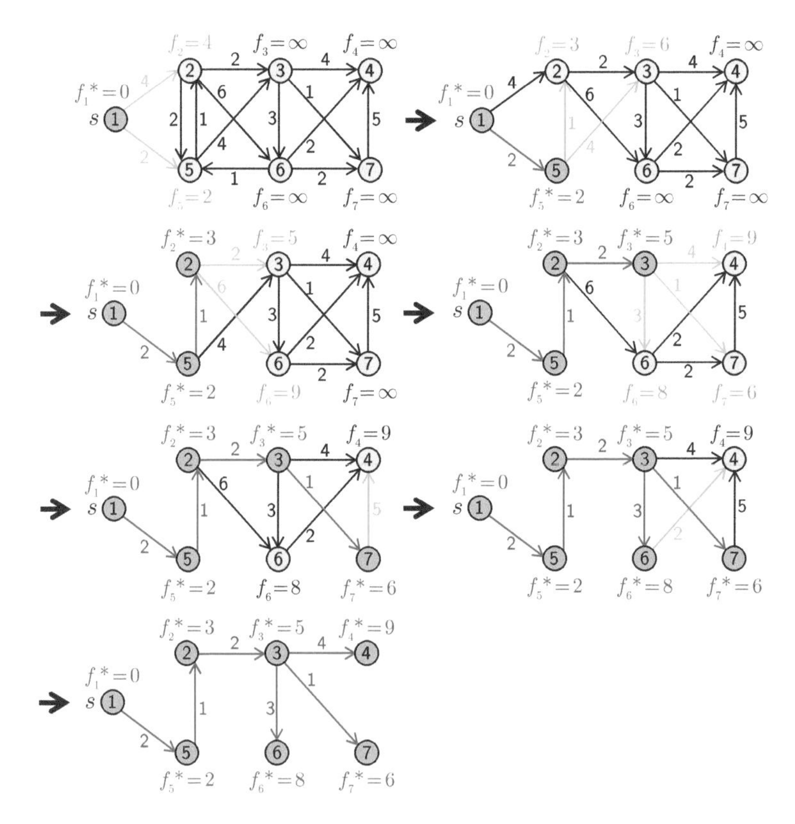

図 4.48　ダイクストラ法の実行例

は $O(|V|^2)$ となる．

ダイクストラ法は，ちょうど1回ずつ各辺 $e \in E$ を走査するため，ラベル値の更新は全体で高々 $|E|$ 回となる．ここで，フィボナッチヒープを用いて各頂点 $v \in S$ のラベル値を保持すれば，$|V|$ 回の最小のラベル値 f^* の探索に要する計算手間は全体で $O(|V| \log_2 |V|)$，$|E|$ 回のラベル値 f_u の更新に要する計算手間は全体で $O(|E|)$ となり，ダイクストラ法の全体の計算手間を $O(|E| + |V| \log_2 |V|)$ に改善できる[注64]．

ベルマン・フォード法は，負の長さの辺 $d_e < 0$ を持つ有向グラフ $G = (V, E)$ にも適用できるラベリング法の1つであり，すべての頂点を適当な順で1回ずつ選び隣接する頂点のラベル値を更新する手続きを繰り返す．この手続きを**サイクル**と呼ぶ．始点 s から頂点 v への最短路が k 本の辺からなるとき，サイクルを k 回繰り返すことでラベル値 f_v は最短路の長さに等しくなる．始点 s から頂点 v への最短路が存在すれば，閉路を含まない最短路が必ず存在するため，高々 $|V| - 1$ 回のサイクルを繰り返せば最短路が求められる．一方で，$|V|$ 回目のサイクルでラベル値 f_v が修正される頂点 v が存在すれば，頂点 v を含む負の長さの閉路が存在するためアルゴリズムを終了する．ベルマン・フォード法では同じ頂点 v が何度も選ばれ，そのラベル値 f_v は修正される．そのため，ベルマン・フォード法を**ラベル修正法** (label-correcting algorithm) とも呼ぶ．

ベルマン・フォード法の手続きを以下にまとめる．

アルゴリズム 4.10　ベルマン・フォード法

Step 1: $f_s = 0$，$f_v = \infty$ $(v \in V \setminus \{s\})$，$S = \emptyset$，$k = 1$ とする．
Step 2: 頂点 $v \in V \setminus S$ を選ぶ．$S = S \cup \{v\}$ とする．
Step 3: 頂点 v を端点とする各辺 $e = (v, u) \in E$ $(u \in V \setminus \{v\})$ に対して，$f_u > f_v + d_e$ ならば $f_u = f_v + d_e$ とする．$S \neq V$ ならば **Step 2** に戻る．
Step 4: $k = |V|$ ならば終了．そうでなければ $S = \emptyset$，$k = k + 1$ として **Step 2** に戻る．

k 本以下の辺で始点 s から頂点 v にいたる路の最小の長さを $f_v^{(k)}$ とすると，k に関する以下の漸化式が得られる．

注64　ダイクストラ法は，ラベル値の計算を除けば最小全域木問題に対するプリム法 (4.3.1 節) と同じアルゴリズムである．ダイクストラ法は始点 s からもっとも近い点から順に最短路の長さを求めるため貪欲法と見なすこともできる．

$$
\begin{aligned}
&f_s^{(0)} = 0, \\
&f_v^{(0)} = \infty, \quad v \in V \setminus \{s\}, \\
&f_v^{(k)} = \min\left\{ f_v^{(k-1)}, \min_{e=(u,v)\in E} \{ f_u^{(k-1)} + d_e \} \right\}, \ v \in V.
\end{aligned}
\tag{4.76}
$$

この漸化式を解けば $f_v^{(|V|-1)}$ が始点 s から頂点 v への最短路の長さとなる．ベルマン・フォード法はこの漸化式を解く動的計画法の計算に必要な領域量を改善したアルゴリズムともみなせる[注65]．

ベルマン・フォード法の実行例を**図 4.49** に示す．ベルマン・フォード法では，各サイクルにおいてちょうど 1 回ずつ各辺 $e \in E$ を走査する．サイクル回数は $|V|$ 回なので，ベルマン・フォード法の全体の計算手間は $\mathrm{O}(|V||E|)$ となる．図 4.49 の実行例から分かるように，ベルマン・フォード法では，1 サ

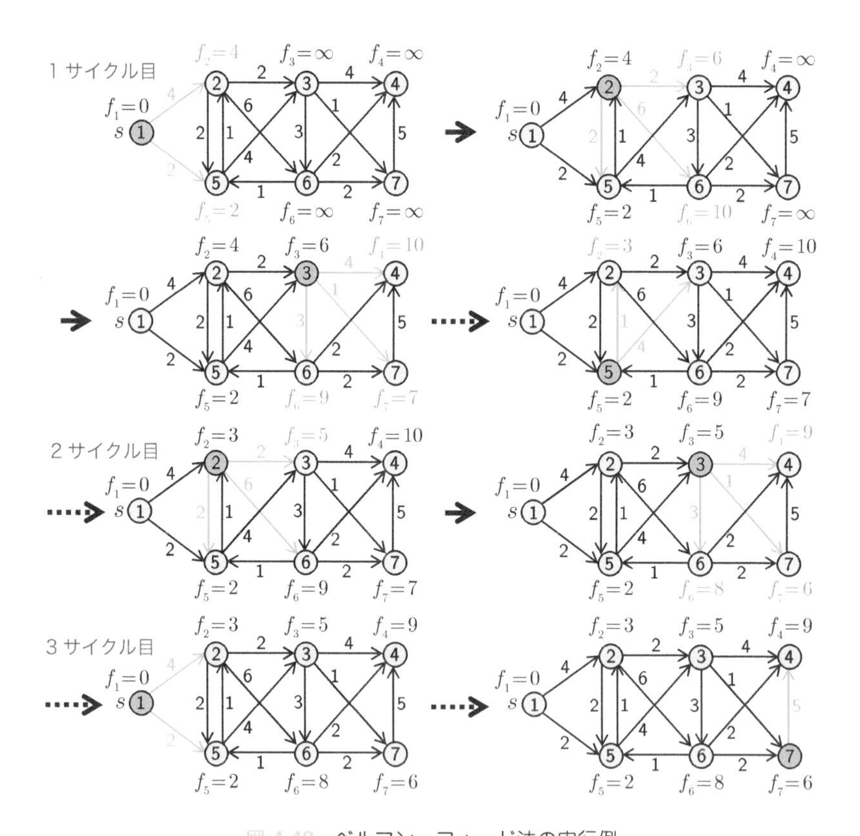

図 4.49　ベルマン・フォード法の実行例

注 65　ベルマン・フォード法の **Step 3** はこの漸化式の計算を厳密に再現しているわけではなく，k 回目のサイクルにおける各頂点 v のラベル値は $f_v \leq f_v^{(k)}$ となることに注意する．

イクルの間にラベル値の修正がまったく生じなければアルゴリズムを終了できる．また，ラベル値が修正されていない頂点を **Step 2** で選ぶ必要はない．そこで，**待ち行列** (queue)[注66] と呼ばれるデータ構造を用いて **Step 2** で選ぶ頂点集合 $V \setminus S$ を保持する．始めは始点 s のみを待ち行列に格納し，**Step 3** でラベル値 f_v が修正された頂点 v のみ待ち行列に加えれば，待ち行列が空になった時点でアルゴリズムを終了できる．

次に，全点対最短路問題に対する**フロイド・ウォーシャル法** (Floyd-Warshall algorithm) を紹介する．まず，単一始点最短路問題に対するラベリング法を全点対最短路問題に拡張する．

定理 4.3 に対応する性質を以下に示す．

定理 4.4

頂点 v から頂点 v' へのある路の長さを $f_{vv'}$ とする．ただし，$f_{vv} = 0$ とする．このとき，すべての頂点の組 $v, v' \in V$ について $f_{vv'}$ が頂点 v から頂点 v' への最短路の長さであるための必要十分条件は

$$f_{uv} \le f_{uw} + f_{wv}, \quad u, v, w \in V \tag{4.77}$$

が成り立つことである．

(証明略)

また，系 4.2 に対応する性質を以下に示す．

系 4.3

頂点 v から頂点 v' への最短路を $P_{vv'} = (v = v_1, v_2, \ldots, v_k = v')$ とする．任意の i, j $(1 \le i < j \le k)$ に対して，路 $P_{vv'}$ における頂点 v_i から頂点 v_j への部分路 $P_{v_i v_j} = (v_i, \ldots, v_j)$ は，頂点 v_i から頂点 v_j への最短路である．

(証明略)

全点対最短路問題に対するラベリング法の手続きを以下にまとめる．

注 66　**先入れ先出し** (first-in-first-out; FIFO) の操作を実現するリストである．

アルゴリズム 4.11　全点対最短路問題に対するラベリング法

Step 1: $f_{vv} = 0$ $(v \in V)$，$f_{uv} = d_e$ $(e = (u,v) \in E)$，$f_{uv} = \infty$ $((u,v) \notin E)$ とする．
Step 2: 始点 u，終点 v，中間点 w を選ぶ．
Step 3: $f_{uv} > f_{uw} + f_{wv}$ ならば $f_{uv} = f_{uw} + f_{wv}$ とする．
Step 4: すべての 3 頂点の組 $u, v, w \in V$ が三角不等式 (4.77) を満たすか負の長さの閉路が見つかれば終了．そうでなければ **Step 2** に戻る．

フロイド・ウォーシャル法は，ラベリング法の **Step 2** で中間点 w の選択を制限する．頂点を $v_1, v_2, \ldots, v_{|V|}$ と番号付けする．番号の昇順に中間点に選べる頂点を 1 つ追加し，すべての頂点の組 $u, v \in V$ に対してラベル値 f_{uv} を更新する手続きを繰り返す．この手続きをサイクルと呼ぶ．頂点 v から頂点 v' への最短路が中間点として $\{v_1, \ldots, v_k\}$ の頂点のみを含むとき，サイクルを k 回繰り返すことでラベル値 $f_{vv'}$ は最短路の長さに等しくなる．頂点 v から頂点 v' への最短路が存在すれば，閉路を含まない最短路が必ず存在するため，高々 $|V|$ 回のサイクルを繰り返せば最短路が求められる．一方で，途中でラベル値 $f_{vv} < 0$ となる頂点 v が見つかれば，頂点 v を通る負の長さの閉路が存在するため，アルゴリズムを終了する．

フロイド・ウォーシャル法の手続きを以下にまとめる．

アルゴリズム 4.12　フロイド・ウォーシャル法

Step 1: $f_{vv} = 0$ $(v \in V)$，$f_{uv} = d_e$ $(e = (u,v) \in E)$，$f_{uv} = \infty$ $((u,v) \notin E)$ とする．頂点を $v_1, v_2, \ldots, v_{|V|}$ と番号付けする．$k = 1$ とする．
Step 2: すべての頂点の組 $u, v \in V$ に対して，$f_{uv} > f_{uv_k} + f_{v_k v}$ ならば $f_{uv} = f_{uv_k} + f_{v_k v}$ とする．
Step 3: $k = |V|$ を満たすか $f_{vv} < 0$ となる頂点 v が見つかれば終了．そうでなければ，$k = k + 1$ として **Step 2** に戻る．

$\{v_1, \ldots, v_k\}$ の頂点のみを通り頂点 v から頂点 v' にいたる路の最小の長さを $f_{vv'}^{(k)}$ とする．長さ $f_{vv'}^{(k)}$ を実現する路 $P_{vv'}^{(k)}$ が頂点 v_k を通るとする．**図 4.50** に示すように，路 $P_{vv'}^{(k)}$ を頂点 v から頂点 v_k への部分路 P' と頂点 v_k から頂点 v' への部分路 P'' に分割する．このとき，部分路 P' は $\{v_1, \ldots, v_{k-1}\}$ の頂点のみを通り頂点 v から頂点 v_k にいたる路の最小の長さ $f_{vv_k}^{(k-1)}$ を実現する．同様に，部分路 P'' は $\{v_1, \ldots, v_{k-1}\}$ の頂点のみを通り頂点 v_k から頂点 v' にいたる路の最小の長さ $f_{v_k v'}^{(k-1)}$ を実現する．また，長さ $f_{vv'}^{(k)}$ を実現す

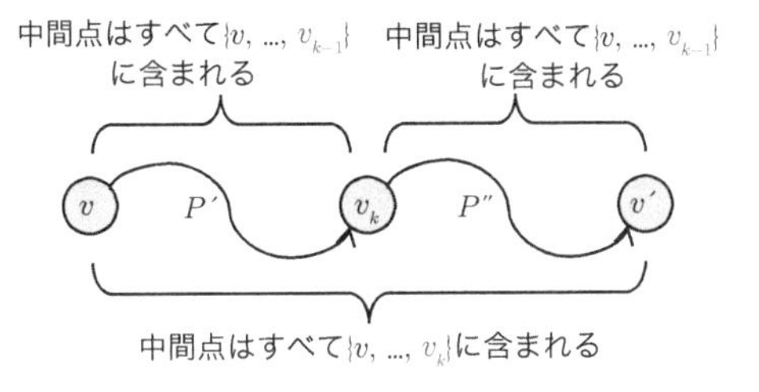

図 4.50　フロイド・ウォーシャル法の原理

る路 $P_{vv'}^{(k)}$ が頂点 v_k を通らないならば，その長さは $f_{vv'}^{(k-1)}$ となる．ここから，k に関する以下の漸化式が得られる．

$$\begin{aligned}
&f_{vv}^{(0)} = 0, \quad v \in V, \\
&f_{uv}^{(0)} = d_e, \quad e = (u,v) \in E, \\
&f_{uv}^{(0)} = \infty, \quad (u,v) \notin E, \\
&f_{uv}^{(k)} = \min\{f_{uv}^{(k-1)}, f_{uv_k}^{(k-1)} + f_{v_k v}^{(k-1)}\},\ u,v \in V.
\end{aligned} \tag{4.78}$$

この漸化式を解けば $f_{vv'}^{(|V|)}$ が頂点 v から頂点 v' への最短路の長さとなる．フロイド・ウォーシャル法の k 回目のサイクルにおける各頂点のラベル値 f_{uv} は $f_{uv}^{(k)}$ となり，路に含まれる中間点を $\{v_1, \ldots, v_k\}$ のみに制限した部分問題を解くことに対応する．そのため，フロイド・ウォーシャル法はこの漸化式を解く動的計画法ともみなせる．

フロイド・ウォーシャル法の実行例を**図 4.51** に示す．ここで，$\boldsymbol{F}^{(k)}$ は $f_{uv}^{(k)}$ $(u, v \in V)$ を要素とする行列である．フロイド・ウォーシャル法では，各サイクルにおいてすべての頂点の組 $u, v \in V$ のラベル値 f_{uv} を走査する．サイクル回数はちょうど $|V|$ 回なので，フロイド・ウォーシャル法の全体の計算手間は $\mathrm{O}(|V|^3)$ となる．

4.3.3　ネットワークフロー

交通網，通信網，ライフラインなど現実世界におけるネットワークでは，交通流，通信流，水流，電流などを効率的に流すことを求める場合が少なくない．これらの問題はグラフの辺に沿って「もの」を効率的に流す**ネットワークフロー問題** (network flow problem) に定式化できる．このグラフ上の「もの」の流れを**フロー** (flow) と呼ぶ．多くのネットワークフロー問題は線形計画問題に定式化できるため，単体法や内点法を適用すれば効率的に最適解を求めることができる．しかし，グラフの構造を利用すれば，より簡単で効率的

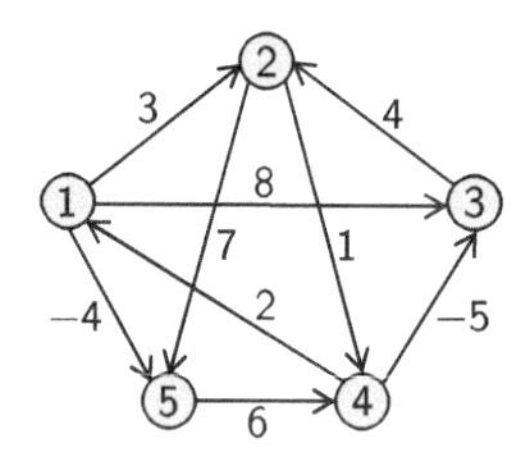

$$\boldsymbol{F}^{(0)} = \begin{pmatrix} 0 & 3 & 8 & \infty & -4 \\ \infty & 0 & \infty & 1 & 7 \\ \infty & 4 & 0 & \infty & \infty \\ 2 & \infty & -5 & 0 & \infty \\ \infty & \infty & \infty & 6 & 0 \end{pmatrix} \longrightarrow \boldsymbol{F}^{(1)} = \begin{pmatrix} 0 & 3 & 8 & \infty & -4 \\ \infty & 0 & \infty & 1 & 7 \\ \infty & 4 & 0 & \infty & \infty \\ 2 & 5 & -5 & 0 & -2 \\ \infty & \infty & \infty & 6 & 0 \end{pmatrix}$$

$$\longrightarrow \boldsymbol{F}^{(2)} = \begin{pmatrix} 0 & 3 & 8 & 4 & -4 \\ \infty & 0 & \infty & 1 & 7 \\ \infty & 4 & 0 & 5 & 11 \\ 2 & 5 & -5 & 0 & -2 \\ \infty & \infty & \infty & 6 & 0 \end{pmatrix} \longrightarrow \boldsymbol{F}^{(3)} = \begin{pmatrix} 0 & 3 & 8 & 4 & -4 \\ \infty & 0 & \infty & 1 & 7 \\ \infty & 4 & 0 & 5 & 11 \\ 2 & -1 & -5 & 0 & -2 \\ \infty & \infty & \infty & 6 & 0 \end{pmatrix}$$

$$\longrightarrow \boldsymbol{F}^{(4)} = \begin{pmatrix} 0 & 3 & -1 & 4 & -4 \\ 3 & 0 & -4 & 1 & -1 \\ 7 & 4 & 0 & 5 & 3 \\ 2 & -1 & -5 & 0 & -2 \\ 8 & 5 & 1 & 6 & 0 \end{pmatrix} \longrightarrow \boldsymbol{F}^{(5)} = \begin{pmatrix} 0 & 1 & -3 & 2 & -4 \\ 3 & 0 & -4 & 1 & -1 \\ 7 & 4 & 0 & 5 & 3 \\ 2 & -1 & -5 & 0 & -2 \\ 8 & 5 & 1 & 6 & 0 \end{pmatrix}$$

図 4.51　フロイド・ウォーシャル法の実行例

なアルゴリズムを開発できる場合がある．本節では，そのようなネットワークフロー問題の例として，最大流問題と最小費用流問題を紹介する．

最大流問題 (maximum flow problem)：**図 4.52** に示すように，有向グラフ $G = (V, E)$，入口 (source) $s \in V$ と出口 (sink) $t \in V$，各辺 $e \in E$ の容量 u_e (> 0) が与えられる．ここで，各頂点 $v \in V$ は入口 s から出口 t にいたるいずれかの路に含まれると仮定する．したがって，入口 s 以外の頂点 $v \in V \setminus \{s\}$ には少なくとも 1 本の辺が入る．このとき，辺 $e \in E$ を流れるフローの量を変数 x_e で表すと，入口 s から出口 t に流れるフローの総量 f を最大にする問題は以下の線形計画問題に定式化できる．

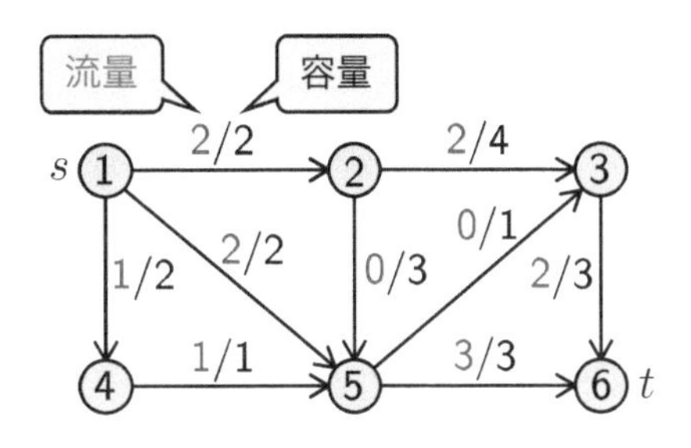

図 4.52　最大流問題の例

$$
\begin{array}{lll}
\text{最大化} & f & \\
\text{条件} & \displaystyle\sum_{e\in\delta^+(s)} x_e - \sum_{e\in\delta^-(s)} x_e = f, & \\
& \displaystyle\sum_{e\in\delta^+(v)} x_e - \sum_{e\in\delta^-(v)} x_e = 0, & v \in V\setminus\{s,t\}, \\
& \displaystyle\sum_{e\in\delta^+(t)} x_e - \sum_{e\in\delta^-(t)} x_e = -f, & \\
& 0 \leq x_e \leq u_e, & e \in E.
\end{array}
\tag{4.79}
$$

ここで，$\delta^+(v)$ は頂点 v を始点とする辺集合，$\delta^-(v)$ は頂点 v を終点とする辺集合である．1 番目の制約条件は，入口 s から流出するフローの量が f となることを表す．2 番目の制約条件は，入口 s と出口 t 以外の各頂点 $v \in V\setminus\{s,t\}$ において流出するフローの総量と流入するフローの総量が等しいことを表し，これを**流量保存制約** (flow conservation constraint) と呼ぶ．3 番目の制約条件は，出口 t に流入するフローの量が f となることを表す．4 番目の制約条件は，各辺 $e \in E$ を流れるフローの量 x_e が容量 u_e を超えないことを表し，これを**容量制約** (capacity constraint) と呼ぶ．

ここでは，最大流問題に対する**増加路法** (augmenting path method)[注67] を紹介する．増加路法は，適当な初期フローから始めて，反復のたびに入口 s から出口 t に流すフローの総量を単調に増やす方法である．ただし，各反復では，ある辺に流すフローの量を減らすことがあるため，各辺を流れるフローの量が単調に増加するとは限らない．そこで，各辺 $e \in E$ を流れるフローの量 x_e を与えたときに，各辺の変更可能なフローの量を表す**残余ネットワーク** (residual network)[注68] $\widetilde{G}(\boldsymbol{x}) = (V, \widetilde{E}(\boldsymbol{x}))$ を定義する．ある辺 $e = (u,v) \in E$ を流れるフローの量 x_e を与えると，頂点 u から頂点 v に流せるフローの残り容量は $u_e - x_e$，逆に，頂点 v から頂点 u に押し戻せるフローの残り容量は

注 67　**フォード・ファルカーソン法** (Ford-Fulkerson method) とも呼ぶ．
注 68　**補助ネットワーク** (auxiliary network) とも呼ぶ．

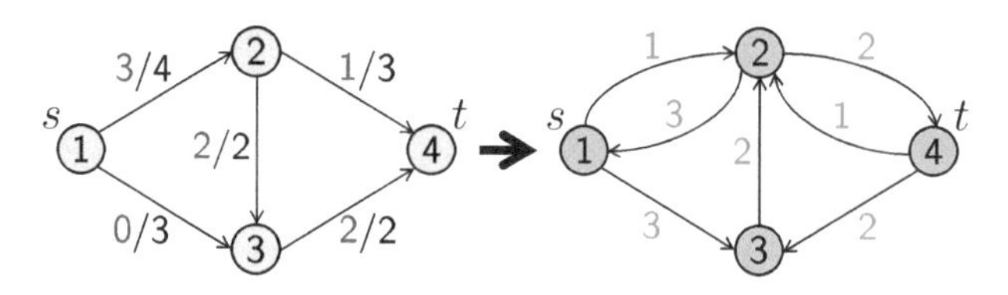

図 4.53　実行可能なフロー (左) と残余ネットワーク (右)

x_e となる．そこで，各頂点の組 $u, v \in V$ に対して，辺 $e = (u, v) \in V \times V$ の**残余容量** (residual capacity) $\tilde{u}_e(\boldsymbol{x})$ を

$$\tilde{u}_e(\boldsymbol{x}) = \begin{cases} u_e - x_e & e \in E \\ x_e & \bar{e} \in E \\ 0 & \text{それ以外} \end{cases} \tag{4.80}$$

と定義する．ここで，辺 $e = (u, v)$ の逆向きの辺を $\bar{e} = (v, u)$ とする．また，残余ネットワークの辺集合を

$$\widetilde{E}(\boldsymbol{x}) = \{e = (u, v) \in V \times V \mid \tilde{u}_e(\boldsymbol{x}) > 0\} \tag{4.81}$$

と定義する．残余ネットワークの例を**図 4.53** に示す．元のグラフ G のある辺 $e = (u, v) \in E$ を流れるフローの量が $x_e = u_e$ ならば，頂点 u から頂点 v にこれ以上はフローを流せないため，辺 $e \in E$ は残余ネットワーク $\widetilde{G}(\boldsymbol{x})$ に含まれない．逆に，元のグラフ G のある辺 $e = (u, v) \in E$ を流れるフローの量が $x_e = 0$ ならば，頂点 v から頂点 u にフローを押し戻せないため，逆向きの辺 $\bar{e} = (v, u)$ は残余ネットワーク $\widetilde{G}(\boldsymbol{x})$ に含まれない．

ところで，**図 4.54** に示すように，元のグラフ G のある頂点の組 $u, v \in V$ が辺 $e = (u, v)$ と逆向きの辺 $\bar{e} = (v, u)$ を同時に持つと残余ネットワーク $\widetilde{G}(\boldsymbol{x})$ に多重辺が生じる．このような場合は，元のグラフ G に新たな頂点 w を導入して辺 $e = (u, v)$ を 1 組の辺 (u, w) と辺 (w, v) に置き換え，これらの辺の容量を元の辺 $e = (u, v)$ の容量 u_e に設定する．

増加路法は，残余ネットワーク $\widetilde{G}(\boldsymbol{x})$ の入口 s から出口 t にいたる増加路 P を見つけ，増加路 P に沿って流すフローの量を増やす手続きを増加路がなくなるまで繰り返す．増加路法の手続きを以下にまとめる．

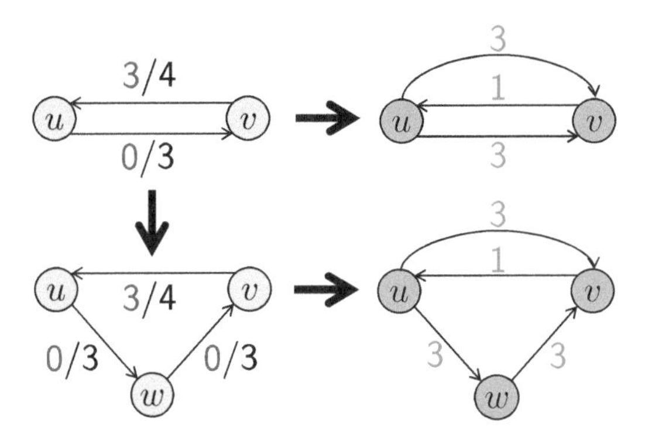

図 4.54　逆向きの辺を持つグラフの変換

アルゴリズム 4.13　増加路法

Step 1: $x_e = 0 \ (e \in E)$ とする．
Step 2: 残余ネットワーク $\widetilde{G}(\boldsymbol{x})$ を作り，入口 s から出口 t にいたる増加路 P を見つける．増加路 P がなければ終了．
Step 3: $\Delta = \min\{\tilde{u}_e(\boldsymbol{x}) \mid e \in P\}$ を計算する．残余ネットワーク $\widetilde{G}(\boldsymbol{x})$ の増加路 P に沿って元のグラフ G の各辺 $e = (u, v) \in E$ のフローの量 x_e を

$$x_e = \begin{cases} x_e + \Delta & e = (u, v) \in P \\ x_e - \Delta & \bar{e} = (v, u) \in P \end{cases}$$

として **Step 2** に戻る．

増加路法の実行例を**図 4.55** に示す．増加路が複数あるときにはどの増加路を選択しても良く，増加路の選択により得られるフローが変わることがある．

次に，増加路法が終了した時点でのフローが最適であることを示す．グラフ G の入口 s から出口 t に流れるフローのボトルネックを表すために，入口 s を含み出口 t を含まない頂点集合 $S \ (\subset V)$ のカット $\delta(S) = \{(u, v) \in E \mid u \in S, v \in V \setminus S\}$ を導入する (**図 4.56**)[注69]．これを ***s*-*t* カット** (s-t cut) と呼ぶ．カット $\delta(S)$ に含まれる辺 $e \in \delta(S)$ の容量の合計

$$c(S) = \sum_{e \in \delta(S)} u_e \tag{4.82}$$

をカット $\delta(S)$ の容量と呼ぶ．

注 69　有向グラフ $G = (V, E)$ では，カット $\delta(S)$ は逆向きの辺 $\bar{e} = (v, u) \in E \ (u \in S, v \in V \setminus S)$ を含まないことに注意する．

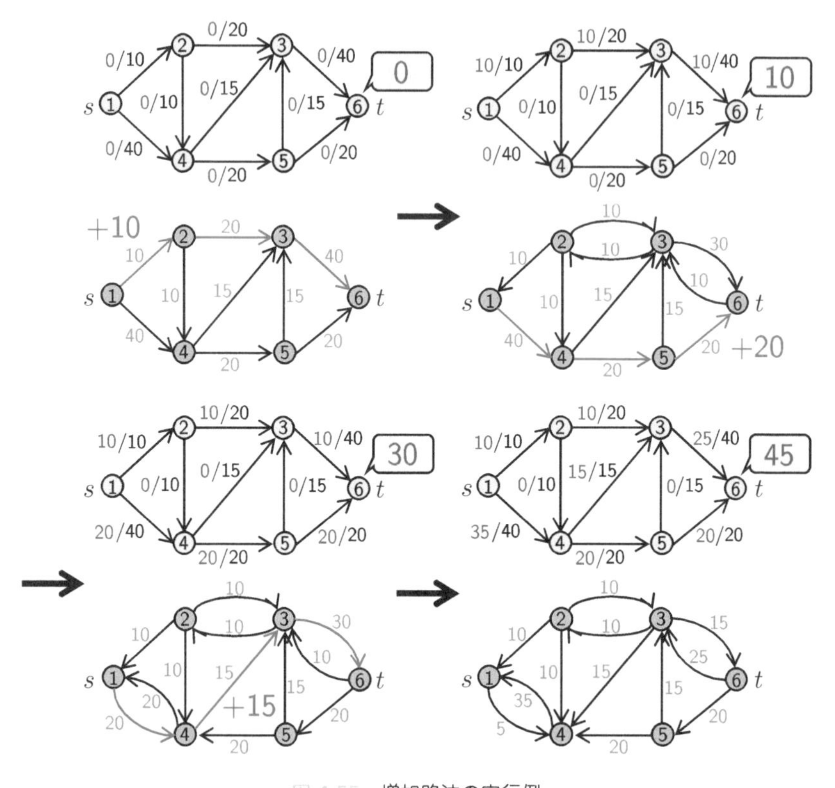

図 4.55　増加路法の実行例

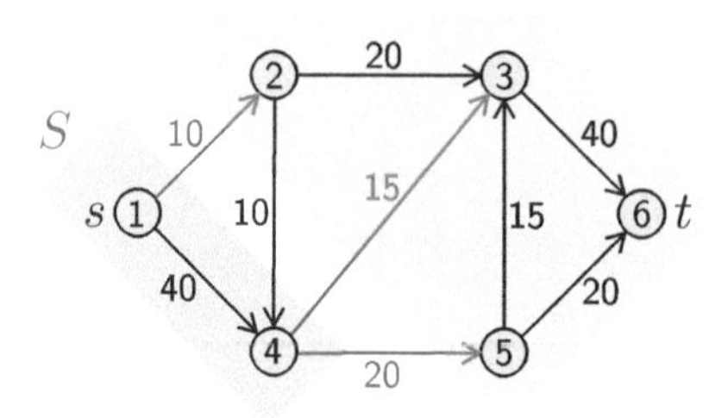

図 4.56　s-t カットの例

流量保存制約と容量制約より，入口 s から出口 t に流れるフローの総量 f と任意の s-t カット $\delta(S)$ について，

$$f = \sum_{e \in \delta^+(s)} x_e - \sum_{e \in \delta^-(s)} x_e = \sum_{v \in S} \left(\sum_{e \in \delta^+(v)} x_e - \sum_{e \in \delta^-(v)} x_e \right)$$
$$= \sum_{e \in \delta(S)} x_e - \sum_{e \in \delta(V \setminus S)} x_e \leq \sum_{e \in \delta(S)} u_e = c(S) \tag{4.83}$$

が成り立つ．すなわち，入口 s から出口 t に流れるフローの総量 f が任意の s-t カット $\delta(S)$ の容量 $c(S)$ を超えることはない．

この性質を用いて増加路法が終了した時点でのフローが最適であることを示す．

定理 4.5

実行可能なフロー $\boldsymbol{x}$ が最大フローであるための必要十分条件は，残余ネットワーク $\widetilde{G}(\boldsymbol{x})$ が増加路を持たないことである．

証明　まず，必要条件であることを示す．対偶を示す．もし，残余ネットワーク $\widetilde{G}(\boldsymbol{x})$ が増加路 P を持つならば，増加路 P に沿って入口 s から出口 t に流れるフローの総量を増やすことができるため，フロー $\boldsymbol{x}$ は最大フローではない．

次に，十分条件であることを示す．残余ネットワーク $\widetilde{G}(\boldsymbol{x})$ において，入口 s から到達可能な頂点集合を S とする．入口 s から出口 t にいたる増加路を持たないため，出口 t は頂点集合 S に含まれない．したがって，元のグラフ G のカット $\delta(S)$ は s-t カットであり，入口 s から出口 t に流れるフローの総量 f は

$$f = \sum_{e \in \delta(S)} x_e - \sum_{e \in \delta(V \setminus S)} x_e \tag{4.84}$$

となる．**図 4.57** に示すように，元のグラフ G のカット $\delta(S)$ の各辺 $e \in \delta(S)$ は残余ネットワーク $\widetilde{G}(\boldsymbol{x})$ に含まれないため，そのフローの量は $x_e = u_e$ である．一方で，元のグラフ G のカット $\delta(V \setminus S)$ の各辺 $e = (u, v) \in \delta(V \setminus S)$ は，逆向きの辺 $\bar{e} = (v, u)$ が残余ネットワーク $\widetilde{G}(\boldsymbol{x})$ に含まれないため，そのフローの量は $x_e = 0$ である．したがって，

$$f = \sum_{e \in \delta(S)} u_e = c(S) \tag{4.85}$$

となり，入口 s から出口 t に流れるフローの総量を増やせないため，フロー

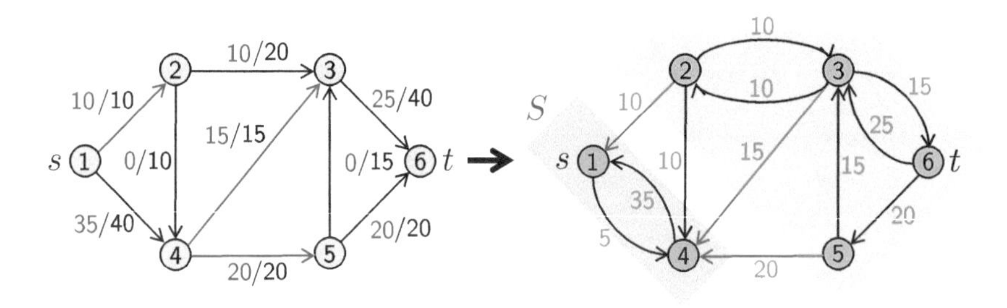

図 4.57　増加路法の最適性

$\boldsymbol{x}$ は最大フローである．

s-t カット $\delta(S)$ の容量 $c(S)$ が入口 s から出口 t に流れる任意のフローの総量 f を下回ることはないため，定理 4.5 の証明はカット $\delta(S)$ が最小カットであることを同時に示しており，最大フローの量と最小カットの容量は等しいことが分かる．

系 4.4　(最大フロー最小カット定理)

最大フローの量と最小カットの容量は等しい．

グラフ $G=(V,E)$ のすべての辺 $e \in E$ の容量 u_e が整数値のみをとるとする．増加路法では，入口 s から出口 t に流れるフローの総量は 1 回の反復で少なくとも 1 単位増えるため，反復回数が最大流のフローの総量を超えることはない．辺の容量の最大値を $U=\max\{u_e \mid e \in E\}$ とすれば，頂点 s から出る辺の本数は高々 $|V|-1$ 本なのでフローの総量の上限は $(|V|-1)U$ となり，増加路法は高々 $(|V|-1)U$ 回の反復で終了する．また，深さ優先探索もしくは幅優先探索を用いれば，残余ネットワーク $\widetilde{G}(\boldsymbol{x})$ の増加路は $\mathrm{O}(|V|+|E|)$ の計算手間で求められる．したがって，増加路法の全体の計算手間は $\mathrm{O}(|V||E|U)$ となる [注70]．

増加路法の反復回数は最大流のフローの総量に依存する．実際に，**図 4.58** の例では，増加路として $P_1=(1,3,2,4)$ と $P_2=(1,2,3,4)$ を交互に選択すると，増加路法の反復回数が最大流のフローの総量と同じになる．また，辺 $e \in E$ の容量 u_e の値が無理数であるときは，増加路法が有限の反復回数で終了しない例も知られている．そこで，辺の容量がどのような値をとっても最大フローを求めることができるように，増加路を選択する規則を設けたアル

注 70　最大流問題の入力に必要なデータ長は $\mathrm{O}(|V|+|E|+\log_2 U)$ なので，この増加路法は多項式時間アルゴリズムではなく擬多項式時間アルゴリズムであることに注意する．

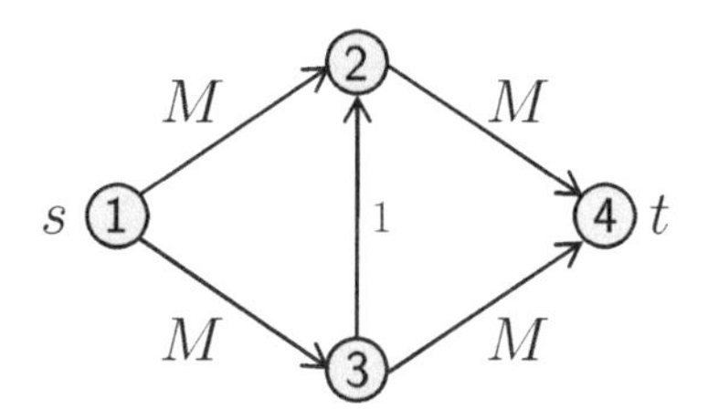

図 4.58　増加路法の反復回数が最大流のフローの総量と同じになる例

ゴリズムがいくつか知られている．エドモンズ (Edmonds) とカープ (Karp) は，増加路法の **Step 2** で辺の本数が最小となる増加路を選択すれば，反復回数が $\frac{|V||E|}{2}$ 回となることを示した．幅優先探索を用いれば，辺数が最小の増加路を $\mathrm{O}(|V|+|E|)$ の計算手間で求められる．したがって，増加路法の全体の計算手間は $\mathrm{O}(|V||E|^2)$ に改善できる．さらに，ディニツ (Dinitz) は**レベルネットワーク** (level network)[注71] を導入して，辺の本数が最小で辺を共有しない複数の増加路を見つけて同時にフローを更新することで，増加路法の全体の計算手間を $\mathrm{O}(|V|^2|E|)$ に改善できることを示した．

2 部グラフのマッチング問題 (bipartite matching problem)：無向グラフ $G=(V,E)$ が与えられたとき，辺の部分集合 $M \subseteq E$ で，各頂点 $v \in V$ につながる M の辺が高々 1 本しかないものを**マッチング** (matching) と呼ぶ[注72]．このとき，辺の本数が最大となるマッチングを求める問題を**最大マッチング問題** (maximum matching problem) と呼ぶ．与えられたグラフが 2 部グラフのとき，最大マッチング問題を最大流問題に変換できる．**図 4.59** に示すように，2 部グラフ $G=(V_1,V_2,E)$ に対して，新たに入口 s と出口 t，入口 s と頂点 $v \in V_1$ をつなぐ辺 (s,v)，頂点 $v \in V_2$ と出口 t をつなぐ辺 (v,t) を追加し，辺 $e=(u,v) \in E$ の始点を $u \in V_1$，終点を $v \in V_2$ とする．ここで，すべての辺の容量は 1 とする．

この最大流問題の最大フローと元の最大マッチング問題の最大マッチングは一対一に対応し，最大流問題の入口 s から出口 t に流れるフローの総量はマッチングの本数と一致する．この最大流問題に対する増加路法の反復回数は高々 $\min\{|V_1|,|V_2|\}$ 回であり，増加路法の全体の計算手間は $\mathrm{O}(|V||E|)$ となる[注73]．ホップクロフト (Hopcroft) とカープ (Karp) はレベルネットワー

注 71　**層別ネットワーク** (layered network) とも呼ぶ．

注 72　特に，辺の部分集合 $M \subseteq E$ で，各頂点 $v \in V$ につながる M の辺がちょうど 1 本であるものを**完全マッチング** (perfect matching) と呼ぶ．

注 73　$V=V_1 \cup V_2$ とする．

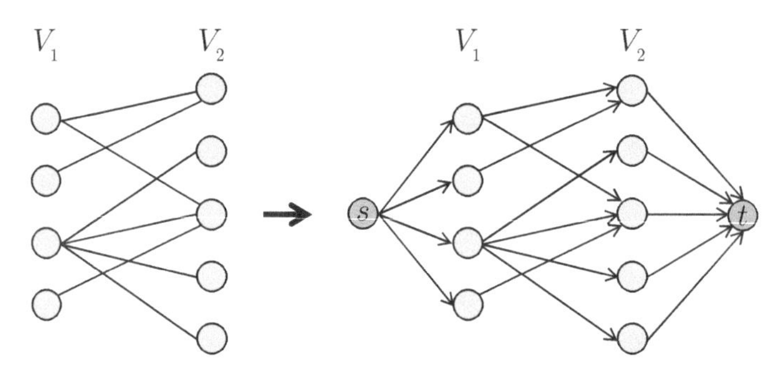

図 4.59　最大マッチング問題から最大流問題への変換

クを導入して，辺の本数が最小で辺を共有しない複数の増加路を見つけることで，増加路法の全体の計算手間を $\mathrm{O}(\sqrt{|V|}(|V|+|E|))$ に改善できることを示した．

複数の入口 $s_1, s_2, \ldots, s_m$ と出口 $t_1, t_2, \ldots, t_n$ を持つネットワークフロー問題も，同じ方法で 1 つの入口 s と出口 t を持つネットワークフロー問題に変換できる．すなわち，新たな入口 s と出口 t，新たな入口 s と元の入口 s_i $(i = 1, \ldots, m)$ をつなぐ辺 (s, s_i)，元の出口 t_j $(j = 1, \ldots, n)$ と新たな出口 t をつなぐ辺 (t_j, t) を追加する．ここで，新たに追加するすべての辺の容量は ∞ とする．

画像分割 (image segmentation)：**図 4.60** に示すように，画像分割は与えられた画像を解析したい対象とそれ以外の背景に対応する領域に分割する問題である．画像を構成する各画素を対象と背景に分類する問題を最小カット問題に定式化する手法が知られている．

与えられた画像を構成する画素の集合を V，隣接する画素の組 $u, v \in V$ の

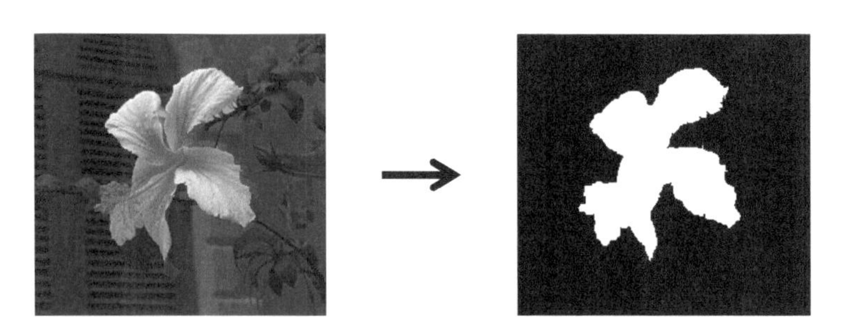

図 4.60　画像分割の実行例

集合を E とすると，画像に対応する無向グラフ $G=(V,E)$ が得られる．各画素 $v \in V$ が対象に属する尤度を l_v (≥ 0)，背景に属する尤度を $\bar{l}_v$ (≥ 0) とする．画素 v に対して $l_v > \bar{l}_v$ ならば，画素 v を対象に分類することが自然に思われる．しかし，一方で，画素 v に隣接する画素 u の多くが背景に属するならば，画素 v も隣接する画素と同様に背景に分類することも自然に思われる．すなわち，対象と背景の境界にある画素の数を最小化すれば，対象と背景のより滑らかな分割が得られる．そこで，隣接する画素の組 $\{u,v\} \in E$ について，一方を対象にもう一方を背景に分類したときの分離ペナルティを p_{uv} (≥ 0) とする．画素の集合 V を対象に対応する領域 F とそれ以外の背景に対応する領域 $\overline{F}=V \setminus F$ に分割する．画素 v が属する領域 (対象 F もしくは背景 $\overline{F}$) を σ_v とすると，分割 F の良さを表す評価関数は

$$Q(F)=\sum_{v \in F} l_v + \sum_{v \in \overline{F}} \bar{l}_v - \sum_{\{u,v\} \in E} p_{uv}\, \varphi(\sigma_u, \sigma_v) \tag{4.86}$$

と表せる．ここで，画素 u, v が異なる領域に属していれば $\varphi(\sigma_u, \sigma_v)=1$，そうでなければ $\varphi(\sigma_u, \sigma_v)=0$ とする．

評価関数 $Q(F)$ の値を最大化する画素の集合 V の分割 F を求める問題を最小カット問題に変換する．まず，$L=\sum_{v \in V}(l_v+\bar{l}_v)$ とすれば，評価関数 $Q(F)$ は，

$$Q(F)=L-\sum_{v \in F} \bar{l}_v - \sum_{v \in \overline{F}} l_v - \sum_{\{u,v\} \in E} p_{uv}\, \varphi(\sigma_u, \sigma_v) \tag{4.87}$$

と変形できる．したがって，評価関数 $Q(F)$ を最大化する問題は，関数

$$\overline{Q}(F)=\sum_{v \in F} \bar{l}_v + \sum_{v \in \overline{F}} l_v + \sum_{\{u,v\} \in E} p_{uv}\, \varphi(\sigma_u, \sigma_v) \tag{4.88}$$

を最小化する問題に変換できる．

次に，無向グラフ $G=(V,E)$ を有向グラフ $G'=(V',E')$ に変換する (**図 4.61**)．隣接する画素の組 $\{u,v\} \in E$ を 2 本の有向辺 $(u,v),(v,u)$ に置き換える．また，対象を表す入口 s，背景を表す出口 t，入口 s と画素 $v \in V$ をつなぐ辺 (s,v)，画素 $v \in V$ と出口 t をつなぐ辺 (v,t) を追加する．ここで，辺 (s,v) $(v \in V)$ の容量を l_v，辺 (v,t) $(v \in V)$ の容量を $\bar{l}_v$，辺 (u,v) と辺 (v,u) $(u,v \in V)$ の容量を p_{uv} とする．この有向グラフ G' に対して，入口 s を含み出口 t を含まない頂点集合 F に対する s-t カット $\delta(F)$ のカット容量 $c(F)$ は，

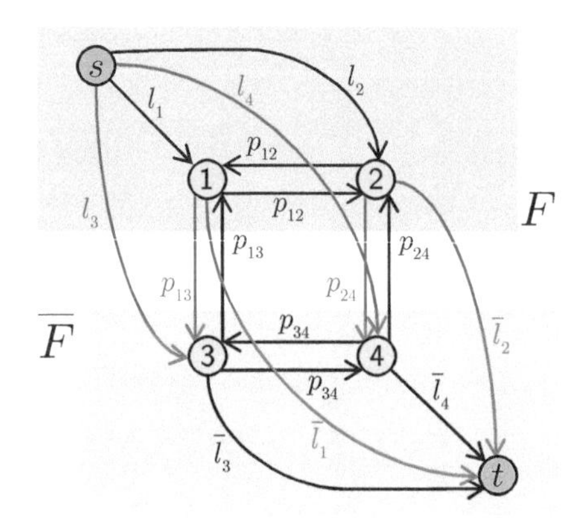

図 4.61　画像分割問題から最小カット問題への変換

$$c(F) = \sum_{v \in F} \bar{l}_v + \sum_{v \in \overline{F}} l_v + \sum_{(u,v) \in \delta(F)} p_{uv} = \overline{Q}(F) \tag{4.89}$$

となり，有向グラフ G' の最小カットを求めれば評価関数 $Q(F)$ の値を最大化できることが分かる．

最小費用流問題 (minimum cost flow problem)：**図 4.62** に示すように，有向グラフ $G = (V, E)$ と各辺 $e \in E$ の容量 u_e (> 0) および単位流量あたりの費用 c_e が与えられる．また，各頂点 $v \in V$ から流出するフローの量 b_v が与えられる[注74]．このとき，辺 $e \in E$ を流れるフローの量を変数 x_e で表すと，総費用を最小にするようなフローを求める問題は以下の線形計画問題に定式

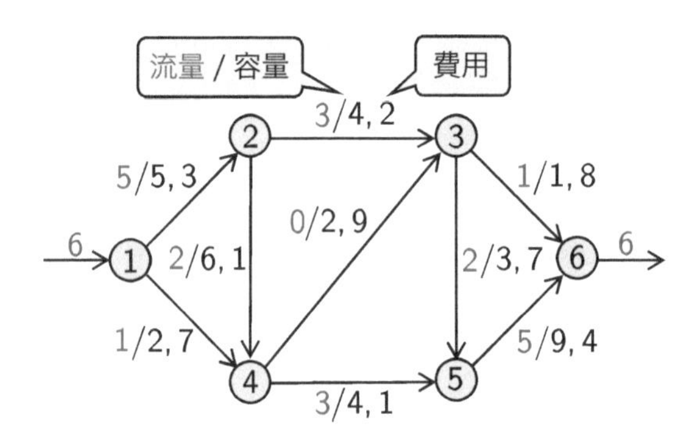

図 4.62　最小費用流問題の例

注 74　頂点 $v \in V$ にフローが流入するときは b_v は負の値をとる．

化できる．

$$
\begin{aligned}
\text{最小化} \quad & \sum_{e \in E} c_e x_e \\
\text{条件} \quad & \sum_{e \in \delta^+(v)} x_e - \sum_{e \in \delta^-(v)} x_e = b_v, \quad v \in V, \\
& 0 \leq x_e \leq u_e, \qquad\qquad\qquad\qquad e \in E.
\end{aligned}
\tag{4.90}
$$

1 番目の制約条件は，各頂点 $v \in V$ から流出するフローの量が b_v となることを表す[注75]．2 番目の制約条件は，各辺 $e \in E$ を流れるフローの量 x_e が容量 u_e を超えないことを表す．ここで，$\sum_{v \in V} b_v = 0$ を満たすと仮定する[注76]．

ところで，各辺 $e \in E$ のフローの量 x_e の下限 l_e (≥ 0) が与えられるとき[注77]，各辺 $e \in E$ の容量を $u'_e = u_e - l_e$，各頂点 $v \in V$ から流出するフローの量を $b'_v = b_v - \sum_{e \in \delta^+(v)} l_e + \sum_{e \in \delta^-(v)} l_e$ とする．このとき，変換したグラフ G' における各辺 $e \in E$ の最適なフローの量を x'_e とすると，元のグラフ G における各辺 $e \in E$ の最適なフローの量は $x'_e + l_e$ となる．

最大流問題と同様に，最小費用流問題でも残余ネットワークを用いたアルゴリズムがいくつか知られている．ここでは，最小費用流問題に対する**負閉路消去法** (negative cycle canceling method)[注78] と**最短路繰り返し法** (successive shortest path method) を紹介する．

先に，負閉路消去法を紹介する．まず，最大流問題と同様に，各辺 $e \in E$ を流れるフローの量 x_e が与えられたときに，各辺の変更可能なフローの量を表す残余ネットワーク $\widetilde{G}(\boldsymbol{x}) = (V, \widetilde{E}(\boldsymbol{x}))$ を定義する．さらに，残余ネットワーク $\widetilde{G}(\boldsymbol{x})$ の各辺 $e \in \widetilde{E}(\boldsymbol{x})$ の費用 $\tilde{c}_e(\boldsymbol{x})$ を

$$
\tilde{c}_e(\boldsymbol{x}) = \begin{cases} c_e & e \in E \\ -c_{\bar{e}} & \bar{e} \in E \end{cases} \tag{4.91}
$$

と定義する．ここで，辺 $e = (u, v)$ の逆向きの辺を $\bar{e} = (v, u)$ とする．

図 4.63 に示すように，残余ネットワーク $\widetilde{G}(\boldsymbol{x})$ において，費用 $\tilde{c}_e(\boldsymbol{x})$ の合計が負，すなわち $\sum_{e \in C} \tilde{c}_e(\boldsymbol{x}) < 0$ となる閉路 C があるとき，$\Delta = \min\{\tilde{u}_e(\boldsymbol{x}) \mid e \in C\}$ とする．このとき，$\Delta > 0$ であり，残余ネットワーク $\widetilde{G}(\boldsymbol{x})$ の閉路 C に沿って元のグラフ G の各辺 $e \in E$ に流すフローの量 x_e を

注 75　b_v が負の値をとるときは，頂点 $v \in V$ に流入するフローの量が $|b_v|$ となることを表す．

注 76　そうでなければ，最小費用流問題は実行可能なフローを持たない．

注 77　すなわち，各辺 $e \in E$ の容量制約が $l_e \leq x_e \leq u_e$ と与えられる．

注 78　**クライン** (Klein) **の方法**とも呼ぶ．

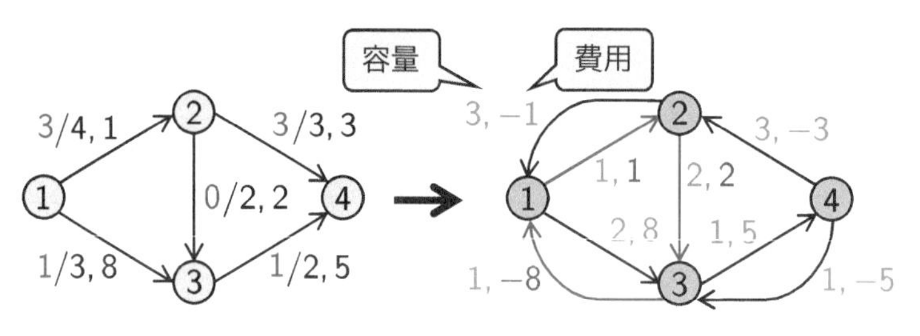

図 4.63 残余ネットワークにおける負閉路の例

$$x_e = \begin{cases} x_e + \Delta & e \in C \\ x_e - \Delta & \bar{e} \in C \end{cases} \tag{4.92}$$

と更新すれば各辺 $e \in E$ の容量制約を違反することなく，総費用を $|\sum_{e \in C} \tilde{c}_e(\boldsymbol{x})|\Delta$ だけ減らせる．すなわち，辺 $e \in E$ が閉路 C に含まれていれば流すフローの量を $x_e = x_e + \Delta$ と増やし，その逆向きの辺 $\bar{e}$ が閉路 C に含まれていれば流すフローの量を $x_e = x_e - \Delta$ と減らす．このように，残余ネットワーク $\widetilde{G}(\boldsymbol{x})$ の閉路 C に沿ってフローを流せば総費用を減らせることから，この閉路 C を**負閉路** (negative cycle) と呼ぶ．

負閉路消去法は，残余ネットワーク $\widetilde{G}(\boldsymbol{x})$ の負閉路 C を見つけ，負閉路 C に沿って流すフローの量を増やす手続きを負閉路がなくなるまで繰り返す．負閉路消去法の手続きを以下にまとめる．

アルゴリズム 4.14 負閉路消去法

Step 1: 実行可能なフローを求める．

Step 2: 残余ネットワーク $\widetilde{G}(\boldsymbol{x})$ を作り，負閉路 C を見つける．負閉路 C がなければ終了．

Step 3: $\Delta = \min\{\tilde{u}_e(\boldsymbol{x}) \mid e \in C\}$ を計算する．残余ネットワーク $\widetilde{G}(\boldsymbol{x})$ の負閉路 C に沿って元のグラフ G の各辺 $e = (u, v) \in E$ のフローの量 x_e を

$$x_e = \begin{cases} x_e + \Delta & e = (u, v) \in C \\ x_e - \Delta & \bar{e} = (v, u) \in C \end{cases}$$

として **Step 2** に戻る．

負閉路消去法では，**Step 1** で実行可能なフローを求める必要がある．そこで，元のグラフ G に新たな頂点 s を追加し，新たな頂点 s と各頂点 $v \in V$ をつなぐ辺 $E^+ = \{(v, s) \mid v \in V, b_v > 0\}$, $E^- = \{(s, v) \mid v \in V, b_v < 0\}$

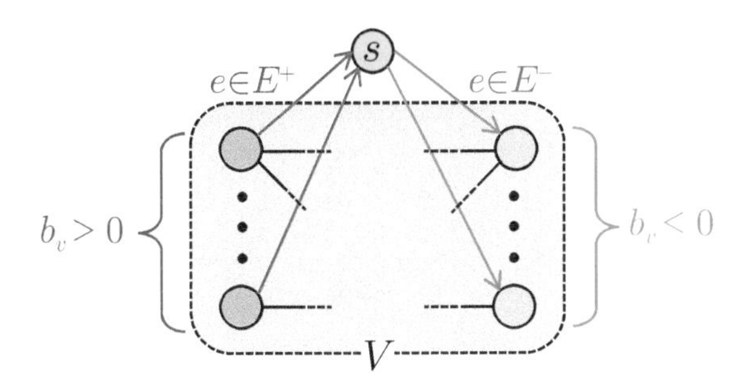

図 4.64　最小費用流問題の初期解の生成

を追加する (**図 4.64**)．頂点 s から流出するフローの量を $b_s = 0$，追加した各辺 $e \in E^+ \cup E^-$ の容量を $u_e = \infty$，費用を $c_e = \infty$ とする [注79]．各辺 $e \in E \cup E^+ \cup E^-$ のフローの量を

$$x_e = \begin{cases} 0 & e = (u, v) \in E \\ b_v & e = (v, s) \in E^+ \\ |b_v| & e = (s, v) \in E^- \end{cases} \tag{4.93}$$

とすれば，拡張したグラフ $G' = (V \cup \{s\}, E \cup E^+ \cup E^-)$ の実行可能なフローが得られる．この実行可能なフローから始めて，拡張したグラフ G' に負閉路消去法を適用する．元のグラフ G が実行可能なフローを持つならば，負閉路消去法が終了した時点で新たに追加した辺 $e \in E^+ \cup E^-$ を流れるフローの量は $x_e = 0$ となる．負閉路消去法の実行例を**図 4.65** に示す．

注 79　実際には，容量 u_e と費用 c_e は十分に大きな定数とする．

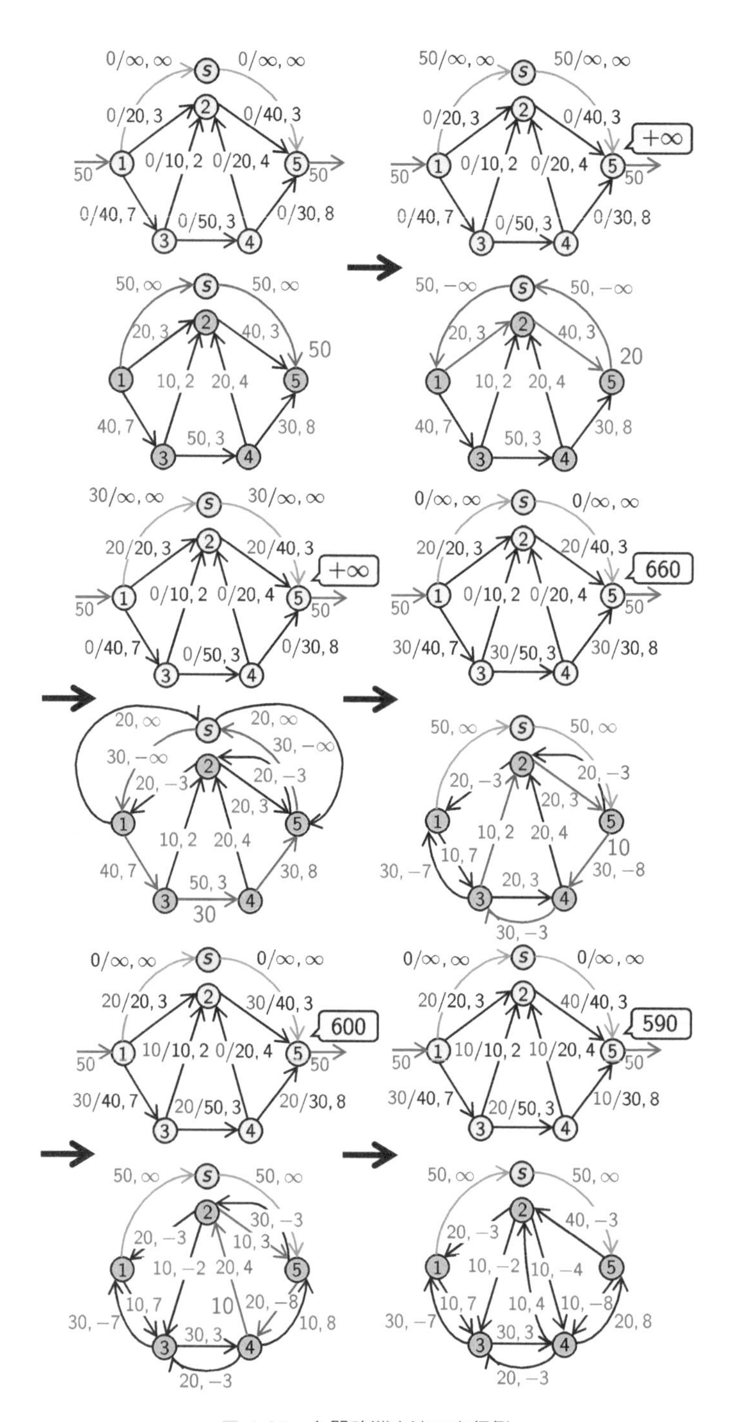

図 4.65 負閉路消去法の実行例

次に，負閉路消去法が終了した時点でのフローが最適であることを示す．

> **定理 4.6**
>
> 実行可能なフロー $\boldsymbol{x}$ が最小費用フローであるための必要十分条件は，残余ネットワーク $\widetilde{G}(\boldsymbol{x})$ が負閉路を持たないことである．

証明　まず，必要条件であることを示す．もし，残余ネットワーク $\widetilde{G}(\boldsymbol{x})$ が負閉路 C を持つならば，負閉路 C に沿ってフローを流すことで総費用を減らすことができるため，フロー $\boldsymbol{x}$ は最小費用フローではない．

次に，十分条件である事を示す．対偶を示す．フロー $\boldsymbol{x}$ が最小費用フローではないと仮定する．各辺 $e \in E$ を流れる最小費用フローの量を x_e^* とすると，残余ネットワーク $\widetilde{G}(\boldsymbol{x})$ の各辺 $e \in \widetilde{E}(\boldsymbol{x})$ におけるフローの量 x_e^* と x_e の差分 x'_e は

$$x'_e = \begin{cases} x_e^* - x_e & x_e^* - x_e \geq 0 \\ x_{\bar{e}} - x_{\bar{e}}^* & x_{\bar{e}}^* - x_{\bar{e}} < 0 \\ 0 & \text{それ以外} \end{cases} \tag{4.94}$$

となる (**図 4.66**)．ここで，辺 $e = (u, v)$ の逆向きの辺を $\bar{e} = (v, u)$ とする．フロー $\boldsymbol{x}$ と $\boldsymbol{x}^*$ はいずれも実行可能なので

$$\sum_{e \in \delta^+(v)} (x_e^* - x_e) - \sum_{e \in \delta^-(v)} (x_e^* - x_e) = \sum_{e \in \delta^+(v)} x'_e - \sum_{e \in \delta^-(v)} x'_e = 0,\ v \in V \tag{4.95}$$

となり，流量保存制約よりフローの差分はいくつかの有向閉路を流れるフローに分解できる．また，$x'_e > 0$ となる各辺 $e \in \widetilde{E}(\boldsymbol{x})$ の費用 c'_e を

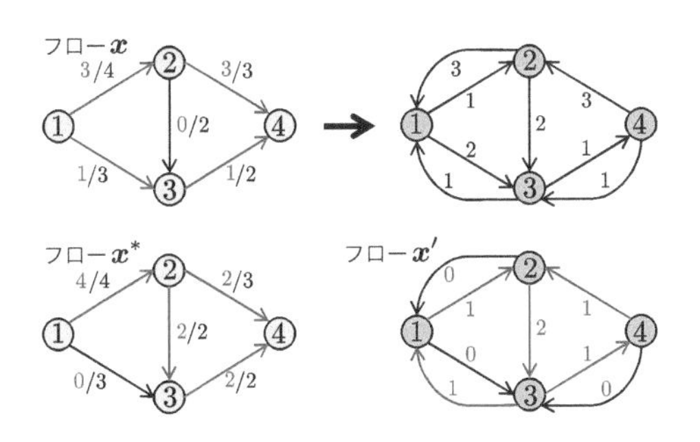

図 4.66　残余ネットワークにおけるフローの差分

$$c'_e = \begin{cases} c_e & x^*_e - x_e \geq 0 \\ -c_{\bar{e}} & x^*_{\bar{e}} - x_{\bar{e}} < 0 \end{cases} \tag{4.96}$$

とする．このとき，

$$\sum_{e \in \widetilde{E}(\boldsymbol{x})} c'_e x'_e = \sum_{e \in E} c_e x^*_e - \sum_{e \in E} c_e x_e < 0 \tag{4.97}$$

となり，フローの差分に含まれる少なくとも 1 つの有向閉路は負閉路となる．

□

グラフ $G = (V, E)$ のすべての辺 $e \in E$ の容量 u_e と費用 c_e が整数値のみをとるとする．負閉路消去法では，総費用は少なくとも 1 回の反復で 1 単位減るため，容量の最大値を $U = \max\{u_e \mid e \in E\}$，費用の最大値を $C = \max\{|c_e| \mid e \in E\}$ とすれば，負閉路消去法は $\mathrm{O}(|E|CU)$ 回の反復で終了する[注80]．残余ネットワーク $\widetilde{G}(\boldsymbol{x})$ の負閉路は最短路問題に対するベルマン・フォード法を用いれば $\mathrm{O}(|V||E|)$ の計算手間で求められる．したがって，負閉路消去法の全体の計算手間は $\mathrm{O}(|V||E|^2CU)$ となる[注81]．

最大流問題に対する増加路法と同様に，辺 $e \in E$ の容量 u_e の値が無理数であるときは，負閉路消去法が有限の反復回数で終了しない例も知られている．そこで，辺の容量がどのような値をとっても最小費用フローを求めることができるように，負閉路を選択する規則を設けたアルゴリズムがいくつか知られている．たとえば，負閉路消去法の **Step 2** で負閉路 C に含まれる各辺 $e \in C$ の費用 $\tilde{c}_e(\boldsymbol{x})$ の平均値が最小となる**最小平均閉路** (minimum mean cycle) を選択すれば，反復回数が $\mathrm{O}(|V||E|^2 \log_2 |V|)$ 回となることが示されている．

次に，最短路繰り返し法を紹介する．まず，最小費用流問題とその双対問題の関係を説明する．最小費用流問題 (4.90) の各制約条件に対応する重み係数 y_v, z_e を導入すると以下のラグランジュ緩和問題が得られる．

$$\begin{array}{ll} \text{最小化} & \displaystyle\sum_{e \in E} c_e x_e + \sum_{e \in E} z_e (x_e - u_e) + \sum_{v \in V} y_v \left(\sum_{e \in \delta^+(v)} x_e - \sum_{e \in \delta^-(v)} x_e - b_v \right) \\ \text{条件} & x_e \geq 0, \quad e \in E. \end{array} \tag{4.98}$$

注 80　**Step 1** で実行可能なフローを求めるために，頂点 s を追加すると総費用の初期値が ∞ となる．しかし，頂点 s を通過するフローの総量は 1 回の反復で少なくとも 1 単位減るため，高々 $\sum_{v \in V} |b_v|$ 回の反復回数で頂点 s を通る負閉路はなくなる．

注 81　最大流問題に対する増加路法と同様に，この負閉路消去法も多項式時間アルゴリズムではなく擬多項式時間アルゴリズムであることに注意する．

ここで，重み係数 $z_e \geq 0$ $(e \in E)$ である．この目的関数を変数 x_e についてまとめると以下のように変形できる．

$$-\sum_{v \in V} b_v y_v - \sum_{e \in E} u_e z_e + \sum_{e=(u,v) \in E} x_e \left(c_e + y_u - y_v + z_e\right) \tag{4.99}$$

変数 x_e は非負の値をとるので，元の最小費用流問題の最適値に対する下界を得るためには，変数 x_e の係数が $c_e + y_u - y_v + z_e \geq 0$ を満たす必要がある．このとき，$x_e = 0$ $(e \in E)$ がラグランジュ緩和問題の最適解となり，最適値 $-\sum_{v \in V} b_v y_v - \sum_{e \in E} u_e z_e$ が得られる．これらをまとめると，最小費用流問題に対する双対問題は以下の線形計画問題に定式化できる．

$$\begin{array}{lll} \text{最大化} & -\sum_{v \in V} b_v y_v - \sum_{e \in E} u_e z_e & \\ \text{条件} & -y_u + y_v - z_e \leq c_e, & e = (u,v) \in E, \\ & z_e \geq 0, & e \in E. \end{array} \tag{4.100}$$

ここで，変数 y_v を頂点 $v \in V$ の**ポテンシャル** (potential) と呼ぶ．

変数 x_e $(e = (u,v) \in E)$ に対応する**被約費用** (reduced cost) を $\bar{c}_e(\boldsymbol{y}) = c_e + y_u - y_v$ と定義すると，最小費用流問題の相補性定理が得られる．

定理 4.7 (最小費用流問題の相補性定理)

最小費用流問題の実行可能なフロー $\boldsymbol{x}^*$ が最適であるための必要十分条件は，すべての辺 $e \in E$ に対して

$$\begin{aligned} \bar{c}_e(\boldsymbol{y}^*) > 0 \Rightarrow x_e^* = 0, \\ \bar{c}_e(\boldsymbol{y}^*) < 0 \Rightarrow x_e^* = u_e \end{aligned} \tag{4.101}$$

となるポテンシャル $\boldsymbol{y}^*$ が存在することである．

証明 線形計画問題の相補性条件 (2.126), (2.131) より，最小費用流問題の実行可能解 $\boldsymbol{x}^*$ とその双対問題の実行可能解 $(\boldsymbol{y}^*, \boldsymbol{z}^*)$ がともに最適解であるための必要十分条件は，以下の相補性条件

$$\begin{aligned} \left(\bar{c}_e(\boldsymbol{y}^*) + z_e^*\right) x_e^* = 0, e \in E, \\ \left(x_e^* - u_e\right) z_e^* = 0, e \in E \end{aligned} \tag{4.102}$$

が成り立つことである[注82]．ある辺 $e \in E$ において $0 < x_e^* < u_e$ とすると，

注 82　最小費用流問題 (4.90) の 1 番目の制約条件は等式制約のため相補性条件には現れないことに注意する．

相補性条件より $\bar{c}_e(\boldsymbol{y}^*) + z_e^* = 0$ と $z_e^* = 0$ が成り立ち，$\bar{c}_e(\boldsymbol{y}^*) = 0$ となる．$x_e^* = u_e\ (> 0)$ とすると，相補性条件より $\bar{c}_e(\boldsymbol{y}^*) + z_e^* = 0$ が成り立ち，$z_e^* \geq 0$ より $\bar{c}_e(\boldsymbol{y}^*) \leq 0$ となる．また，$x_e^* = 0\ (< u_e)$ とすると，相補性条件より $z_e^* = 0$ が成り立ち，双対問題の制約条件 $\bar{c}_e(\boldsymbol{y}^*) + z_e^* \geq 0$ より，$\bar{c}_e(\boldsymbol{y}^*) \geq 0$ となる．これらをまとめると，相補性条件は以下のように書き換えられる．

$$\begin{aligned} x_e^* = 0 &\Rightarrow \bar{c}_e(\boldsymbol{y}^*) \geq 0, \\ 0 < x_e^* < u_e &\Rightarrow \bar{c}_e(\boldsymbol{y}^*) = 0, \\ x_e^* = u_e &\Rightarrow \bar{c}_e(\boldsymbol{y}^*) \leq 0. \end{aligned} \tag{4.103}$$

この条件の対偶より式 (4.101) が得られる． □

グラフ G においてある辺 $e = (u, v) \in E$ の最適なフローの量が $x_e^* = u_e$ ならば，残余ネットワーク $\widetilde{G}(\boldsymbol{x}^*)$ にはその逆向き辺 $\bar{e} = (v, u)$ のみが現れることから以下の性質が得られる．

系 4.5　最小費用流問題の実行可能なフロー $\boldsymbol{x}^*$ が最適であるための必要十分条件は，残余ネットワーク $\widetilde{G}(\boldsymbol{x}^*)$ のすべての辺 $e = (u, v) \in \widetilde{E}(\boldsymbol{x}^*)$ に対して $\bar{c}_e(\boldsymbol{y}^*) = \tilde{c}_e(\boldsymbol{x}^*) + y_u^* - y_v^* \geq 0$ となるポテンシャル $\boldsymbol{y}^*$ が存在することである．

最短路繰り返し法は，容量制約を満たすフロー $\boldsymbol{x}$ の残余ネットワーク $\widetilde{G}(\boldsymbol{x})$ に対して $\bar{c}_e(\boldsymbol{y}) \geq 0$ を満たすポテンシャル $\boldsymbol{y}$ を維持しつつ，流量保存制約を満たすようにフロー $\boldsymbol{x}$ を更新する方法である．最短路繰り返し法の手続きを以下にまとめる．ここで，各頂点 $v \in V$ における流量保存制約の違反量を $\tilde{b}_v(\boldsymbol{x}) = b_v - \sum_{e \in \delta^+(v)} x_e + \sum_{e \in \delta^-(v)} x_e$ とする．

アルゴリズム 4.15　最短路繰り返し法

Step 1: $c_e \geq 0$ ならば $x_e = 0$，$c_e < 0$ ならば $x_e = u_e$ $(e \in E)$ とする．$y_v = 0$ $(v \in V)$ とする．
Step 2: $\tilde{b}_{v^*}(\boldsymbol{x}) > 0$ となる頂点 $v^* \in V$ を選ぶ．そのような頂点がなければ終了．
Step 3: 残余ネットワーク $\widetilde{G}(\boldsymbol{x})$ の辺 $e \in \widetilde{E}(\boldsymbol{x})$ の長さを被約費用 $\bar{c}_e(\boldsymbol{y})$ として，頂点 v^* から各頂点 $v \in V$ への最短路の長さ f_{v^*v} を求める．
Step 4: 各頂点 $v \in V$ のポテンシャルを $y_v = y_v + f_{v^*v}$ と更新する．
Step 5: $\tilde{b}_v(\boldsymbol{x}) < 0$ となる頂点 $v \in V$ を選び，頂点 v^* から頂点 v への最短路を P とする [注83]．$\Delta = \min\{\tilde{b}_{v^*}(\boldsymbol{x}), |\tilde{b}_v(\boldsymbol{x})|, \min\{\tilde{u}_e(\boldsymbol{x}) \mid e \in P\}\}$ を計算

する．残余ネットワーク $\widetilde{G}(\boldsymbol{x})$ の最短路 P に沿って元のグラフ G の各辺 $e=(u,v)\in E$ のフローの量 x_e を

$$x_e = \begin{cases} x_e + \Delta & e=(u,v)\in P \\ x_e - \Delta & \bar{e}=(v,u)\in P \end{cases}$$

として **Step 2** に戻る．

最短路繰り返し法では，残余ネットワーク $\widetilde{G}(\boldsymbol{x})$ に対して $\bar{c}_e(\boldsymbol{y})\geq 0$ を満たすポテンシャル $\boldsymbol{y}$ を維持する必要がある．**Step 4** で更新されたポテンシャルを $\boldsymbol{y}'$ とすると，更新後の各辺 $e\in\widetilde{E}(\boldsymbol{x})$ の被約費用は

$$\begin{aligned} \bar{c}_e(\boldsymbol{y}') &= c_e + y'_u - y'_v \\ &= c_e + (y_u + f_{v^*u}) - (y_v + f_{v^*v}) \\ &= c_e + y_u - y_v + f_{v^*u} - f_{v^*v} \\ &= \bar{c}_e(\boldsymbol{y}) + f_{v^*u} - f_{v^*v} \end{aligned} \tag{4.104}$$

となる．このとき，定理 4.3 より，頂点 v^* から各頂点 $v\in V$ への最短路の長さ f_{v^*v} は三角不等式

$$f_{v^*v} \leq f_{v^*u} + \bar{c}_e(\boldsymbol{y}), \quad e=(u,v)\in\widetilde{E}(\boldsymbol{x}) \tag{4.105}$$

を満たすため，更新後のポテンシャル $\boldsymbol{y}'$ も $\bar{c}_e(\boldsymbol{y}')\geq 0$ を満たす．最短路繰り返し法の実行例を**図 4.67** に示す．

グラフ $G=(V,E)$ のすべての辺の容量 u_e が整数値のみをとるとする．最短路繰り返し法では，超過の総量 $\sum_{v\in V}\max\{\tilde{b}_v(\boldsymbol{x}),0\}$ は 1 回の反復で少なくとも 1 単位減る．容量の最大値を $U=\max\{u_e \mid e\in E\}$ とすれば，$\sum_{v\in V}\max\{\tilde{b}_v(\boldsymbol{x}),0\}\leq(|V|+|E|)U$ より，最短路繰り返し法は $\mathrm{O}(|E|U)$ 回の反復で終了する[注84]．各反復では，残余ネットワーク $\widetilde{G}(\boldsymbol{x})$ の各辺 $e\in\widetilde{E}(\boldsymbol{x})$ の被約費用は $\bar{c}_e(\boldsymbol{y})\geq 0$ を満たすため，頂点 v^* から各頂点 $v\in V$ への最短路はダイクストラ法を用いて $\mathrm{O}(|E|+|V|\log_2|V|)$ の計算手間で最短路を求められる．したがって，最短路繰り返し法の全体の計算手間は $\mathrm{O}((|E|+|V|\log_2|V|)|E|U)$ となる[注85]．

注 83　$\sum_{v\in V} b_v = 0$ の仮定より，任意のフロー $\boldsymbol{x}$ に対して $\sum_{v\in V}\tilde{b}_v(\boldsymbol{x})=0$ となるため，$\tilde{b}_v(\boldsymbol{x})>0$ となる頂点 $v\in V$ が存在すれば，$\tilde{b}_{v'}(\boldsymbol{x})<0$ となる頂点 $v'\in V$ が必ず存在する．

注 84　ここでは，$|V|\leq|E|$ と仮定する．

注 85　負閉路消去法と同様に，この最短路繰り返し法も多項式時間アルゴリズムではなく擬多項式時間アルゴリズムであることに注意する．

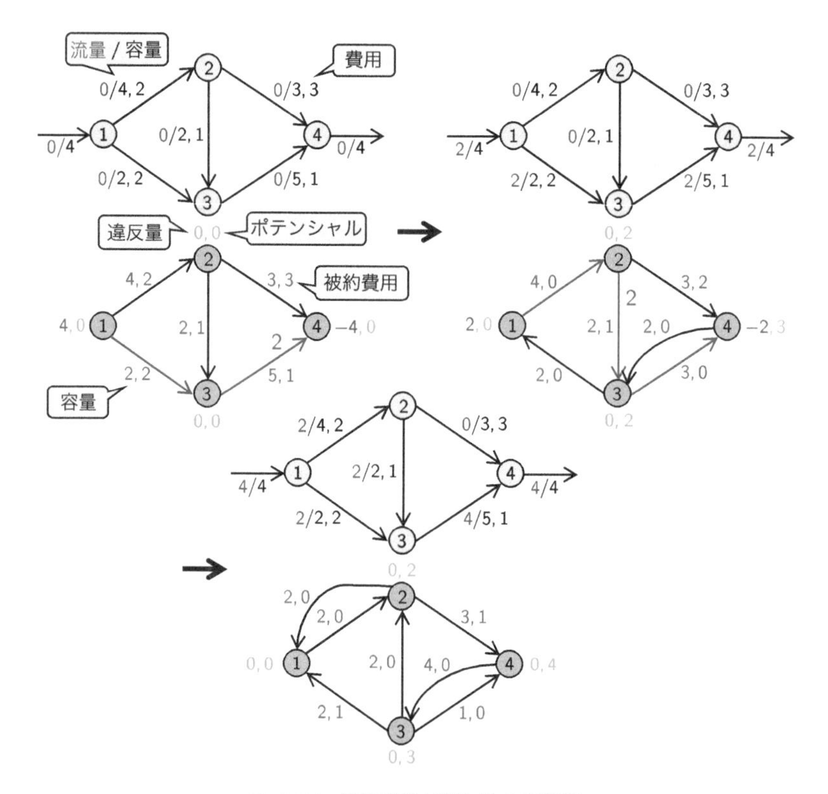

図 4.67　最短路繰り返し法の実行例

割当問題：4.1.6 節では，完全単模行列を制約行列に持つ整数計画問題の例として割当問題を紹介した．完全単模行列を制約行列に持つ整数計画問題では，整数条件を緩和した線形計画問題に対して単体法を適用すれば元の整数計画問題の最適解が得られる．一方で，割当問題を最小費用流問題に変換すればさらに効率的に最適解を求めることができる．

まず，割当問題に対応する 2 部グラフ $G = (V_1, V_2, E)$ を定義する．すなわち，学生 i を頂点 $i \in V_1$，クラス j を頂点 $j \in V_2$，学生 i のクラス j に対する満足度 p_{ij} を辺 $(i, j) \in E$ の重みとする．この 2 部グラフ $G = (V_1, V_2, E)$ に対して新たに入口 s と出口 t，入口 s と頂点 $i \in V_1$ をつなぐ辺 (s, i)，頂点 $j \in V_2$ と出口 t をつなぐ辺 (j, t) を追加する (**図 4.68**)．ここで，辺 (s, i) $(i \in V_1)$ の容量を 1，費用を 0，辺 (j, t) $(j \in V_2)$ の容量を u_j，費用を 0，辺 $(i, j) \in E$ の容量を 1，費用を $-p_{ij}$，入口 s から流出するフローの量を m $(= |V_1|)$，出口 t に流入するフローの量を m とする．

この最小費用流問題の最小費用フローと元の割当問題の最適解は一対一に

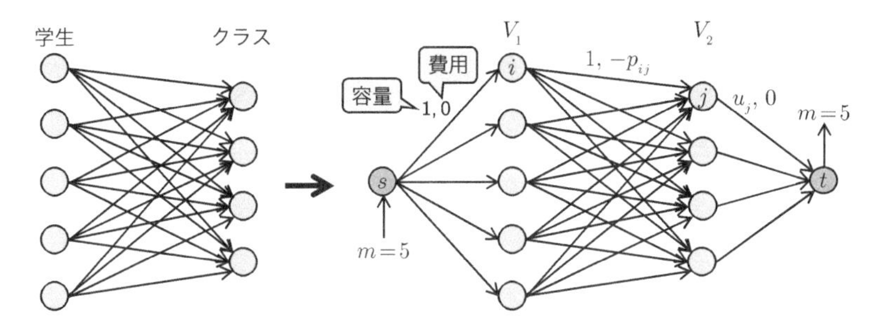

図 4.68　割当問題から最小費用流問題への変換

対応し，最小費用流問題の最適値に -1 をかけた値が割当問題の最適値となる．この最小費用流問題に対する最短路繰り返し法の反復回数は高々 $|V_1|$ 回であり，最短路繰り返し法の全体の計算手間は $O((|E| + |V| \log_2 |V|)|V|)$ となる[注86]．

4.4 ● 分枝限定法と切除平面法

整数計画問題を含む NP 困難な組合せ最適化問題では，**分枝限定法** (branch-and-bound algorithm)[注87] と**切除平面法** (cutting plane algorithm) が代表的な厳密解法として知られている．分枝限定法は，直接解くことが難しい問題をいくつかの小規模な子問題に分割する**分枝操作** (branching procedure) と，最適解が得られる見込みのない子問題を見つける**限定操作** (bounding procedure)[注88] の 2 つの操作を繰り返し適用するアルゴリズムで，整数計画問題以外にも多くの最適化問題で使われている．整数計画問題に対する分枝限定法は 1960 年にランド (Land) とドイグ (Doig) により提案された．切除平面法は，緩和問題の最適解から始めて，実行可能解を残しつつ緩和問題の最適解を除去する制約条件を組織的に追加する手続きを繰り返し適用するアルゴリズムである．整数計画問題に対する切除平面法は 1958 年にゴモリー (Gomory) により提案された．本節では，分枝限定法と切除平面法の考え方と手続きを説明したあとに，整数計画問題を解くソフトウェアの利用法を紹介する．

注 86　$V = V_1 \cup V_2$ とする．
注 87　**間接列挙法** (implicit enumeration) とも呼ぶ．
注 88　**枝刈り** (pruning) とも呼ばれる．

4.4.1 分枝限定法

分枝限定法では，**暫定解** (incumbent solution)[注89] から得られる最適値の下界と，緩和問題を解いて得られる最適値の上界を利用して限定操作を実現する．ここでは，以下の標準形で表される整数計画問題に対する分枝限定法を紹介する．

$$
\begin{array}{lll}
\text{最大化} & z(\boldsymbol{x}) = \sum_{j=1}^{n} c_j x_j & \\
\text{条件} & \sum_{j=1}^{n} a_{ij} x_j \leq b_i, & i = 1, \ldots, m, \\
& x_j \in \mathbb{Z}_+, & j = 1, \ldots, n.
\end{array}
\tag{4.106}
$$

整数計画問題では，各変数 x_j の (非負) 整数制約 $x_j \in \mathbb{Z}_+$ を非負制約 $x_j \geq 0$ に緩和した**線形計画緩和問題** (linear programming relaxation problem) を解いて最適値の上界を求めることが多い．整数計画問題に対する線形計画緩和問題の例を**図 4.69** に示す．線形計画緩和問題は定義より以下の性質を満たす．

(1) 整数計画問題の最適解を $\boldsymbol{x}^*$，線形計画緩和問題の最適解を $\bar{\boldsymbol{x}}$ とすると，$z(\bar{\boldsymbol{x}}) \geq z(\boldsymbol{x}^*)$ が成り立つ．すなわち，線形計画緩和問題の最適値 $z(\bar{\boldsymbol{x}})$ は整数計画問題の最適値 $z(\boldsymbol{x}^*)$ の上界を与える．

(2) 線形計画緩和問題が実行不能であれば，整数計画問題も実行不能である．

(3) 線形計画緩和問題の最適解 $\bar{\boldsymbol{x}}$ が整数計画問題の実行可能解 (すなわち

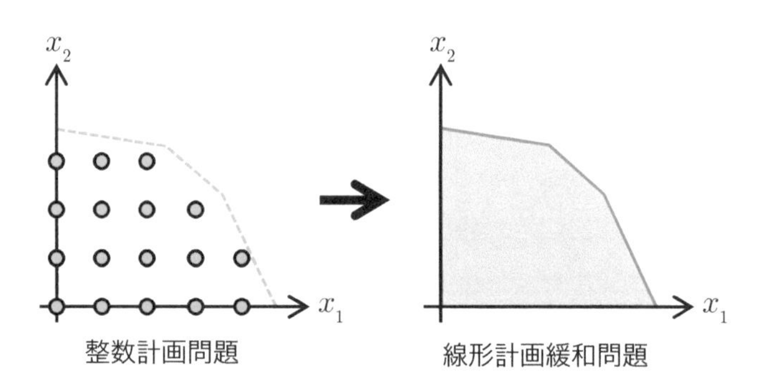

図 4.69 線形計画緩和問題の例

注 89 これまでの探索で得られた最良の実行可能解．暫定解の目的関数の値を**暫定値** (incumbent value) と呼ぶ．

整数解) ならば，$\bar{\boldsymbol{x}}$ は整数計画問題の最適解である．

分枝操作では，ある1つの変数の値のとる範囲を制限して**子問題** (subproblem) を生成する．線形計画緩和問題の最適解 $\bar{\boldsymbol{x}}$ が整数計画問題の実行可能解でなければ整数値をとらない変数 x_j が存在する．このとき，**図 4.70** に示すように，変数 x_j の値を $x_j \leq \lfloor \bar{x}_j \rfloor$ と $x_j \geq \lceil \bar{x}_j \rceil$ にそれぞれ制限することで2つの子問題を生成できる．整数値をとらない変数 x_j が複数ある場合は，整数値からもっとも遠い $\bar{x}_j$（すなわち $\min\{\bar{x}_j - \lfloor \bar{x}_j \rfloor, \lceil \bar{x}_j \rceil - \bar{x}_j\}$ を最大にする $\bar{x}_j$）に対応する変数 x_j を選ぶ方法が良く使われる．この分枝操作は生成された子問題にも再帰的に適用できる．新たに生成された子問題では変数 x_j の上界もしくは下界の制約が1つ追加された線形計画緩和問題を解けば良いため，双対単体法 (2.3.5 節) を用いた再最適化により計算を効率化できる．

限定操作では，線形緩和問題の性質を用いて最適解が得られる見込みのない子問題を見つける．ある子問題 P の線形計画緩和問題 $\overline{P}$ の最適解を $\bar{\boldsymbol{x}}$ とする．また，その時点における整数計画問題の暫定解を $\boldsymbol{x}^{\natural}$ とする．このとき，

(1) 線形計画緩和問題 $\overline{P}$ が実行不能ならば，子問題 P も実行不能である (性質 (2))．

(2) 線形計画緩和問題 $\overline{P}$ の最適値 $z(\bar{\boldsymbol{x}})$ が暫定値 $z(\boldsymbol{x}^{\natural})$ に対して $z(\bar{\boldsymbol{x}}) \leq z(\boldsymbol{x}^{\natural})$ を満たすならば，子問題 P は暫定解 $\boldsymbol{x}^{\natural}$ より良い実行可能解を持たない (性質 (1))[注90]．

(3) 線形計画緩和問題 $\overline{P}$ の最適解 $\bar{\boldsymbol{x}}$ が整数計画問題の実行可能解ならば，$\bar{\boldsymbol{x}}$ は子問題 P の最適解である (性質 (3))．

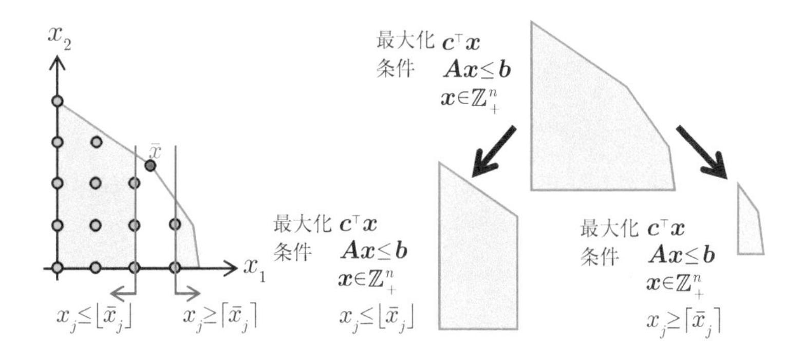

図 4.70 分枝操作による子問題の生成

注 90 子問題 P に実行可能解が存在する場合を考える．子問題 P の最適解を $\boldsymbol{x}$ とすると，$z(\boldsymbol{x}) \leq z(\bar{\boldsymbol{x}})$ (性質 (1)) より，$z(\boldsymbol{x}) \leq z(\bar{\boldsymbol{x}}) \leq z(\boldsymbol{x}^{\natural})$ が成り立つ．

のいずれかが分かれば子問題 P に分枝操作を適用する必要がなくなる．

ある子問題 P に分枝操作を適用して生成した子問題を P'，その線形計画緩和問題 $\overline{P}'$ の最適解を $\bar{\boldsymbol{x}}'$ とする．このとき，子問題 P' の実行可能領域 S' は子問題 P の実行可能領域 S に含まれる $(S' \subset S$ となる$)$ ため，線形計画緩和問題が退化した最適解を持たなければ $z(\bar{\boldsymbol{x}}') < z(\bar{\boldsymbol{x}})$ が成り立つ．すなわち，分枝限定法の探索が進むにしたがって子問題の最適値の上界は単調に減少して限定操作が適用されやすくなる．

整数計画問題 P_0 を解く分枝限定法の手続きを以下にまとめる．

アルゴリズム 4.16 分枝限定法

Step 1: 適当な方法で整数計画問題 P_0 の実行可能解を求めて暫定解 $\boldsymbol{x}^\natural$ とする．$L = \{P_0\}$ とする．
Step 2: $L = \emptyset$ ならば終了．
Step 3: 子問題 $P \in L$ を選ぶ． $L = L \setminus \{P\}$ とする．
Step 4: 子問題 P の線形計画緩和問題 $\overline{P}$ を解き，最適解 $\bar{\boldsymbol{x}}$ を求める．実行不能もしくは $z(\bar{\boldsymbol{x}}) \leq z(\boldsymbol{x}^\natural)$ ならば **Step 2** に戻る．
Step 5: $\bar{\boldsymbol{x}}$ が整数計画問題 P_0 の実行可能解（すなわち整数解）ならば， $\boldsymbol{x}^\natural = \bar{\boldsymbol{x}}$ として **Step 2** に戻る．
Step 6: 子問題 P に分枝操作を適用して生成した子問題を L に追加して **Step 2** に戻る．

Step 1 で整数計画問題 P_0 の実行可能解を求めることが難しければ，暫定解なし，暫定値を $-\infty$ (最小化問題ならば ∞) と設定して分枝限定法を開始することも可能である．ただし，実行可能解が見つかるまで限定操作の 2 番目の条件を適用できないため探索の効率は悪くなる．$\bar{\boldsymbol{x}}$ が整数計画問題 P_0 の実行可能解 (すなわち整数解) ならば，**Step 4** もしくは **Step 5** のいずれかの条件に当てはまるため，分枝操作を適用することなく **Step 2** に戻ることに注意する．

分枝限定法は解候補を体系的に列挙するアルゴリズムであり，最悪の場合にはすべての実行可能解を列挙することもある．しかし，実際には，限定操作により分枝限定法の実行時に探索する子問題の数を抑えることで効率的に最適解を求めている．さらに，分枝限定法を実行する前に，冗長な変数や制約条件を削除したり，変数がとる値の範囲を狭めるなどの**前処理** (preprocessing) を適用することで，無駄な探索を省くことができる．特に，簡単な考察にもとづき，最適性を失うことなく一部の変数の値を固定する手続きを**変数固定**

(variable fixing)[注91] と呼ぶ．変数固定は前処理以外にも分枝操作により生成された子問題の縮小に用いられることもある．

分枝限定法の **Step 3** では，次に探索する子問題を 1 つ選ぶ必要がある．以下の 2 つが代表的な選択の方法として知られている．

(1) **深さ優先探索** (depth-first search)：最後に生成された子問題を選ぶ．分枝限定法が子問題を分割する過程を表す**探索木** (search tree)(**図 4.71**) のもっとも深い子問題をつねに選ぶことから深さ優先探索と呼ばれる．深さ優先探索では，**スタック** (stack)[注92] と呼ばれるデータ構造を用いて子問題の集合 L を保持する．

(2) **最良優先探索** (best-first search)：子問題に対する最適値の推定値を計算し，その値が最大 (最小化問題であれば最小) となる子問題を選ぶ．最適値の推定値として線形計画緩和問題の最適値 $z(\bar{\boldsymbol{x}})$ を用いることも可能であり，特に，**最良上界探索** (最小化問題であれば最良下界探索)(best-bound search) と呼ぶ．

深さ優先探索は，L に格納される子問題の数が少ないため，アルゴリズムの実行に必要な記憶領域を抑えられる利点がある．最良上界探索は，計算終了までに生成される子問題の総数が最小となることが知られており，アルゴリズムの計算時間が抑えられる利点がある．しかし，探索の初期では探索木の上層にある子問題が選ばれる傾向があり，アルゴリズムの実行に必要な記憶領域が大きくなる欠点がある．

組合せ最適化問題に対する分枝限定法の例として，ナップサック問題に対する分枝限定法を紹介する．

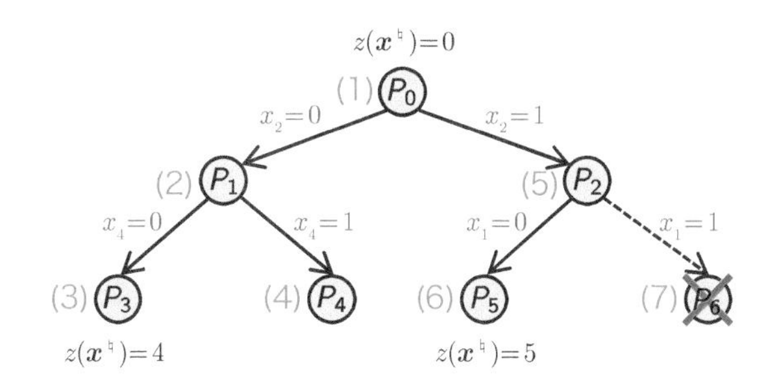

図 4.71　ナップサック問題に対する分枝限定法の実行例

注 91　**釘付けテスト** (pegging test) とも呼ぶ．

注 92　**後入れ先出し** (last-in-first-out; LIFO) の操作を実現するリストである．

ナップサック問題：4.1.2 節では，整数計画問題の例としてナップサック問題を紹介した．また，4.3.2 節では，ナップサック問題に対する動的計画法を紹介した．ナップサック問題に分枝限定法を適用するために，各変数 x_j の整数制約 $x_j \in \{0,1\}$ を $0 \leq x_j \leq 1$ に緩和した線形計画緩和問題を解いてナップサック問題の最適値の上界を求める．

ナップサック問題に対する線形計画緩和問題について以下の性質が知られている．

定理 4.8

ナップサック問題は，

$$\frac{p_1}{w_1} \geq \frac{p_2}{w_2} \geq \cdots \geq \frac{p_n}{w_n} \tag{4.107}$$

を満たすとする．このとき，線形計画緩和問題の最適解 $\bar{\boldsymbol{x}} = (\bar{x}_1, \bar{x}_2, \ldots, \bar{x}_n)^\top$ は，$\sum_{j=1}^{k} w_j \leq C$ かつ $\sum_{j=1}^{k+1} w_j > C$ を満たす k を用いて，

$$\bar{x}_j = \begin{cases} 1 & j = 1, \ldots, k, \\ \dfrac{C - \sum_{j=1}^{k} w_j}{w_{k+1}} & j = k+1, \\ 0 & j = k+2, \ldots, n \end{cases} \tag{4.108}$$

となる．

(証明略)

以下のナップサック問題 P_0 に対する分枝限定法の実行例を**図 4.71** に示す．

$$\begin{array}{lll} P_0: & \text{最大化} & z(\boldsymbol{x}) = 3x_1 + 4x_2 + x_3 + 2x_4 \\ & \text{条件} & 2x_1 + 3x_2 + x_3 + 3x_4 \leq 4, \\ & & \boldsymbol{x} = (x_1, x_2, x_3, x_4)^\top \in \{0,1\}^4. \end{array} \tag{4.109}$$

始めに，自明な実行可能解 $\boldsymbol{x}^\natural = (0,0,0,0)^\top$ を暫定解，$z(\boldsymbol{x}^\natural) = 0$ を暫定値として保持しておく[注93]．線形計画緩和問題 $\overline{P}_0$ を解くと，その最適解 $\bar{\boldsymbol{x}} = (1, \frac{2}{3}, 0, 0)^\top$ と最適値 $z(\bar{\boldsymbol{x}}) = \frac{17}{3}$ が得られる．このとき，$\bar{x}_2 = \frac{2}{3}$ となり

注 93　暫定値が良ければ限定操作が適用されやすくなるため，実際には，近似解法や発見的解法を用いてできる限り良い実行可能解を求めることが望ましい．たとえば，ナップサック問題であれば 4.5.6 節で紹介する貪欲法を用いて暫定解を求めることが多い．

整数値をとらないので，変数 x_2 の値を $x_2 \leq \lfloor \frac{2}{3} \rfloor$ と $x_2 \geq \lceil \frac{2}{3} \rceil$ すなわち $x_2 = 0$ と $x_2 = 1$ にそれぞれ制限した子問題 P_1, P_2 を生成する．$L = \{P_2, P_1\}$ とする．

次に，$L = \{P_2, P_1\}$ から子問題 P_1 を取り出す．

$$
\begin{array}{lll}
P_1: & \text{最大化} & 3x_1 + x_3 + 2x_4 \\
 & \text{条件} & 2x_1 + x_3 + 3x_4 \leq 4, \\
 & & x_1, x_3, x_4 \in \{0, 1\}.
\end{array}
\tag{4.110}
$$

線形計画緩和問題 $\overline{P}_1$ を解くと，その最適解 $\bar{\boldsymbol{x}} = (1, 0, 1, \frac{1}{3})^\top$ と最適値 $z(\bar{\boldsymbol{x}}) = \frac{14}{3}$ が得られる．このとき，$\bar{x}_4 = \frac{1}{3}$ となり整数値をとらないので，変数 x_4 の値を $x_4 \leq \lfloor \frac{1}{3} \rfloor$ と $x_4 \geq \lceil \frac{1}{3} \rceil$ すなわち $x_4 = 0$ と $x_4 = 1$ にそれぞれ制限した子問題 P_3, P_4 を生成する．$L = \{P_2, P_4, P_3\}$ と更新する．

次に，$L = \{P_2, P_4, P_3\}$ から子問題 P_3 を取り出す．

$$
\begin{array}{lll}
P_3: & \text{最大化} & 3x_1 + x_3 \\
 & \text{条件} & 2x_1 + x_3 \leq 4, \\
 & & x_1, x_3 \in \{0, 1\}.
\end{array}
\tag{4.111}
$$

線形計画緩和問題 $\overline{P}_3$ を解くと，その最適解 $\bar{\boldsymbol{x}} = (1, 0, 1, 0)^\top$ と最適値 $z(\bar{\boldsymbol{x}}) = 4$ が得られる．このとき，$\bar{\boldsymbol{x}}$ は整数解かつ $z(\bar{\boldsymbol{x}}) > z(\boldsymbol{x}^\natural)$ を満たすので，暫定解を $\boldsymbol{x}^\natural = (1, 0, 1, 0)^\top$，暫定値を $z(\boldsymbol{x}^\natural) = 4$ と更新する．

次に，$L = \{P_2, P_4\}$ から子問題 P_4 を取り出す．

$$
\begin{array}{lll}
P_4: & \text{最大化} & 3x_1 + x_3 + 2 \\
 & \text{条件} & 2x_1 + x_3 \leq 1, \\
 & & x_1, x_3 \in \{0, 1\}.
\end{array}
\tag{4.112}
$$

線形計画緩和問題 $\overline{P}_4$ を解くと，その最適解 $\bar{\boldsymbol{x}} = (\frac{1}{2}, 0, 0, 1)^\top$ と最適値 $z(\bar{\boldsymbol{x}}) = \frac{7}{2}$ が得られる．このとき，$z(\bar{\boldsymbol{x}}) < z(\boldsymbol{x}^\natural)$ を満たすので，子問題 P_4 は暫定解 $\boldsymbol{x}^\natural$ より良い実行可能解を持たない．

次に，$L = \{P_2\}$ から子問題 P_2 を取り出す．

$$
\begin{array}{lll}
P_2: & \text{最大化} & 3x_1 + x_3 + 2x_4 + 4 \\
 & \text{条件} & 2x_1 + x_3 + 3x_4 \leq 1, \\
 & & x_1, x_3, x_4 \in \{0, 1\}.
\end{array}
\tag{4.113}
$$

線形計画緩和問題 $\overline{P}_2$ を解くと，その最適解 $\bar{\boldsymbol{x}} = (\frac{1}{2}, 1, 0, 0)^\top$ と最適値

$z(\bar{\boldsymbol{x}})=\frac{11}{2}$ が得られる．このとき，$\bar{x}_1=\frac{1}{2}$ となり整数値をとらないので，変数 x_1 の値を $x_1 \leq \lfloor\frac{1}{2}\rfloor$ と $x_1 \geq \lceil\frac{1}{2}\rceil$ すなわち $x_1=0$ と $x_1=1$ にそれぞれ制限した子問題 P_5, P_6 を生成する．$L=\{P_6, P_5\}$ と更新する．

次に，$L=\{P_6, P_5\}$ から子問題 P_5 を取り出す．

$$
\begin{array}{lll}
P_5: & \text{最大化} & x_3+2x_4+4 \\
 & \text{条件} & x_3+3x_4 \leq 1, \\
 & & x_3, x_4 \in \{0,1\}.
\end{array}
\tag{4.114}
$$

線形計画緩和問題 $\overline{P}_5$ を解くと，その最適解 $\bar{\boldsymbol{x}}=(0,1,1,0)^\top$ と最適値 $z(\bar{\boldsymbol{x}})=5$ が得られる．このとき，$\bar{\boldsymbol{x}}$ は整数解かつ $z(\bar{\boldsymbol{x}})>z(\boldsymbol{x}^\natural)$ を満たすので，暫定解を $\boldsymbol{x}^\natural=(0,1,1,0)^\top$，暫定値を $z(\boldsymbol{x}^\natural)=5$ と更新する．

最後に，$L=\{P_6\}$ から子問題 P_6 を取り出す．

$$
\begin{array}{lll}
P_6: & \text{最大化} & x_3+2x_4+7 \\
 & \text{条件} & x_3+3x_4 \leq -1, \\
 & & x_3, x_4 \in \{0,1\}.
\end{array}
\tag{4.115}
$$

線形計画緩和問題 $\overline{P}_6$ は実行不能なので，子問題 P_6 も実行可能解を持たない．

ここで，$L=\emptyset$ となり分枝限定法の計算を終了する．現在の暫定解 $\boldsymbol{x}^\natural=(0,1,1,0)^\top$ がナップサック問題 P_0 の最適解となる．

4.4.2 切除平面法

切除平面法では，整数計画問題の実行可能解全体の凸包[注94]を表す線形計画問題を利用する (**図 4.72**)．この凸多面体を**整数多面体** (integer polyhedron) と呼ぶ．整数多面体を表す線形計画問題の最適解は整数計画問題の最適解となる．しかし，一般に，整数多面体を表すために必要な不等式の数は膨大であり，整数計画問題を等価な線形計画問題に変換する方法は現実的ではない．そこで，整数計画問題の最適解を得るために必要な不等式だけを逐次的に追加することで計算を効率化する．

切除平面法は，整数計画問題の実行可能解を残しつつ新たな制約条件を追加して実行可能領域を縮小する手続きを繰り返す．まず，標準形の整数計画問題 (4.106) を考える．整数計画問題の実行可能領域を S，線形計画緩和問題の実行可能領域を $\overline{S}$ とする．すべての実行可能解 $\boldsymbol{x} \in S$ がある不等式 $\boldsymbol{a}^\top \boldsymbol{x} \leq b$ を満たすとき，この不等式を S の**妥当不等式** (valid inequality) と呼ぶ[注95]．

注 94　ここでは，すべての実行可能解を含む最小の凸集合を指す．

注 95　$\overline{S}$ の妥当不等式も同様に定義する．

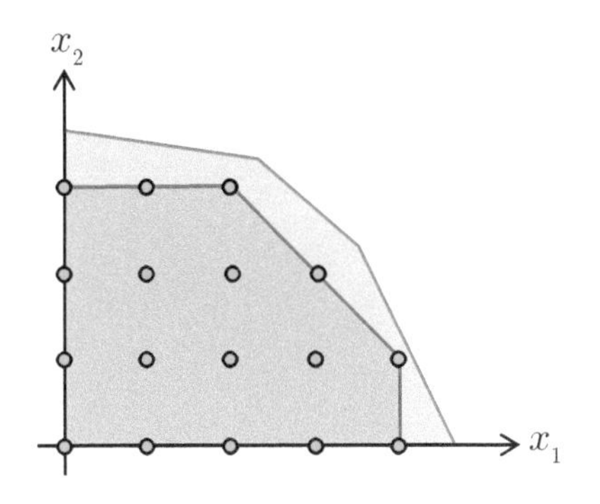

図 4.72　整数計画問題の実行可能解全体の凸包

線形計画緩和問題の各制約条件に非負の係数 u_i を掛けて足し合わせると

$$\sum_{i=1}^{m} u_i \left(\sum_{j=1}^{n} a_{ij} x_j \right) \leq \sum_{i=1}^{m} u_i b_i \tag{4.116}$$

と新たな不等式が得られる．左辺を x_j についてまとめると以下のように変形できる．

$$\sum_{j=1}^{n} \left(\sum_{i=1}^{m} u_i a_{ij} \right) x_j \leq \sum_{i=1}^{m} u_i b_i. \tag{4.117}$$

線形計画緩和問題のすべての実行可能解 $\boldsymbol{x} \in \overline{S}$ はこの不等式を満たすので，この不等式は $\overline{S}$ の妥当不等式である．また，$S \subseteq \overline{S}$ であることに注意すると，この不等式は S の妥当不等式でもある．このとき，

$$\sum_{j=1}^{n} \left\lfloor \sum_{i=1}^{m} u_i a_{ij} \right\rfloor x_j \leq \left\lfloor \sum_{i=1}^{m} u_i b_i \right\rfloor \tag{4.118}$$

を**フバータル・ゴモリー不等式** (Chvatal-Gomory inequality) と呼ぶ．

これが整数計画問題の実行可能領域 S の妥当不等式となることを以下に示す．

定理 4.9

フバータル・ゴモリー不等式 (4.118) は，整数計画問題 (4.106) の実行可能領域 S の妥当不等式である．

証明　$\lfloor \sum_{i=1}^{m} u_i a_{ij} \rfloor \leq \sum_{i=1}^{m} u_i a_{ij}$ かつ，変数 x_j は非負の値をとるため，

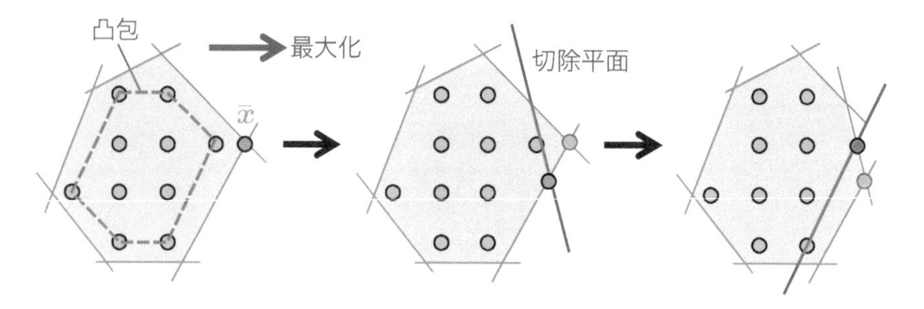

図 4.73　切除平面法

$$\sum_{j=1}^{n} \left\lfloor \sum_{i=1}^{m} u_i a_{ij} \right\rfloor x_j \leq \sum_{i=1}^{m} u_i b_i \tag{4.119}$$

は $\overline{S}$ の妥当不等式となり，S の妥当不等式でもある．$\lfloor \sum_{i=1}^{m} u_i a_{ij} \rfloor$ は整数値をとるため，整数計画問題の実行可能解 $\boldsymbol{x} \in S$ に対してこの式の左辺は整数値をとる．したがって，その右辺を $\lfloor \sum_{i=1}^{m} u_i b_i \rfloor$ と整数値に切り下げても，$\boldsymbol{x} \in S$ はやはり不等式を満たす．

ゴモリー (Gomory) は，線形計画緩和問題の最適解 $\bar{\boldsymbol{x}}$ から始めて，その最適解 $\bar{\boldsymbol{x}}$ が整数計画問題の実行可能解 (すなわち整数解) でなければ，$\bar{\boldsymbol{x}}$ を除去する S の妥当不等式を追加する手続きを繰り返し適用する切除平面法[注96]を提案した (**図 4.73**)．そのような S の妥当不等式を**切除平面** (cutting plane)[注97]と呼ぶ．

ここでは，標準形の整数計画問題 (4.106) の制約条件にスラック変数を導入して等式に変形した以下の整数計画問題を考える．

$$\begin{array}{ll} \text{最大化} & \boldsymbol{c}^\top \boldsymbol{x} \\ \text{条件} & \boldsymbol{A}\boldsymbol{x} = \boldsymbol{b}, \\ & \boldsymbol{x} \in \mathbb{Z}_+^n. \end{array} \tag{4.120}$$

ここで，$\boldsymbol{A} \in \mathbb{R}^{m \times n}$, $\boldsymbol{b} \in \mathbb{R}^m$, $\boldsymbol{c} \in \mathbb{R}^n$ である．ただし，$n > m$ かつ $\boldsymbol{A}$ のすべての行ベクトルは 1 次独立であると仮定する．単体法を適用して得られた基底解を $(\boldsymbol{x}_B, \boldsymbol{x}_N)$ とすると，この線形計画緩和問題は

注 96　**ゴモリーの小数切除平面法** (Gomory's fractional cutting plane algorithm) とも呼ぶ．
注 97　**カット** (cut) とも呼ぶ．

$$
\begin{array}{ll}
\text{最大化} & \boldsymbol{c}_B^\top \boldsymbol{x}_B + \boldsymbol{c}_N^\top \boldsymbol{x}_N \\
\text{条件} & \boldsymbol{B}\boldsymbol{x}_B + \boldsymbol{N}\boldsymbol{x}_N = \boldsymbol{b}, \\
& \boldsymbol{x}_B \geq \boldsymbol{0}, \\
& \boldsymbol{x}_N \geq \boldsymbol{0}
\end{array}
\tag{4.121}
$$

と変形できる．2.2.4 節より，この基底解 $(\boldsymbol{x}_B, \boldsymbol{x}_N)$ に対応する辞書は

$$
\begin{aligned}
z &= \boldsymbol{c}_B^\top \boldsymbol{B}^{-1}\boldsymbol{b} + (\boldsymbol{c}_N - \boldsymbol{N}^\top (\boldsymbol{B}^{-1})^\top \boldsymbol{c}_B)^\top \boldsymbol{x}_N, \\
\boldsymbol{x}_B &= \boldsymbol{B}^{-1}\boldsymbol{b} - \boldsymbol{B}^{-1}\boldsymbol{N}\boldsymbol{x}_N
\end{aligned}
\tag{4.122}
$$

と表せる．このとき，基底解は $(\boldsymbol{x}_B, \boldsymbol{x}_N) = (\boldsymbol{B}^{-1}\boldsymbol{b}, \boldsymbol{0})$ であり，最適性より $\boldsymbol{c}_N - \boldsymbol{N}^\top (\boldsymbol{B}^{-1})^\top \boldsymbol{c}_B \leq \boldsymbol{0}$ かつ $\boldsymbol{B}^{-1}\boldsymbol{b} \geq \boldsymbol{0}$ を満たす．

この基底解 $(\boldsymbol{x}_B, \boldsymbol{x}_N) = (\boldsymbol{B}^{-1}\boldsymbol{b}, \boldsymbol{0})$ が整数計画問題の実行可能解でなければ整数値をとらない基底変数 x_i が存在する．$\bar{\boldsymbol{b}} = \boldsymbol{B}^{-1}\boldsymbol{b}$, $\overline{\boldsymbol{A}} = \boldsymbol{B}^{-1}\boldsymbol{N}$ とすると，辞書の基底変数 x_i に対応する行は

$$
x_i = \bar{b}_i - \sum_{k \in N} \bar{a}_{ik} x_k \tag{4.123}
$$

となる．変数 x_k は非負の値をとるため，

$$
x_i + \sum_{k \in N} \lfloor \bar{a}_{ik} \rfloor x_k \leq \bar{b}_i \tag{4.124}
$$

は線形計画緩和問題の実行可能領域 $\overline{S}$ の妥当不等式となる．このとき，整数計画問題の実行可能解 $\boldsymbol{x} \in S$ に対して，この式の左辺は整数値をとるため，

$$
x_i + \sum_{k \in N} \lfloor \bar{a}_{ik} \rfloor x_k \leq \lfloor \bar{b}_i \rfloor \tag{4.125}
$$

は整数計画問題の実行可能領域 S の妥当不等式となる．一方で，基底解の各変数は $x_k = 0\ (k \in N)$, $x_i = \bar{b}_i$ の値をとるため，この不等式を線形計画緩和問題に追加すれば基底解 $(\boldsymbol{x}_B, \boldsymbol{x}_N) = (\boldsymbol{B}^{-1}\boldsymbol{b}, \boldsymbol{0})$ を除去できる [注98]．すなわち，この妥当不等式は切除平面である．ここで，新たにスラック変数 x_{n+1} を導入すると，この式は

$$
x_i + \sum_{k \in N} \lfloor \bar{a}_{ik} \rfloor x_k + x_{n+1} = \lfloor \bar{b}_i \rfloor \tag{4.126}
$$

注 98　$\bar{b}_i$ は整数値をとらず，$\bar{b}_i > \lfloor \bar{b}_i \rfloor$ となることに注意する．

と変形できる．式 (4.123) と式 (4.126) の差をとると，以下のようにスラック変数 x_{n+1} を基底変数とする等式制約が得られる．

$$x_{n+1} = \left(\lfloor \bar{b}_i \rfloor - \bar{b}_i\right) - \sum_{k \in N} \left(\lfloor \bar{a}_{ik} \rfloor - \bar{a}_{ik}\right) x_k. \tag{4.127}$$

この制約条件を辞書に追加して再び単体法を適用する．ただし，スラック変数 x_{n+1} の値が $\lfloor \bar{b}_i \rfloor - \bar{b}_i < 0$ となり，変更後の辞書に対応する基底解は実行可能にならないので，単体法の代わりに双対単体法 (2.3.5 節) を適用する．

切除平面法の手続きを以下にまとめる．

アルゴリズム 4.17　切除平面法

Step 1: 線形計画緩和問題に単体法を適用して最適基底解 $\bar{\boldsymbol{x}}^{(0)}$ を得る． $k=0$ とする．
Step 2: $\bar{\boldsymbol{x}}^{(k)}$ が整数計画問題の実行可能解ならば終了．
Step 3: $\bar{\boldsymbol{x}}^{(k)}$ を除去する切除平面 (4.127) を辞書に追加する．
Step 4: 変更後の辞書に双対単体法を適用して新たな最適基底解 $\bar{\boldsymbol{x}}^{(k+1)}$ を得る． $k=k+1$ として **Step 2** に戻る．

切除平面法は，単体法に切除平面の生成と双対単体法による再最適化を組み込むことで計算を効率化している．切除平面の生成における辞書の基底変数 x_i に対応する行の選択[注99] や，双対単体法のピボット操作における基底変数と非基底変数の選択を適切に定めると，切除平面法は有限の反復回数で整数計画問題の最適解 (すなわち整数解) に到達できる．しかし，実際には，切除平面法は終了までの反復回数が非常に大きくなる傾向があり実用的ではない．一方で，次節で紹介する整数計画ソルバーで探索の基本戦略として用いられる**分枝カット法** (branch-and-cut algorithm) では，分枝限定法に切除平面法を導入することで子問題の線形計画緩和問題から得られる最適値の上界 (最小化問題であれば下界) を改善し，アルゴリズムの計算を効率化している．

以下の整数計画問題に対する切除平面法の実行例を**図 4.74** に示す．

$$\begin{array}{ll} \text{最大化} & z(\boldsymbol{x}) = x_2 \\ \text{条件} & 2x_1 + 3x_2 \leq 6, \\ & -2x_1 + x_2 \leq 0, \\ & \boldsymbol{x} = (x_1, x_2)^\top \in \mathbb{Z}_+^2. \end{array} \tag{4.128}$$

注 99　一般に， $\bar{b}_i$ が整数値をとらない基底変数 x_i は複数ある．

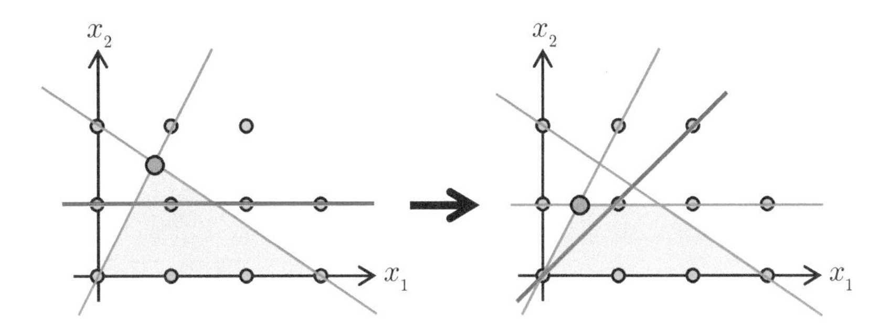

図 4.74　整数計画問題に対する切除平面法の実行例

まず，線形計画緩和問題にスラック変数 x_3, x_4 を導入して初期の辞書を作ると

$$
\begin{aligned}
z &= x_2, \\
x_3 &= 6 - 2x_1 - 3x_2, \\
x_4 &= 0 + 2x_1 - x_2
\end{aligned}
\tag{4.129}
$$

となる．この辞書に単体法を適用すると以下のように最適な辞書が得られる．

$$
\begin{aligned}
z &= \tfrac{3}{2} - \tfrac{1}{4}x_3 - \tfrac{1}{4}x_4, \\
x_1 &= \tfrac{3}{4} - \tfrac{1}{8}x_3 + \tfrac{3}{8}x_4, \\
x_2 &= \tfrac{3}{2} - \tfrac{1}{4}x_3 - \tfrac{1}{4}x_4.
\end{aligned}
\tag{4.130}
$$

辞書の基底変数 x_2 に対応する行を変形すると

$$
x_2 + \left\lfloor \tfrac{1}{4} \right\rfloor x_3 + \left\lfloor \tfrac{1}{4} \right\rfloor x_4 \leq \left\lfloor \tfrac{3}{2} \right\rfloor \tag{4.131}
$$

より，以下の切除平面が得られる．

$$
x_2 \leq 1. \tag{4.132}
$$

ここで，新たにスラック変数 x_5 を導入すると

$$
x_2 + x_5 = 1 \tag{4.133}
$$

となる．辞書の基底変数 x_2 に対応する行と，この等式との差をとると，以下のようにスラック変数 x_5 を基底変数とする等式制約が得られる．

$$
x_5 = -\tfrac{1}{2} + \tfrac{1}{4}x_3 + \tfrac{1}{4}x_4. \tag{4.134}
$$

この制約条件を追加すると以下の辞書が得られる．

$$\begin{aligned} z &= \tfrac{3}{2} - \tfrac{1}{4}x_3 - \tfrac{1}{4}x_4, \\ x_1 &= \tfrac{3}{4} - \tfrac{1}{8}x_3 + \tfrac{3}{8}x_4, \\ x_2 &= \tfrac{3}{2} - \tfrac{1}{4}x_3 - \tfrac{1}{4}x_4, \\ x_5 &= -\tfrac{1}{2} + \tfrac{1}{4}x_3 + \tfrac{1}{4}x_4. \end{aligned} \tag{4.135}$$

この辞書に双対単体法を適用すると以下のように最適な辞書が得られる．

$$\begin{aligned} z &= 1 - x_5, \\ x_1 &= \tfrac{1}{2} + \tfrac{1}{2}x_4 - \tfrac{1}{2}x_5, \\ x_2 &= 1 - x_5, \\ x_3 &= 2 - x_4 + 4x_5. \end{aligned} \tag{4.136}$$

辞書の基底変数 x_1 に対応する行を変形すると

$$x_1 + \left\lfloor -\tfrac{1}{2} \right\rfloor x_4 + \left\lfloor \tfrac{1}{2} \right\rfloor x_5 \leq \left\lfloor \tfrac{1}{2} \right\rfloor \tag{4.137}$$

より，以下の切除平面が得られる[注100]．

$$x_1 - x_4 \leq 0. \tag{4.138}$$

ここで，新たにスラック変数 x_6 を導入すると

$$x_1 - x_4 + x_6 = 0 \tag{4.139}$$

となる．辞書の基底変数 x_1 に対応する行と，この等式との差をとると，以下のようにスラック変数 x_6 を基底変数とする等式制約が得られる．

$$x_6 = -\tfrac{1}{2} + \tfrac{1}{2}x_4 + \tfrac{1}{2}x_5. \tag{4.140}$$

この制約条件を追加すると以下の辞書が得られる．

$$\begin{aligned} z &= 1 - x_5, \\ x_1 &= \tfrac{1}{2} + \tfrac{1}{2}x_4 - \tfrac{1}{2}x_5, \\ x_2 &= 1 - x_5, \\ x_3 &= 2 - x_4 + 4x_5, \\ x_6 &= -\tfrac{1}{2} + \tfrac{1}{2}x_4 + \tfrac{1}{2}x_5. \end{aligned} \tag{4.141}$$

注 100　ちなみに，この不等式を x_1, x_2 で表すと $-x_1 + x_2 \leq 0$ となる (図 4.74(右))．

この辞書に双対単体法を適用すると以下のように最適な辞書が得られる．

$$
\begin{aligned}
z &= 1 - x_5, \\
x_1 &= 1 - x_5 + x_6, \\
x_2 &= 1 - x_5, \\
x_3 &= 1 + 5x_5 - 2x_6, \\
x_4 &= 1 - x_5 + 2x_6.
\end{aligned}
\tag{4.142}
$$

これは整数解なので整数計画問題 (4.128) の最適解は $\boldsymbol{x}^* = (1,1)^\top$，最適値は $z(\boldsymbol{x}^*) = 1$ となる．

4.4.3 整数計画ソルバーの利用

近年，分枝カット法を探索の基本戦略とする**整数計画ソルバー** (整数計画問題を解くソフトウェア) の進歩は著しく，実務に現れる大規模な整数計画問題が次々と解かれている．現在では，商用・非商用を含めて多くの整数計画ソルバーが公開されており，整数計画ソルバーは現実問題を解決するための有用な道具として，数理最適化以外の分野でも急速に普及している．4.2.2 節で紹介したように，整数計画問題を含む多くの組合せ最適化問題はNP 困難のクラスに属することが計算の複雑さの理論により知られている．しかし，計算の複雑さの理論が示す結果の多くは「最悪の場合」であり，多くの問題例では現実的な計算手間で最適解を求めることができる場合は少なくない．また，整数計画ソルバーは探索中に得られた暫定解を保持しているため，与えられた計算時間内に最適解を求められなくても，質の高い実行可能解が求まれば十分に満足できる事例も多く，整数計画ソルバーはそのような目的にも使われる．

商用の整数計画ソルバーを利用するためにはライセンス料が必要となるが，無償の試用ライセンスや教育研究の利用に限定した安価なアカデミックライセンスが提供されている場合も少なくない．一般的に，非商用より商用の整数計画ソルバーの方が性能は高いが，実際には，商用の整数計画ソルバーの中でもかなりの性能差がある．整数計画ソルバーを選ぶ際には，性能以外にも，あつかえる整数計画問題の種類[注101]，整数計画問題の記述形式，インターフェースなども考慮して，各自の目的に合った整数計画ソルバーを選ぶことが望ましい．

まず，整数計画ソルバーを用いて以下の整数計画問題を解くことを考える．

注 101　最近では，非線形の整数計画問題をあつかえる整数計画ソルバーも増えている．

$$
\begin{array}{ll}
\text{最大化} & 2x_1 + 3x_2 \\
\text{条件} & 2x_1 + x_2 \leq 10, \\
& 3x_1 + 6x_2 \leq 40, \\
& x_1, x_2 \in \mathbb{Z}_+.
\end{array}
\tag{4.143}
$$

整数計画ソルバーの主な利用方法は以下の通りである.

(1) コマンドラインインターフェースを通じて整数計画ソルバーを実行する方法
(2) 最適化モデリングツールを通じて整数計画ソルバーを実行する方法
(3) プログラミング言語のライブラリやソフトウェアのプラグインを通じて整数計画ソルバーを実行する方法

1番目は, LP形式[注102], MPS形式[注103]などで整数計画問題を表し, 整数計画ソルバーを実行する方法である. LP形式による整数計画問題の記述例を**図 4.75**に示す. 目的関数や制約条件の部分は, 数式をほぼそのまま表しているだけである[注104]. `maximize`, `subject to`, `bounds`, `general`, `end`は予約語で, これらの予約語の後に続けて, 目的関数, 制約条件, 変数がとる値の範囲, 整数制約の有無などを記述する. LP形式は文法が平易で可読性が高く, 多くの整数計画ソルバーが対応している. MPS形式による整数計画問題の記述例を**図 4.76**に示す. MPS形式は1960年代にIBMにより導入された形式で, 現在も標準的に使われているが可読性は低い.

LP形式やMPS形式はプログラミング言語のように変数をまとめて表せな

```
maximize
 obj: 2 x1 + 3 x2
subject to
 c1: 2 x1 +   x2 <= 10
 c2: 3 x1 + 6 x3 <= 40
bounds
 x1 >= 0
 x2 >= 0
general
 x1 x2
end
```

図 4.75　LP形式による整数計画問題の記述例

注102　LPはlinear programmingの略である.

注103　MPSはmathematical programming systemの略である.

注104　図4.75では非負制約を表しているが, LP形式では何も指定しなければ各変数 x_j の非負制約 $x_j \geq 0$ は自動的に設定される.

```
NAME          sample
ROWS
 N  obj
 L  c1
 L  c2
COLUMNS
    INTSTART  'MARKER'            'INTORG'
    x1        obj            -2  c1            2
    x1        c2              3
    x2        obj            -3  c1            1
    x2        c2              6
    INTEND    'MARKER'            'INTEND'
RHS
    RHS       c1             10  c2           40
BOUNDS
 PL Bound     x1
 PL Bound     x2
ENDATA
```

図 4.76　MPS 形式による整数計画問題の記述例

い．たとえば，LP 形式で $\sum_{j=1}^{100} x_j \leq 3$ を記述するには，`x1 + x2 + ··· + x100 <= 3` と書くしか方法がない．したがって，大規模な問題例では，与えられた入力データを LP 形式や MPS 形式に変換するプログラムを作成する必要がある．

2 番目は，最適化モデリングツールが提供するモデリング言語で整数計画問題を表し，最適化モデリングツールを通じて整数計画ソルバーを実行する方法である．モデリング言語による整数計画問題の記述例を**図 4.77** に示す．モデリング言語では，モデルとデータを分離して記述できるため，数式を容易にモデルに書き換えられる．たとえば，$\sum_{j=1}^{n} a_{ij}x_j \leq b_i$ の数式は，`sum{j in 1..n} a[i,j] * x[j] <= b[i]` と書ける．現実問題を整数計画問題に定式化できれば，すぐに整数計画ソルバーを利用できるので効率的なプロトタイピングが可能となる．一方で，最適化モデリングツールによりモデリング言語の仕様が異なるため，1 番目の方法に比べると汎用性に欠ける．

3 番目は，整数計画ソルバーが提供するプログラミング言語のライブラリやソフトウェアのプラグインを通じて整数計画ソルバーを実行する方法である．部分問題を解くためのサブルーチンとして整数計画ソルバーを利用する場合や，整数計画ソルバーの挙動を細かく制御したい場合などは，この方法が効率的である．ただし，整数計画ソルバーやそのバージョンによりライブラリやプラグインの仕様が異なるため汎用性と保守性に欠ける．

```
param n, integer;
param m, integer;
param c{j in 1..n};
param a{i in 1..m, j in 1..n};
param b{i in 1..m};
var x{j in 1..n}, integer >= 0;

minimize z: sum{j in 1..n} c[j]*x[j];
s.t. con{i in 1..m}: sum{j in 1..n} a[i,j]*x[j] <= b[i];

data;
param n := 2;
param m := 2;
param c := 1 -2, 2 -3;
param a: 1 2 :=
      1  2 1
      2  3 6;
param b := 1 10, 2 40;
end;
```

図 4.77　モデリング言語による整数計画問題の記述例

整数計画ソルバーは解候補を体系的に列挙する分枝カット法を探索の基本戦略とするため，最適解を効率的に求めることができる大規模な問題例がある一方で，いつまで待っても最適解を求められない小規模な問題例があり，変数や制約条件の数だけでは整数計画ソルバーの計算時間を見積もれないことが知られている．分枝カット法は，整数計画問題を小規模な子問題に分割しつつ，各子問題では，暫定解から得られる最適値の下界 (最小化問題であれば上界) と，線形計画緩和問題から得られる最適値の上界 (最小化問題であれば下界) を利用した限定操作により無駄な探索を省いている．そのため，いつまで待っても整数計画ソルバーの計算が終了しないならば，

(1) 線形計画緩和問題の求解に多大な計算時間を要する
(2) 限定操作が効果的に働いていない

などが原因として考えられる．もちろん，整数計画ソルバーは分枝カット法以外にも多くのアルゴリズムを内包しているため，これだけが原因であると決めつけるべきではないが，対策を練る上でまず始めに確認すべきことである．

(1) については，整数計画問題から各変数の整数制約を取り除いた線形計画問題を整数計画ソルバーで解けば計算時間を見積もることができる．実際には，整数計画ソルバーは双対単体法 (2.3.4 節) を用いた再最適化により計算を効率化するため，整数計画問題の子問題において線形計画緩和問題の求解

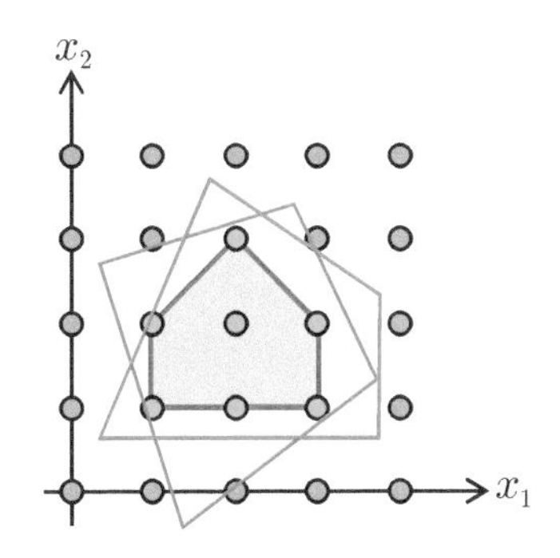

図 4.78　整数計画問題の実行可能解をすべて含む複数の凸多面体の例

に要する計算時間はさらに短くなる．しかし，この方法で線形計画問題を 1 回解くのに要する計算時間が長いようであれば，与えられた問題例の規模が整数計画ソルバーで解くには大きすぎると判断するのが妥当であろう．

(2) については，限定操作が効果的に働いていない原因として，

(i) 暫定解から得られる最適値の下界 (最小化問題であれば上界) が悪い
(ii) 線形計画緩和問題の最適解から得られる最適値の上界 (最小化問題であれば下界) が悪い
(iii) 多数の最適解が存在する

などが考えられる[注105]．

まず，(i) の場合について考える．これは，実行可能解が非常に少ないかもしくは存在しないため，整数計画ソルバーの実行時に良い実行可能解を見つけられないことが原因として考えられる．このような場合は，必ず満たさなければならない制約条件 (絶対制約) とできれば満たしてほしい制約条件 (考慮制約) に分類した上で，優先度の低い制約条件を緩和する方法がある．たとえば，制約条件 $\sum_{j=1}^{n} a_{ij}x_j \geq b_i$ を $\sum_{j=1}^{n} a_{ij}x_j \geq b_i - \varepsilon$ (ε は適当な正の定数) に置き換える方法や，新しい変数 s_i (≥ 0) と重み係数 w_i (> 0) を導入して $\sum_{j=1}^{n} a_{ij}x_j + s_i \geq b_i$ に置き換えた上で目的関数に制約条件の違反度を表す項 $w_i s_i$ を加える方法などがある．また，利用者の持つ先験的な知識を利用して実行可能解を容易に求められるならば，それを初期の暫定解として整数計画ソルバーに与えることも可能である．

次に，(ii) の場合について考える．**図 4.78** に示すように，線形計画緩和問

注 105　整数計画ソルバーの実行時には最適値の上界と下界が表示されるが，最適値の上界と下界の差が大きい場合には (i) と (ii) のどちらに当たるのか容易に判断がつかないことが多い．

題の実行可能領域は，整数計画問題の実行可能解となる整数格子点をすべて含む凸多面体となるため，同じ整数計画問題に対して線形計画緩和問題の最適値が異なる複数の定式化が存在する．つまり，整数計画問題では最適値の良い上界 (最小化問題であれば下界) が得られる強い定式化と，そうではない弱い定式化が存在する．たしかに，制約条件の少ない定式化の方が見栄えも良く，子問題における線形計画緩和問題の求解に要する計算時間も短くなるように思われる．しかし，最適値の上界と下界の差が広がれば分枝カット法で生成される子問題の数は急激に増加するため，安易に制約条件を減らすべきではない．一方で，多くの整数計画ソルバーは冗長な制約条件を前処理で取り除くため，制約条件が多少増えても計算時間にはあまり影響しないことが多い．たとえば，現実問題を完全単模行列 (4.1.6 節) に近い形の制約行列を持つ整数計画問題に定式化できる場合は，線形計画緩和問題から最適値の良い上界 (最小化問題であれば下界) が得られることが期待できる．

最後に，(iii) の場合について考える．最適値の上界と下界の差が小さいにもかかわらず，いつまで待っても整数計画ソルバーの計算が終了しないならば，整数計画問題が多数の最適解を持っている可能性がある．このような場合は，目的関数や制約条件を変更して最適解の数を減らす方法がある．たとえば，4.1.3 節で紹介したビンパッキング問題の定式化 (4.20) は，使用する箱の数が最小であれば，それらの組合せは問わないため多数の最適解が生じる．そこで，必ず添字 i の数字が小さい箱から順に使用するという制約条件を追加すると最適解の数を減らすことができる．

$$y_i \geq y_{i+1}, \quad i = 1, \ldots, n-1. \tag{4.144}$$

また，2.1.3 節で紹介した多目的最適化問題の定式化 (2.23) では，1 変数からなる目的関数を持つ整数計画問題に変換するとやはり多数の最適解が生じる．このような場合は，いつまで待っても整数計画ソルバーの計算が終了しないならば，すべての目的関数の最大値ではなくそれらの重み付き和を最小化する定式化に変更した方が良い[注106]．また，目的関数 $\sum_{j=1}^{n} c_j x_j$ の各変数の係数 c_j がすべて同じ値をとる場合も多数の最適解が生じやすいため，可能ならば各変数の係数 c_j を異なる値に設定して最適解の数を減らす方が良い．

いつまで待っても整数計画ソルバーの計算が終了しない場合には，最適解を求めることをあきらめるのも 1 つの手である．整数計画ソルバーは探索中に得られた暫定解を保持しているため，与えられた計算時間内に最適解を求められなくても質の高い実行可能解が求められれば十分に満足できる場合も多

注 106　ただし，すべての目的関数をバランス良く最小化することが難しくなるので一長一短である．

い．また，整数計画ソルバーは発見的解法としても高性能であり，メタヒューリスティクス (4.7 節) などの発見的解法を利用もしくは開発する前に，整数計画ソルバーを適用して質の高い実行可能解を求められるかどうか確認すべきである．

4.5 ● 近似解法

整数計画問題を含む NP 困難な組合せ最適化問題では，任意の問題例に対して少ない計算手間で最適解を求める効率的なアルゴリズムを開発することは非常に困難である．一方で，与えられた計算時間内に最適解を求められなくても，質の高い実行可能解が求まれば十分に満足できる事例も多い．任意の問題例に対して近似性能の保証を持つ実行可能解を 1 つ出力するアルゴリズムを**近似解法**と呼ぶ．本節では，いくつかの問題を通じて NP 困難な組合せ最適化問題に対する近似解法を設計するための基本的な手法を説明する．

4.5.1 近似解法の性能評価

本節では，近似解法の性能を評価する方法を説明する．ある最小化問題 Q の問題例 $I \in Q$ の最適値を $OPT(I)$，アルゴリズム A が出力する実行可能解の目的関数の値を $A(I)$ とする．このとき，最小化問題 Q の任意の問題例 $I \in Q$ に対して

$$A(I) \leq r\,OPT(I) \tag{4.145}$$

が成り立つとき，アルゴリズム A は最小化問題 Q に対して**近似比率** (approximation ratio)[注 107] r を持つと呼ぶ．同様に，最大化問題 Q の任意の問題例 $I \in Q$ に対して，

$$A(I) \geq r\,OPT(I) \tag{4.146}$$

が成り立つとき，アルゴリズム A は最大化問題 Q に対して近似比率 r を持つと呼ぶ．最小化問題では $r \geq 1$，最大化問題では $r \leq 1$ となる．問題 Q に対して近似比率 r を持つ多項式時間アルゴリズムを ***r*-近似解法** (r-approximation algorithm) と呼ぶ．

4.5.2 ビンパッキング問題

4.1.3 節では，整数計画問題の例としてビンパッキング問題を紹介した．本節では，ビンパッキング問題に対して貪欲法にもとづく簡単な近似解法をい

注 107 **性能比率** (performance ratio) もしくは**性能保証** (performance guarantee) とも呼ぶ．

くつか紹介する．

まず，**NF 法** (next-fit algorithm) を紹介する．NF 法は荷物を $1, 2, \ldots, n$ の順に箱に詰める．このとき，荷物 j を詰めると箱に詰め込める荷物の重さの合計の上限 C を超すならば，その箱を閉じて新たに用意した箱に荷物 j を詰める[注108]．NF 法の手続きを以下にまとめる．ここで，箱 i に詰め込まれた荷物の重さの合計を W_i とする．NF 法の計算手間は $\mathrm{O}(n)$ である．

アルゴリズム 4.18　ビンパッキング問題に対する NF 法

Step 1: $i = 1$，$j = 1$ とする．$W_i = 0\ (i = 1, \ldots, n)$ とする．
Step 2: $W_i + w_j \leq C$ ならば荷物 j を箱 i に詰め込み，$W_i = W_i + w_j$，$j = j + 1$ とする．そうでなければ，$i = i + 1$ として **Step 2** に戻る．
Step 3: $j > n$ ならば終了．そうでなければ，**Step 2** に戻る．

NF 法がビンパッキング問題に対する 2-近似解法となることを以下に示す．

定理 4.10
NF 法はビンパッキング問題に対する 2-近似解法である．

証明　ビンパッキング問題の問題例 I の最適値を $OPT(I)$，NF 法により求められる実行可能解の目的関数値を $A(I)$ とする．NF 法により求められる実行可能解では，隣り合う箱 i と $i+1$ においてつねに $W_i + W_{i+1} > C$ が成り立つ[注109]．これを $i = 1, 2, \ldots, A(I) - 1$ について加えると

$$(W_1 + W_2) + (W_2 + W_3) + \cdots + (W_{A(I)-1} + W_{A(I)}) > C(A(I) - 1) \quad (4.147)$$

が得られる．この式の左辺では，箱 $2, 3 \ldots, A(I) - 1$ に詰め込まれている荷物は重複しているので，左辺に W_1 と $W_{A(I)}$ を加えて 2 で割るとすべての荷物の重さの合計 $\sum_{j=1}^{n} w_j$ に等しくなる．したがって，

$$\frac{C \cdot (A(I) - 1) + W_1 + W_{A(I)}}{2} < \sum_{j=1}^{n} w_j \leq C \cdot OPT(I) \quad (4.148)$$

が成り立つ．この式を変形すると $A(I) < 2OPT(I) + 1$ が得られる．$A(I)$，$OPT(I)$ はともに整数なので $A(I) \leq 2OPT(I)$ が得られる．□

注 108　以降では，いったん閉じた箱に荷物を詰め込まない．
注 109　もし，$W_i + W_{i+1} \leq C$ ならば箱 $i + 1$ に詰め込まれた荷物は箱 i に詰め込める．

次に，**FF 法** (first-fit algorithm) を紹介する．FF 法は荷物を $1, 2, \ldots, n$ の順に箱に詰める．このとき，荷物 j を詰め込むことができる最小の添字の箱に詰め込む．荷物 j をどの箱に詰め込んでも箱に詰め込める荷物の重さの合計の上限 C を超すならば，新たに用意した箱に荷物 j を詰める．FF 法の手続きを以下にまとめる．FF 法の計算手間は $\mathrm{O}(n^2)$ である．

アルゴリズム 4.19　ビンパッキング問題に対する FF 法

Step 1: $j = 1$ とする．$W_i = 0$ $(i = 1, \ldots, n)$ とする．
Step 2: 荷物 j を $W_i + w_j \leq C$ を満たす最小の添字の箱 i に詰め込み，$W_i = W_i + w_j$，$j = j + 1$ とする．
Step 3: $j > n$ ならば終了．そうでなければ，**Step 2** に戻る．

FF 法がビンパッキング問題に対する 2-近似解法となることを以下に示す．

定理 4.11
FF 法はビンパッキング問題に対する 2-近似解法である．

証明　ビンパッキング問題の問題例 I の最適値を $OPT(I)$，FF 法により求められる実行可能解の目的関数値を $A(I)$ とする．FF 法により求められる実行可能解では $W_i \leq \frac{C}{2}$ となる箱は高々 1 つしかない．なぜなら，$W_{i_1} \leq \frac{C}{2}$，$W_{i_2} \leq \frac{C}{2}$ となる箱 i_1, i_2 $(i_1 < i_2)$ があれば，FF 法は箱 i_2 に詰め込まれた荷物をすべて箱 i_1 に詰め込めたはずで，FF 法の手続きに反するからである．すなわち，W_i が最小となる箱 i^* を除くすべての箱 i $(\neq i^*)$ で $W_i > \frac{C}{2}$ が成り立つ．したがって，

$$\frac{C(A(I) - 1)}{2} < \sum_{i=1}^{A(I)} W_i - \min_{i=1,\ldots,A(I)} W_i < \sum_{j=1}^{n} w_j \leq C \cdot OPT(I) \quad (4.149)$$

が成り立つ．この式を変形すると $A(I) < 2OPT(I) + 1$ が得られる．$A(I)$，$OPT(I)$ はともに整数なので $A(I) \leq 2OPT(I)$ が得られる．

さらに詳細な解析により FF 法は近似比率 $\frac{7}{4}$ を持つことが知られている．また，任意の問題例 I に対して $A(I) \leq \left\lceil \frac{17}{10} OPT(I) \right\rceil$ を満たすこと，$A(I) > \frac{17}{10} OPT(I) - 2$ となる問題例 I の集合が存在することが知られている．

あらかじめ，荷物を重さの降順に整列してから FF 法を適用する方法を **FFD**

法 (first-fit decreasing algorithm) と呼ぶ．FFD 法の計算手間は FF 法と同じ $O(n^2)$ である．FFD 法がビンパッキング問題に対する $\frac{3}{2}$-近似解法となることを以下に示す．ただし，$w_1 \geq w_2 \geq \cdots \geq w_n$ を満たすと仮定する．

定理 4.12

FFD 法はビンパッキング問題に対する $\frac{3}{2}$-近似解法である．

証明　ビンパッキング問題の問題例 I の最適値を $OPT(I)$，FFD 法により求められる実行可能解の目的関数値を $A(I)$ とする．$k = \lceil \frac{2}{3}A(I) \rceil$ 番目の箱を考える．

まず，k 番目の箱に $\frac{C}{2}$ より重い荷物が詰め込まれているならば，$k-1$ 番目までの箱にはいずれもその荷物を詰め込む余裕がなかったことになる．荷物は重さの降順に整列されているので，k 番目までの箱にはいずれも $\frac{C}{2}$ より重い荷物が 1 つだけ詰め込まれていることになり，$OPT(I) \geq \frac{2}{3}A(I)$ すなわち $A(I) \leq \frac{3}{2}OPT(I)$ が得られる．

次に，k 番目の箱に $\frac{C}{2}$ より重い荷物が詰め込まれていないならば，k 番目以降の箱にはいずれも $\frac{C}{2}$ より重い荷物が詰め込まれていない．$k, \ldots, A(I)-1$ 番目の箱にはそれぞれ 2 個以上の荷物が詰め込まれているため，$k, \ldots, A(I)$ 番目の箱には合計で $2(A(I)-k)+1$ 以上の荷物が詰め込まれていることが分かる．ここで，$k = \lceil \frac{2}{3}A(I) \rceil$ より，

$$2(A(I)-k)+1 \geq 2\left(A(I) - \left(\frac{2}{3}A(I) + \frac{2}{3}\right)\right) + 1 = \frac{2}{3}A(I) - \frac{1}{3} \geq k-1 \tag{4.150}$$

となる．そこで，$k, \ldots, A(I)$ 番目の箱から $k-1$ 個の荷物を取り出して，$1, \ldots, k-1$ 番目の箱に 1 つずつ詰め込むと，いずれの箱も詰め込まれた荷物の重さの合計は C を超えるため，$\sum_{j=1}^{n} w_j > C(k-1)$ が成り立つ．したがって，$C \cdot OPT(I) \geq \sum_{j=1}^{n} w_j > C(k-1)$ となり，$OPT(I) \geq k \geq \frac{2}{3}A(I)$ すなわち $A(I) \leq \frac{3}{2}OPT(I)$ が得られる．

さらに詳細な解析により FFD 法は，任意の問題例 I に対して $A(I) \leq \frac{11}{9}OPT(I) + 4$ を満たすこと，$A(I) > \frac{11}{9}OPT(I)$ となる問題例 I が存在することが知られている．

4.5.3　最大カット問題

無向グラフ $G = (V, E)$ と各辺 $e \in E$ の重み c_e が与えられる．ある頂点集

合 S ($\subseteq V$) のカット $\delta(S)$ に含まれる辺の重みの合計

$$c(S) = \sum_{e \in \delta(S)} c_e \tag{4.151}$$

をカット重みと呼ぶ．このとき，カット重み $c(S)$ が最大となる頂点集合 S を求める問題を**最大カット問題** (maximum cut problem) と呼ぶ．各辺の重みが 1 のグラフに対する最大カットの例を**図 4.79** に示す．4.3.3 節で紹介した最小カット問題では最適解を効率的に求めることができる一方で，最大カット問題は NP 困難のクラスに属する組合せ最適化問題であることが知られている．

まず，もっとも単純なランダム性に頼った**乱択法** (randomized algorithm) を紹介する．各頂点 $v \in V$ を独立に確率 $\frac{1}{2}$ で頂点集合 S に加えるだけで近似比率の期待値が $\frac{1}{2}$ となるアルゴリズムを実現できる．最大カット問題の問題例 I の最適値を $OPT(I)$ とする．すべての辺の重みの合計 $\sum_{e \in E} c_e$ は最適値 $OPT(I)$ の上界であることに注意すると，このアルゴリズムにより得られる実行可能解のカット重みの期待値 $\mathrm{E}[c(S)]$ は

$$\begin{aligned}
\mathrm{E}[c(S)] &= \sum_{e \in E} c_e \, \mathrm{P}[e \in \delta(S)] \\
&= \sum_{e = \{u,v\} \in E} c_e \, \mathrm{P}[u \in S, v \in V \setminus S \text{ or } u \in V \setminus S, v \in S] \\
&= \frac{1}{2} \sum_{e \in E} c_e \\
&\geq \frac{1}{2} OPT(I)
\end{aligned} \tag{4.152}$$

と見積もれる．

この乱択法を少し修正すると $\frac{1}{2}$-近似解法となる貪欲法を実現できる．貪欲法では，もう 1 つの頂点集合 $\bar{S}$ を用意し，各頂点 $v \in V$ を必ず頂点集合 S と

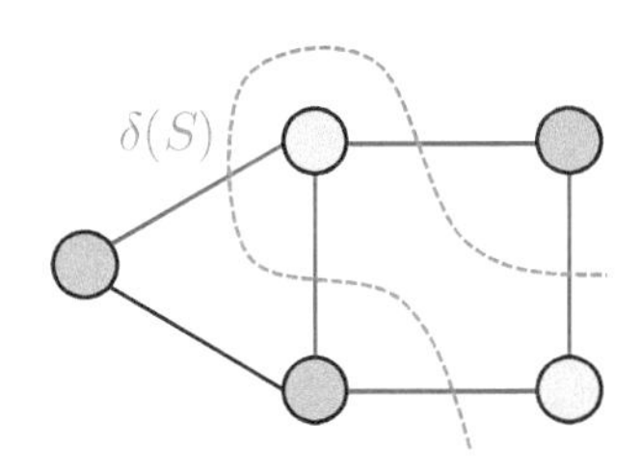

図 4.79　最大カット問題の例

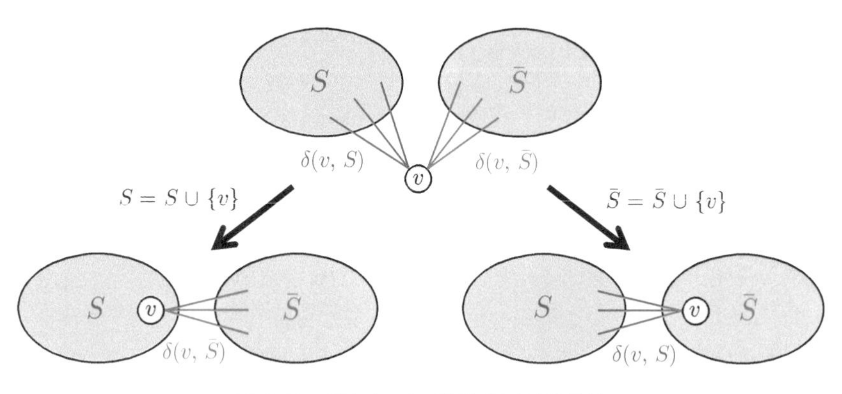

図 4.80　最大カット問題に対する貪欲法

$\bar{S}$ のいずれかに加えるものとする．ある頂点 $v \in V \setminus (S \cup \bar{S})$ と頂点集合 S をつなぐ辺の集合を $\delta(v, S)$ とする．このとき，**図 4.80** に示すように，頂点 $v \in V \setminus (S \cup \bar{S})$ を頂点集合 S と $\bar{S}$ に加えた際のカット重みの増加量はそれぞれ $\sum_{e \in \delta(v, \bar{S})} c_e$ と $\sum_{e \in \delta(v, S)} c_e$ となる．そこで，頂点 v を頂点集合 S と $\bar{S}$ のうちカット重みの増加量の大きい方に加える貪欲法を考える．

最大カット問題に対する貪欲法の手続きを以下にまとめる．この貪欲法の計算手間は $\mathrm{O}(|V| + |E|)$ である．

アルゴリズム 4.20　最大カット問題に対する貪欲法

Step 1: $S = \emptyset$，$\bar{S} = \emptyset$ とする．
Step 2: $S \cup \bar{S} = V$ ならば終了．
Step 3: 頂点 $v \in V \setminus (S \cup \bar{S})$ を選び，$\sum_{e \in \delta(v, \bar{S})} c_e \geq \sum_{e \in \delta(v, S)} c_e$ ならば $S = S \cup \{v\}$ とする．そうでなければ，$\bar{S} = \bar{S} \cup \{v\}$ とする． **Step 2** に戻る．

各辺 $e \in E$ は貪欲法で各頂点 $v \in V \setminus (S \cup \bar{S})$ を頂点集合 S もしくは $\bar{S}$ に加える際にちょうど 1 回だけ評価されるため，カット重みの増加量の合計すなわち貪欲法が出力する頂点集合 S のカット重み $c(S)$ はすべての辺の重みの合計 $\sum_{e \in E} c_e$ の $\frac{1}{2}$ 以上となる．貪欲法は，乱択法において各頂点をランダムに頂点集合 S に加えるかどうかを決める際に期待値の大きい方を選択しているとも解釈できる．これは，乱択法からランダム性を除く**脱乱択化** (derandomization) のもっとも単純な適用例である．

最後に，近似比率 $\frac{1}{2}$ を持つ**局所探索法** (local search method)(4.6 節を参照) を紹介する．局所探索法は，適当な頂点集合 S $(\subseteq V)$ から始めて，頂点

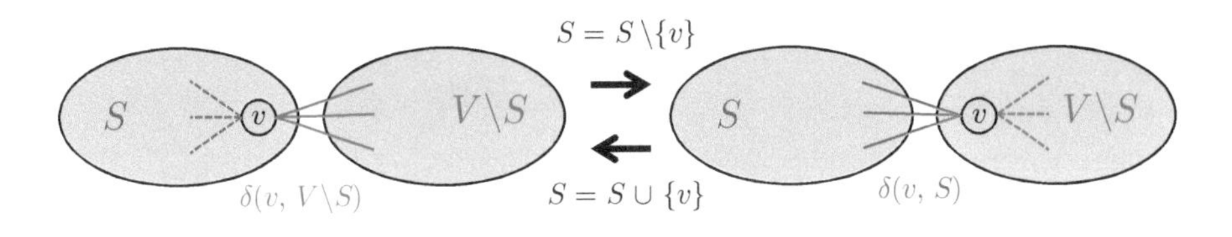

図 4.81　最大カット問題に対する局所探索法

$v \in S$ を頂点集合 S から取り除くもしくは頂点 $v \in V \setminus S$ を頂点集合 S に追加する手続きを，カット重み $c(S)$ が増加する限り繰り返す手続きである．このとき，**図 4.81** に示すように，頂点 $v \in S$ を頂点集合 S から取り除いた際のカット重みの変化量は

$$c(S \setminus \{v\}) - c(S) = \sum_{e \in \delta(v,S)} c_e - \sum_{e \in \delta(v, V \setminus S)} c_e \tag{4.153}$$

となる．逆に，頂点 $v \in V \setminus S$ を頂点集合 S に加えた際のカット重みの変化量は

$$c(S \cup \{v\}) - c(S) = \sum_{e \in \delta(v, V \setminus S)} c_e - \sum_{e \in \delta(v,S)} c_e \tag{4.154}$$

となる．

最大カット問題に対する局所探索法の手続きを以下にまとめる．

アルゴリズム 4.21　最大カット問題に対する局所探索法

Step 1: 初期の頂点集合 S を定める． $L = V$ とする．
Step 2: 頂点 $v \in L$ を選び， $L = L \setminus \{v\}$ とする．
Step 3: $v \in S$ かつ $c(S \setminus \{v\}) - c(S) > 0$ ならば， $S = S \setminus \{v\}, L = V \setminus \{v\}$ として **Step 2** に戻る．
Step 4: $v \in V \setminus S$ かつ $c(S \cup \{v\}) - c(S) > 0$ ならば， $S = S \cup \{v\}, L = V \setminus \{v\}$ として **Step 2** に戻る．
Step 5: $L = \emptyset$ ならば終了．そうでなければ， **Step 2** に戻る．

局所探索法が終了した時点で，頂点 $v \in S$ は $\sum_{e \in \delta(v, V \setminus S)} c_e \geq \sum_{e \in \delta(v,S)} c_e$ を，頂点 $v \in V \setminus S$ は $\sum_{e \in \delta(v,S)} c_e \geq \sum_{e \in \delta(v, V \setminus S)} c_e$ を満たす．すなわち，各頂点 $v \in V$ のカットに含まれる辺の重みの合計は，カットに含まれない辺の重みの合計以上となる．したがって，局所探索法が出力する頂点集合 S のカット重み $c(S)$ はすべての辺の重みの合計 $\sum_{e \in E} c_e$ の $\frac{1}{2}$ 以上となる．残念

ながら，最大カット問題に対する局所探索法は計算手間が指数オーダーとなる問題例が知られており多項式時間アルゴリズムではない．

4.5.4 巡回セールスマン問題

4.1.7 節では，整数計画問題の例として巡回セールスマン問題を紹介した．本節では，一般の巡回セールスマン問題に対して近似比率が有限の値をとる多項式時間アルゴリズムがおそらく存在しないことを示したあとに，**メトリック巡回セールスマン問題** (metric traveling salesman problem) に対する近似解法を紹介する．

はじめに，$P \neq NP$ ならば一般の巡回セールスマン問題に対して近似比率が有限の値をとる多項式時間アルゴリズムが存在しないことを以下に示す．

定理 4.13

$P \neq NP$ ならば一般の巡回セールスマン問題に対して定数 $1 \leq r < \infty$ となる近似比率を持つ多項式時間アルゴリズムは存在しない．

証明　背理法を用いる．無向グラフ $G = (V, E)$ の頂点の各組 $u, v \in V$ に対して $\{u, v\} \in E$ ならば 2 都市 u, v の距離を $d_{uv} = 1$，そうでなければ $d_{uv} = r|V|$ とする (**図 4.82**)．このとき，グラフ G にハミルトン閉路が存在すれば対応する巡回路の距離は $|V|$ となる．一方で，グラフ G にハミルトン閉路が存在しなければ，任意の巡回路の距離は $r|V| + 1$ 以上となる．もし，巡回セールスマン問題に対する r-近似解法が存在すれば，それを用いてグラフ G がハミルトン閉路を持つかどうかを判定する多項式時間アルゴリズムを作れる．すなわち，上記の手続きによりハミルトン閉路問題を巡回セールスマン問題に変換したあとに，巡回セールスマン問題に対する r-近似解法を適用する．得られた巡回路の距離が $r|V|$ 以下ならばグラフ G にハミルトン閉路が存在し，そうでなければグラフ G にハミルトン閉路が存在しない．一方で，ハミルトン閉路問題は NP 完全問題であり，これは $P \neq NP$ であることに反する[注110]．□

上記の証明で用いた巡回セールスマン問題は極端な例であり，現実問題では任意の 3 都市 $u, v, w \in V$ は以下の三角不等式を満たすことが多い．

$$d_{uv} \leq d_{uw} + d_{wv}. \tag{4.155}$$

注 110　$P \neq NP$ ならば NP 完全問題に対する多項式時間アルゴリズムは存在しない．

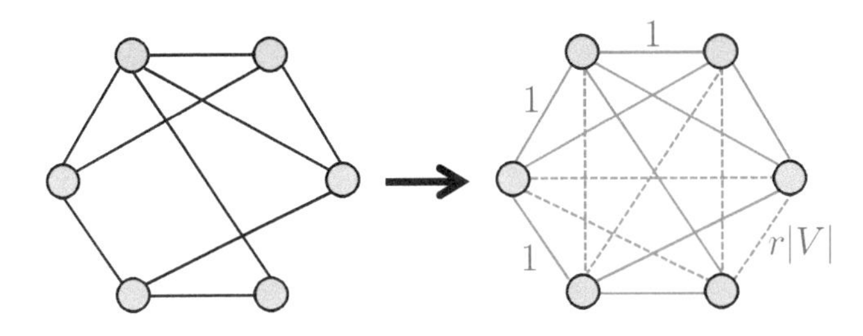

図 4.82　ハミルトン閉路問題を巡回セールスマン問題に変換

すなわち，他の都市に寄り道せずに都市 u から都市 v に直行する路がつねに 2 都市 u, v 間の最短路となる．たとえば，平面上における 2 点 u, v のユークリッド距離を求めて，これを巡回セールスマン問題における 2 都市 u, v の距離 d_{uv} と定義すれば三角不等式を満たす．また，無向グラフ $G = (V, E)$ における頂点の各組 $u, v \in V$ の最短路の長さ f_{uv} を求めて，これを巡回セールスマン問題における 2 都市 u, v の距離 d_{uv} と定義すればやはり三角不等式を満たす．以下では，n 個の都市と任意の 2 都市 u, v 間の距離 d_{uv} が与えられる巡回セールスマン問題を考える．ただし，任意の 3 都市 u, v, w は三角不等式 (4.155) を満たす．また，巡回セールスマン問題の問題例 I の最適値を $OPT(I)$ とする．

まず，近似比率 2 を持つ**木二重化法** (double-tree algorithm) を紹介する．4.3.1 節で紹介したプリム法を用いて，与えられた n 個の都市をつなぐ最小全域木 T を求める．最適な巡回路 H^* から辺を 1 本取り除くと (最小とは限らない) 全域木が得られるため，最小全域木の辺の長さの合計 $MST(I)$ は最適値 $OPT(I)$ の下界となることが分かる．そこで，**図 4.83** に示すように，最小全域木の各辺 $e \in T$ を 2 本の辺に置き換えて二重化する．この二重木 T' では各都市の次数が偶数となるため，すべての辺をちょうど 1 回ずつ通る閉路 (一筆書き) が求められる[注111]．適当な都市から出発して訪問済みの都市を飛ばしつつ一筆書きの順に都市を巡れば，すべての都市をちょうど 1 回ずつ訪問する巡回路 H を求めることができる．このとき，三角不等式より巡回路 H の距離 $A(I)$ に対して $A(I) \leq 2MST(I)$ が成り立ち，$A(I) \leq 2MST(I) \leq 2OPT(I)$ が得られる．深さ優先探索を用いれば $O(|V|)$ の計算手間で二重木から巡回路 H を構成できるため[注112]，木二重化

注 111　連結な無向グラフ $G = (V, E)$ に一筆書きが存在するための必要十分条件は，すべての頂点 $v \in V$ の次数が偶数となることである．これを**オイラー** (Euler) **の一筆書き定理**と呼ぶ．また，この定理の条件を満たす無向グラフを**オイラーグラフ** (Eulerian graph)，一筆書きを**オイラー閉路** (Eulerian cycle) と呼ぶ．

注 112　最小全域木は $|V| - 1$ 本の辺を持つことに注意する．

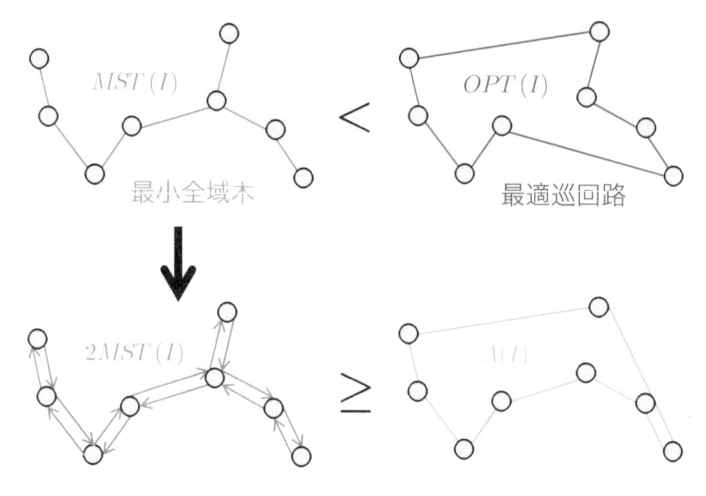

図 4.83　巡回セールスマン問題に対する木二重化法

法の計算手間はプリム法と同じ $O(|E| + |V| \log_2 |V|)$ となる 注113.

木二重化法では，最適値の 2 倍以下の長さを持つ一筆書きを求めた．しかし，すべての都市の次数を偶数にするためには最小全域木を二重化する必要はなく，最小全域木を求めたあとに，次数が奇数となる頂点集合に対する最小長さの完全マッチングを追加するだけで良い．この性質を利用して，クリストフィード (Christofides) は $\frac{3}{2}$-近似解法を提案した．

次に，2-近似解法である**最近追加法** (nearest addition algorithm) を紹介する．これは，4.3.1 節の最小全域木問題に対するプリム法を修正したアルゴリズムで，ある 1 つの都市から部分巡回路を成長させてすべての都市を訪問する巡回路を求める．**図 4.84** に示すように，最近追加法の各反復では，プリム法と同様にカット $\delta(S)$ の中で距離が最小となる辺 $\{u, v\}$ を選んだあとに，部分巡回路において都市 u と隣接する都市 w をつなぐ辺 $\{u, w\}$ を 2 本の辺 $\{u, v\}$ と $\{v, w\}$ につなぎ替えて新たな部分巡回路を作る．このとき，部分巡回路の距離は $d_{uv} + d_{vw} - d_{uw}$ だけ増加する．三角不等式 $d_{vw} \leq d_{uw} + d_{uv}$ より $d_{uv} + d_{vw} - d_{uw} \leq 2d_{uv}$ が成り立つ．プリム法の各反復では辺 $\{u, v\}$ が追加されるため，最近追加法により求められる巡回路 H の距離 $A(I)$ に対して $A(I) \leq 2MST(I)$ が成り立ち，$A(I) \leq 2MST(I) \leq 2OPT(I)$ が得られる．

最近追加法の手続きを以下にまとめる．最近追加法の計算手間はプリム法

注 113　巡回セールスマン問題では任意の 2 都市 u, v に辺 $\{u, v\}$ を張るので，$|E| = |V|(|V| - 1)/2$ となることに注意する．

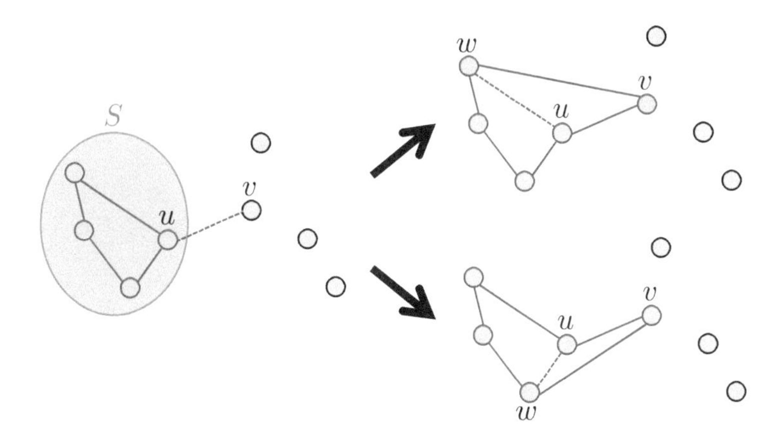

図 4.84　巡回セールスマン問題に対する最近追加法

と同じ $O(|E| + |V| \log_2 |V|)$ である．

アルゴリズム 4.22　最近追加法

Step 1: 任意の都市を 1 つ選び v_0 とする． $\min\{d_{v_0v} \mid v \in V\backslash\{v_0\}\}$ を達成する都市 $v_1 \in V\backslash\{v_0\}$ を求める． $S = \{v_0, v_1\}$， $H = \{\{v_0, v_1\}, \{v_0, v_1\}\}$ とする．
Step 2: $S = V$ ならば終了．
Step 3: $\min\{d_{uv} \mid \{u, v\} \in \delta(S)\}$ を達成する都市 $u^* \in S$ と $v^* \in V \setminus S$ を求める． H において都市 u^* と隣接する都市 w を 1 つ選び， $S = S \cup \{v^*\}$， $H = H \setminus \{\{u^*, w\}\} \cup \{\{u^*, v^*\}, \{v^*, w\}\}$ として **Step 2** に戻る．

Step 3 では， $d_{uv^*} + d_{v^*w} - d_{uw}$ が最小となる部分巡回路上の隣り合う都市の組 u, w を選んで，辺 $\{u, w\}$ を 2 本の辺 $\{u, v^*\}$ と $\{v^*, w\}$ につなぎ替える方法も提案されており，これを**最近挿入法** (nearest insertion algorithm) と呼ぶ．また， $d_{uv} + d_{vw} - d_{uw}$ が最小となる部分巡回路の辺 $\{u, w\}$ と都市 $v \in V \setminus S$ の組合せを選ぶ方法も提案されており，これを**最安挿入法** (cheapest insertion algorithm) と呼ぶ．

4.5.5　頂点被覆問題

無向グラフ $G = (V, E)$ と各頂点 $v \in V$ の重み c_v が与えられる．すべての辺 $e \in E$ が頂点集合 $S \subseteq V$ に含まれる少なくとも 1 つの頂点 $v \in S$ を端点に持つとき，頂点集合 S を**頂点被覆** (vertex cover) と呼ぶ．このとき，頂点の重みの合計 $\sum_{v \in S} c_v$ が最小となる頂点被覆 S を求める問題を**頂点被覆問題** (vertex cover problem) と呼ぶ．各頂点の重みが 1 のグラフに対する最小の頂点被覆と最小でない頂点被覆の例を**図 4.85** に示す．頂点被覆問題は NP 困難のクラスに属する組合せ最適化問題であることが知られている．

まず，貪欲法を紹介する．貪欲法の各反復において，頂点集合 S により被覆されている辺の集合を E' とする．このとき，まだ選択されていない頂点 $v \in V \setminus S$ の**費用効果** (cost effectiveness) を $\frac{c_v}{|\delta(v) \setminus E'|}$ と定義する．これは，頂点 v により新たに被覆される辺 1 本あたりの目的関数の値の増分を表している．貪欲法では，費用効果の値が最小となる頂点 $v \in V \setminus S$ を選択する手続きをすべての辺 $e \in E$ が被覆されるまで繰り返す．頂点被覆問題に対する貪欲法の手続きを以下にまとめる．この貪欲法の計算手間は $\mathrm{O}(|V|^2)$ である．

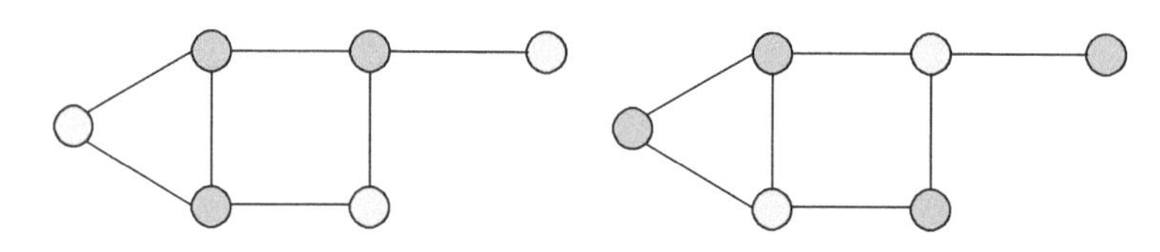

図 4.85　最小の頂点被覆 (左) と最小でない頂点被覆 (右) の例

アルゴリズム 4.23　頂点被覆問題に対する貪欲法

Step 1: $S = \emptyset$，$E' = \emptyset$ とする．
Step 2: $E' = E$ ならば終了．
Step 3: $\min \left\{ \frac{c_v}{|\delta(v) \setminus E'|} \,\middle|\, v \in V \setminus S \right\}$ を達成する頂点 v^* を求める．$S = S \cup \{v^*\}$，$E' = E' \cup \delta(v^*)$ として **Step 2** に戻る．

貪欲法が頂点被覆問題に対する $H_{|E|}$-近似解法となることを以下に示す．ここで，$H_k = 1 + \frac{1}{2} + \frac{1}{3} + \cdots + \frac{1}{k}$ であり，**調和級数** (harmonic series) と呼ぶ．

定理 4.14

頂点被覆問題に対する貪欲法は $H_{|E|}$-近似解法である．

証明　頂点被覆問題の問題例 I の最適値 $OPT(I)$，貪欲法により求められる実行可能解の目的関数の値を $A(I)$ とする．グラフの辺 $e \in E$ を貪欲法で被覆された順に整列し，$e_1, e_2, \ldots, e_{|E|}$ とする．各反復において，頂点 $v \in V \setminus S$ により新たに被覆された辺 $e \in \delta(v) \setminus E'$ の価格を $p_e = \frac{c_v}{|\delta(v) \setminus E'|}$ と定義すると，$A(I) = \sum_{k=1}^{|E|} p_{e_k}$ と表せる．

最適解をS^*とする．ある反復において辺e_kが新たに被覆される直前では，最適解から貪欲法に選ばれたものを除いた頂点集合$S^* \setminus S$により，辺e_kを含む被覆されていない$|E|-k+1$本の辺を高々$OPT(I)$の重みで被覆できるため[注114]，まだ選択されていない頂点$v \in V \setminus S$の中に$\frac{OPT(I)}{|E|-k+1}$以下の費用効果を持つ頂点が存在する．各反復では費用効果の値が最小となる頂点を選ぶため，辺e_kの価格p_{e_k}は$\frac{OPT(I)}{|E|-k+1}$以下となる．したがって，

$$
\begin{aligned}
A(I) &= \sum_{k=1}^{|E|} p_{e_k} \\
&\leq \sum_{k=1}^{|E|} \frac{OPT(I)}{|E|-k+1} \\
&= OPT(I) \left(\frac{1}{|E|} + \frac{1}{|E|-1} + \cdots + \frac{1}{2} + 1 \right) \\
&= H_{|E|}\, OPT(I)
\end{aligned}
\tag{4.156}
$$

より$A(I) \leq H_{|E|} OPT(I)$となる．

この貪欲法の近似比率はどのような定数でも抑えられないことが知られている[注115]．

次に，2-近似解法である**主双対法** (primal-dual method) を紹介する．主双対法は，線形計画緩和問題の双対問題を用いて元の問題に対する実行可能解を求める方法である．x_vは変数で，頂点$v \in V$を選べば$x_v = 1$，そうでなければ$x_v = 0$の値をとる．このとき，頂点被覆問題は以下の整数計画問題に定式化できる．

$$
\begin{aligned}
\text{最小化} \quad & \sum_{v \in V} c_v x_v \\
\text{条件} \quad & x_u + x_v \geq 1, \quad \{u, v\} \in E, \\
& x_v \in \{0, 1\}, \quad v \in V.
\end{aligned}
\tag{4.157}
$$

制約条件は，各辺$\{u, v\} \in E$の少なくとも1つの端点が選ばれることを表す．

各変数x_vの整数条件を$x_v \geq 0$に緩和すると線形計画緩和問題が得られる[注116]．線形計画緩和問題の双対問題は，以下の線形計画問題に定式化できる．

注114　同じ反復において辺e_k以外にも新たに被覆される辺が存在すれば，被覆されていない辺は$|E|-k+1$本より多くなる．

注115　$H_k \approx \log k$である．

注116　問題 (4.157) では，整数条件を$x_v \geq 0$に置き換えても実行可能解は必ず$0 \leq x_v \leq 1$を満たす．

$$
\begin{aligned}
&\text{最大化} && \sum_{e \in E} y_e \\
&\text{条件} && \sum_{e \in \delta(v)} y_e \le c_v, \quad v \in V, \\
& && y_e \ge 0, \qquad\qquad e \in E.
\end{aligned} \tag{4.158}
$$

ここで，線形計画緩和問題とその双対問題の実行可能解の組 $(\boldsymbol{x}, \boldsymbol{y})$ が最適解であるための必要十分条件は，以下の相補性条件

$$
x_v \left(c_v - \sum_{e \in \delta(v)} y_e \right) = 0, \quad v \in V, \tag{4.159}
$$

$$
y_e \left(x_u + x_v - 1 \right) = 0, \qquad e = \{u, v\} \in E, \tag{4.160}
$$

が成り立つことである．

この相補性条件から以下の性質が得られる．ここで，変数 x_v $(v \in V)$ に対応する被約費用を $\bar{c}_v(\boldsymbol{y}) = c_v - \sum_{e \in \delta(v)} y_e$ と定義する[注117]．

定理 4.15

$\bar{\boldsymbol{y}}$ を双対問題 (4.158) の最適解とする．頂点集合 $S = \{v \in V \mid \bar{c}_v(\bar{\boldsymbol{y}}) = 0\}$ は頂点被覆問題の実行可能解である．

証明 背理法を用いる．頂点集合 S が実行可能解でないと仮定し，被覆されてない辺を $e' = \{u, v\} \in E$ とする．

$$
\varepsilon = \min \{\bar{c}_u(\bar{\boldsymbol{y}}), \bar{c}_v(\bar{\boldsymbol{y}})\} \tag{4.161}
$$

とすると，$\bar{c}_u(\bar{\boldsymbol{y}}) > 0$, $\bar{c}_v(\bar{\boldsymbol{y}}) > 0$ より $\varepsilon > 0$ である[注118]．辺 e' について $y'_{e'} = \bar{y}_{e'} + \varepsilon$，それ以外の辺 $e \in E \setminus \{e'\}$ について $y'_e = \bar{y}_e$ として，双対問題の新たな解 $\boldsymbol{y}'$ を作る．すると，辺 e' の端点 u では，

$$
\begin{aligned}
\bar{c}_u(\boldsymbol{y}') &= c_u - \sum_{e \in \delta(u)} y'_e \\
&= c_u - \sum_{e \in \delta(u)} \bar{y}_e - \varepsilon \\
&= \bar{c}_u(\bar{\boldsymbol{y}}) - \min\{\bar{c}_u(\bar{\boldsymbol{y}}), \bar{c}_v(\bar{\boldsymbol{y}})\} \ge 0
\end{aligned} \tag{4.162}
$$

注 117　$\bar{c}_v(\boldsymbol{y}) \ge 0$ $(v \in V)$ ならば $\boldsymbol{y}$ は双対問題の実行可能解であることに注意する．

注 118　$\bar{\boldsymbol{y}}$ は実行可能かつ $u, v \in V \setminus S$ であることに注意する．

が成り立つ．もう一方の端点 v でも同様に $\bar{c}_u(\boldsymbol{y}') \geq 0$ が成り立つため，$\boldsymbol{y}'$ は双対問題の実行可能解である．さらに，

$$\sum_{e \in E} y'_e > \sum_{e \in E} \bar{y}_e \tag{4.163}$$

が成り立つが，これは $\bar{\boldsymbol{y}}$ が双対問題の最適解であることに反する．

頂点被覆問題の問題例 I の最適値を $OPT(I)$，主双対法により求められる実行可能解の目的関数の値を $A(I)$ とする．頂点集合 $S = \{v \in V \mid \bar{c}_v(\bar{\boldsymbol{y}}) = 0\}$ に対応する実行可能解を $\boldsymbol{x}$ とする．すなわち，$v \in S$ ならば $x_v = 1$，そうでなければ $x_v = 0$ の値をとる．線形計画緩和問題の最適値を $LP(I)$ とすると

$$\begin{aligned} A(I) &= \sum_{v \in V} c_v x_v \\ &= \sum_{v \in V} x_v \left(\sum_{e \in \delta(v)} \bar{y}_e \right) \\ &= \sum_{e = \{u,v\} \in E} \bar{y}_e \left(x_u + x_v \right) \\ &\leq 2 \sum_{e \in E} \bar{y}_e = 2LP(I) \end{aligned} \tag{4.164}$$

が成り立つ．すなわち，$A(I) \leq 2LP(I) \leq 2OPT(I)$ が成り立つ．

双対問題の実行可能解を $\boldsymbol{y}$ とすると $\sum_{e \in E} y_e \leq LP(I)$ が成り立つため，頂点集合 $S = \{v \in V \mid \bar{c}_v(\boldsymbol{y}) = 0\}$ が頂点被覆問題の実行可能解であれば，やはり，$A(I) \leq 2LP(I) \leq 2OPT(I)$ は成り立つ．主双対法は，元の問題の実行不能解 $\boldsymbol{x}$ と線形計画緩和問題の双対問題の実行可能解 $\boldsymbol{y}$ から始める．$\boldsymbol{x}$ は整数解を保ちつつ実行可能解に近づけるように，$\boldsymbol{y}$ は実行可能解を保ちつつ下界が改善するように更新を繰り返し，$\boldsymbol{x}$ が実行可能解となった時点で終了する．主双対法では，主相補性条件 (4.159) はつねに満たすが双対相補性条件 (4.160) は必ずしも満たさない $(\boldsymbol{x}, \boldsymbol{y})$ を出力する．頂点被覆問題に対する主双対法の手続きを以下にまとめる．この主双対法の計算手間は $\mathrm{O}(|E|)$ である．

アルゴリズム 4.24　頂点被覆問題に対する主双対法

Step 1: $E' = \emptyset$，$S = \emptyset$，$\bar{c}_v = c_v \ (v \in V)$，$y_e = 0 \ (e \in E)$ とする．
Step 2: $E' = E$ ならば終了．

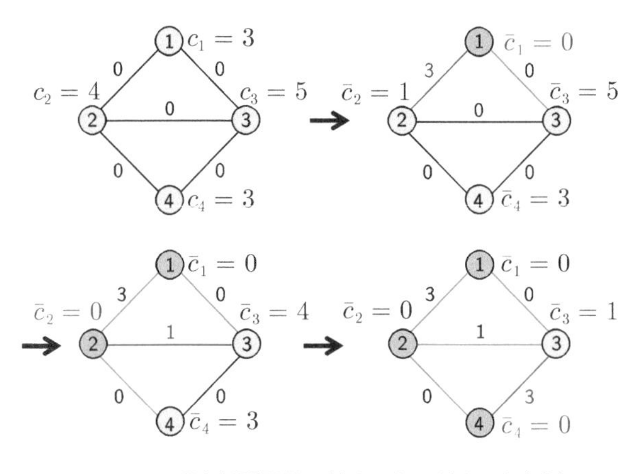

図 4.86　頂点被覆問題に対する主双対法の実行例

Step 3: 辺 $e = \{u, v\} \in E \setminus E'$ を選ぶ．ここで，$\bar{c}_u \geq \bar{c}_v$ とする．$y_e = y_e + \bar{c}_v$，$\bar{c}_u = \bar{c}_u - \bar{c}_v$，$\bar{c}_v = 0$，$S = S \cup \{v\}$，$E' = E' \cup \{\delta(v)\}$ として **Step 2** に戻る．

主双対法の実行例を**図 4.86** に示す．

最後に，近似比率 2 を持つ**丸め法** (rounding method) を紹介する．丸め法では線形計画緩和問題の最適解から元の頂点被覆問題の実行可能解を求める．線形計画緩和問題の最適解を $\bar{\boldsymbol{x}}$ とする．このとき，整数解 $\boldsymbol{x}$ を

$$x_v = \begin{cases} 1 & \bar{x}_v \geq \frac{1}{2} \\ 0 & \text{それ以外}, \end{cases} \qquad v \in V \tag{4.165}$$

とする．また，整数解 $\boldsymbol{x}$ に対応する頂点集合を $S = \{v \in V \mid x_v = 1\}$ とする．線形計画緩和問題の最適解 $\bar{\boldsymbol{x}}$ は $\bar{x}_u + \bar{x}_v \geq 1$ ($\{u, v\} \in E$) を満たすため，どの辺 $\{u, v\} \in E$ においても端点 u, v の少なくとも一方は頂点集合 S に含まれる．すなわち，上記の方法で求めた整数解 $\boldsymbol{x}$ は頂点被覆問題の実行可能解である．頂点被覆問題の問題例 I の最適値を $OPT(I)$，丸め法により求められる実行可能解の目的関数の値を $A(I)$，線形計画緩和問題の最適値を $LP(I)$ とすると，

$$
\begin{aligned}
LP(I) &= \sum_{v\in V} c_v \bar{x}_v \\
&\geq \sum_{v\in S} c_v \bar{x}_v \\
&\geq \frac{1}{2}\sum_{v\in S} c_v = \frac{1}{2}A(I)
\end{aligned}
\tag{4.166}
$$

が成り立つ．すなわち，$A(I) \leq 2LP(I) \leq 2OPT(I)$ が成り立つ．

4.5.6 ナップサック問題

4.1.2 節では，整数計画問題の例としてナップサック問題を紹介した．また，4.3.2 節と 4.4.1 節ではナップサック問題に対する動的計画法と分枝限定法をそれぞれ紹介した．本節では，ナップサック問題に対して貪欲法と動的計画法にもとづく近似解法を紹介する．

まず，$\frac{1}{2}$-近似解法である貪欲法を紹介する．貪欲法は荷物を単位重さあたりの価値 $\frac{p_j}{w_j}$ の降順に，袋に詰め込める荷物の重さの合計の上限 C を超えない限り詰め込む方法である．より正確には荷物を単位重さあたりの価値 $\frac{p_j}{w_j}$ の降順に整列したあとに，実行可能解 $\boldsymbol{x}$ を

$$
x_j = \begin{cases} 1 & w_j \leq C - \displaystyle\sum_{k=1}^{j-1} w_k \\ 0 & \text{それ以外}, \end{cases} \qquad j = 1, \ldots, n, \tag{4.167}
$$

とする．

ナップサック問題の問題例 I の最適値を $OPT(I)$，貪欲法により求められる実行可能解の目的関数の値を $A'(I)$ とする．ここで，$A'(I)$ と，もっとも価値 p_j の高い荷物を 1 つだけ詰め込んで得られる実行可能解の目的関数の値 $p_{\max} = \max_{j=1,\ldots,n} p_j$ の大きい方を考えて $A(I) = \max\{A'(I), p_{\max}\}$ とする．以下では，$\frac{p_1}{w_1} \geq \frac{p_2}{w_2} \geq \cdots \geq \frac{p_n}{w_n}$ を満たすと仮定する[注119]．定理 4.8 (4.4.1 節) より，ナップサック問題の各変数 x_j の整数制約 $x_j \in \{0,1\}$ を $0 \leq x_j \leq 1$ に緩和した線形計画緩和問題の最適解 $\bar{\boldsymbol{x}} = (\bar{x}_1, \bar{x}_2, \ldots, \bar{x}_n)^\top$ は，$\sum_{j=1}^{k} w_j \leq C$ かつ $\sum_{j=1}^{k+1} w_j > C$ を満たす k を用いて，

注 119　必要ならば荷物を整列したあとにそれらの添字を付け直す．

$$\bar{x}_j = \begin{cases} 1 & j = 1, \ldots, k, \\ \dfrac{C - \sum_{j=1}^{k} w_j}{w_{k+1}} & j = k+1, \\ 0 & j = k+2, \ldots, n \end{cases} \tag{4.168}$$

となる．線形計画緩和問題の最適値を $LP(I)$ とすると，$p_{k+1} \leq p_{\max}$，$\bar{x}_{k+1} = \frac{C - \sum_{j=1}^{k} w_j}{w_{k+1}} < 1$ より，

$$\begin{aligned} LP(I) &= \sum_{j=1}^{k} p_j + \frac{C - \sum_{j=1}^{k} w_j}{w_{k+1}} p_{k+1} \\ &\leq A'(I) + p_{\max} \\ &\leq 2A(I) \end{aligned} \tag{4.169}$$

が成り立つ．すなわち，$A(I) \geq \frac{1}{2} LP(I) \geq \frac{1}{2} OPT(I)$ が成り立つ．

次に，定数 ε ($\varepsilon > 0$) に対して近似比率 $1 - \varepsilon$ を持つ動的計画法を紹介する．袋の容量 C とナップサック問題の最適値の上界 $P = \sum_{j=1}^{n} p_j$ がいずれも極端に大きい場合は，動的計画法の計算手間が増大して実用的ではなくなる．そこで，各荷物 j の価値 p_j を定数 M で割り整数値に切り下げた価値 $\tilde{p}_j = \left\lfloor \frac{p_j}{M} \right\rfloor$ に変更した問題例を生成し，この問題例に対して 4.3.2 節で紹介した 2 番目の動的計画法を適用して実行可能解を求める．ここで，$M = \frac{\varepsilon p_{\max}}{n}$ とする．このとき，ナップサック問題の最適値の上界を $np_{\max}$ と見積もると動的計画法の計算手間は $\mathrm{O}(n^2 p_{\max}) = \mathrm{O}(\frac{n^3}{\varepsilon})$ となり，多項式時間アルゴリズムである．

ナップサック問題の問題例 I の最適解を $\boldsymbol{x}^*$，最適値を $OPT(I)$ とする．また，動的計画法により求められる実行可能解を $\boldsymbol{x}'$，その目的関数の値を $A(I)$ とする．$\tilde{p}_j = \left\lfloor \frac{p_j}{M} \right\rfloor$ より $p_j - M\tilde{p}_j \leq M$ が成り立つ[注120]．したがって，任意の実行可能解 $\boldsymbol{x}$ に対して

$$\sum_{j=1}^{n} p_j x_j - M \sum_{j=1}^{n} \tilde{p}_j x_j \leq nM \tag{4.170}$$

が成り立つ．また，$\tilde{p}_j \leq \frac{p_j}{M}$ と，動的計画法で求めた実行可能解 $\boldsymbol{x}'$ が各荷物 j の価値 p_j を価値 $\tilde{p}_j$ に変更した問題例における最適解であることから

注 120　$\tilde{p}_j \geq (p_j/M) - 1$ であることに注意する．

$$
\begin{aligned}
A(I) = \sum_{j=1}^{n} p_j x'_j \geq M \sum_{j=1}^{n} \tilde{p}_j x'_j \geq M \sum_{j=1}^{n} \tilde{p}_j x^*_j \\
\geq \sum_{j=1}^{n} p_j x^*_j - nM = OPT(I) - \varepsilon p_{\max} \geq (1-\varepsilon) OPT(I)
\end{aligned}
\tag{4.171}
$$

が成り立つ．

このように，パラメータ $\varepsilon > 0$ に対して近似比率 $1-\varepsilon$ を持つ近似解法を与える枠組みを**近似スキーム** (approximation scheme) と呼ぶ[注121]．パラメータ ε が定数に固定されている場合に，近似スキームにより与えられる近似解法が問題例の入力データの長さに対する多項式時間アルゴリズムならば，これを**多項式時間近似スキーム** (polynomial time approximation scheme; PTAS) と呼ぶ．さらに，近似スキームにより与えられる近似解法が問題例の入力データの長さと $\frac{1}{\varepsilon}$ に対する多項式時間アルゴリズムならば，これを**完全多項式時間近似スキーム** (fully polynomial time approximation scheme; FPTAS) と呼ぶ．本節で紹介したナップサック問題に対する近似スキームは完全多項式時間近似スキームである．

4.6 ● 局所探索法

整数計画問題を含む NP 困難な組合せ最適化問題では，理論的な解析が困難であったり，ごく少数の反例を除けば大半の問題例で有効に働く知見が数多く存在する．そのような知見にもとづいて作られた，最適値に対する近似性能の保証はないが多くの問題例に対して質の高い実行可能解を 1 つ出力するアルゴリズムを**発見的解法** (heuristics) と呼ぶ．本節では，発見的解法の基本戦略の 1 つである局所探索法の考え方と手続きを紹介する．

4.6.1 局所探索法の概略

局所探索法 (local search method; LS) は，適当な実行可能解 $\boldsymbol{x} \in S$ から始めて，現在の解 $\boldsymbol{x}$ に少しの変形を加えて得られる解の集合 $N(\boldsymbol{x}) \subset S$ 内に改善解 $\boldsymbol{x}'$ (すなわち，$f(\boldsymbol{x}') < f(\boldsymbol{x})$ を満たす解) があれば，現在の解 $\boldsymbol{x}$ から改善解 $\boldsymbol{x}'$ に移動する手続きを繰り返す手法である (**図 4.87**)．ここで，現在の解 $\boldsymbol{x}$ に変形を加える操作を近傍操作と呼び，それにより生成される解の集合 $N(\boldsymbol{x})$ を**近傍** (neighborhood) と呼ぶ．現在の解 $\boldsymbol{x}$ の近傍 $N(\boldsymbol{x})$ 内に改善解がなければ局所探索法を終了する．このように近傍内に改善解を持たない

注 121　最小化問題であれば近似比率 $1+\varepsilon$ を持つ近似解法を与える．

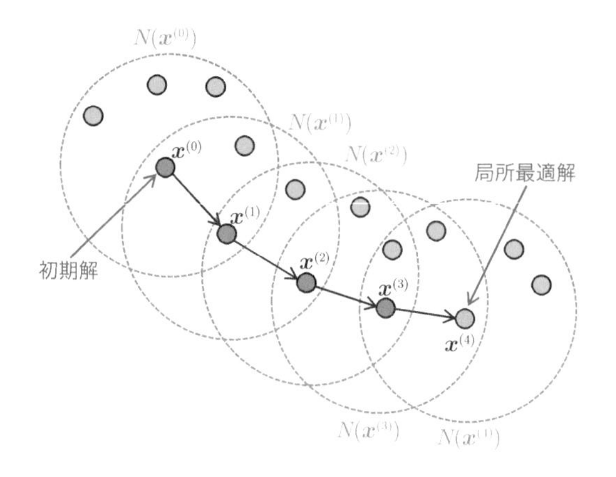

図 4.87　局所探索法

解を (その近傍の下での) **局所最適解** (locally optimal solution) と呼ぶ[注122]. 図 4.87 の各点 $\boldsymbol{x}^{(k)}$ は k 番目の解を表す．ただし，初期解は $\boldsymbol{x}^{(0)}$ とする．また，各点 $\boldsymbol{x}^{(k)}$ を中心とする点線で囲まれた円領域 $N(\boldsymbol{x}^{(k)})$ は $\boldsymbol{x}^{(k)}$ の近傍を表す．局所探索法の手続きを以下にまとめる．

アルゴリズム 4.25　局所探索法

Step 1: 初期解 $\boldsymbol{x}^{(0)}$ を定める．$k = 0$ とする．
Step 2: 近傍 $N(\boldsymbol{x}^{(k)})$ 内に $f(\boldsymbol{x}') < f(\boldsymbol{x})$ となる改善解 $\boldsymbol{x}'$ がなければ終了．
Step 3: 改善解 $\boldsymbol{x}' \in N(\boldsymbol{x}^{(k)})$ を 1 つ選んで，$\boldsymbol{x}^{(k+1)} = \boldsymbol{x}'$ とする．$k = k + 1$ として **Step 2** に戻る．

このように，局所探索法は単純なアイデアにもとづいている．しかし，その設計の自由度は大きく，近傍の定義，探索空間，解の評価，移動戦略などの要素を注意深く設計することで高性能なアルゴリズムを実現できる．

4.6.2　近傍の定義と解の表現

近傍は局所探索法の設計においてもっとも重要な要素の 1 つである．近傍内に改善解が含まれる可能性が高まるように，しかも近傍が大きくなりすぎないように設計する必要がある．たとえば，巡回セールスマン問題では，現在の巡回路から辺を高々 λ 本交換して得られる解集合を近傍とする λ-opt 近傍 ($\lambda \geq 2$) が良く知られている．$\lambda = 2$ の場合の例を**図 4.88** に示す．通常

注 122　3 章の非線形計画問題における局所最適解とは定義が異なる．ここでは，局所最適解は (問題ではなく) アルゴリズムにより定義されることに注意する．

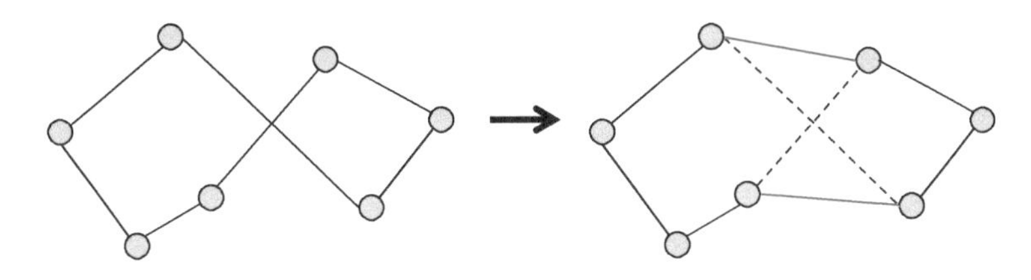

図 4.88　2-opt 近傍の近傍操作の例

は，改善解を探索する計算手間が大きくなりすぎないように，λには 2 あるいは 3 程度の小さな定数が用いられる．また，巡回セールスマン問題では，都市の訪問順でも巡回路を表現できる．このように順列で解を表現できる問題に対しては，挿入近傍や交換近傍が良く用いられる (**図 4.89**)．挿入近傍は 1 つの都市を順列の他の位置に移動して得られる解集合，交換近傍は 2 つの都市の順列における位置を交換して得られる解集合である．巡回セールスマン問題では，挿入近傍の自然な拡張として，巡回路において連続する 3 つ以下の都市を他の位置に挿入して得られる解集合を近傍とする Or-opt 近傍が知られている (**図 4.90**)．このように，1 つの問題に対してさまざまな近傍を定義できるが，どの近傍を利用するか (複数でも良い) により局所探索法の性能は大きく変わる．

局所探索法は，多くの組合せ最適化問題において観測される「良い解同士は似た構造を持つ」という**近接最適性** (proximity optimality principle; POP) と呼ばれる性質にもとづいて設計されている．近接最適性が成立していれば，良い解と似た解の中から改善解が見つかる可能性が高い．たとえば，巡回セールスマン問題では，良い巡回路同士には共通して含まれる辺が非常に多い傾向にあることが知られている．そのため，少数の辺を交換する 2-opt 近傍や 3-opt 近傍にもとづく局所探索法により良い解の周辺を集中的に探索できる．一方で，巡回セールスマン問題では交換近傍はあまり有効ではない．交換近

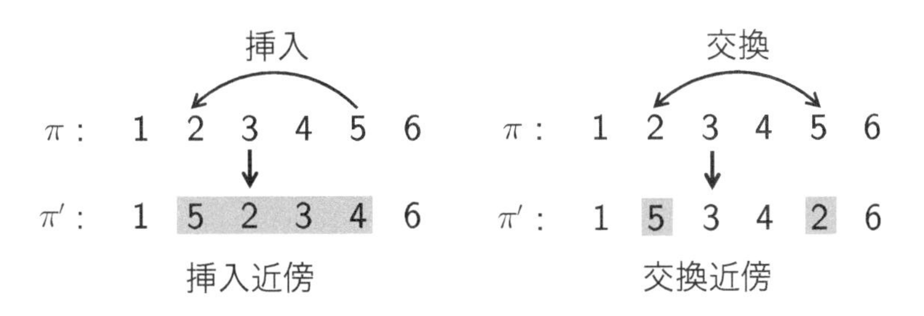

図 4.89　挿入近傍と交換近傍の例

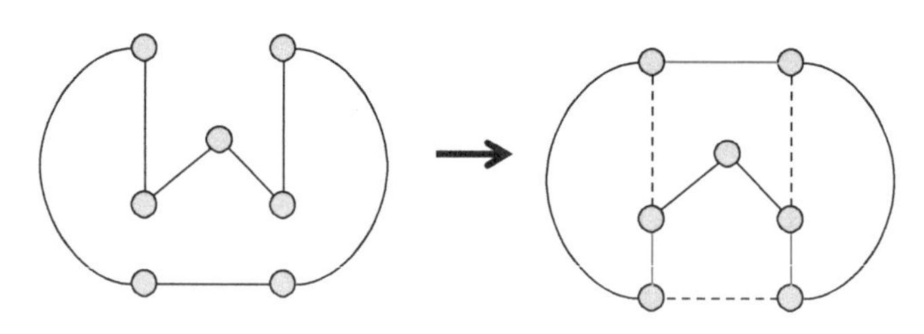

図 4.90　Or-opt 近傍の近傍操作の例

傍では 4 本の辺を同時に交換するため，2-opt 近傍や 3-opt 近傍と比べて巡回路の長さに与える影響が大きいことが原因と考えられる．このように，近接最適性の観点から，近傍操作の前後で目的関数の値が大幅に変化しないように近傍を設計することが望ましい．

近傍の大きさの設定も重要である．λ-opt 近傍のようにパラメータにより近傍の大きさを設定できる場合では，大きな近傍を用いることで局所探索法で得られる解の質は向上する．小さな近傍の下では局所最適解であっても大きな近傍では局所最適解から脱出できるからである[注123]．一方で，近傍を大きくすると近傍内を探索するための計算時間が大きくなるため，解の質と計算時間のバランスを考慮する必要がある．また，小さな近傍と大きな近傍を組み合わせて探索する方法もしばしば有効である．たとえば，2-opt 近傍にもとづく局所探索法のあとに続けて 3-opt 近傍にもとづく局所探索法を実行するなど，まず小さな近傍で探索したあとに大きな近傍で探索すると，大きな近傍による探索にかかる計算時間を抑えつつ解の質を向上する効果が期待できる．

4.6.3　探索空間と解の評価

探索の対象となる解全体の集合を**探索空間** (search space) と呼ぶ．初期解となる実行可能解を 1 つ求めて単純な近傍操作により新たな実行可能解を生成できる問題では，実行可能領域をそのまま探索空間とすれば良い[注124]．しかし，実行可能解を 1 つ求めることが困難な問題や，新たな実行可能解を生成するために複雑な近傍操作が必要となる問題では，実行可能領域と異なる探索空間を定義することで効率的な局所探索法が実現できる．**図 4.91** に示すように，探索方針は (1) 実行可能領域のみ探索する方法，(2) 実行不可能

注 123　λ-opt 近傍は現在の巡回路から辺を「高々」λ 本交換して得られる解集合なので，たとえば，4-opt 近傍は 3-opt 近傍および 2-opt 近傍を含むことに注意する．

注 124　4.6.1 節では，簡単のため，そのような場合に限定して局所探索法の枠組みを説明した．

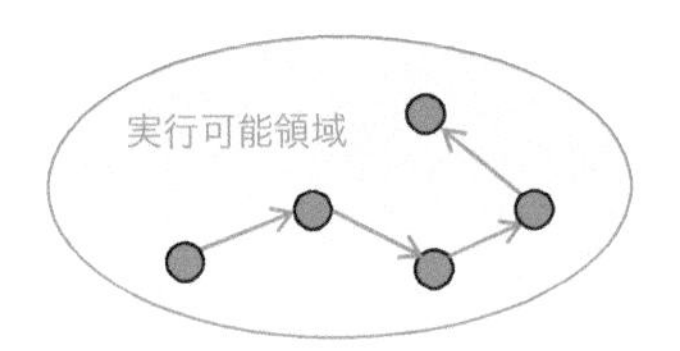

(1) 実行可能領域のみ探索

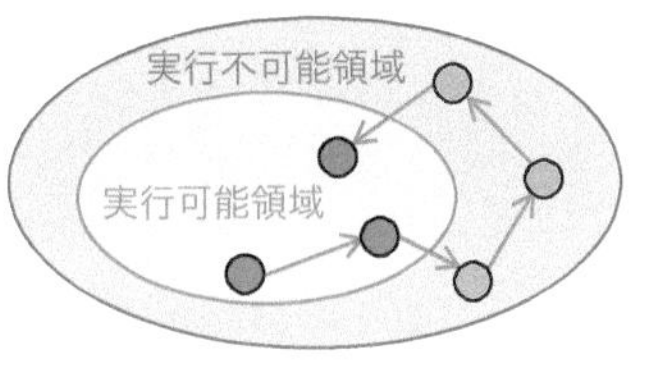

(2) 実行不可能領域も探索

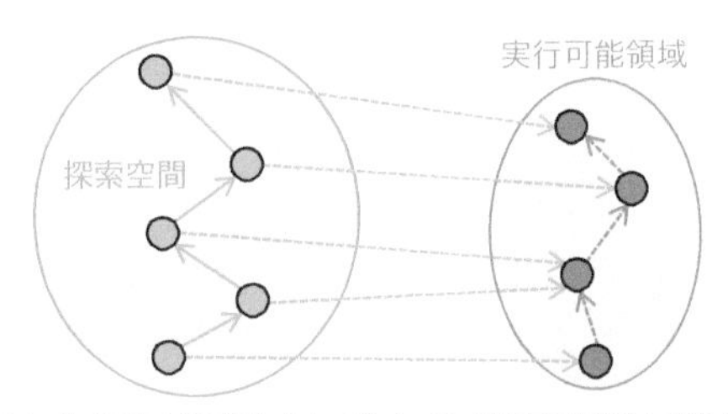

(3) 実行可能領域と異なる探索空間を導入

図 4.91　さまざまな探索空間

領域も探索する方法，(3) 実行可能領域とは異なる探索空間を導入する方法の 3 通りに分類できる．

まず，実行不可能解も含めて探索する例として集合分割問題 (4.1.8 節) を紹介する．集合分割問題では，制約条件を満たす実行可能解が存在するかどうかを判定する問題自体が NP 完全であることが知られている．このように実行可能解を 1 つ求めることすら難しい問題では，実行可能領域のみを探索空間とすることは現実的ではなく，3.3.5 節で紹介したペナルティ関数を導入して，実行不可能領域も探索する方法が有効である．具体的には，制約条件 i に対するペナルティ関数を

$$p_i(\boldsymbol{x}) = \left| \sum_{j=1}^{n} a_{ij} x_j - 1 \right| \tag{4.172}$$

とする．さらに，ペナルティ重み w_i (> 0) を用いて，解 $\boldsymbol{x}$ の評価関数を

$$\tilde{f}(\boldsymbol{x}) = \sum_{j=1}^{n} c_j x_j + \sum_{i=1}^{m} w_i p_i(\boldsymbol{x}) \tag{4.173}$$

とする．そして，近傍 $N(\boldsymbol{x})$ 内に $\tilde{f}(\boldsymbol{x})$ より評価関数の値が小さい解 $\boldsymbol{x}'$ があれば，現在の解 $\boldsymbol{x}$ から解 $\boldsymbol{x}'$ に移動する手続きを繰り返す．このとき，得られる局所最適解は実行可能解とは限らないので，現在の解 $\boldsymbol{x}$ とは別に，探索

中に評価したすべての解の中で最良の実行可能解 (すなわち暫定解) $\boldsymbol{x}^\natural$ を記憶しておき[注125]，これを局所探索法の出力とする．実行不可能領域も探索する局所探索法の手続きを以下にまとめる．

アルゴリズム 4.26　局所探索法

Step 1: 初期解 $\boldsymbol{x}^{(0)}$ を定める．$k=0$ とする．$\boldsymbol{x}^{(0)}$ が実行可能解ならば $\boldsymbol{x}^\natural = \boldsymbol{x}^{(0)}$ とする．そうでなければ，$f(\boldsymbol{x}^\natural) = \infty$ とする．
Step 2: 近傍 $N(\boldsymbol{x}^{(k)})$ 内に $f(\boldsymbol{x}') < f(\boldsymbol{x}^\natural)$ となる実行可能解 $\boldsymbol{x}'$ があれば，$\boldsymbol{x}^\natural = \boldsymbol{x}'$ とする．
Step 3: 近傍 $N(\boldsymbol{x}^{(k)})$ 内に $\tilde{f}(\boldsymbol{x}') < \tilde{f}(\boldsymbol{x})$ となる改善解 $\boldsymbol{x}'$ がなければ終了．
Step 4: 改善解 $\boldsymbol{x}' \in N(\boldsymbol{x}^{(k)})$ を 1 つ選んで，$\boldsymbol{x}^{(k+1)} = \boldsymbol{x}'$ とする．$k = k+1$ として **Step 2** に戻る．

ペナルティ重み w_i の値が十分に大きければ実行可能解は得られやすくなるが，質の高い実行可能解を得るためにはペナルティ重みの値はあまり大きくない方が良い傾向にある．ペナルティ重み w_i の値が大きすぎると，局所探索法は実行不可能領域を通れないため実行可能解の間を移動できなくなる (**図 4.92**)．そこで，ペナルティ重み w_i の値を適切に設定すれば，局所探索法は実行不可能領域を通ることで実行可能解の間を移動できるようになり効率的な探索が実現できる (**図 4.93**)．ただし，ペナルティ重み w_i の値が小さすぎると，局所探索法は実行不可能領域から脱出できないため実行可能解の間を移動できなくなる (**図 4.94**)．

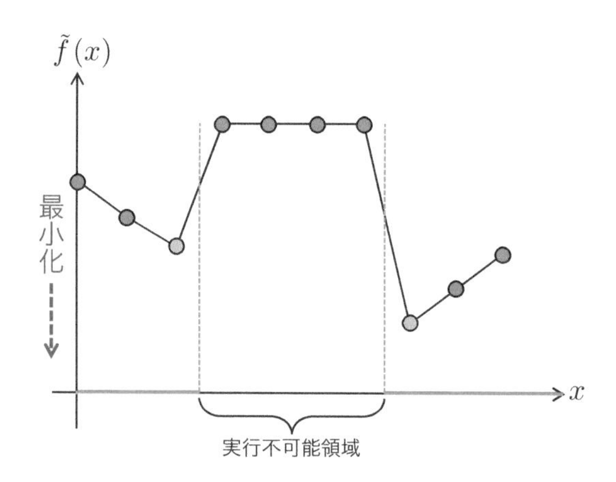

図 4.92　ペナルティ重みの値を大きく設定した評価関数

注 125　現在の解 $\boldsymbol{x}^{(k)}$ だけではなく，その近傍内のすべての解 $\boldsymbol{x}' \in N(\boldsymbol{x}^{(k)})$ も含むことに注意する．

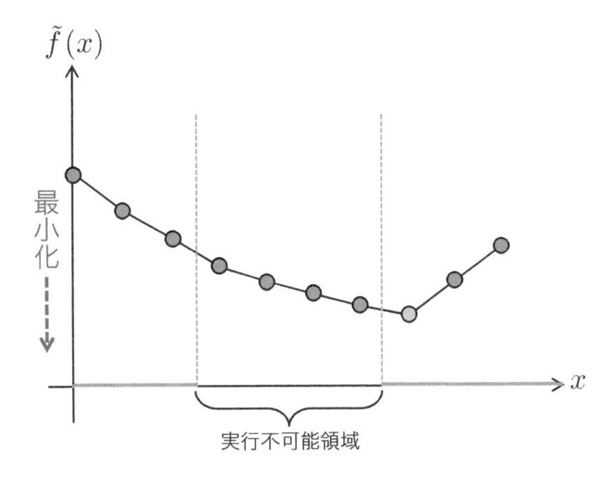

図 4.93　ペナルティ重みの値を適切に設定した評価関数

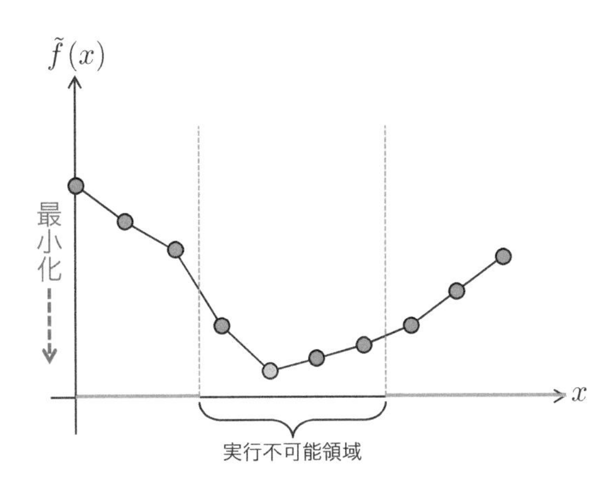

図 4.94　ペナルティ重みの値を小さく設定した評価関数

このように，ペナルティ重み w_i の調整は容易ではなく，適当な値を与えて局所探索法を 1 回適用するだけでは質の高い実行可能解はなかなか得られない．そこで，ペナルティ重み w_i の更新と局所探索法を交互に繰り返し適用する**重み付け法** (weighting method)[注126] がしばしば用いられる．たとえば，直前の局所探索法で実行可能解が 1 つも得られなかった場合には，ペナルティ重みの値が小さすぎると判断し，パラメータ δ $(0 < \delta < 1)$ を用いて，制約条件 i に対するペナルティ重みの値を

注 126　**脱出法** (breakout method)，**動的局所探索法** (dynamic local search) とも呼ぶ．

$$w_i = w_i \left(1 + \delta \frac{p_i(\tilde{\boldsymbol{x}})}{\max\limits_{l=1,\ldots,m} p_l(\tilde{\boldsymbol{x}})} \right) \tag{4.174}$$

と増やす．ここで，$\tilde{\boldsymbol{x}}$ は直前の局所探索法で得られた局所最適解である[注127]．一方で，実行可能解が1つでも得られた場合には，ペナルティ重み w_i の値が十分に大きいと判断し，パラメータ η $(0 < \eta < 1)$ を用いて，すべての制約条件 i に対するペナルティ重みの値を $w_i = (1 - \eta)w_i$ と減らす．

次に，解空間とは異なる探索空間を導入する例として長方形詰込み問題(4.1.4節)を紹介する．長方形詰込み問題では，各荷物 i の座標 (x_i, y_i) は実数値をとり，また，それらを独立に決定しても重なりを排除することが困難なため，各荷物 i の座標 (x_i, y_i) の値を直接に探索することは現実的ではない．そこで，実現可能な配置を表現するさまざまな手法が提案されている．

その1つに，順列を解の表現として，**BLF法** (bottom-left-fill algorithm) と呼ばれるアルゴリズムにより，順列に対応する荷物の配置を計算する方法がある．BLF法は荷物を1つずつ配置していく方法で，各反復では次に置く荷物の座標を配置済みの荷物に重なりなく置けるもっとも低い位置の中のもっとも左に詰める．BLF法による配置例を**図 4.95** に示す．ここでは，荷物 $1, 2, \ldots, 6$ をこの順に配置する例を考える．中央の図が荷物4を配置する場面を表しており，赤点がBLF法の条件を満たす位置(荷物4の左下の角を置く点)である．右図がすべての荷物を配置した結果を表している．

順列が変わると対応する荷物の配置も変わるため，順列を探索の対象として挿入近傍や交換近傍などにもとづく局所探索法を適用する．探索空間は n 個の要素の順列全体であり，長方形詰込み問題の実行可能領域とはまったく異なる．このような方法は，実行可能領域を直接に探索することが難しい問題に対して良く用いられる．なお，BLF法は簡潔で分りやすい方法であるが，

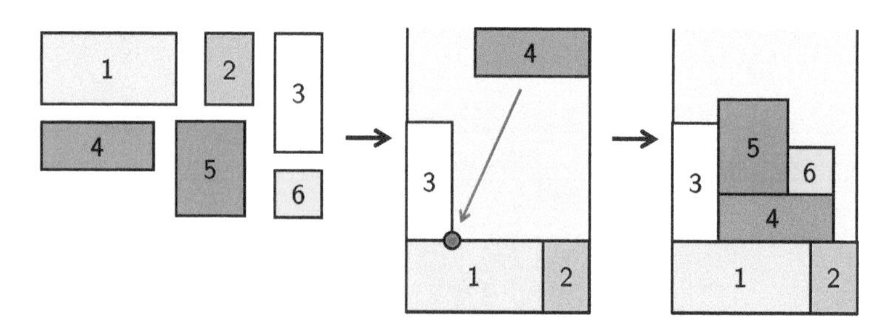

図 4.95　BLF法による荷物の配置例

注127　このとき，$\tilde{\boldsymbol{x}}$ は実行不能解なので，$p_i(\tilde{\boldsymbol{x}}) > 0$ となる制約条件 i が存在することに注意する．

すべての順列に対してBLF法を適用しても，それらの中に最適解が含まれない場合がある．一方で，探索空間の中に最適解に対応するものが含まれることを保証できる方法もいくつか知られている．

4.6.4 移動戦略

一般に，近傍内には複数の改善解が存在するため，近傍内をどのような順序で探索し，どの改善解に移動するかにより局所探索法の挙動は異なる．これを定めるルールを**移動戦略** (move strategy) と呼ぶ．近傍内の解をランダムもしくはある定まった順序で探索し，最初に見つけた改善解に移動する**即時移動戦略** (first admissible move strategy)，近傍内のすべての解を走査し，最良の改善解に移動する**最良移動戦略** (best admissible move strategy) が局所探索法の代表的な移動戦略である．適当な初期解から始めて局所最適解に到達するまでの計算時間は即時移動戦略の方が短い．

即時移動戦略を用いる場合は，近傍内の探索順序が局所探索法の性能に影響を与えるため注意が必要である．たとえば，つねに変数の添字の値の昇順に探索すると実装は容易であるが，近傍の探索が偏るため到達が難しい局所最適解が生じることがある．そこで，近傍内の解を一巡するランダムな順序を定めたリストをあらかじめ用意し，この順序に従って近傍を探索する．改善解が見つかり移動したあとに新たな解の近傍を探索する際には，リストの先頭からではなく改善解を生成した近傍操作の次の候補から探索を始める．このとき，リストを環状のリストと見なし[注128]，改善解が見つからない限りはリストを1周して近傍内のすべての解を探索する．このような方法により，近傍内の探索の極端な偏りや変数の添字による影響を避けることができる．

4.6.5 局所探索法の効率化

近傍内の改善解を発見するための探索を**近傍探索** (neighborhood search) と呼ぶ．局所探索法では，計算時間の大半が近傍探索に費やされるため，近傍探索の効率化はアルゴリズム全体の効率化に直結する．また，近傍探索を効率化することにより，同程度の計算時間でより大きな近傍を探索できるようになり，その結果，質の高い解が得られる効果も期待できる．ここでは，近傍探索の効率化を実現する方法として，(1) 評価関数の値の計算を効率化する方法と，(2) 改善の可能性のない解の探索を省略する方法の2つを紹介する．これらの方法を実現するためには，個々の問題の構造をうまく活用する必要があるが，基本的な考え方は多くの問題に共通している．

注128　つまり，リストの最後の次の候補をリストの先頭とする．

局所探索法では，近傍操作によりごく少数の変数の値のみが変化するため，現在の解 $\boldsymbol{x}$ と近傍解 $\boldsymbol{x}' \in N(\boldsymbol{x})$ の間で値が変化した変数にかかわる部分のみ再計算すれば，評価関数の値の変化量 $\tilde{f}(\boldsymbol{x}') - \tilde{f}(\boldsymbol{x})$ を効率的に計算できる場合が多い．たとえば，巡回セールスマン問題では，選ばれた辺の長さを足し合わせると巡回路の長さを求めるために必要な計算手間は $\mathrm{O}(|V|)$ となる．一方で，2-opt 近傍の操作では，現在の巡回路の長さに追加する 2 本の辺の長さを足し，削除する 2 本の辺の長さを引けば，新たな巡回路の長さを求めるために必要な計算手間は $\mathrm{O}(1)$ で済む．

別の例として，集合分割問題において式 (4.173) で定義した評価関数 $\tilde{f}(\boldsymbol{x})$ の値の変化量を計算する方法を紹介する．ここでは，現在の解 $\boldsymbol{x}$ に対して変数を 1 つ選んでその値を反転させる 1 反転近傍を考える．1 反転近傍には，$x_j = 0 \to 1$ と反転して得られる近傍解と，$x_j = 1 \to 0$ と反転して得られる近傍解の 2 種類がある．$\sigma = \sum_{i=1}^{m} \sum_{j=1}^{n} a_{ij}$ と定義すると，何も工夫しなければ 1 つの近傍解 $\boldsymbol{x}' \in N(\boldsymbol{x})$ の評価関数の値 $\tilde{f}(\boldsymbol{x}')$ を求めるために必要な計算手間は $\mathrm{O}(\sigma)$ となる．

このように評価関数の値を求めるために必要な計算手間の大きい問題では，(1) 補助記憶を用いて評価関数の値の変化量を計算し，(2) 現在の解が移動する際に補助記憶を更新する方法がしばしば有効である．局所探索法では，近傍内の解を評価する回数に比べて，現在の解が移動する回数がはるかに少ない場合が多いため，補助記憶の更新に多少の計算手間が必要となっても，全体では十分な計算の効率化が実現できる．

現在の解 $\boldsymbol{x}$ からある変数 x_j の値を $0 \to 1$ と反転して得られる近傍解 $\boldsymbol{x}'$ との評価関数の値の変化量を $\Delta\tilde{f}_j^+(\boldsymbol{x}) = \tilde{f}(\boldsymbol{x}') - \tilde{f}(\boldsymbol{x})$ と定義し，変数 x_j の値を $1 \to 0$ と反転して得られる近傍解についても同様に $\Delta\tilde{f}_j^-(\boldsymbol{x})$ と定義する．制約条件 i の左辺の値を $s_i(\boldsymbol{x}) = \sum_{j=1}^{n} a_{ij}x_j$ とすると，評価関数は

$$\tilde{f}(\boldsymbol{x}) = \sum_{j=1}^{n} c_j x_j + \sum_{i=1}^{m} w_i |s_i(\boldsymbol{x}) - 1| \tag{4.175}$$

と書ける．このとき，評価関数の値の変化量は

$$\begin{aligned} \Delta\tilde{f}_j^+(\boldsymbol{x}) &= c_j + \sum_{i \in S_j} w_i \left\{|s_i(\boldsymbol{x})| - |s_i(\boldsymbol{x}) - 1|\right\}, \\ \Delta\tilde{f}_j^-(\boldsymbol{x}) &= -c_j + \sum_{i \in S_j} w_i \left\{|s_i(\boldsymbol{x}) - 2| - |s_i(\boldsymbol{x}) - 1|\right\} \end{aligned} \tag{4.176}$$

と計算できる．ここで，$S_j = \{i \mid a_{ij} = 1\}$ である．制約条件 i の左辺の

値 $s_i(\boldsymbol{x})$ をあらかじめ計算して補助記憶に持てば，評価関数の値の変化量 $\Delta\tilde{f}_j^+(\boldsymbol{x}), \Delta\tilde{f}_j^-(\boldsymbol{x})$ を求めるために必要な計算手間は $\mathrm{O}(|S_j|)$ となる．また，$x_j = 0 \to 1$ と反転して現在の解が $\boldsymbol{x}$ から $\boldsymbol{x}'$ に移動した際には，各制約条件 $i \in S_j$ に対して $s_i(\boldsymbol{x}') = s_i(\boldsymbol{x}) + 1$ と計算すれば，補助記憶を更新するために必要な計算手間も $\mathrm{O}(|S_j|)$ で済む．$x_j = 1 \to 0$ と反転する場合も同様に各制約条件 $i \in S_j$ に対して $s_i(\boldsymbol{x}') = s_i(\boldsymbol{x}) - 1$ と計算すれば良い．

局所探索法では，目的関数や制約条件の構造を利用して，近傍の走査を評価関数の値が改善するための必要条件を満たす範囲に限定できる場合がある．以下に，巡回セールスマン問題における 2-opt 近傍の例を紹介する．

図 4.96 に示すように，現在の巡回路から辺 $\{v_1, v_2\}$ と $\{v_3, v_4\}$ を削除し，新たに辺 $\{v_2, v_3\}$ と $\{v_4, v_1\}$ を追加する 2-opt 近傍の操作を考える．この操作を，まず辺 $\{v_1, v_2\}$ を削除して辺 $\{v_2, v_3\}$ を追加し，そのあとに辺 $\{v_3, v_4\}$ を削除して辺 $\{v_4, v_1\}$ を追加する 2 段階に分けて考える[注129]．これを都市 v_1 を始点とする辺交換の操作と呼ぶ．1 段階目で辺 $\{v_1, v_2\}$ と $\{v_2, v_3\}$ を決めると，2 段階目の辺の候補は $\{v_3, v_4\}$ と $\{v_4, v_1\}$ の組に決まるため，1 段階目の組合せをすべて調べれば良い．

このような 2-opt 近傍の操作を適用して改善解が得られるならば，$d_{v_2v_3} + d_{v_4v_1} < d_{v_1v_2} + d_{v_3v_4}$ が満たされる．これが成り立つためには，$d_{v_2v_3} < d_{v_1v_2}$ と $d_{v_4v_1} < d_{v_3v_4}$ のうち少なくとも一方が満たされているはずである．そこで，始めに削除する辺 $\{v_1, v_2\}$ を決めたあとに，追加する辺 $\{v_2, v_3\}$ の候補を $d_{v_2v_3} < d_{v_1v_2}$ を満たす辺のみに限定する[注130]．すると，$d_{v_2v_3} \geq d_{v_1v_2}$ かつ $d_{v_4v_1} < d_{v_3v_4}$ であるような近傍解は，都市 v_3 を始点とする辺交換の操作において探索の対象となる．したがって，このように探索の対象を制限しても，2-opt 近傍内の改善解を逃さないことを保証できる．探索が進むと現在

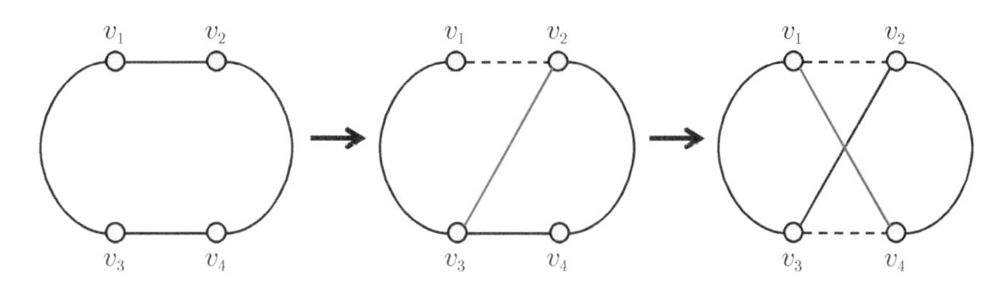

図 4.96　2-opt 近傍操作を 2 段階に分けた例

注 129　図 4.96(左) の輪は巡回路を模式的に表し，その左右の弧はそれぞれ都市 v_1 と v_3 および v_2 と v_4 をつなぐ路を表す．

注 130　各都市 v_1 に対して接続する 2 本の辺の両端を都市 v_2 の候補として辺交換の操作を考える．

の巡回路に含まれる辺の長さはかなり短くなる場合が多いため，この方法により近傍内で実際に評価する解の数を大幅に減らすことができる．

1 段階目で削除する辺 $\{v_1, v_2\}$ に対して $d_{v_2 v_3} < d_{v_1 v_2}$ を満たす辺の候補 $\{v_2, v_3\}$ を効率良く走査する方法として，各都市 u に対して距離 d_{uv} の昇順に都市 v の番号を記憶した近傍リストを用いる方法が知られている．都市 v_2 に対するリストを前から順に走査することで $d_{v_2 v_3} < d_{v_1 v_2}$ を満たす辺のみを列挙できる．しかし，完全な近傍リストをすべての都市に対して準備するには $\mathrm{O}(|V|^2)$ の領域が必要となるため，通常は，適当なパラメータ γ $(0 < \gamma < |V|)$ を用意して，各都市 u に対して距離 d_{uv} の小さい方から γ 番目までを近傍リストに記憶する．このような制限を加えると近傍内の改善解を逃さない保証はなくなってしまうが，代表的なベンチマーク問題例における数値実験によると，都市数 $|V|$ が大きな場合でも，γ の値は 20 程度で十分な性能が得られることが観測されている．

局所探索法では，一度探索して改善が生じなかった近傍操作は，そのあとの解の移動により改善の可能性が再び生じるまで探索の候補から除いても問題はない．このように探索する必要のない近傍操作にフラグを立てることで無駄な探索を省略できることがある．たとえば，集合分割問題における追加近傍では，ある時点で $\Delta \tilde{f}_j^{+}(\boldsymbol{x}) \geq 0$ であれば，少なくとも 1 つの制約条件 $i \in S_j$ の左辺の値 $s_i(\boldsymbol{x})$ が変わるまで変数 x_j を探索の候補から除いても問題がないことが分かる．

巡回セールスマン問題における 2-opt 近傍では，don't look bit と呼ばれるフラグを管理して近傍探索を効率化する方法が知られている[注131]．まず，すべての都市に対してフラグを 0 とする．都市 v を始点とする辺交換の操作をすべて試しても改善解が得られなかった場合は，都市 v のフラグを 1 に変更する．そのあと，都市 v に接続している 2 本の辺のうち少なくとも一方が巡回路から削除されたとき，都市 v のフラグを 0 に戻す．このようなフラグを用いて，フラグが 0 である都市を始点とする辺交換の近傍操作に探索を限定する．この方法は，近傍内の改善解を逃さない保証はないが，得られる解の質をほとんど低下させることなく計算時間を大幅に短縮できることが経験的に知られている．

4.7 ● メタヒューリスティクス

貪欲法や局所探索法を用いれば，多くの問題例に対して限られた計算時間

注 131　一般には，**高速局所探索法** (fast local search; FLS) と呼ばれる．

で質の高い実行可能解を求めることができるが，十分な計算時間をかけてより質の高い実行可能解を求めたい場合も少なくない．そこで，貪欲法や局所探索法を基本戦略に，さまざまなアイデアを組み合わせた多くの発見的解法が提案されている．多くの組合せ最適化問題に対して適用できる発見的解法の一般的な手法，もしくは，そのような考え方に従って設計されたさまざまなアルゴリズムの総称を**メタヒューリスティクス** (metaheuristics)[注132] と呼ぶ．本節では，メタヒューリスティクスの考え方といくつかの代表的な手法を紹介する．

4.7.1 メタヒューリスティクスの概略

多くの組合せ最適化問題では「良い解同士は似た構造を持つ」という近接最適性が成立することが経験的に知られており，過去の探索で得られた良い解と似た構造を持つ解を集中的に探索する**集中化** (intensification) と呼ばれる戦略が有効である．一方で，似た構造を持つ解ばかりを探索すると，狭い範囲に探索が制限されて質の低い解しか得られない場合が少なくない．そこで，過去の探索で得られた解とは異なる構造を持つ解を探索する**多様化** (diversification) と呼ばれる戦略も必要となる．これらの相反する戦略をバランス良く組み込むことで高性能なアルゴリズムを実現できる．

メタヒューリスティクスでは，

(1) 過去の探索履歴を利用して新たな解を探索する
(2) 探索した解を評価し，次の解の探索に必要な情報を取り出す

という操作を繰り返し適用する．すなわち，メタヒューリスティクスとは，探索された解のどのような情報を探索履歴として記憶するか，探索履歴をどのように利用して新たな解を探索するかに関するアイデアの集合とも言える．たとえば，メタヒューリスティクスの代表的なアイデアには，

(1) 複数の初期解に対して局所探索法を適用して複数の局所最適解を得る．
(2) 改悪解への移動を許して局所最適解から脱出する．
(3) 評価関数 $\tilde{f}(\boldsymbol{x})$ を適応的に制御して局所最適解から脱出する．

などがある[注133]．以降では，これらのアイデアにもとづくメタヒューリスティクスの代表的な手法を紹介する．

注 132　メタ戦略，メタ解法とも呼ぶ．

注 133　メタヒューリスティクスでは，物理現象の焼き鈍しを模したアニーリング法 (4.7.5 節) や生物の進化から着想を得た遺伝的アルゴリズム (4.7.4 節) など，自然現象から着想を得て提案されたアルゴリズムが多い．しかし，自然現象を模倣すればアルゴリズムの性能が向上するわけではないことに注意する．

4.7.2 多スタート局所探索法

局所探索法により得られる解の質は初期解により大きく変わり，質の低い局所最適解に陥ることが少なくない．そこで，複数の初期解から局所探索法を実行し，得られた局所最適解の中で最良のものを出力する手法が**多スタート局所探索法** (multi-start local search; MLS) である (**図 4.97**).

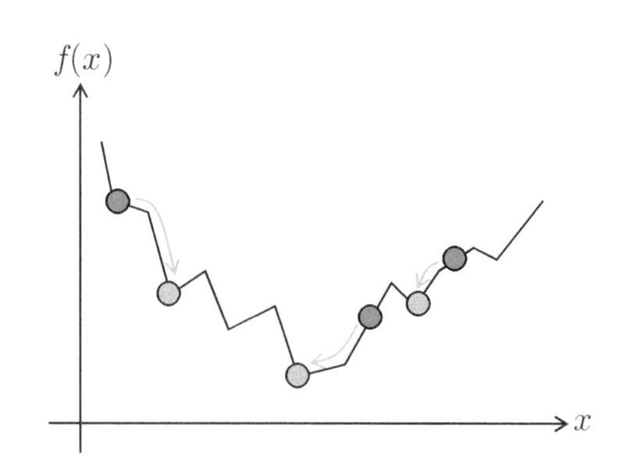

図 4.97 多スタート局所探索法

特に，ランダムに生成した初期解から局所探索法を実行する手法を**ランダム多スタート局所探索法** (randomized multi-start local search) と呼ぶ．一方で，ランダムに生成した初期解では質が低いため，貪欲法を用いて質の高い初期解を生成することが考えられる．ただし，単純な貪欲法では複数の解を生成できないので，ランダム性を加えた貪欲法を実行することで複数の初期解を生成する．このような手法を **GRASP**(greedy randomized adaptive procedure) と呼ぶ．たとえば，巡回セールスマン問題では，適当な都市から始め，現在の都市からもっとも近い未訪問の都市に移動する手続きを繰り返し，すべての都市を訪問したあとに出発した都市に戻る**最近傍法** (nearest neighbor algorithm)[注134] が知られている．この最近傍法の「最も近い」を緩和し，未訪問の各都市に現在の都市に近いほど選ばれやすくなるような確率を与えて次に訪問する都市を選ぶことで複数の解を生成する．

多スタート局所探索法の手続きを以下にまとめる[注135].

注 134 機械学習やデータマイニングの分野で良く知られる最近傍探索 (nearest neighbor search) および k-最近傍法 (k-nearest neighbor method) と混同しないように注意する．

注 135 以降では，簡単のため実行可能領域のみ探索するアルゴリズムの手続きを記す．

アルゴリズム 4.27　多スタート局所探索法

Step 1: 初期実行可能解 $\boldsymbol{x}$ を生成する．$\boldsymbol{x}^\natural = \boldsymbol{x}$ とする．
Step 2: $\boldsymbol{x}$ に局所探索法を適用して局所最適解 $\boldsymbol{x}'$ を求める．
Step 3: $f(\boldsymbol{x}') < f(\boldsymbol{x}^\natural)$ ならば $\boldsymbol{x}^\natural = \boldsymbol{x}'$ とする．
Step 4: 終了条件を満たせば $\boldsymbol{x}^\natural$ を出力して終了．そうでなければ，新たな初期実行可能解 $\boldsymbol{x}$ を生成して **Step 2** に戻る．

4.7.3　反復局所探索法

多スタート局所探索法のように，過去の探索履歴を用いずに局所探索法の初期解を生成し，独立な試行を繰り返す方法では，反復回数がある程度大きくなると暫定解が更新されにくくなる傾向がある．そこで，過去の探索で得られた良い解にランダムな変形を加えたものを初期解として局所探索法を適用する手続きを繰り返す手法が**反復局所探索法** (iterated local search; ILS) である (**図 4.98**).

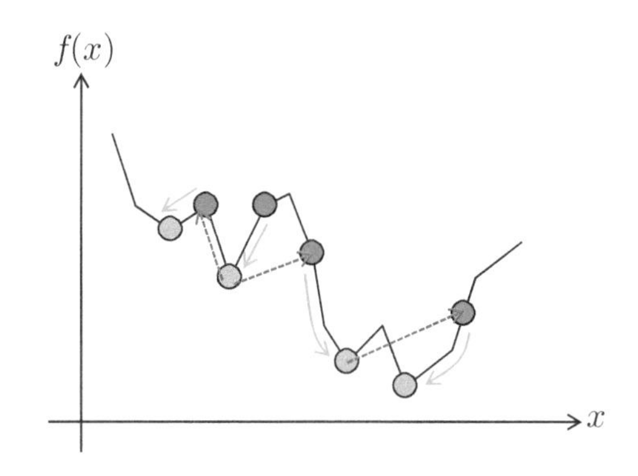

図 4.98　反復局所探索法

反復局所探索法の手続きを以下にまとめる．

アルゴリズム 4.28　反復局所探索法

Step 1: 初期実行可能解 $\boldsymbol{x}$ を生成する．$\boldsymbol{x}^\natural = \boldsymbol{x}$ とする．
Step 2: $\boldsymbol{x}$ に局所探索法を適用して局所最適解 $\boldsymbol{x}'$ を求める．
Step 3: $f(\boldsymbol{x}') < f(\boldsymbol{x}^\natural)$ ならば $\boldsymbol{x}^\natural = \boldsymbol{x}'$ とする．
Step 4: 終了条件を満たせば $\boldsymbol{x}^\natural$ を出力して終了する．そうでなければ，$\boldsymbol{x}^\natural$ にランダムな変形を加えた新たな初期実行可能解 $\boldsymbol{x}$ を得て **Step 2** に戻る．

この手続きでは，簡単のためにつねに暫定解にランダムな変形を加えて新たな初期解を生成しているが，たとえば，代わりに直前の局所探索法により得られた局所最適解を用いる方法もある．局所探索法の近傍操作を用いて暫定解 $\boldsymbol{x}^\natural$ にランダムな変形を加えると，その直後の局所探索法ですぐに元の暫定解 $\boldsymbol{x}^\natural$ に逆戻りする．そこで，局所探索法の近傍操作とは異なる操作を用いて暫定解 $\boldsymbol{x}^\natural$ にランダムな変形を加えることが望ましい．たとえば，巡回セールスマン問題に対して 2-opt 近傍にもとづく局所探索法を適用する場合は，**図 4.99** に示す double bridge と呼ばれる 4 本の辺を交換する近傍操作を用いて暫定解にランダムな変形を加える方法が知られている．これは 2-opt 近傍の操作を 2 回繰り返しても実現できない近傍操作であり，暫定解 $\boldsymbol{x}^\natural$ への逆戻りを防ぐ効果がある．

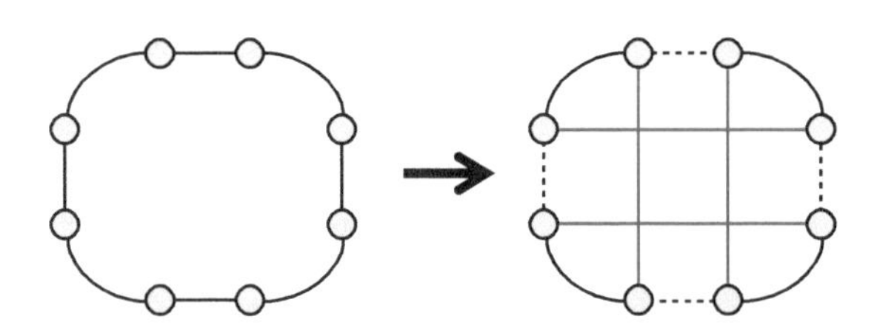

図 4.99　double bridge 近傍操作による巡回路の変形

なお，局所探索法の近傍操作と異なる操作を適用することが難しい場合には，暫定解 $\boldsymbol{x}^\natural$ に局所探索法の近傍操作を繰り返しランダムに適用する方法もある．このとき，近傍操作を適用する回数も適当な範囲からランダムな値に決定すると，暫定解 $\boldsymbol{x}^\natural$ への逆戻りを防ぎ易くなる．

暫定解 $\boldsymbol{x}^\natural$ にランダムな変形を加える際に用いる近傍の大きさを適応的に変化させる手法を**可変近傍探索法** (variable neighborhood search; VNS) と呼ぶ (**図 4.100**)．始めはランダムな変形を加える際に用いる近傍の大きさを小さく設定するが，局所探索法を適用しても暫定解を更新できない場合には近傍を徐々に大きくして行き，暫定解が更新された場合には始めの近傍に戻す [注136]．

可変近傍探索法の手続きを以下にまとめる．ここで，暫定解にランダムな変形を加える際に用いる近傍を $N_1, \dots, N_{k_{\max}} (|N_1| \leq |N_2| \leq \cdots \leq |N_{k_{\max}}|)$ とする．

注 136　可変近傍探索法では，局所探索法を適用する際にはつねに同じ近傍を用いる．一方で，局所探索法を適用する際に用いる近傍の大きさを適応的に変化させる手法を**可変近傍降下法** (variable neighborhood descent; VND) と呼ぶ．

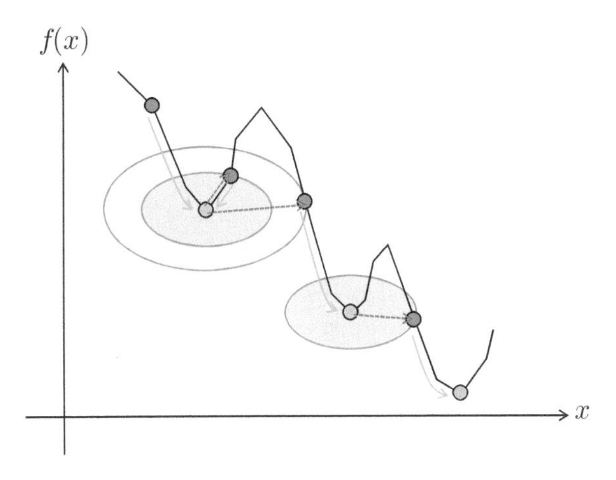

図 4.100　可変近傍探索法

アルゴリズム 4.29　可変近傍探索法

Step 1: 初期実行可能解 $\boldsymbol{x}$ を生成する．$\boldsymbol{x}^\natural = \boldsymbol{x}$ とする．$k = 0$ とする．
Step 2: $\boldsymbol{x}$ に局所探索法を適用して局所最適解 $\boldsymbol{x}'$ を求める．
Step 3: $f(\boldsymbol{x}') < f(\boldsymbol{x}^\natural)$ ならば $\boldsymbol{x}^\natural = \boldsymbol{x}'$，$k = 1$ とする．そうでなければ，$k = \min\{k+1, k_{\max}\}$ とする．
Step 4: 終了条件を満たせば $\boldsymbol{x}^\natural$ を出力して終了．そうでなければ，暫定解 $\boldsymbol{x}^\natural$ の近傍 $N_k(\boldsymbol{x}^\natural)$ からランダムに 1 つ解を選び新たな初期実行可能解 $\boldsymbol{x}$ として **Step 2** に戻る．

4.7.4　遺伝的アルゴリズム

遺伝的アルゴリズム (genetic algorithm; GA)[注137] は複数の解を集団として保持することで探索の多様化を実現する手法であり，交叉や突然変異などの操作を適用して新たな解を生成し，選択により次世代の集団を決定する一連の手続きを繰り返し適用する (**図 4.101**)．遺伝的アルゴリズムが保持する複数の解を**集団** (population)，個々の解を**個体** (individual) と呼ぶ．2 つ以上の解を組み合わせて新たな解を生成する操作を**交叉**(こうさ)(crossover)，1 つの解に少しの変形を加えて新たな解を生成する操作を**突然変異** (mutation) と呼ぶ．現在の集団を構成する解と新しく生成した解から，**選択** (selection) と呼ばれる規則に従って一定数の解を次世代の集団として保持する．

遺伝的アルゴリズムの手続きを以下にまとめる．ここで，集団 P に保持す

注 137　**進化計算** (evolutionary computation) とも呼ぶ．ただし，進化計算の方が広い意味で使われることが多い．

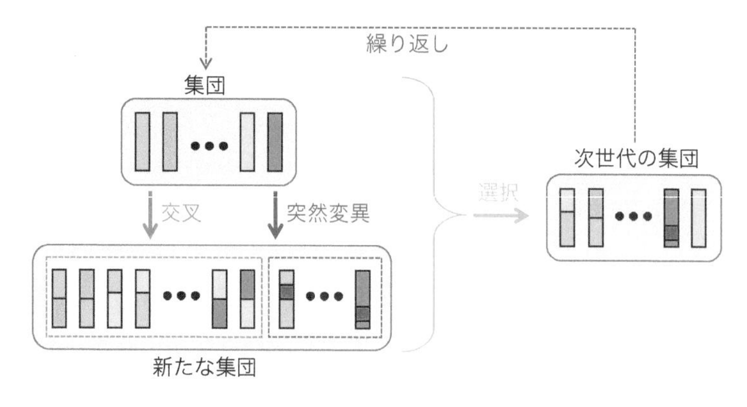

図 4.101　遺伝的アルゴリズム

る解は p 個とする．

アルゴリズム 4.30　遺伝的アルゴリズム

Step 1: 初期集団 P を生成する．集団 P の最良解を $\boldsymbol{x}^{\natural}$ とする．
Step 2:（交叉）現在の集団 P の中から 2 つ以上の解を選び，それらを組み合わせて新たな解の集合 Q_1 を生成する．
Step 3:（突然変異）現在の集団 P から選んだ解，もしくは **Step 2** で生成した解の集合 Q_1 から選んだ解にランダムな変形を加えて新たな解の集合 Q_2 を生成する．
Step 4: 集合 $P \cup Q_1 \cup Q_2$ の最良解を $\boldsymbol{x}'$ とする． $f(\boldsymbol{x}') < f(\boldsymbol{x}^{\natural})$ ならば，$\boldsymbol{x}^{\natural} = \boldsymbol{x}'$ とする．
Step 5:（選択）集合 $P \cup Q_1 \cup Q_2$ から p 個の解候補を選び，次世代の集団 P' とする．
Step 6: 終了条件を満たせば $\boldsymbol{x}^{\natural}$ を出力して終了．そうでなければ， $P = P'$ として **Step 2** に戻る．

交叉において現在の集団 P から選ばれる解を**親** (parent)，交叉により生成される新たな解を**子** (offspring, child) と呼ぶ．**Step 2** において，現在の集団 P から親を選ぶ方法として**ルーレット選択** (roulette-wheel selection) や**トーナメント選択** (tournament selection) などが知られている．ルーレット選択は解 $\boldsymbol{x}$ の質を表す**適応度** (fitness)$g(\boldsymbol{x})$ (> 0) に比例した確率で現在の集団 P から親となる解を選ぶ方法である [注138]．このとき，現在の集団 $P = \{\boldsymbol{x}^{(1)}, \boldsymbol{x}^{(2)}, \ldots, \boldsymbol{x}^{(p)}\}$ に含まれる i 番目の解 $\boldsymbol{x}^{(i)}$ が親として選ばれる確

注 138　ここでは，適応度 $g(\boldsymbol{x})$ が大きいほど解 $\boldsymbol{x}$ の質が高いとみなす．

率は $g(\boldsymbol{x}^{(i)})/\sum_{i=1}^{p} g(\boldsymbol{x}^{(i)})$ と設定される．

Step 5 において，次世代の集団 P' を選ぶ単純な方法は $P \cup Q_1 \cup Q_2$ から重複する解を取り除いたあとに適応度 $g(\boldsymbol{x})$ が良い順に p 個だけ選ぶことである．ただし，次世代の集団 P' に含まれるすべての解が類似すると複数の解を保持する意味がなくなるので，集団の多様性を維持する工夫が必要となる．交叉により親から生成される子は両親に類似する傾向があるため，親子間で選択を行うことで類似する複数の解が同時に選択することを防ぐ家族内選択が簡単かつ効果的な方法として知られている．

交叉は遺伝的アルゴリズムの設計においてもっとも重要な要素の 1 つである．「良い解同士は似た構造を持つ」という近接最適性に従って，複数の良い解に共通して含まれる部分的な構造を組み合わせるように交叉を設計することが望ましい．0-1 ベクトル $\boldsymbol{x} = (x_1, x_2, \ldots, x_n)^\top \in \{0,1\}^n$ で表現された解に対する交叉の方法として **k 点交叉** (k-point crossover) が知られている．親として選ばれる解を $\boldsymbol{x}^{(i_1)}, \boldsymbol{x}^{(i_2)}$，子として新たに生成される解を $\boldsymbol{x}'$ とする．適当なマスク $\boldsymbol{v} = (v_1, \ldots, v_n)^\top \in \{0,1\}^n$ を生成し，各要素 j に対して $v_j = 0$ ならば $x'_j = x_j^{(i_1)}$，$v_j = 1$ ならば $x'_j = x_j^{(i_2)}$ として新たな解 $\boldsymbol{x}'$ を生成する (**図 4.102**)．すなわち，マスクの値が 0 ならば親 $\boldsymbol{x}^{(i_1)}$ の値を，1 ならば親 $\boldsymbol{x}^{(i_2)}$ の値を子 $\boldsymbol{x}'$ に引き継ぐ．このとき，マスク $\boldsymbol{v}$ を高々 k ヵ所で 0 と 1 が入れ替わるベクトルに限定した手続きが k 点交叉である．また，そのような制約を課さずにマスク $\boldsymbol{v}$ を一様ランダムに生成する手続きを**一様交叉** (uniform crossover) と呼ぶ．

k 点交叉では，新たに生成される子 $\boldsymbol{x}'$ の分布に各要素 j の順序に依存する偏りが生じることに注意する．たとえば，1 点交叉のマスク $\boldsymbol{v}$ が $(0, \ldots, 0)^\top$ と $(1, \ldots, 1)^\top$ 以外のベクトルから同じ確率でランダムに選ばれるとすると，x'_{j_1} と x'_{j_2} が同じ親から値を引き継ぐ確率は $1 - |j_1 - j_2|/(n-1)$ である．隣り同士の要素が同じ親から値を引き継ぐ確率は 1 に近く，両端にある要素が同じ親から値を引き継ぐ確率は 0 に近くなり大きな偏りが生じる．

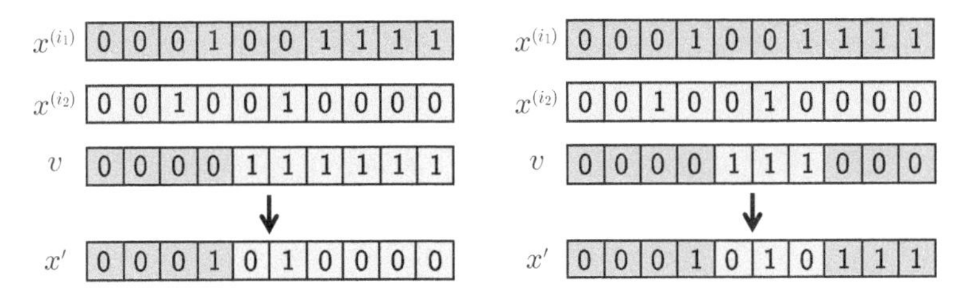

図 4.102　1 点交叉 (左) と 2 点交叉 (右) の例

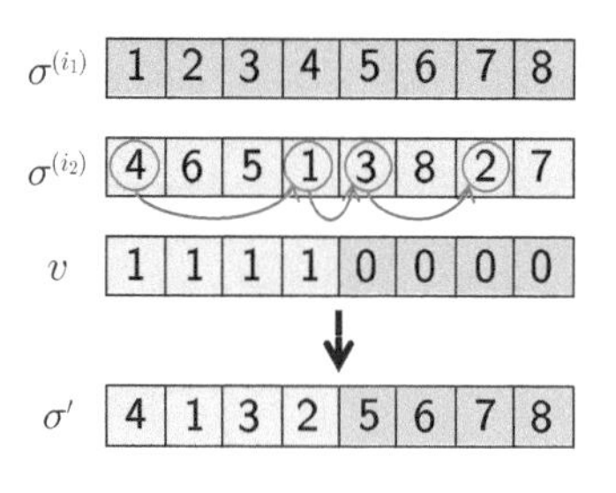

図 4.103　順序交叉の例

n 個の要素からなる順列 σ で表現された解に対する交叉の方法として**順序交叉** (order crossover) が知られている．親として選ばれる解を $\sigma^{(i_1)}, \sigma^{(i_2)}$，子として新たに生成される解を σ' とする．この場合では，0-1 ベクトルで表現された解と同じ手続きをそのまま適用すると，子に同じ要素が 2 回以上現れて順列ではなくなる可能性が高い．そこで，適当なマスク $\boldsymbol{v} = (v_1, \ldots, v_n)^\top \in \{0, 1\}^n$ を生成し，各要素 j に対して $v_j = 0$ ならば $\sigma'_j = \sigma_j^{(i_1)}$ とする．そして，親 $\sigma^{(i_1)}$ の残りの要素 j $(v_j = 1)$ を親 $\sigma^{(i_2)}$ における出現順に従って並べて新たな解 σ' を生成する (**図 4.103**)．

突然変異は 1 つの解にランダムな変形を加える操作であり，反復局所探索法 (4.7.3 節) で紹介したランダムな変形と同じ操作を適用すれば良い．

遺伝的アルゴリズムの設計の自由度は大きく，交叉，突然変異，選択などの要素の決定により，多くのバリエーションがある．また，局所探索法を組み込むことで探索の多様化と集中化をバランス良く実現できる．局所探索法を組み込んだ遺伝的アルゴリズムを，**ミームアルゴリズム** (memetic algorithm)[注139] と呼ぶ．この他にも，より自由な枠組みにもとづいて複数の解から新たな解を生成する**散布探索法** (scatter search) や**パス再結合法** (path relinking method) などが知られている．

4.7.5　アニーリング法

単純な局所探索法は改善解にしか移動できないため，局所最適解に到達すると探索を継続できない．**アニーリング法** (simulated annealing; SA)[注140] は，現在の解 $\boldsymbol{x}$ の近傍 $N(\boldsymbol{x})$ からランダムに選んだ解 $\boldsymbol{x}' \in N(\boldsymbol{x})$ が改善解ならば移動し，改悪解ならば目的関数の値の変化量 $\Delta = f(\boldsymbol{x}') - f(\boldsymbol{x})$ に応じた確率で移動することで質の低い局所最適解から脱出し，より良い解を探索す

注 139　**遺伝的局所探索法** (genetic local search; GLS) とも呼ぶ．
注 140　正確には模擬アニーリング法と呼ぶ．焼きなまし法とも呼ぶ．

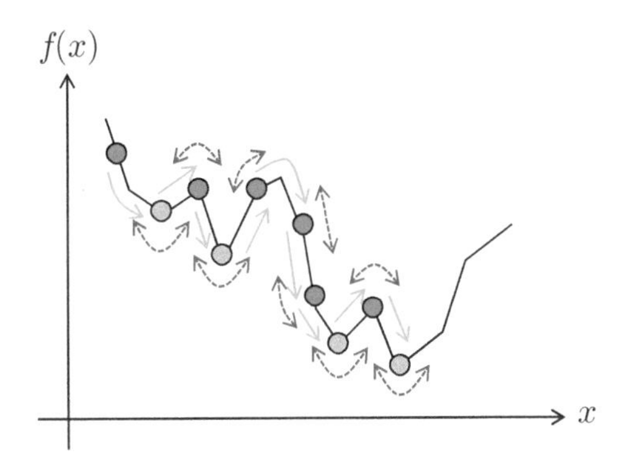

図 4.104　アニーリング法

る手法である (**図 4.104**).

改悪解に移動する確率は，物理現象の**焼きなまし** (annealing) にアイデアを借りて**温度** (temperature) と呼ばれるパラメータ t により $e^{-\Delta/t}$ と設定する．目的関数の値の変化量 Δ に対する解の移動確率 $e^{-\Delta/t}$ を**図 4.105** に示す．探索の開始時にはランダムな移動が生じやすいように温度 t の値を高めに設定し (図 4.105(左))，探索が進むにつれて温度 t の値を徐々に低くする (図 4.105(右)).

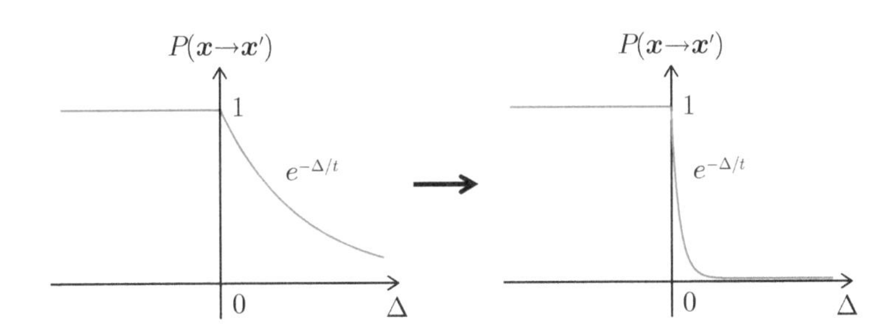

図 4.105　アニーリング法における解の移動確率

アニーリング法の手続きを以下にまとめる．

アルゴリズム 4.31　アニーリング法

Step 1: 初期実行可能解 $\boldsymbol{x}$ を生成する． $\boldsymbol{x}^\natural = \boldsymbol{x}$ とする．初期温度 t を設定する．
Step 2: 現在の解 $\boldsymbol{x}$ の近傍 $N(\boldsymbol{x})$ からランダムに選んだ解を $\boldsymbol{x}'$ とする． $\Delta = f(\boldsymbol{x}') - f(\boldsymbol{x})$ とし， $\Delta \leq 0$ ならば確率 1， $\Delta > 0$ ならば ($\boldsymbol{x}'$ が改悪解なら

ば) 確率 $e^{-\Delta/t}$ で $\boldsymbol{x} = \boldsymbol{x}'$ とする．

Step 3: $f(\boldsymbol{x}) < f(\boldsymbol{x}^\natural)$ ならば $\boldsymbol{x}^\natural = \boldsymbol{x}$ とする．

Step 4: 近傍探索の終了条件を満たさなければ **Step 2** に戻る．

Step 5: 終了条件を満たせば $\boldsymbol{x}^\natural$ を出力して終了．そうでなければ，温度 t を更新して **Step 2** に戻る．

アニーリング法を実現するためには，初期温度，近傍探索の終了条件，温度の更新方法，アルゴリズムの終了条件などを定める必要がある．初期温度 t の適切な値は問題例により大きく異なるため，初期温度をパラメータとして与えることは望ましくない．パラメータ p $(0 < p < 1)$ を与えて，探索の開始直後における解の移動確率が p と同程度になるように初期温度 t を設定する方法が良く用いられる．近傍探索の終了条件は，近傍からランダムに解を選ぶ回数を近傍の大きさの定数倍に設定する方法が良く用いられる．

温度の更新方法を**冷却スケジュール** (cooling schedule) とも呼ぶ．パラメータ β $(0 < \beta < 1)$ を与えて，$t = \beta t$ と更新する**幾何冷却法** (geometric cooling) が良く用いられる．アニーリング法は，温度 t が高いときにはランダムウォークに，温度 t が低いときには局所探索法に近い挙動をするため，これらの中間的な挙動をする状態を維持することが望ましい．そこで，暫定解 $\boldsymbol{x}^\natural$ が更新された時の温度 $t^\natural$ を記憶しておき，暫定解がしばらく更新されない場合には，再び温度を $t = t^\natural$ と上げる方法なども提案されている．なお，アニーリング法は，ある条件の下で最適解に漸近収束することが知られているが，このような収束性を保証するためには十分に遅い速度で温度を下げる必要がある．これを実現する方法として，近傍からランダムに解を 1 つ選ぶたびに温度を下げ，k 回目の反復における温度を $c/\log(k+1)$[注 141] と設定する**対数冷却法** (logarithmic cooling) が知られているが，温度がなかなか下がらず実用的ではない．

アニーリング法は，温度が十分に低くなったと判断した時点で終了するが，初期温度と同様にこの温度もパラメータとして与えることは望ましくない．そこで，適当なパラメータを与えて解の移動確率や暫定解の更新頻度がその値を下回った時点でアルゴリズムを終了する方法が良く用いられる．

この他にも，アニーリング法を簡略化した**閾値受理法** (threshold accepting method) や**大洪水法** (great deluge method) などが知られている．

注 141　c は十分に大きな定数とする．

4.7.6 タブー探索法

タブー探索法 (tabu search; TS) は，現在の解 $\boldsymbol{x}$ を除く近傍 $N(\boldsymbol{x})$ 内の最良解に移動する手続きを繰り返すことで局所最適解から脱出する手法である．しかし，局所最適解 $\boldsymbol{x}$ からそれ以外の解 $\boldsymbol{x}' \in N(\boldsymbol{x})$ に移動したあとに，同じ手続きで $\boldsymbol{x}'$ を除く近傍 $N(\boldsymbol{x}')$ 内の最良解に移動すると，元の局所最適解 $\boldsymbol{x}$ に戻ってしまう可能性が高い．タブー探索法では，最近に探索した解に戻る巡回 (cycling) を防ぐため，**タブーリスト** (tabu list)[注142] と呼ばれる移動を禁止する解集合 T を用意し，現在の解 $\boldsymbol{x}$ とタブーリストを除く近傍 $N(\boldsymbol{x}) \setminus (\{\boldsymbol{x}\} \cup T)$ 内の最良解に移動する (**図 4.106**).

タブー探索法の手続きを以下にまとめる．

アルゴリズム 4.32　タブー探索法

Step 1: 初期実行可能解 $\boldsymbol{x}$ を生成する． $\boldsymbol{x}^\natural = \boldsymbol{x}$ とする．タブーリスト T を初期化する．

Step 2: 現在の解 $\boldsymbol{x}$ とタブーリスト T を除く近傍 $N(\boldsymbol{x}) \setminus (\{\boldsymbol{x}\} \cup T)$ 内の最良解 $\boldsymbol{x}'$ を選び， $\boldsymbol{x} = \boldsymbol{x}'$ とする．

Step 3: $f(\boldsymbol{x}) < f(\boldsymbol{x}^\natural)$ ならば， $\boldsymbol{x}^\natural = \boldsymbol{x}$ とする．

Step 4: 終了条件を満たせば $\boldsymbol{x}^\natural$ を出力して終了．そうでなければ，タブーリスト T を更新して **Step 2** に戻る．

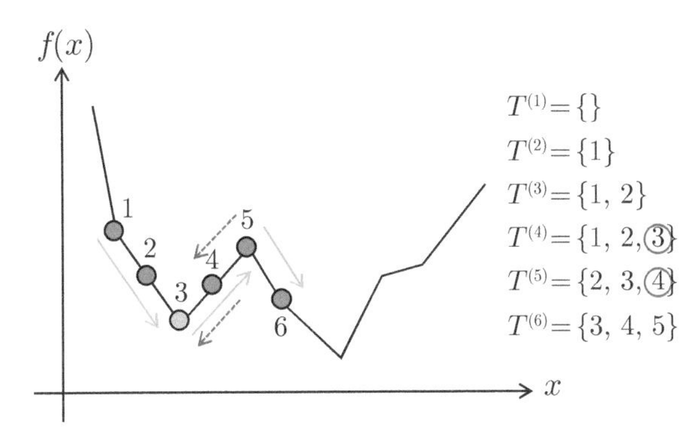

図 4.106　タブー探索法

タブーリストのもっとも単純な実現は，最近に探索した解をタブーリスト

注 142　**短期メモリ** (short term memory) とも呼ばれる．

T にそのまま記憶する方法である[注143]．しかし，この方法で移動を禁止できるのはタブーリスト T に含まれる解のみであり，これまでに探索した解の周辺から脱出することは難しい場合が多い．タブー探索法では，最近に探索した解そのものではなく，近傍操作により値が変化した変数 (もしくは変数とその値の組) をタブーリスト T に記憶し，タブーリスト T に含まれる変数の値の変更 (もしくは変更前の値への逆戻り) を禁止することが多い．このような，タブーリストに記憶する近傍操作の特徴を**属性** (attribute) と呼ぶ．たとえば，0-1 ベクトル $\boldsymbol{x} = (x_1, \ldots, x_n)^\top \in \{0,1\}^n$ で表現された解のある変数 x_j の値が変更されたとき，変数の添字 j をタブーリスト T に記憶し，タブーリスト T に含まれる添字を持つ変数 x_j $(j \in T)$ の値の変更を禁止する方法が知られている．また，巡回セールスマン問題では，近傍操作により削除された辺をタブーリスト T に記憶し，タブーリスト T に含まれる辺を追加する近傍操作を禁止する方法が知られている．このように，最近に生じた解の変更を元に戻すような近傍操作を禁止することで，最近に探索した解だけではなくその周辺の解への移動もあわせて禁止する．

現在の解 $\boldsymbol{x}$ が移動するたびにその属性をタブーリスト T に追加し続けると，いずれ近傍 $N(\boldsymbol{x})$ 内の解がすべてタブーリスト T に含まれて探索が継続できなくなる．そこで，**タブー期間** (tabu tenure) と呼ばれるパラメータ τ^* を用意し，ある属性がタブーリスト T に追加されてから τ^* 回の反復したあとに，それをタブーリスト T から削除する．タブー期間が短すぎる場合には巡回が生じ，逆に長すぎる場合には得られる解の質が低くなる傾向がある．適切なタブー期間のおおよその区間は，簡単な予備実験により比較的容易に推定できることが多い．

タブー探索法を実現する際に，属性をタブーリスト T にそのまま保持し，新たな近傍解 $\boldsymbol{x}' \in N(\boldsymbol{x})$ を生成するたびにタブーリスト T を走査するのは効率が悪いため，以下のような方法を用いて効率化する．たとえば，0-1 ベクトル $\boldsymbol{x} = (x_1, \ldots, x_n)^\top \in \{0,1\}^n$ で表現された解に対して，値が変更された変数 x_j の添字 j を属性としてタブーリスト T に記憶する場合には，配列 $(\tau_1, \ldots, \tau_n)$ を用意し，すべての要素を $\tau_j = -\infty$ と初期化する．探索開始から k 回目の反復において現在の解 $\boldsymbol{x}$ が移動する際に，変数 x_j の値が変更されたら $\tau_j = k$ と更新する．k 回目の反復において $k - \tau_j \leq \tau^*$ ならば，変数 x_j の値を変更する近傍操作が禁止されていると判定できる．この判定方法の計算手間は，タブーリストの長さ $|T|$ やタブー期間 τ^* の値に関わらず $\mathrm{O}(1)$

注 143　この場合，タブーリスト T に含まれる解のハッシュ値を計算しておけば，新たに生成される近傍解 $\boldsymbol{x}' \in N(\boldsymbol{x})$ がタブーリスト T に含まれるかどうかを高速に確認できる．

である．

この他にも，最近に探索した解だけではなく，これまでの探索履歴の統計情報を利用するなど，高性能なタブー探索法を実現する多くのアイデアが提案されている．

4.7.7 誘導局所探索法

4.6.3 節では，実行不可能解も含めて探索する局所探索法において，制約条件に対するペナルティ重みの更新と局所探索法を交互に繰り返し適用する重み付け法を紹介した．この方法は，実行可能解のみを探索する局所探索法を含むより一般的な手法に拡張できる．目的関数 $f(\boldsymbol{x})$ とは異なる評価関数 $\tilde{f}(\boldsymbol{x})$ を用いて，評価関数 $\tilde{f}(\boldsymbol{x})$ を適応的に変形したあとに局所探索法を適用する手続きを繰り返す手法を**誘導局所探索法** (guided local search; GLS) と呼ぶ (**図 4.107**)．

誘導局所探索法では，直前の局所探索法で得られた局所最適解 $\tilde{\boldsymbol{x}}$ の構成要素の中でコストが大きな要素にペナルティを加えて評価関数 $\tilde{f}$ を更新する．(一部の) 構成要素に十分なペナルティが加えられれば，この解 $\tilde{\boldsymbol{x}}$ は新たな評価関数 $\tilde{f}$ の下では局所最適解ではなくなる．そこで，この解 $\tilde{\boldsymbol{x}}$ を初期解として新たな評価関数 $\tilde{f}$ の下で次の局所探索法を実行すれば，$\tilde{\boldsymbol{x}}$ と異なる解が得られる．

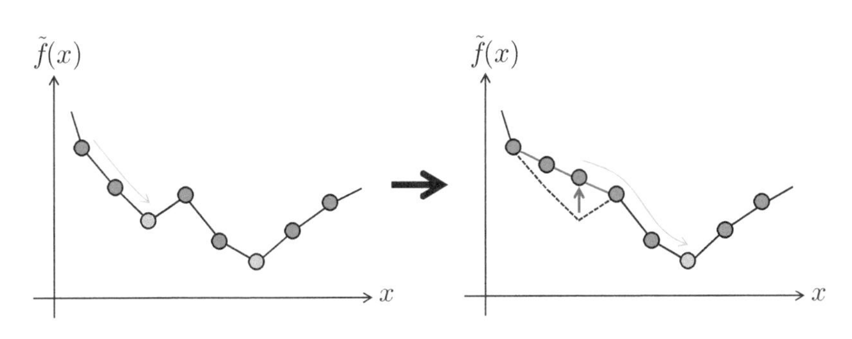

図 4.107　誘導局所探索法

誘導局所探索法の手続きを以下にまとめる．

アルゴリズム 4.33　誘導局所探索法

Step 1: 初期実行可能解 $\boldsymbol{x}$ を生成する．$\boldsymbol{x}^\natural = \boldsymbol{x}$ とする．すべての構成要素のペナルティの初期値を 0 とする．

Step 2: 評価関数 $\tilde{f}$ の下で，$\boldsymbol{x}$ に局所探索法を適用して局所最適解 $\tilde{\boldsymbol{x}}$ を求める．局所探索法により得られた最良の実行可能解を $\boldsymbol{x}'$ とする．

Step 3: $f(\boldsymbol{x}') < f(\boldsymbol{x}^\natural)$ ならば $\boldsymbol{x}^\natural = \boldsymbol{x}'$ とする．

Step 4: 終了条件を満たせば $\boldsymbol{x}^\natural$ を出力して終了．そうでなければ，$\tilde{\boldsymbol{x}}$ にもとづいて，すべての構成要素のペナルティの値を更新し，$\boldsymbol{x} = \tilde{\boldsymbol{x}}$ として **Step 2** に戻る．

例として，巡回セールスマン問題に対する誘導局所探索法を紹介する．都市の集合 V と任意の 2 都市 u, v 間の距離 d_{uv} が与えられる巡回セールスマン問題を考える．2 都市 u, v をつなぐ辺 $\{u, v\}$ に対するペナルティ p_{uv} (≥ 0) とパラメータ α (> 0) を用いて評価関数を

$$\tilde{f}(\boldsymbol{x}) = \sum_{u \in V} \sum_{v \in V, v \neq u} (d_{uv} + \alpha p_{uv}) x_{uv} \tag{4.177}$$

と定義する．ここで，x_{uv} は変数で，辺 $\{u, v\}$ が巡回路に含まれるならば $x_{uv} = 1$，そうでなければ $x_{uv} = 0$ の値をとる．

誘導局所探索法では，まず，すべての辺 $\{u, v\}$ に対するペナルティの初期値を $p_{uv} = 0$ とする．各反復では，直前の局所探索法で得られた局所最適解 $\tilde{\boldsymbol{x}}$ に対して，$x_{uv} = 1$ となる辺 $\{u, v\}$ の中で $\frac{d_{uv}}{1+p_{uv}}$ が最大となる辺 $\{u, v\}$ のペナルティの値を $p_{uv} = p_{uv} + 1$ とする．すなわち，巡回路に含まれる辺の中で，距離 d_{uv} が大きくかつペナルティ p_{uv} の値が小さい辺 $\{u, v\}$ のペナルティ p_{pv} の値を増加する．パラメータ α の値をある程度大きく設定すれば，$\tilde{\boldsymbol{x}}$ はペナルティ p_{uv} の値を更新したあとの評価関数 $\tilde{f}$ の下では局所最適解ではなくなり，次の局所探索法ではペナルティ p_{uv} の値が大きな辺を含まない巡回路が得られやすくなる．

4.7.8 ラグランジュヒューリスティクス

4.5.5 節で紹介したように，緩和問題は最適値の下界を求めるだけではなく，質の高い実行可能解を求める上でも有用である．**ラグランジュヒューリスティクス** (Lagrangian heuristics) は，ラグランジュ緩和問題の解から元の問題の実行可能解を求める手法である．4.1.8 節では，整数計画問題の例として集合被覆問題を紹介した．本節では，集合被覆問題に対するラグランジュヒューリスティクスを紹介する．

m 個の要素からなる集合 $M = \{1, \ldots, m\}$ と n 個の部分集合 S_j $(\subseteq M)$ $(j \in N = \{1, \ldots, n\})$ が与えられる．ここで，添字 j のある集合 X $(\subseteq N)$ が

$\bigcup_{j \in X} S_j = M$ を満たすならば，X によって定義される集合の族 $\{S_j \mid j \in X\}$ は**被覆** (cover) であると呼ぶ．各集合 S_j に対して費用 c_j が与えられたとき，費用の総和が最小となる M の被覆を求める問題を**集合被覆問題**と呼ぶ．集合被覆問題は以下の整数計画問題に定式化できる (4.1.8 節).

$$
\begin{array}{lll}
\text{最小化} & z(\boldsymbol{x}) = \displaystyle\sum_{j \in N} c_j x_j & \\
\text{条件} & \displaystyle\sum_{j \in N} a_{ij} x_j \geq 1, & i \in M, \\
& x_j \in \{0, 1\}, & j \in N.
\end{array}
\tag{4.178}
$$

2.3.2 節で紹介したように，ラグランジュ緩和問題は，一部の制約条件を取り除いた上で，それらの制約条件に対する違反量に重み係数 (ラグランジュ乗数) を掛けたものを目的関数に組み込むことで得られる．集合被覆問題の各制約条件に対応するラグランジュ乗数 $\boldsymbol{u} = (u_1, \ldots, u_m)^\top \in \mathbb{R}^m_+$ を導入すると，以下のラグランジュ緩和問題が得られる.

$$
\begin{array}{llll}
\text{最小化} & z_{\mathrm{LR}}(\boldsymbol{u}) & = & \displaystyle\sum_{j \in N} c_j x_j + \sum_{i \in M} u_i \left(1 - \sum_{j \in N} a_{ij} x_j \right) \\
& & = & \displaystyle\sum_{j \in N} \tilde{c}_j(\boldsymbol{u}) x_j + \sum_{i \in M} u_i \\
\text{条件} & x_j \in \{0, 1\}, \quad j \in N. & &
\end{array}
\tag{4.179}
$$

ラグランジュ乗数 $\boldsymbol{u}$ の値を固定するとラグランジュ緩和問題が 1 つ定まる．変数 x_j $(j \in N)$ に対応する被約費用を $\tilde{c}_j(\boldsymbol{u}) = c_j - \sum_{i \in M} a_{ij} u_i$ と定義すると，この値の正負によりラグランジュ緩和問題の最適解 $\tilde{\boldsymbol{x}}(\boldsymbol{u}) = (\tilde{x}_1(\boldsymbol{u}), \ldots, \tilde{x}_n(\boldsymbol{u}))^\top$ は

$$
\tilde{x}_j(\boldsymbol{u}) = \begin{cases} 1 & \tilde{c}_j(\boldsymbol{u}) < 0 \\ \{0, 1\} & \tilde{c}_j(\boldsymbol{u}) = 0 \\ 0 & \tilde{c}_j(\boldsymbol{u}) > 0 \end{cases}
\tag{4.180}
$$

となる.

任意のラグランジュ乗数 $\boldsymbol{u}$ に対して，ラグランジュ緩和問題の目的関数値 $z_{\mathrm{LR}}(\boldsymbol{u})$ は元の問題の最適値 $z(\boldsymbol{x}^*)$ の下界を与える．最大の下界を与えるラグランジュ乗数 $\boldsymbol{u}$ を求める以下の問題をラグランジュ双対問題と呼ぶ.

$$
\begin{array}{ll}
\text{最大化} & z_{\mathrm{LR}}(\boldsymbol{u}) \\
\text{条件} & \boldsymbol{u} \in \mathbb{R}^m_+.
\end{array}
\tag{4.181}
$$

このラグランジュ双対問題は最大化問題の中に最小化問題 (4.179) が入れ子になっているが，**劣勾配法** (subgradient method) を用いて質の高い実行可能解を効率的に求めることができる．劣勾配法では，以下に定義する劣勾配 $\boldsymbol{s}(\boldsymbol{u}) = (s_1(\boldsymbol{u}), \ldots, s_m(\boldsymbol{u}))^\top \in \mathbb{R}^m$ を用いる．

$$s_i(\boldsymbol{u}) = 1 - \sum_{j \in N} a_{ij} \tilde{x}_j(\boldsymbol{u}), \quad i \in M. \tag{4.182}$$

劣勾配法は適当なラグランジュ乗数 $\boldsymbol{u}^{(0)}$ から開始し，以下の更新式に従って現在のラグランジュ乗数 $\boldsymbol{u}^{(k)}$ から新たなラグランジュ乗数 $\boldsymbol{u}^{(k+1)}$ を生成する手続きを繰り返す手法である (**図 4.108**)．

$$u_i^{(k+1)} = \max\left\{ u_i^{(k)} + \lambda \frac{z_{\mathrm{UB}} - z_{\mathrm{LR}}(\boldsymbol{u}^{(k)})}{\|\boldsymbol{s}(\boldsymbol{u}^{(k)})\|^2} s_i(\boldsymbol{u}^{(k)}), 0 \right\}, \quad i \in M. \tag{4.183}$$

ここで，z_{UB} は集合被覆問題に貪欲法など適当な近似解法を適用して得られる実行可能解 $\boldsymbol{x}$ の目的関数値 $z(\boldsymbol{x})$(すなわちラグランジュ双対問題の最適値の上界) である．また，λ (≥ 0) は劣勾配法の各反復におけるステップ幅を決定するパラメータである．

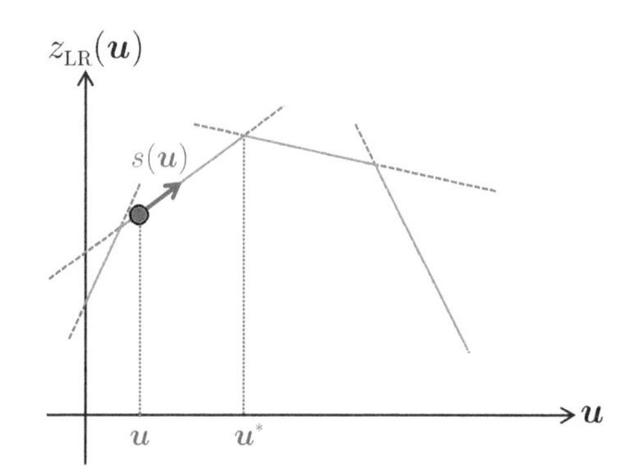

図 4.108　劣勾配法

劣勾配法の手続きを以下にまとめる．

アルゴリズム 4.34　劣勾配法

Step 1: 初期点 $\boldsymbol{u}^{(0)}$ を定める．適当な近似解法を用いて上界 z_{UB} を求める．$k = 0$ とする．

Step 2: 現在の点 $\boldsymbol{u}^{(k)}$ に対してラグランジュ緩和問題 (4.179) を解き，緩和解 $\tilde{\boldsymbol{x}}(\boldsymbol{u}^{(k)})$ および下界 $z_{\mathrm{LR}}(\boldsymbol{u}^{(k)})$ を求める． $z_{\mathrm{UB}} - z_{\mathrm{LR}}(\boldsymbol{u}^{(k)})$ が十分に小さければ終了する．

Step 3: 劣勾配 $\boldsymbol{s}(\boldsymbol{u}^{(k)})$ を計算する． $\boldsymbol{s}(\boldsymbol{u}^{(k)}) = \boldsymbol{0}$ ならば終了する[注144]．そうでなければ，式 (4.183) を用いて新たな点 $\boldsymbol{u}^{(k+1)}$ を求め， $k = k+1$ として **Step 2** に戻る．

劣勾配法は，初期点 $\boldsymbol{u}^{(0)}$ にあまり敏感ではないが，たとえば，集合被覆問題では $u_i^{(0)} = \min\{\frac{c_j}{|S_j|} \mid j \in N_i\}$ などの値が用いられる．ここで，$N_i = \{j \in N \mid a_{ij} = 1\}$ である．劣勾配法は，必ずしも有限の反復回数で終了するとは限らない．そこで，ステップ幅を決定するパラメータ λ の初期値を $\lambda = 2$ に設定し，連続する 30 回の反復で目的関数の値 $z_{\mathrm{LR}}(\boldsymbol{u}^{(k)})$ が改善しなければ $\lambda = 0.5\lambda$ とし，λ の値が十分に小さくなれば終了する．

ラグランジュ緩和問題の解 $\tilde{\boldsymbol{x}}(\boldsymbol{u})$ は整数であるが，すべての制約条件が満たされているとは限らない．そこで，緩和解 $\tilde{\boldsymbol{x}}(\boldsymbol{u})$ において値が 1 となっている変数と，すでに満たされている制約条件を除いて得られる部分問題を考える．この部分問題に貪欲法や主双対法などの近似解法を適用して元の問題の実行可能解を求める手法が用いられる．ラグランジュ緩和問題の解から，元の問題の実行可能解を求めるこれらの手法をラグランジュヒューリスティクスと呼ぶ．

例として，貪欲法を用いたラグランジュヒューリスティクスの手続きを以下にまとめる．

アルゴリズム 4.35　ラグランジュヒューリスティクス

Step 1: $x_j = \tilde{x}_j(\boldsymbol{u})\ (j \in N)$，$M' = \bigcup_{j \in N, x_j = 1} S_j$ とする．

Step 2: $M' = M$ ならば終了する．

Step 3: 被覆されていない要素 $i \in M \setminus M'$ を選び，要素 i を含みかつ費用 c_j が最小となる集合 $S_j\ (j \in N)$ について， $x_j = 1$，$M' = M' \cup S_j$ として **Step 2** に戻る．

劣勾配法を実行したあとに得られる緩和解 $\tilde{x}(\boldsymbol{u})$ だけではなく，劣勾配法の各反復において得られる緩和解 $\tilde{\boldsymbol{x}}(\boldsymbol{u}^{(k)})$ に対してラグランジュヒューリスティクスを適用する方法も良く用いられる．また，ラグランジュヒューリスティクスでは，**Step 3** の選択基準として費用 c_j の代わりに被約費用 $\tilde{c}_j(\boldsymbol{u})$

注 144　このとき，緩和解 $\tilde{\boldsymbol{x}}(\boldsymbol{u}^{(k)})$ は元の問題の実行可能解でかつ $z_{\mathrm{LR}}(\boldsymbol{u}^{(k)}) = z(\boldsymbol{u}^{(k)})$ となることに注意する．

を用いることも多い．

4.8 ● まとめ

多項式時間アルゴリズム：計算手間が問題例の入力データの長さの多項式オーダーであるアルゴリズム．

クラスP：問題例の入力データの長さに対する多項式時間アルゴリズムが知られている問題のクラス．

クラスNP：答えがyesである証拠となる解を与えれば，それを問題例の入力データの長さに対する多項式オーダーの計算手間で確認できる決定問題のクラス．

NP完全問題：クラスNPの中でもっとも難しい問題．

NP困難問題：NP完全問題と同等以上に難しい問題．

貪欲法：各反復で局所的な評価値がもっとも高い要素を選ぶ手続きを繰り返して解を構築する手法．

動的計画法：小さな部分問題の最適解を利用して，より大きな部分問題の最適解を求める手続きを繰り返して解を構築する手法．

ネットワークフロー問題：グラフの辺に沿って「もの」を効率的に流す最適化問題．最大流問題や最小費用流問題などが知られる．

分枝限定法：問題を小規模な子問題に分割する分枝操作と，最適解が得られる見込みのない子問題を見つける限定操作を繰り返し適用する手法．整数計画問題に対する厳密解法として使われる．

切除平面法：整数計画問題の実行可能解を残しつつ新たな制約条件を追加して実行可能領域を縮小する手続きを繰り返し適用する手法．整数計画問題に対する厳密解法として使われる．

r-近似解法：最小化問題(最大化問題)の任意の問題例に対して目的関数の値が最適値のr倍以下(以上)となる実行可能解を出力する近似解法．

局所探索法：適当な実行可能解から始めて，現在の解に少しの変形を加えて得られる解の集合(近傍)内に改善解があれば，現在の解から改善解に移動する手続きを繰り返す手法．NP困難な組合せ最適化問題に対する発見的解法として使われることが多い．

メタヒューリスティクス：多くの組合せ最適化問題に対して適用できる発見的解法の一般的な手法，もしくは，そのような考え方に従って設計されたさまざまなアルゴリズムの総称．

文献ノート

組合せ最適化は非常に幅広いトピックを含むため，1 冊の書籍だけで組合せ最適化のすべてのトピックを網羅することは難しい．本節では，本章のいくつかのトピックに関する書籍もあわせて紹介する．

まず，本章の議論に必要なアルゴリズムとデータ構造に関する書籍として，たとえば，以下の 4 冊が挙げられる．

- 茨木俊秀, C によるアルゴリズムとデータ構造 改訂第 2 版, オーム社, 2019.
- 大槻兼資 (著), 秋葉拓哉 (監修), 問題解決力を鍛える！アルゴリズムとデータ構造, 講談社, 2020.
- T. H. Cormen, C. E. Leiserson, R. L. Rivest and C. Stein, *Introduction to Algorithms* (3rd edition), MIT Press, 2009. (浅野哲夫, 岩野和生, 梅尾博司, 山下雅史, 和田幸一 (訳), アルゴリズムイントロダクション 第 3 版 総合版, 近代科学社, 2013.)
- R. Sedgewick and K. Wayne, *Algorithms* (4th edition), Addison-Wesley, 2011. (野下浩平, 星守, 佐藤創, 田口東 (訳), セジウィック：アルゴリズム C 第 1〜4 部（3 版）, 近代科学社, 2018.)

線形計画と組合せ最適化を含む離散最適化の入門書として，たとえば，以下の 1 冊が挙げられる．

- 久保幹雄, 組合せ最適化とアルゴリズム, 共立出版, 2000.

組合せ最適化の全般に関する書籍として，たとえば，以下の 3 冊が挙げられる．

- B. Korte and J. Vygen, *Combinatorial Optimization: Theory and Algorithms* (5th edition), Springer, 2012. (浅野孝夫, 浅野泰仁, 小野孝男, 平田富夫 (訳), 組合せ最適化 第 2 版 — 理論とアルゴリズム, 丸善出版, 2012.)
- J. Kleinberg and É. Tardos, *Algorithm Design*, Addison-Wesley, 2005. (浅野孝夫, 浅野泰仁, 小野孝男, 平田富夫 (訳), アルゴリズムデザイン, 共立出版, 2008.)
- C. H. Papadimitriou and K. Steiglitz, *Combinatorial Optimization: Algorithms and Complexity*, Dover, 1982.

整数計画問題の定式化 (4.1 節) と整数計画ソルバーの利用 (4.4.3 節) に関する文献として，たとえば，以下の 1 冊の書籍と 3 本の解説が挙げられる．

- 久保幹雄, J. P. ペドロソ, 村松正和, A. レイス, あたらしい数理最適化 — Python 言語と Gurobi で解く, 近代科学社, 2012.
- 藤江哲也, 整数計画法による定式化入門, オペレーションズ・リサーチ, **57** (2012), 190–197.
- 梅谷俊治, 組合せ最適化入門 — 線形計画から整数計画まで, 自然言語処理, **21** (2014), 1059–1090.
- 宮代隆平，整数計画ソルバー入門，オペレーションズ・リサーチ，**57** (2012), 183–189.

アルゴリズムの性能と問題の難しさの評価 (4.2 節) に関する書籍として，たとえば，以下の 2 冊が挙げられる．

- M. R. Garey and D. S. Johnson, *Computers and Intractability: A Guide to the Theory of NP-Completeness*, W. H. Freeman and Company, 1979.
- 渡辺治, 今度こそわかる $\mathrm{P} \neq \mathrm{NP}$ 予想, 講談社, 2014.

ネットワークフロー (4.3.3 節) に関する書籍として，たとえば，以下の 2 冊が挙げられる．

- 繁野麻衣子, ネットワーク最適化とアルゴリズム, 朝倉書店, 2010.
- R. A. Ahuja, T. L. Magnanti and J. B. Orlin, *Network Flows: Theory, Algorithms, and Applications*, Peason Education, 2014.

分枝限定法と切除平面法 (4.4 節) を含む整数計画の全般に関する書籍として，たとえば，以下の 2 冊が挙げられる．前者は入門書で基本的なトピックがまとめられている．後者では，整数計画問題に関する専門的なトピックが幅広く集められている．

- L. A. Wolsey, *Integer Programming*, John Wiley & Sons, 1998.
- G. L. Nemhauser and L. A. Wolsey, *Integer and Combinatorial Optimization*, John Wiley & Sons, 1988.

近似解法 (4.5 節) に関する書籍として，たとえば，以下の 3 冊が挙げられる．

- V. V. Vazirani, *Approximation Algorithms*, Springer, 2001. (浅野孝夫 (訳), 近似アルゴリズム, 丸善出版, 2012.)
- D. P. Williamson and D. B. Shmoys, *The Design of Approximation Algorithms*, Cambridge University Press, 2011. (浅野孝夫 (訳), 近似アルゴリズムデザイン, 共立出版, 2015.)
- 浅野孝夫, 近似アルゴリズム — 離散最適化問題への効果的アプローチ, 共立出版, 2019.

局所探索法 (4.6 節) およびメタヒューリスティクス (4.7 節) に関する書籍として, たとえば, 以下の 4 冊が挙げられる.

- 柳浦睦憲, 茨木俊秀, 組合せ最適化 — メタ戦略を中心として, 朝倉書店, 2001.
- 久保幹雄, J. P. ペドロソ, メタヒューリスティクスの数理, 共立出版, 2009.
- E. Aarts and J. K. Lenstra (eds.), *Local Search in Combinatorial Optimization*, Princeton University Press, 2003.
- M. Gendreau and J. -Y. Potvin (eds.), *Handbook of Metaheuristics* (3rd edition), Springer, 2018.

演習問題

4.1 **頂点彩色問題** (vertex coloring problem)：無向グラフ $G = (V, E)$ が与えられる．隣接するどの2つの頂点も同じ色にならないように，すべての頂点に色を割り当てることを**彩色** (coloring) と呼ぶ．グラフの頂点彩色の例を**図 4.109** に示す．このとき，色数が最小となる彩色を求める問題を頂点彩色問題と呼ぶ[注145]．頂点彩色問題を整数計画問題に定式化せよ．

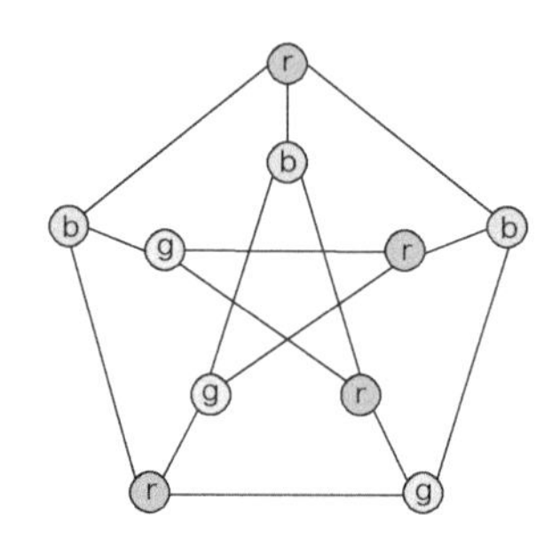

図 4.109　グラフの頂点彩色の例

4.2 **時間枠付き巡回セールスマン問題** (traveling salesman problem with time windows)：都市の集合 V と 2 都市 $u, v \in V$ の移動時間 d_{uv} (> 0) が与えられる．与えられた都市 $s \in V$ を時刻 0 に出発し，各都市 $v \in V$ を与えられた時間枠 $[a_v, b_v]$ の間にちょうど 1 回ずつ訪問したあとに都市 s に戻る巡回路を考える．ただし，都市 $v \in V$ に時刻 a_v よりも早く到着した場合には，都市 v にて時刻 a_v まで待つことができる．このとき，移動時間が最小となる巡回路を求める問題を時間枠付き巡回セールスマン問題と呼ぶ．時間枠付き巡回セールスマン問題を整数計画問題に定式化せよ．

4.3 **発電機起動停止計画問題** (unit commitment problem)：ある電力会社では，発電所にある n 種類の発電機を用いて電力の需要を満たしている．各発電機の発電量の上限と下限を超えない範囲で各期の電力の需要を満たすように発電所を操業したい．このとき，どの期にどの種類の発電機をいくつ起動もしくは停止すれば良いだろうか．

計画期間を T，各期 t における電力の需要量を d_t とする．発電機 j の台数を q_j，発電機の 1 台の 1 期あたりの発電量の上限を u_j，下限

注 145　グラフ G の彩色に必要な最小の色数を**彩色数** (chromatic number) と呼ぶ．

を l_j とする．発電機 j の発電量を下限 l_j で操業する際の 1 期あたりの操業費を C_j，発電量を 1 単位増加する際の 1 期あたりの操業費の増分を c_j とする．また，発電機 j を起動する際の 1 台あたりの起動費を f_j とする．発電機は途中で停止しても構わないが，停止した発電機を再び起動する際には新たに起動費が生じる．このとき，操業費と起動費の合計が最小となる発電機の操業計画を求める問題を発電機起動停止計画問題と呼ぶ．発電機起動停止計画問題を整数計画問題に定式化せよ．

4.4 4.1.4 節で紹介した仕事の納期遅れの「合計」が最小となるスケジュールを求める 1 機械スケジューリング問題は NP 困難であることが知られている．仕事の納期遅れの「最大値」が最小となるスケジュールとなる 1 機械スケジューリング問題は，納期 d_i の昇順に仕事を処理する貪欲法により効率的に最適解が求められることを示せ．

4.5 次の資源配分問題を動的計画法で解け．

$$
\begin{array}{ll}
\text{最小化} & \left(\sqrt{x_1} + \dfrac{x_1}{4}\right) + \log_2(x_2 + 1) + \dfrac{x_3^2}{4} \\
\text{条件} & x_1 + x_2 + x_3 = 4, \\
 & x_1, x_2, x_3 \in \mathbb{Z}_+.
\end{array}
\tag{4.184}
$$

4.6 (1) 4.1.3 節で紹介したロットサイズ決定問題について，以下の性質が成り立つことを示せ．ただし，生産量の上限 C は十分に大きな定数とする．

> **定理 4.16**
>
> ロットサイズ決定問題に対して，
>
> $$x_t^* s_{t-1}^* = 0, \quad t = 1, \ldots, T$$
>
> を満たす最適解 $(\boldsymbol{x}^*, \boldsymbol{s}^*, \boldsymbol{y}^*)$ が存在する．

(2) 上記の性質にもとづきロットサイズ決定問題を解く動的計画法を設計せよ．

(3) **表 4.2** のロットサイズ決定問題を動的計画法で解け．

表 4.2　ロットサイズ決定問題の例

期 (t)	1	2	3	4	5
需要量 (d_t)	5	7	3	6	4
生産費 (c_t)	1	1	3	3	3
固定費 (f_t)	3	3	3	3	3
在庫費 (g_t)	1	1	1	1	1

4.7　**図 4.110** の単一始点最短路問題をダイクストラ法で解け.

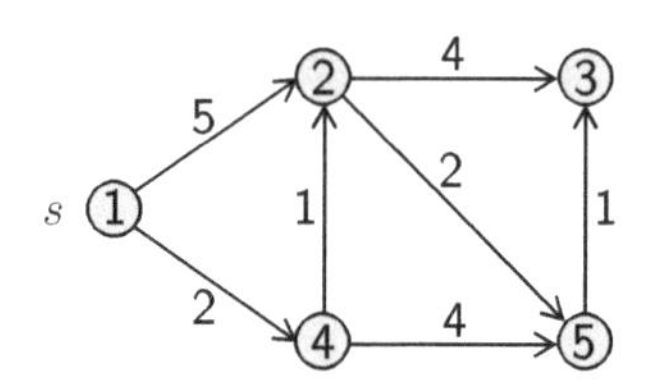

図 4.110　単一始点最短路問題

4.8　**図 4.111** の全点対最短路問題をフロイド・ウォーシャル法で解け.

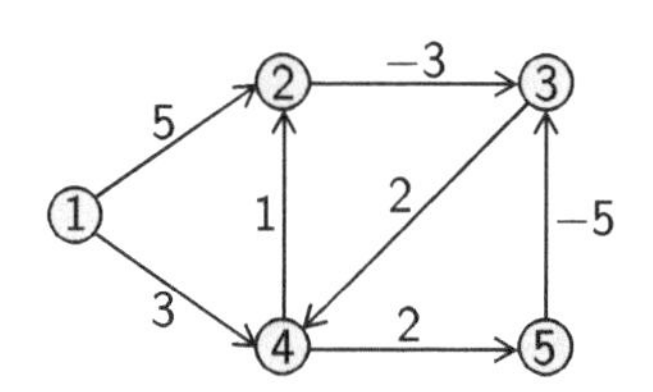

図 4.111　全点対最短路問題

4.9　**図 4.112** の最大流問題を増加路法で解け.

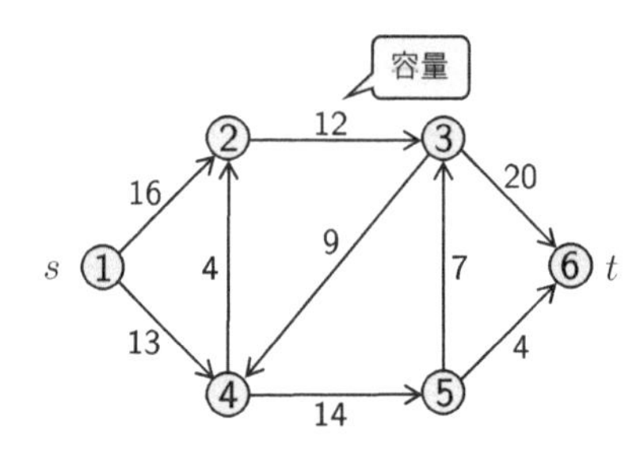

図 4.112　最大流問題

4.10 **図 4.113** の最小費用流問題を (1) 負閉路消去法と (2) 最短路繰り返し法で解け.

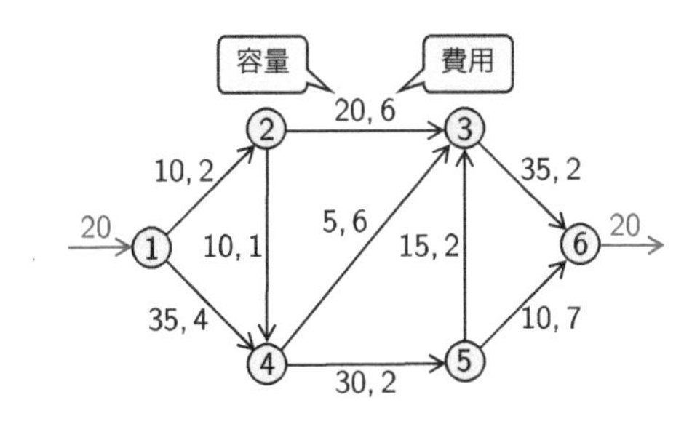

図 4.113　最小費用流問題

4.11 最大流問題 (4.79) において, 各辺 $e \in E$ のフローの量 x_e の下限 l_e が与えられる. 実行可能なフローを 1 つ求める問題を (フローの量 x_e に下限のない) 最大流問題に変換する手続きを示せ. また, **図 4.114** の最大流問題を解け.

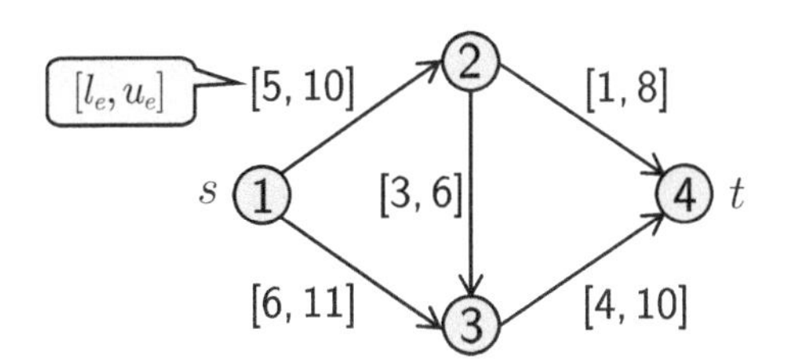

図 4.114　フローの量に下限がある最大流問題

4.12 定理 4.8 (4.4.1 節) を示せ.

4.13 次のナップサック問題を (1) 動的計画法と (2) 分枝限定法で解け.

$$
\begin{aligned}
\text{最大化} \quad & z(\boldsymbol{x}) = 17x_1 + 10x_2 + 25x_3 + 17x_4 \\
\text{条件} \quad & 5x_1 + 3x_2 + 8x_3 + 7x_4 \leq 12, \\
& \boldsymbol{x} = (x_1, x_2, x_3, x_4)^\top \in \{0, 1\}^4.
\end{aligned}
$$

4.14 次の整数計画問題を切除平面法で解け．

$$
\begin{array}{ll}
\text{最大化} & 4x_1 - x_2 \\
\text{条件} & 7x_1 - 2x_2 \leq 14, \\
& x_2 \leq 3, \\
& x_1 - x_2 \leq \frac{3}{2}, \\
& x_1, x_2 \in \mathbb{Z}_+.
\end{array}
$$

4.15 **同一並列機械スケジューリング問題** (identical parallel machine scheduling problem)：n 個の仕事とこれらを処理する m 台の機械が与えられる．機械は 2 つ以上の仕事を同時に処理できないものとする．また，仕事の処理を開始したら途中で中断できないものとする．仕事 i の処理にかかる時間は p_i (> 0) で機械によらず一定である．このとき，すべての仕事が完了する時刻 (最大完了時刻) が最小となるスケジュールを求める問題を同一並列機械スケジューリング問題と呼ぶ．

同一並列機械スケジューリング問題に対して，仕事を $1, 2, \ldots, n$ の順に開始時刻が最小となる機械に割り当てる貪欲法を考える．この貪欲法が同一並列機械スケジューリング問題に対する 2-近似解法となることを示せ．

演習問題の解答例

2章の演習問題の解答例

2.1 各変数は以下の表の通り．

		燻製	
	生肉	通常	超過
もも肉	x_{11}	x_{12}	x_{13}
バラ肉	x_{21}	x_{22}	x_{23}
肩肉	x_{31}	x_{32}	x_{33}

このとき，線形計画問題は以下の通りに定式化できる．

$$
\begin{array}{ll}
\text{最大化} & 8x_{11}+14x_{12}+11x_{13}+4x_{21}+12x_{22}+7x_{23}+4x_{31} \\
& +13x_{32}+9x_{33} \\
\text{条件} & x_{11}+x_{12}+x_{13}\leq 480, \\
& x_{21}+x_{22}+x_{23}\leq 400, \\
& x_{31}+x_{32}+x_{33}\leq 230, \\
& x_{12}+x_{22}+x_{32}\leq 420, \\
& x_{13}+x_{23}+x_{33}\leq 250, \\
& x_{11},x_{12},x_{13},x_{21},x_{22},x_{23},x_{31},x_{32},x_{33}\geq 0.
\end{array}
$$

2.2 各変数は以下の表の通り．

	M	N	Q
アルキレート	x_{11}	x_{12}	x_{13}
分解ガソリン	x_{21}	x_{22}	x_{23}
直留ガソリン	x_{31}	x_{32}	x_{33}
イソペンタン	x_{41}	x_{42}	x_{43}

混合ガソリン M, N, Q の製造量をそれぞれ変数 y_1, y_2, y_3 で表す．また，混合せずにそのまま販売するガソリンの合計量を変数 z で表す．

このとき，線形計画問題は以下の通りに定式化できる．

$$
\begin{array}{ll}
\text{最大化} & 4.96y_1 + 5.85y_2 + 6.45y_3 + 4.83z \\
\text{条件} & x_{11} + x_{12} + x_{13} \leq 3800, \\
& x_{21} + x_{22} + x_{23} \leq 2652, \\
& x_{31} + x_{32} + x_{33} \leq 4081, \\
& x_{41} + x_{42} + x_{43} \leq 1300, \\
& x_{11} + x_{21} + x_{31} + x_{41} = y_1, \\
& x_{12} + x_{22} + x_{32} + x_{42} = y_2, \\
& x_{13} + x_{23} + x_{33} + x_{43} = y_3, \\
& z = 11833 - y_1 - y_2 - y_3, \\
& 107.5x_{11} + 93x_{21} + 87x_{31} + 108x_{41} \geq 80y_1, \\
& 107.5x_{12} + 93x_{22} + 87x_{32} + 108x_{42} \geq 91y_2, \\
& 107.5x_{13} + 93x_{23} + 87x_{33} + 108x_{43} \geq 100y_1, \\
& 5.0x_{11} + 8.0x_{21} + 4.0x_{31} + 20.5x_{41} \leq 7.0y_1, \\
& 5.0x_{12} + 8.0x_{22} + 4.0x_{32} + 20.5x_{42} \leq 7.0y_2, \\
& 5.0x_{13} + 8.0x_{23} + 4.0x_{33} + 20.5x_{43} \leq 7.0y_3, \\
& x_{11}, x_{12}, x_{13}, x_{21}, x_{22}, x_{23}, x_{31}, x_{32}, x_{33}, x_{41}, x_{42}, x_{43} \geq 0, \\
& y_1, y_2, y_3, z \geq 0.
\end{array}
$$

2.3 (1)

$$
\begin{array}{ll}
\text{最大化} & -16x_1 - 2x_2 + 3x_3 \\
\text{条件} & -x_1 + 6x_2 \leq -4, \\
& 3x_2 + 7x_3 \leq -5, \\
& x_1 + x_2 + x_3 \leq 10, \\
& -x_1 - x_2 - x_3 \leq -10, \\
& x_1, x_2, x_3 \geq 0.
\end{array}
$$

(2)

$$
\begin{array}{ll}
\text{最大化} & 5x_1 + 6x_2^+ - 6x_2^- + 3x_3 \\
\text{条件} & x_1 - x_3 \leq 10, \\
& -x_1 + x_3 \leq 10, \\
& 10x_1 + 7x_2^+ - 7x_2^- + 4x_3 \leq 50, \\
& -2x_1 + 11x_3 \leq -15, \\
& x_1, x_2^+, x_2^-, x_3 \geq 0.
\end{array}
$$

2.4 (1) 辞書の更新は以下の通り．

$$
\begin{aligned}
z &= 4x_1 + 8x_2 + 10x_3,\\
x_4 &= 20 - x_1 - x_2 - x_3,\\
x_5 &= 100 - 3x_1 - 4x_2 - 6x_3,\\
x_6 &= 100 - 4x_1 - 5x_2 - 3x_3.
\end{aligned}
$$

$$
\begin{aligned}
z &= \tfrac{500}{3} - x_1 + \tfrac{4}{3}x_2 - \tfrac{5}{3}x_5,\\
x_4 &= \tfrac{10}{3} - \tfrac{1}{2}x_1 - \tfrac{1}{3}x_2 + \tfrac{1}{6}x_5,\\
x_3 &= \tfrac{50}{3} - \tfrac{1}{2}x_1 - \tfrac{2}{3}x_2 - \tfrac{1}{6}x_5,\\
x_6 &= 50 - \tfrac{5}{2}x_1 - 3x_2 + \tfrac{1}{2}x_5.
\end{aligned}
$$

$$
\begin{aligned}
z &= 180 - 3x_1 - 4x_4 - x_5,\\
x_2 &= 10 - \tfrac{3}{2}x_1 - 3x_4 + \tfrac{1}{2}x_5,\\
x_3 &= 10 + \tfrac{1}{2}x_1 + 2x_4 - \tfrac{1}{2}x_5,\\
x_6 &= 20 + 2x_1 + 9x_4 - x_5.
\end{aligned}
$$

最適解は $(x_1, x_2, x_3) = (0, 10, 10)$，最適値は 180.

(2) 辞書の更新は以下の通り.

$$
\begin{aligned}
z &= x_1 + 3x_2 - x_3,\\
x_4 &= 10 - 2x_1 - 2x_2 + x_3,\\
x_5 &= 10 - 3x_1 + 2x_2 - x_3,\\
x_6 &= 10 - x_1 + 3x_2 - x_3.
\end{aligned}
$$

$$
\begin{aligned}
z &= 15 - 2x_1 + \tfrac{1}{2}x_3 - \tfrac{3}{2}x_4,\\
x_2 &= 5 - x_1 + \tfrac{1}{2}x_3 - \tfrac{1}{2}x_4,\\
x_5 &= 20 - 5x_1 - x_4,\\
x_6 &= 25 - 4x_1 + \tfrac{1}{2}x_3 - \tfrac{3}{2}x_4.
\end{aligned}
$$

ここで，変数 x_2, x_5, x_6 の制約条件を満たしつつ変数 x_3 の値を増加することで目的関数の値を限りなく増加できるため非有界である.

(3) 辞書の更新は以下の通り.

$$
\begin{aligned}
z &= 10x_1 + x_2, \\
x_3 &= 1 - x_1, \\
x_4 &= 100 - 2x_1 - x_2.
\end{aligned}
$$

$$
\begin{aligned}
z &= 10 + x_2 - 10x_3, \\
x_1 &= 1 - x_3, \\
x_4 &= 80 - x_2 + 20x_3.
\end{aligned}
$$

$$
\begin{aligned}
z &= 90 + 10x_3 - x_4, \\
x_1 &= 1 - x_3, \\
x_2 &= 80 + 20x_3 - x_4.
\end{aligned}
$$

$$
\begin{aligned}
z &= 100 - 10x_1 - x_4, \\
x_3 &= 1 - x_1, \\
x_2 &= 100 - 20x_1 - x_4.
\end{aligned}
$$

最適解は $(x_1, x_2) = (0, 100)$，最適値は 100.

2.5 (1) 補助問題の辞書は以下の通り.

$$
\begin{aligned}
w &= x_0, \\
x_4 &= -8 + x_1 + 4x_2 + 2x_3 + x_0, \\
x_5 &= -6 + 3x_1 + 2x_2 + x_0.
\end{aligned}
$$

非基底変数 x_0 と基底変数 x_4 を入れ替えると以下の通り.

$$
\begin{aligned}
w &= 8 - x_1 - 4x_2 - 2x_3 + x_4, \\
x_0 &= 8 - x_1 - 4x_2 - 2x_3 + x_4, \\
x_5 &= 2 + 2x_1 - 2x_2 - 2x_3 + x_4.
\end{aligned}
$$

辞書の更新は以下の通り.

$$
\begin{aligned}
w &= 4 - 5x_1 + 2x_3 - x_4 + 2x_5, \\
x_0 &= 4 - 5x_1 + 2x_3 - x_4 + 2x_5, \\
x_2 &= 1 + x_1 - x_3 + \tfrac{1}{2}x_4 - \tfrac{1}{2}x_5.
\end{aligned}
$$

$$w = x_0,$$
$$x_1 = \tfrac{4}{5} + \tfrac{2}{5}x_3 - \tfrac{1}{5}x_4 + \tfrac{2}{5}x_5 - \tfrac{1}{5}x_0,$$
$$x_2 = \tfrac{9}{5} - \tfrac{3}{5}x_3 + \tfrac{3}{10}x_4 - \tfrac{1}{10}x_5 - \tfrac{1}{5}x_0.$$

目的関数 w の最適値は 0 となり，元の問題の実行可能解 $(x_1, x_2) = (\frac{4}{5}, \frac{9}{5})$ が得られる．ここから，元の問題の実行可能な辞書が得られる[注1]．

$$z = -7 - \tfrac{1}{2}x_4 - \tfrac{1}{2}x_5,$$
$$x_1 = \tfrac{4}{5} + \tfrac{2}{5}x_3 - \tfrac{1}{5}x_4 + \tfrac{2}{5}x_5,$$
$$x_2 = \tfrac{9}{5} - \tfrac{3}{5}x_3 + \tfrac{3}{10}x_4 - \tfrac{1}{10}x_5.$$

最適解は $(x_1, x_2, x_3) = (\frac{4}{5}, \frac{9}{5}, 0)$[注2]，最適値は 7.

(2) 補助問題の辞書は以下の通り．

$$w = x_0,$$
$$x_4 = 4 - 2x_1 + x_2 - 2x_3 + x_0,$$
$$x_5 = -5 - 2x_1 + 3x_2 - x_3 + x_0,$$
$$x_6 = -1 + x_1 - x_2 + 2x_3 + x_0.$$

非基底変数 x_0 と基底変数 x_5 を入れ替えると以下の通り．

$$w = 5 + 2x_1 - 3x_2 + x_3 + x_5,$$
$$x_4 = 9 - 2x_2 - x_3 + x_5,$$
$$x_0 = 5 + 2x_1 - 3x_2 + x_3 + x_5,$$
$$x_6 = 4 + 3x_1 - 4x_2 + 3x_3 + x_5.$$

辞書の更新は以下の通り．

$$w = 2 - \tfrac{1}{4}x_1 - \tfrac{5}{4}x_3 + \tfrac{1}{4}x_5 + \tfrac{3}{4}x_6,$$
$$x_4 = 7 - \tfrac{3}{2}x_1 - \tfrac{5}{2}x_3 + \tfrac{1}{2}x_5 + \tfrac{1}{2}x_6,$$
$$x_0 = 2 - \tfrac{1}{4}x_1 - \tfrac{5}{4}x_3 + \tfrac{1}{4}x_5 + \tfrac{3}{4}x_6,$$
$$x_2 = 1 + \tfrac{3}{4}x_1 + \tfrac{3}{4}x_3 + \tfrac{1}{4}x_5 - \tfrac{1}{4}x_6.$$

注 1　目的関数を最大化に変形していることに注意する．

注 2　たとえば，$(x_1, x_2, x_3) = (2, 0, 3)$ も最適解になる．最適解は 1 つとは限らないことに注意する．

$$
\begin{aligned}
w &= x_0,\\
x_4 &= 3 - x_1 - x_6 + 2x_0,\\
x_3 &= \tfrac{8}{5} - \tfrac{1}{5}x_1 + \tfrac{1}{5}x_5 + \tfrac{3}{5}x_6 - \tfrac{4}{5}x_0,\\
x_2 &= \tfrac{11}{5} + \tfrac{3}{5}x_1 + \tfrac{2}{5}x_5 + \tfrac{1}{5}x_6 - \tfrac{3}{5}x_0.
\end{aligned}
$$

目的関数 w の最適値は 0 となり，元の問題の実行可能解 $(x_1, x_2, x_3) = (0, \frac{11}{5}, \frac{8}{5})$ が得られる．ここから，元の問題の実行可能な辞書が得られる．

$$
\begin{aligned}
z &= -\tfrac{3}{5} + \tfrac{1}{5}x_1 - \tfrac{1}{5}x_5 + \tfrac{2}{5}x_6,\\
x_4 &= 3 - x_1 - x_6,\\
x_3 &= \tfrac{8}{5} - \tfrac{1}{5}x_1 + \tfrac{1}{5}x_5 + \tfrac{3}{5}x_6,\\
x_2 &= \tfrac{11}{5} + \tfrac{3}{5}x_1 + \tfrac{2}{5}x_5 + \tfrac{1}{5}x_6.
\end{aligned}
$$

辞書の更新は以下の通り．

$$
\begin{aligned}
z &= \tfrac{3}{5} - \tfrac{1}{5}x_1 - \tfrac{2}{5}x_4 - \tfrac{1}{5}x_5,\\
x_6 &= 3 - x_1 - x_4,\\
x_3 &= \tfrac{17}{5} - \tfrac{4}{5}x_1 - \tfrac{3}{5}x_4 + \tfrac{1}{5}x_5,\\
x_2 &= \tfrac{14}{5} + \tfrac{2}{5}x_1 - \tfrac{1}{5}x_4 + \tfrac{2}{5}x_5.
\end{aligned}
$$

最適解は $(x_1, x_2, x_3) = (0, \frac{14}{5}, \frac{17}{5})$，最適値は $\frac{3}{5}$.

(3) 補助問題の辞書は以下の通り．

$$
\begin{aligned}
w &= x_0,\\
x_3 &= -1 - x_1 + x_2 + x_0,\\
x_4 &= -3 + x_1 + x_2 + x_0,\\
x_5 &= 2 - 2x_1 - x_2 + x_0.
\end{aligned}
$$

非基底変数 x_0 と基底変数 x_4 を入れ替えると以下の通り．

$$
\begin{aligned}
w &= 3 - x_1 - x_2 + x_4,\\
x_3 &= 2 - 2x_1 + x_4,\\
x_0 &= 3 - x_1 - x_2 + x_4,\\
x_5 &= 5 - 3x_1 - 2x_2 + x_4.
\end{aligned}
$$

辞書の更新は以下の通り.

$$\begin{aligned}
w &= 2 - x_2 + \tfrac{1}{2}x_3 + \tfrac{1}{2}x_4,\\
x_1 &= 1 - \tfrac{1}{2}x_3 + \tfrac{1}{2}x_4,\\
x_0 &= 2 - x_2 + \tfrac{1}{2}x_3 + \tfrac{1}{2}x_4,\\
x_5 &= 2 - 2x_2 + \tfrac{3}{2}x_3 - \tfrac{1}{2}x_4.
\end{aligned}$$

$$\begin{aligned}
w &= 1 - \tfrac{1}{4}x_3 + \tfrac{3}{4}x_4 + \tfrac{1}{2}x_5,\\
x_1 &= 1 - \tfrac{1}{2}x_3 + \tfrac{1}{2}x_4,\\
x_0 &= 1 - \tfrac{1}{4}x_3 + \tfrac{3}{4}x_4 + \tfrac{1}{2}x_5,\\
x_2 &= 1 + \tfrac{3}{4}x_3 - \tfrac{1}{4}x_4 - \tfrac{1}{2}x_5.
\end{aligned}$$

$$\begin{aligned}
w &= \tfrac{1}{2} + \tfrac{1}{2}x_1 + \tfrac{1}{2}x_4 + \tfrac{1}{2}x_5,\\
x_3 &= 2 - 2x_1 + x_4,\\
x_0 &= \tfrac{1}{2} + \tfrac{1}{2}x_1 + \tfrac{1}{2}x_4 + \tfrac{1}{2}x_5,\\
x_2 &= \tfrac{5}{2} - \tfrac{3}{2}x_1 + \tfrac{1}{2}x_4 - \tfrac{1}{2}x_5.
\end{aligned}$$

目的関数 w の最適値は $\frac{1}{2}$ となり実行不能.

2.6 (1)

$$\begin{aligned}
\text{最小化}\quad & 4y_1 + 6y_2\\
\text{条件}\quad & 2y_1 + y_2 \geq 1,\\
& y_1 + y_2 \geq 2,\\
& y_1 + 2y_2 \geq 3,\\
& y_1, y_2 \geq 0.
\end{aligned}$$

(2)

$$\begin{aligned}
\text{最小化}\quad & -3y_2 + 6y_3\\
\text{条件}\quad & -2y_1 + 3y_2 + y_3 \geq 1,\\
& 3y_1 - y_2 - y_3 \geq 1,\\
& -y_1 - 4y_2 + 2y_3 \geq 0,\\
& y_1 + 2y_2 + y_3 = 0,\\
& y_1, y_2 \geq 0.
\end{aligned}$$

2.7 双対問題は以下の通りとなる.

$$
\begin{aligned}
&\text{最小化} \quad by \\
&\text{条件} \quad a_j y \geq c_j, \quad j=1,\dots,n, \\
&\qquad\quad y \geq 0.
\end{aligned}
$$

双対問題の解 y が実行可能となるためには，$y \geq \max_{j=1,\dots,n} \frac{c_j}{a_j}$ となる必要がある．ここで，$b > 0$ なので双対問題の最適解は $y^* = \max_{j=1,\dots,n} \frac{c_j}{a_j}$ となる．主問題の最適解を $(x_1^*, x_2^*, \dots, x_n^*)$ とすると，相補性条件 (2.126) は

$$
x_j^*(a_j y^* - c_j) = 0,\ j = 1,\dots,n,
$$
$$
y^*(b - \sum_{j=1}^{n} a_j x_j^*) = 0
$$

となる．したがって，$\frac{c_k}{a_k} = y^*$ を満たす k を 1 つ与えると最適解は

$$
x_j^* = \begin{cases} \dfrac{b}{a_j} & j = k \\ 0 & j \neq k \end{cases}
$$

となる．

2.8 まず，(1) を満たす解 $\boldsymbol{x}$ が存在すれば，(2) を満たす解 $\boldsymbol{y}$ は存在しないことを示す．背理法を用いる．(2) を満たす解 $\boldsymbol{y}$ が存在すると仮定すれば，

$$
0 > \boldsymbol{b}^\top \boldsymbol{y} = (\boldsymbol{A}\boldsymbol{x})^\top \boldsymbol{y} = \boldsymbol{x}^\top(\boldsymbol{A}^\top \boldsymbol{y}) \geq 0
$$

となり矛盾する．したがって，(1) を満たす解 $\boldsymbol{x}$ が存在すれば，(2) を満たす解 $\boldsymbol{y}$ は存在しない．

次に，(1) を満たす解 $\boldsymbol{x}$ が存在しなければ，(2) を満たす解 $\boldsymbol{y}$ が存在することを示す．(1) を満たす解 $\boldsymbol{x}$ が存在しないことから，以下の線形計画問題

$$
\begin{aligned}
&\text{最大化} \quad \boldsymbol{0}^\top \boldsymbol{x} \\
&\text{条件} \quad \boldsymbol{A}\boldsymbol{x} = \boldsymbol{b}, \\
&\qquad\quad \boldsymbol{x} \geq \boldsymbol{0}
\end{aligned}
$$

は実行可能解を持たない．ここで，定理 2.2 (強双対定理) より，この双対問題

$$
\begin{aligned}
&\text{最小化} \quad \boldsymbol{b}^\top \boldsymbol{y} \\
&\text{条件} \quad \boldsymbol{A}^\top \boldsymbol{y} \geq \boldsymbol{0}
\end{aligned}
$$

は実行可能解を持たないかもしくは非有界である．しかし，この双対問題は自明な実行可能解 $\boldsymbol{y} = \boldsymbol{0}$ を持つため非有界である．したがって，$\boldsymbol{A}^\top \boldsymbol{y} \geq \boldsymbol{0}, \boldsymbol{b}^\top \boldsymbol{y} < 0$ を満たす解 $\boldsymbol{y}$ は存在する．

2.9 式 (2.119) の主問題 (P) と双対問題 (D) を考える．主問題 (P) の最適解を $\boldsymbol{x}^*$ とする．背理法を用いる．双対問題 (D) が $\boldsymbol{b}^\top \boldsymbol{y} \leq \boldsymbol{c}^\top \boldsymbol{x}^*$ となる実行可能解を持たないと仮定する．すなわち，

$$\begin{pmatrix} -\boldsymbol{A}^\top & \boldsymbol{A}^\top & \boldsymbol{I} & \boldsymbol{0} \\ \boldsymbol{b}^\top & -\boldsymbol{b}^\top & \boldsymbol{0}^\top & 1 \end{pmatrix} \begin{pmatrix} \boldsymbol{v} \\ \boldsymbol{w} \\ \boldsymbol{s} \\ t \end{pmatrix} = \begin{pmatrix} -\boldsymbol{c} \\ \boldsymbol{c}^\top \boldsymbol{x}^* \end{pmatrix}$$

を満たす $(\boldsymbol{v}, \boldsymbol{w}, \boldsymbol{s}, t) \in \mathbb{R}_+^{m+m+n+1}$ が存在しないと仮定する[注3]．このとき，ファルカスの補題より

$$\begin{pmatrix} -\boldsymbol{A} & \boldsymbol{b} \\ \boldsymbol{A} & -\boldsymbol{b} \\ \boldsymbol{I} & \boldsymbol{0} \\ \boldsymbol{0}^\top & 1 \end{pmatrix} \begin{pmatrix} \boldsymbol{z} \\ u \end{pmatrix} \geq \boldsymbol{0}, \quad \begin{pmatrix} -\boldsymbol{c}^\top & \boldsymbol{c}^\top \boldsymbol{x}^* \end{pmatrix} \begin{pmatrix} \boldsymbol{z} \\ u \end{pmatrix} < 0$$

を満たす $(\boldsymbol{z}, u) \in \mathbb{R}^{n+1}$ が存在する．すなわち，

$$\boldsymbol{A}\boldsymbol{z} = u\boldsymbol{b}, \quad \boldsymbol{z} \geq \boldsymbol{0}, \quad u \geq 0, \quad \boldsymbol{c}^\top \boldsymbol{z} > u(\boldsymbol{c}^\top \boldsymbol{x}^*)$$

を満たす $(\boldsymbol{z}, u) \in \mathbb{R}^{n+1}$ が存在する．

$u = 0$ とすると，$\boldsymbol{z}$ は $\boldsymbol{A}\boldsymbol{z} = \boldsymbol{0}, \boldsymbol{c}^\top \boldsymbol{z} > 0$ を満たす．このとき，任意の正の定数 λ に対して

$$\boldsymbol{A}(\boldsymbol{x}^* + \lambda \boldsymbol{z}) = \boldsymbol{b}, \quad \boldsymbol{c}^\top (\boldsymbol{x}^* + \lambda \boldsymbol{z}) > \boldsymbol{c}^\top \boldsymbol{x}^*, \quad \boldsymbol{x}^* + \lambda \boldsymbol{z} \geq \boldsymbol{0}$$

となり，$\boldsymbol{x}^*$ が主問題 (P) の最適解であることに反する．一方で，$u > 0$ とすると

$$\boldsymbol{A}\left(\frac{\boldsymbol{z}}{u}\right) = \boldsymbol{b}, \quad \boldsymbol{c}^\top \left(\frac{\boldsymbol{z}}{u}\right) > \boldsymbol{c}^\top \boldsymbol{x}^*, \quad \frac{\boldsymbol{z}}{u} > \boldsymbol{0}$$

となり，やはり $\boldsymbol{x}^*$ が主問題 (P) の最適解であることに反する．し

注 3　$\boldsymbol{A}^\top \boldsymbol{y} \geq \boldsymbol{c}$ を $-\boldsymbol{A}^\top(\boldsymbol{v} - \boldsymbol{w}) + \boldsymbol{s} = -\boldsymbol{c}$ に，$\boldsymbol{b}^\top \boldsymbol{y} \leq \boldsymbol{c}^\top \boldsymbol{x}^*$ を $\boldsymbol{b}^\top(\boldsymbol{v} - \boldsymbol{w}) + t = \boldsymbol{c}^\top \boldsymbol{x}^*$ に書き換えていることに注意する．

たがって，双対問題 (D) は $\boldsymbol{b}^\top \boldsymbol{y} \leq \boldsymbol{c}^\top \boldsymbol{x}^*$ となる実行可能解を持つ．定理 2.1 (弱双対定理) より，双対問題 (D) の任意の実行可能解 $\boldsymbol{y}$ は $\boldsymbol{b}^\top \boldsymbol{y} \geq \boldsymbol{c}^\top \boldsymbol{x}^*$ を満たすので，双対問題 (D) は $\boldsymbol{b}^\top \boldsymbol{y}^* = \boldsymbol{c}^\top \boldsymbol{x}^*$ を満たす実行可能解 $\boldsymbol{y}^*$(すなわち最適解) を持つ．

2.10 $\boldsymbol{x}^*, \boldsymbol{y}^*$ がそれぞれ主問題 (P) と双対問題 (D) の最適解ならば，定理 2.2 より，

$$\boldsymbol{c}^\top \boldsymbol{x}^* = \boldsymbol{b}^\top \boldsymbol{y}^*$$

が成り立つ．この式を変形すると

$$\begin{aligned}\boldsymbol{b}^\top \boldsymbol{y}^* - \boldsymbol{c}^\top \boldsymbol{x}^* &= (\boldsymbol{y}^*)^\top \boldsymbol{b} - (\boldsymbol{y}^*)^\top (\boldsymbol{A}\boldsymbol{x}^*) + (\boldsymbol{x}^*)^\top (\boldsymbol{A}^\top \boldsymbol{y}^*) - (\boldsymbol{x}^*)^\top \boldsymbol{c} \\ &= (\boldsymbol{y}^*)^\top (\boldsymbol{b} - \boldsymbol{A}\boldsymbol{x}^*) + (\boldsymbol{x}^*)^\top (\boldsymbol{A}^\top \boldsymbol{y}^* - \boldsymbol{c}) = 0\end{aligned}$$

となる．ここで，$\boldsymbol{x}^* \geq \boldsymbol{0}, \boldsymbol{y}^* \geq \boldsymbol{0}, \boldsymbol{A}\boldsymbol{x}^* \leq \boldsymbol{b}, \boldsymbol{A}^\top \boldsymbol{y}^* \geq \boldsymbol{c}$ なので，上式は

$$\begin{aligned} x_j^* \left(\sum_{i=1}^m a_{ij} y_i^* - c_j \right) &= 0, \quad j = 1, \ldots, n, \\ y_i^* \left(b_i - \sum_{j=1}^n a_{ij} x_j^* \right) &= 0, \quad i = 1, \ldots, m \end{aligned}$$

と同値である．逆に，上の条件が成り立てば，ここから $\boldsymbol{c}^\top \boldsymbol{x}^* = \boldsymbol{b}^\top \boldsymbol{y}^*$ が得られる．

● 3 章の演習問題の解答例

3.1 $(x_1, x_2)^\top \in \mathbb{R}^2$ とすると

$$\begin{pmatrix} x_1 & x_2 \end{pmatrix} \begin{pmatrix} a & b \\ b & c \end{pmatrix} \begin{pmatrix} x_1 \\ x_2 \end{pmatrix} = a x_1^2 + 2b x_1 x_2 + c x_2^2.$$

$a \leq 0$ ならば $x_1 > 0, x_2 = 0$ とすると右辺の値は 0 以下となり，行列 $\boldsymbol{A}$ は正定値ではないため $a > 0$ とする．上式の右辺は $a\left(x_1 + \frac{b}{a} x_2\right)^2 + \frac{x_2^2}{a}(ac - b^2)$ と変形できるので，$a > 0$ かつ $ac - b^2 > 0$ ならば行列 $\boldsymbol{A}$ は正定値である．また，上式よりその逆も成り立つ．

3.2 関数 $f(a, b)$ のヘッセ行列は

$$\nabla^2 f(a,b) = \begin{pmatrix} \frac{\partial^2 f(a,b)}{\partial a^2} & \frac{\partial^2 f(a,b)}{\partial a \partial b} \\ \frac{\partial^2 f(a,b)}{\partial b \partial a} & \frac{\partial^2 f(a,b)}{\partial b^2} \end{pmatrix} = \frac{2}{n} \begin{pmatrix} \sum_{i=1}^n x_i^2 & \sum_{i=1}^n x_i \\ \sum_{i=1}^n x_i & n \end{pmatrix}$$

となる．このヘッセ行列は任意の $\boldsymbol{d} = (d_1, d_2)^\top \in \mathbb{R}^2$ に対して

$$\boldsymbol{d}^\top \nabla^2 f(a,b) \boldsymbol{d} = \frac{2}{n} \sum_{i=1}^n (x_i d_1 + d_2)^2 \geq 0$$

を満たし半正定値となるため，関数 $f(a,b)$ は凸関数である．

3.3 $f_i(x,y) = \sqrt{(x_i - x)^2 + (y_i - y)^2}$ とするとそのヘッセ行列 $\nabla^2 f_i(x,y)$ は

$$\left\{(x_i - x)^2 + (y_i - y)^2\right\}^{-\frac{3}{2}} \begin{pmatrix} (y_i - y)^2 & -(x_i - x)(y_i - y) \\ -(x_i - x)(y_i - y) & (x_i - x)^2 \end{pmatrix}$$

となる．このヘッセ行列の固有方程式

$$\begin{aligned} &\begin{vmatrix} (y_i - y)^2 - \lambda & -(x_i - x)(y_i - y) \\ -(x_i - x)(y_i - y) & (x_i - x)^2 - \lambda \end{vmatrix} \\ &= \left\{\lambda - (y_i - y)^2\right\} \left\{\lambda - (x_i - x)^2\right\} - (x_i - x)^2 (y_i - y)^2 \\ &= \lambda^2 - \left\{(x_i - x)^2 + (y_i - y)^2\right\} \lambda = 0 \end{aligned}$$

を解くと固有値 $\lambda = 0, (x_i - x)^2 + (y_i - y)^2$ が得られる．したがって，ヘッセ行列 $\nabla^2 f_i(x,y)$ は半正定値となるため，関数 $f_i(x,y)$ は凸関数である．定理 3.3 より凸関数 $f_i(x,y)$ の最大値 $\max_{i=1,\ldots,n} f_i(x,y) = f(x,y)$ は凸関数である．

3.4 関数 $f(\boldsymbol{x})$ の勾配の各要素は

$$\frac{\partial f(\boldsymbol{x})}{\partial x_i} = \frac{x_i}{\sqrt{\sum_{k=1}^n x_k^2}}$$

となる．ここで，任意の $\boldsymbol{x}, \boldsymbol{y} \in \mathbb{R}^n$ に対して

$$\{f(\boldsymbol{y}) - f(\boldsymbol{x})\} - \nabla f(\boldsymbol{x})^\top (\boldsymbol{y} - \boldsymbol{x}) = \frac{\sqrt{\sum_{i=1}^n x_i^2}\sqrt{\sum_{i=1}^n y_i^2} - \sum_{i=1}^n x_i y_i}{\sqrt{\sum_{i=1}^n x_i^2}}$$

となる．コーシー・シュワルツの不等式[注4] $(\boldsymbol{x}^\top \boldsymbol{x})(\boldsymbol{y}^\top \boldsymbol{y}) \geq (\boldsymbol{x}^\top \boldsymbol{y})^2$

注 4　3.2.4 節 (p. 106) を参照.

より，この式の分子は非負となる．したがって，$f(\boldsymbol{y}) - f(\boldsymbol{x}) \geq \nabla f(\boldsymbol{x})^\top(\boldsymbol{y} - \boldsymbol{x})$ が成り立つので，系 3.1 より関数 f は凸関数である．

3.5 $\boldsymbol{z} = (e^{x_1}, \ldots, e^{x_n})^\top$ とおくと，関数 $f(\boldsymbol{x})$ の勾配とヘッセ行列の各要素は

$$\frac{\partial f(\boldsymbol{x})}{\partial x_j} = \frac{\partial}{\partial z_j} \log\left(\sum_{k=1}^{n} z_k\right) \frac{\partial z_j}{\partial x_j} = \frac{e^{x_j}}{\sum_{k=1}^{n} e^{x_k}},$$

$$\frac{\partial f(\boldsymbol{x})}{\partial x_i \partial x_j} = \frac{\partial}{\partial x_i} \frac{e^{x_j}}{\sum_{k=1}^{n} e^{x_k}} = \begin{cases} \dfrac{e^{x_i}}{\sum_{k=1}^{n} e^{x_k}} - \dfrac{e^{2x_i}}{\left(\sum_{k=1}^{n} e^{x_k}\right)^2} & i = j \\ -\dfrac{e^{x_i} e^{x_j}}{\left(\sum_{k=1}^{n} e^{x_k}\right)^2} & i \neq j \end{cases}$$

となる．ここで，任意の $\boldsymbol{y} \in \mathbb{R}^n$ に対して

$$\boldsymbol{y}^\top \nabla^2 f(\boldsymbol{x}) \boldsymbol{y} = \frac{\left(\sum_{i=1}^{n} z_i y_i^2\right)\left(\sum_{i=1}^{n} z_i\right) - \left(\sum_{i=1}^{n} z_i y_i\right)^2}{\left(\sum_{i=1}^{n} z_i\right)^2}$$

となる．$\boldsymbol{a} = (y_1 z_1^{\frac{1}{2}}, \ldots, y_n z_n^{\frac{1}{2}})^\top$, $\boldsymbol{b} = (z_1^{\frac{1}{2}}, \ldots, z_n^{\frac{1}{2}})^\top$ とすると，コーシー・シュワルツの不等式 $(\boldsymbol{a}^\top \boldsymbol{a})(\boldsymbol{b}^\top \boldsymbol{b}) \geq (\boldsymbol{a}^\top \boldsymbol{b})^2$ より，この式の分子は非負となる．したがって，ヘッセ行列 $\nabla^2 f(\boldsymbol{x})$ は半正定値なので，関数 f は凸関数である．

ところで，関数 $f(\boldsymbol{x}) = \log\left(\sum_{i=1}^{n} e^{x_i}\right)$ は

$$\begin{aligned} \max\{x_1, \ldots, x_n\} = \log\left(e^{\max\{x_1, \ldots, x_n\}}\right) &\leq \log\left(\sum_{i=1}^{n} e^{x_i}\right) \\ &\leq \log\left(n e^{\max\{x_1, \ldots, x_n\}}\right) \\ &- \log\left(e^{\max\{x_1, \ldots, x_n\}}\right) + \log n \\ &= \max\{x_1, \ldots, x_n\} + \log n \end{aligned}$$

を満たすので，しばしば，関数 $\max\{x_1, \ldots, x_n\}$ の近似として使われる．

3.6 まず，最適化問題を以下のように変形する．

$$
\begin{array}{ll}
\text{最小化} & x_1^{-1}x_2 \\
\text{条件} & x_1^2 x_2^{-\frac{1}{2}} + x_2^{\frac{1}{2}} x_3^{-1} \leq 1, \\
& x_1 x_2^{-1} x_3^{-2} = 1, \\
& 2x_1^{-1} \leq 1, \\
& \frac{1}{3}x_1 \leq 1, \\
& x_1, x_2, x_3 > 0.
\end{array}
$$

次に，$(x_1, x_2, x_3) = (e^{y_1}, e^{y_2}, e^{y_3})$ と変数変換する．

$$
\begin{array}{ll}
\text{最小化} & e^{-y_1+y_2} \\
\text{条件} & e^{2y_1-\frac{1}{2}y_2} + e^{\frac{1}{2}y_2-y_3} \leq 1, \\
& e^{y_1-y_2+2y_3} = 1, \\
& 2e^{-y_1} \leq 1, \\
& \frac{1}{3}e^{y_1} \leq 1.
\end{array}
$$

ここで，$e^{y_1}, e^{y_2}, e^{y_3} > 0$ が成り立つことに注意する．対数関数は単調増加なので，目的関数を $\log(e^{-y_1+y_2}) = -y_1 + y_2$ としても最適解は変わらない．同様に，制約条件の両辺も対数をとると以下の最適化問題が得られる．

$$
\begin{array}{ll}
\text{最小化} & -y_1 + y_2 \\
\text{条件} & \log\left(e^{y_4} + e^{y_5}\right) \leq 0, \\
& y_1 - y_2 + 2y_3 = 0, \\
& \log 2 \leq y_1 \leq \log 3, \\
& y_4 = 2y_1 - \frac{1}{2}y_2, \\
& y_5 = \frac{1}{2}y_2 - y_3.
\end{array}
$$

ここで，演習問題 3.5 の結果より $\log\left(e^{y_4} + e^{y_5}\right)$ は凸関数なので，この最適化問題は凸計画問題である．このように，元の最適化問題が凸計画問題でなくても等価な凸計画問題に変形できる例がいくつか知られている[注5]．

3.7

$$
\begin{aligned}
g(\alpha) &= \frac{1}{2}(\boldsymbol{x}^{(k)} + \alpha\boldsymbol{d}(\boldsymbol{x}^{(k)}))^\top \boldsymbol{Q}(\boldsymbol{x}^{(k)} + \alpha\boldsymbol{d}(\boldsymbol{x}^{(k)})) + \boldsymbol{c}^\top(\boldsymbol{x}^{(k)} + \alpha\boldsymbol{d}(\boldsymbol{x}^{(k)})) \\
&= \frac{1}{2}\boldsymbol{d}(\boldsymbol{x}^{(k)})^\top \boldsymbol{Q}\boldsymbol{d}(\boldsymbol{x}^{(k)})\alpha^2 + \boldsymbol{d}(\boldsymbol{x}^{(k)})^\top \nabla f(\boldsymbol{x}^{(k)})\alpha + f(\boldsymbol{x}^{(k)})
\end{aligned}
$$

となる．ここで，$\nabla f(\boldsymbol{x}^{(k)}) = \boldsymbol{Q}\boldsymbol{x} + \boldsymbol{c}$ である．行列 $\boldsymbol{Q}$ は正定値なの

注 5　2.1.4 節で紹介した分数計画問題もそのような例の 1 つである．

で $\boldsymbol{d}(\boldsymbol{x}^{(k)})^\top \boldsymbol{Q}\boldsymbol{d}(\boldsymbol{x}^{(k)}) > 0$ が成り立つ．したがって，$dg(\alpha)/d\alpha = 0$ を満たす変数 α の値を求めれば良い．

$$\frac{dg(\alpha)}{d\alpha} = \boldsymbol{d}(\boldsymbol{x}^{(k)})^\top \boldsymbol{Q}\boldsymbol{d}(\boldsymbol{x}^{(k)})\alpha + \boldsymbol{d}(\boldsymbol{x}^{(k)})^\top \nabla f(\boldsymbol{x}^{(k)}) = 0$$

より，最適解は

$$\alpha = -\frac{\boldsymbol{d}(\boldsymbol{x}^{(k)})^\top \nabla f(\boldsymbol{x}^{(k)})}{\boldsymbol{d}(\boldsymbol{x}^{(k)})^\top \boldsymbol{Q}\boldsymbol{d}(\boldsymbol{x}^{(k)})}$$

となる．ここで, $\boldsymbol{Q}$ は正定値, $\boldsymbol{d}(\boldsymbol{x}^{(k)})$ は降下方向で $\boldsymbol{d}(\boldsymbol{x}^{(k)})^\top \nabla f(\boldsymbol{x}^{(k)}) < 0$ を満たすため，$\alpha > 0$ となることに注意する．

3.8 関数 $f(\boldsymbol{x})$ の勾配とヘッセ行列は

$$\nabla f(\boldsymbol{x}) = \begin{pmatrix} 4x_1 + x_2 - 5 \\ x_1 + 2x_2 - 3 \end{pmatrix}, \quad \nabla^2 f(\boldsymbol{x}) = \begin{pmatrix} 4 & 1 \\ 1 & 2 \end{pmatrix}$$

となる．初期点は $\boldsymbol{x}^{(0)} = (1,2)^\top$ なので，勾配は $\nabla f(\boldsymbol{x}^{(0)}) = (1,2)^\top$，探索方向は

$$\boldsymbol{d}(\boldsymbol{x}^{(0)}) = -\begin{pmatrix} 4 & 1 \\ 1 & 2 \end{pmatrix}^{-1} \begin{pmatrix} 1 \\ 2 \end{pmatrix} = -\frac{1}{7}\begin{pmatrix} 2 & -1 \\ -1 & 4 \end{pmatrix}\begin{pmatrix} 1 \\ 2 \end{pmatrix} = -\begin{pmatrix} 0 \\ 1 \end{pmatrix}$$

となる．したがって，反復後の点は $\boldsymbol{x}^{(1)} = (1,2)^\top - (0,1)^\top = (1,1)^\top$ となる．このとき，勾配は $\nabla f(\boldsymbol{x}^{(1)}) = (0,0)^\top$ となり終了する．この例でニュートン法が 1 回の反復で終了したのは偶然ではなく，制約なし最適化問題の目的関数が凸 2 次関数であればニュートン法は 1 回の反復で最適解を求めることに注意する．

3.9 (1) $\boldsymbol{x} = (x_1, x_2)^\top$, $f(\boldsymbol{x}) = x_1^2 - x_2^2$, $g(\boldsymbol{x}) = x_1^2 + 4x_2^2 - 1$ とする．目的関数 f と制約関数 g の勾配とヘッセ行列は

$$\nabla f(\boldsymbol{x}) = \begin{pmatrix} 2x_1 \\ -2x_2 \end{pmatrix}, \quad \nabla^2 f(\boldsymbol{x}) = \begin{pmatrix} 2 & 0 \\ 0 & -2 \end{pmatrix},$$

$$\nabla g(\boldsymbol{x}) = \begin{pmatrix} 2x_1 \\ 8x_2 \end{pmatrix}, \quad \nabla^2 g(\boldsymbol{x}) = \begin{pmatrix} 2 & 0 \\ 0 & 8 \end{pmatrix}$$

となる．制約条件のラグランジュ乗数を $u \in \mathbb{R}$ とすると，最適性の 1 次の必要条件は

$$\begin{pmatrix} 2x_1 \\ -2x_2 \end{pmatrix} + u \begin{pmatrix} 2x_1 \\ 8x_2 \end{pmatrix} = \begin{pmatrix} 0 \\ 0 \end{pmatrix},$$
$$x_1^2 + 4x_2^2 = 1$$

となる．この連立方程式を解くと $(x_1^*, x_2^*, u^*) = (0, -\frac{1}{2}, \frac{1}{4}), (0, \frac{1}{2}, \frac{1}{4})$, $(-1, 0, -1), (1, 0, -1)$ の 4 つの解が得られる．目的関数の値は前の 2 つの解が $f(\boldsymbol{x}^*) = -\frac{1}{4}$，後の 2 つの解が $f(\boldsymbol{x}^*) = 1$ となる．前の 2 つの解ではラグランジュ関数 $L(\boldsymbol{x}^*, u^*)$ のヘッセ行列は

$$\nabla^2_{\boldsymbol{x}\boldsymbol{x}} L(\boldsymbol{x}^*, u^*) = \nabla^2 f(\boldsymbol{x}^*) + u^* \nabla^2 g(\boldsymbol{x}^*) = \begin{pmatrix} \frac{5}{2} & 0 \\ 0 & 0 \end{pmatrix}$$

となる．前の 2 つの解における制約関数 g の勾配は

$$\nabla g(\boldsymbol{x}^*) = \begin{pmatrix} 0 \\ \pm 4 \end{pmatrix}$$

となる．$\nabla g(\boldsymbol{x}^*)^\top \boldsymbol{d} = 0$ を満たすベクトル $\boldsymbol{d}$ の集合はパラメータ t を用いて

$$V(\boldsymbol{x}^*) = \{\boldsymbol{d} = (t, 0)^\top \mid t \in \mathbb{R}\}$$

と書ける．このとき，$\boldsymbol{d}^\top \nabla^2_{\boldsymbol{x}\boldsymbol{x}} L(\boldsymbol{x}^*) \boldsymbol{d} = \frac{5}{2} t^2$ となり，$t \neq 0$ ならば正の値をとるので，前の 2 つの解は最適性の 2 次の十分条件を満たす．

(2) $\boldsymbol{x} = (x_1, x_2)^\top$，$f(\boldsymbol{x}) = 4x_1^2 - 4x_1x_2 + 3x_2^2 - 8x_1$，$g(\boldsymbol{x}) = x_1 + x_2 - 4$ とする．目的関数 f と制約関数 g の勾配とヘッセ行列は

$$\nabla f(\boldsymbol{x}) = \begin{pmatrix} 8x_1 - 4x_2 - 8 \\ -4x_1 + 6x_2 \end{pmatrix}, \quad \nabla^2 f(\boldsymbol{x}) = \begin{pmatrix} 8 & -4 \\ -4 & 6 \end{pmatrix},$$
$$\nabla g(\boldsymbol{x}) = \begin{pmatrix} 1 \\ 1 \end{pmatrix}, \quad \nabla^2 g(\boldsymbol{x}) = \begin{pmatrix} 0 & 0 \\ 0 & 0 \end{pmatrix}$$

となる．ここで，目的関数 f と制約関数 g のヘッセ行列はいずれも半正定値なので，この最適化問題は凸計画問題である．制約条件のラグランジュ乗数を $u \in \mathbb{R}$ とすると，最適性の十分条件は

$$\begin{pmatrix} 8x_1 - 4x_2 - 8 \\ -4x_1 + 6x_2 \end{pmatrix} + u \begin{pmatrix} 1 \\ 1 \end{pmatrix} = \begin{pmatrix} 0 \\ 0 \end{pmatrix},$$
$$x_1 + x_2 - 4 \leq 0,$$
$$u(x_1 + x_2 - 4) = 0,$$
$$u \geq 0$$

となる．1 番目と 2 番目の条件より $x_1 = \frac{24-5u}{16}$, $x_2 = \frac{8-3u}{8}$ となる．$u > 0$ の場合は $x_1 + x_2 < 4$ となり 4 番目の条件を満たさない．したがって，最適解 $(x_1^*, x_2^*, u) = (\frac{3}{2}, 1, 0)$ が得られる．

3.10 2 次計画問題のラグランジュ緩和問題は

$$\begin{array}{ll} \text{最小化} & L(\boldsymbol{x}, \boldsymbol{u}, \boldsymbol{v}) = \dfrac{1}{2}\boldsymbol{x}^\top \boldsymbol{Q}\boldsymbol{x} + \boldsymbol{c}^\top \boldsymbol{x} - \boldsymbol{u}^\top (\boldsymbol{A}\boldsymbol{x} - \boldsymbol{b}) - \boldsymbol{v}^\top \boldsymbol{x} \\ \text{条件} & \boldsymbol{x} \geq \boldsymbol{0} \end{array}$$

と定義できる．行列 $\boldsymbol{Q}$ は正定値なので目的関数は凸関数であり，最適性の 1 次の必要条件

$$\nabla_{\boldsymbol{x}} L(\boldsymbol{x}, \boldsymbol{u}, \boldsymbol{v}) = \boldsymbol{Q}\boldsymbol{x} + \boldsymbol{c} - \boldsymbol{A}^\top \boldsymbol{u} - \boldsymbol{v} = \boldsymbol{0}$$

を満たす $\boldsymbol{x}$ がラグランジュ緩和問題の最適解となる．ここで，$\boldsymbol{Q}$ は正則行列なので

$$\boldsymbol{x} = \boldsymbol{Q}^{-1} \left(\boldsymbol{A}^\top \boldsymbol{u} + \boldsymbol{v} - \boldsymbol{c}\right)$$

と表せる．これをラグランジュ関数 $L(\boldsymbol{x}, \boldsymbol{u}, \boldsymbol{v})$ に代入すると，以下のラグランジュ双対問題が定義できる．

$$\begin{array}{ll} \text{最大化} & -\dfrac{1}{2} \left(\boldsymbol{A}^\top \boldsymbol{u} + \boldsymbol{v} - \boldsymbol{c}\right)^\top \boldsymbol{Q}^{-1} \left(\boldsymbol{A}^\top \boldsymbol{u} + \boldsymbol{v} - \boldsymbol{c}\right) + \boldsymbol{b}^\top \boldsymbol{u} \\ \text{条件} & \boldsymbol{v} \geq \boldsymbol{0}. \end{array}$$

3.11 $(\boldsymbol{s}^{(k)})^\top \tilde{\boldsymbol{y}}^{(k)} > 0$ を示す．$(\boldsymbol{s}^{(k)})^\top \boldsymbol{y}^{(k)} \geq \gamma(\boldsymbol{s}^{(k)})^\top \boldsymbol{B}_k \boldsymbol{s}^{(k)}$ ならば $\tilde{\boldsymbol{y}}^{(k)} = \boldsymbol{y}^{(k)}$ なので，$(\boldsymbol{s}^{(k)})^\top \boldsymbol{y}^{(k)} < \gamma(\boldsymbol{s}^{(k)})^\top \boldsymbol{B}_k \boldsymbol{s}^{(k)}$ の場合を考える．

$$\begin{aligned} (\boldsymbol{s}^{(k)})^\top \tilde{\boldsymbol{y}}^{(k)} &= \beta_k (\boldsymbol{s}^{(k)})^\top \boldsymbol{y}^{(k)} + (1 - \beta_k)(\boldsymbol{s}^{(k)})^\top \boldsymbol{B}_k \boldsymbol{s}^{(k)} \\ &= (\boldsymbol{s}^{(k)})^\top \boldsymbol{B}_k \boldsymbol{s}^{(k)} - \beta_k \left((\boldsymbol{s}^{(k)})^\top \boldsymbol{B}_k \boldsymbol{s}^{(k)} - (\boldsymbol{s}^{(k)})^\top \boldsymbol{y}^{(k)}\right) \\ &= (\boldsymbol{s}^{(k)})^\top \boldsymbol{B}_k \boldsymbol{s}^{(k)} - (1 - \gamma)(\boldsymbol{s}^{(k)})^\top \boldsymbol{B}_k \boldsymbol{s}^{(k)} \\ &= \gamma(\boldsymbol{s}^{(k)})^\top \boldsymbol{B}_k \boldsymbol{s}^{(k)} \end{aligned}$$

となる．近似行列 $\boldsymbol{B}_k$ は正定値なので，$(\boldsymbol{s}^{(k)})^\top \tilde{\boldsymbol{y}}^{(k)} > 0$ が成り立つ．したがって，近似行列 $\boldsymbol{B}_{k+1}$ は正定値である．

● 4 章の演習問題の解答例

4.1 x_{vk} と y_k は変数で，頂点 v に色 k を割り当てれば $x_{vk}=1$，そうでなければ $x_{vk}=0$，k 番目の色を使用していれば $y_k=1$，そうでなければ $y_k=0$ の値をとる．このとき，色数が最小となる彩色を求める頂点彩色問題は以下の整数計画問題に定式化できる．

$$
\begin{array}{lll}
\text{最小化} & \displaystyle\sum_{k=1}^{|V|} y_k & \\
\text{条件} & x_{uk}+x_{vk} \leq y_k, & \{u,v\} \in E, k=1,\ldots,|V|, \\
& \displaystyle\sum_{k=1}^{|V|} x_{vk} = 1, & v \in V, \\
& x_{vk} \in \{0,1\}, & v \in V, k=1,\ldots,|V|, \\
& y_k \in \{0,1\}, & k=1,\ldots,|V|.
\end{array}
$$

ここで，色数は $|V|$ 以下となることに注意する．1 番目の制約条件は，各辺 $\{u,v\} \in E$ の両端点 $u,v \in V$ に同じ色 k を割り当てないことを表す．2 番目の制約条件は，各頂点 $v \in V$ にちょうど 1 つの色を割り当てることを表す．

ところで，上記の定式化では，使用する色数が最小であればそれらの組合せは問わないため多数の最適解が生じる．そこで，必ず添字 k の数字が小さな色から順に使用するという制約条件を追加すると最適解の数を減らすことができる．

$$
y_k \geq y_{k+1}, \quad k=1,\ldots,|V|-1.
$$

4.2 x_{uv} と t_v は変数で，都市 u の次に都市 v に訪問するならば $x_{uv}=1$，そうでなければ $x_{uv}=0$ の値をとる．また，都市 v の出発時刻を t_v (>0) とする．このとき，移動時間が最小となる巡回路を求める時間枠付き巡回セールスマン問題は以下の整数計画問題に定式化できる．

$$
\begin{array}{lll}
\text{最小化} & \displaystyle\sum_{u\in V}\sum_{v\in V, v\neq u} d_{uv}x_{uv} & \\
\text{条件} & \displaystyle\sum_{u\in V, u\neq v} x_{uv} = 1, & v\in V, \\
& \displaystyle\sum_{u\in V, u\neq v} x_{vu} = 1, & v\in V, \\
& t_u + d_{uv} - M(1-x_{uv}) \leq t_v, & v\in V\setminus\{s\}, u\in V, u\neq v, \\
& x_{uv}\in\{0,1\}, & u,v\in V, u\neq v, \\
& t_s = 0, & \\
& a_v \leq t_v \leq b_v, & v\in V\setminus\{s\}.
\end{array}
$$

ここで，M は十分に大きな定数である．3 番目の制約条件は，都市 u の次に都市 v を訪問するならば，都市 v の出発時刻 t_v が $t_u + d_{uv}$ 以降となることを表す．$x_{uv} = 0$ のとき $M \geq t_u + d_{uv} - t_v$ となり，すべての実行可能解に対して制約条件を満たすように定数 M を設定する必要がある．$t_u \leq b_u$ と $t_v \geq a_v$ より，$M = \max\{b_u + d_{uv} - a_v, 0\}$ と設定すれば良いことが分かる．

別の定式化を紹介する．t_{uv} は変数で，都市 u の次に都市 v を訪問するならば t_{uv} を都市 u の出発時刻，そうでなければ $t_{uv} = 0$ の値をとる．このとき，移動時間が最小となる巡回路を求める時間枠付き巡回セールスマン問題は以下の整数計画問題に定式化できる．

$$
\begin{array}{lll}
\text{最小化} & \displaystyle\sum_{u\in V}\sum_{v\in V, v\neq u} d_{uv}x_{uv} & \\
\text{条件} & \displaystyle\sum_{u\in V, u\neq v} x_{uv} = 1, & v\in V, \\
& \displaystyle\sum_{u\in V, u\neq v} x_{vu} = 1, & v\in V, \\
& \displaystyle\sum_{u\in V, u\neq v} t_{uv} + \sum_{u\in V, u\neq v} d_{uv}x_{uv} \leq \sum_{w\in V, w\neq v} t_{vw}, & v\in V\setminus\{s\}, \\
& a_v x_{uv} \leq t_{uv} \leq b_v x_{uv}, & u,v\in V, u\neq v, \\
& x_{uv}\in\{0,1\}, & u,v\in V, u\neq v.
\end{array}
$$

3 番目の制約条件では，都市 u の出発時刻は $\sum_{u\in V, u\neq v} t_{uv}$，都市 v の出発時刻は $\sum_{w\in V, w\neq v} t_{vw}$ となる．都市 u の次に都市 v を訪問するならば，都市 v の出発時刻 $\sum_{w\in V, w\neq v} t_{vw}$ が $\sum_{u\in V, u\neq v} t_{uv} + d_{uv}$ 以降となることを表す．

4.3 x_{jt} は変数で，発電機 j の各期 t の発電量の合計を表す．y_{jt} と s_{jt} は変数で，発電機 j の各期 t に「起動している」台数と「新たに起動した」台数を表す．このとき，操業費と起動費の合計が最小となる発電機の操業計画を求める発電機起動停止計画問題は以下の整数計画問題に定式化できる．

$$
\begin{array}{lll}
\text{最小化} & \displaystyle\sum_{j=1}^{n} c_j \sum_{t=1}^{T}(x_{jt} - l_j y_{jt}) + \sum_{j=1}^{n} C_j \sum_{t=1}^{T} y_{jt} + \sum_{j=1}^{n} f_j \sum_{t=1}^{T} s_{jt} & \\
\text{条件} & \displaystyle\sum_{j=1}^{n} x_{jt} \geq d_t, & t = 1, \dots, T, \\
& l_j y_{jt} \leq x_{jt} \leq u_j y_{jt}, & j = 1, \dots, n,\ t = 1, \dots, T, \\
& s_{j1} = y_{j1}, & j = 1, \dots, n, \\
& s_{jt} \geq y_{jt} - y_{jt-1}, & j = 1, \dots, n,\ t = 2, \dots, T, \\
& y_{it}, s_{jt} \leq q_j, & j = 1, \dots, n,\ t = 1, \dots, T, \\
& y_{jt}, s_{jt} \in \mathbb{Z}_+, & j = 1, \dots, n,\ t = 1, \dots, T.
\end{array}
$$

1 番目の制約条件は，各期の電力の需要が満たされることを表す．2 番目の制約条件は，発電機 j の発電量の合計が範囲 $[l_j, u_j]$ に収まることを表す．4 番目の制約条件では，発電機 j の各期 t に起動している台数が前期 $t-1$ より増加していれば，その台数の増分が s_{jt} となる．

4.4 連続して処理される 2 つの仕事において，前の仕事の完了時刻から後の仕事の開始時刻までの時間を休止時間と呼ぶ．休止時間を持たない最適解が存在することは背理法を用いて簡単に示せるため，以降は休止時間を持たない解のみを考える．最適解において，ある仕事 i が $d_i > d_j$ となる仕事 j よりも先に処理されていると仮定する．これを反転と呼ぶ．

まず，反転も休止時間も持たない解はいずれも同じ納期遅れの最大値を持つことを示す．2 つの異なる解がいずれも反転も休止時間も持たないならば，同じ期限を持つ複数の仕事が存在する．いずれの解でも，同じ期限を持つ仕事は連続して処理され，最後に処理される仕事の納期遅れがこれらの仕事の中で最大となる．すなわち，同じ期限を持つ複数の仕事の納期遅れの最大値はそれらの処理順によらない．

次に，最適解が反転を持つならば，連続する仕事の組が反転していることを示す．最適解が反転を持つならば，ある仕事 i が $d_i > d_j$ となる仕事 j よりも先に処理されている．このとき，仕事 i から仕事 j まで処理順に仕事の期限を調べると，途中に期限が減少に転じる仕事が現れる．すなわち，そこで連続する仕事の組が反転している．

最適解 $\boldsymbol{s}^*$ が反転を持つとき，連続かつ反転する仕事の組 i, j の処理順を入れ替えれば (新たに反転は生じないので) 反転を 1 つ減らせる．

このとき，仕事 i と仕事 j の処理順を入れ替えて得られる解 $\boldsymbol{s}$ の納期遅れの最大値が増加しないことを示す．処理順を入れ替えると，仕事 j の完了時刻は早くなり，その納期遅れは $t_j \leq t_j^*$ となる．一方で，仕事 i の完了時刻は最適解 $\boldsymbol{s}^*$ における仕事 j の完了時刻 $s_i = s_j^* + p_j$ となる．仕事 i の完了時刻が納期から遅れているならば，その納期遅れは $t_i = s_j^* + p_j - d_i$ となる．ここで，$d_i > d_j$ より

$$t_i = s_j^* + p_j - d_i < s_j^* + p_j - d_j = t_j^* \leq \max_{k=1,\dots,n} t_k^*$$

が成り立つ．すなわち，連続かつ反転する仕事の組の処理順を入れ替えても納期遅れの最大値は増加しない．この手続きを繰り返せば反転も休止時間も持たない最適解が得られる．反転も休止時間も持たない解はいずれも同じ納期遅れの最大値を持つため，貪欲法が出力する解は最適である．

4.5 最小化問題であることに注意する．動的計画法の実行例を**表 A.1** に示す．最適解は $(x_1, x_2, x_3) = (0, 3, 1)$，最適値は 2.25 となる．

表 A.1　資源配分問題に対する動的計画法の実行例

		資源 0	資源 1	資源 2	資源 3	資源 4
事業	1	0.00	1.25	1.92	2.49	3.00
事業	2	0.00	1.00	1.59	2.00	2.33
事業	3	0.00	0.25	1.00	1.83	2.25

4.6 (1) 帰納法を用いる．期 $t \leq k$ において $x_t^* s_{t-1}^* = 0$ を満たす最適解 $(\boldsymbol{x}^*, \boldsymbol{s}^*, \boldsymbol{y}^*)$ が存在すると仮定する．このとき，期 $t \leq k+1$ において $x_t^* s_{t-1}^* = 0$ を満たす最適解 $(\boldsymbol{x}^*, \boldsymbol{s}^*, \boldsymbol{y}^*)$ が存在することを示す．$s_k^* > 0$ とすると，ある期 $j \leq k$ について $x_j^* > 0$, $x_{j+1}^* = \cdots = x_k^* = 0$, $s_j^*, \dots, s_k^* > 0$ が成り立つ．すなわち，期 j で生産された製品が期 $k+1$ に在庫として残っている．$x_{k+1}^* > 0$ とする．ここで，変数 x_j の値を $+\varepsilon$，変数 x_{k+1} の値を $-\varepsilon$ 変化させると，$(\boldsymbol{x}^*, \boldsymbol{s}^*, \boldsymbol{y}^*)$ の最適性から

$$c_j x_j^* + \sum_{t=j}^{k} g_t s_t^* + c_{k+1} x_{k+1}^* \leq c_j(x_j^* + \varepsilon) + \sum_{t=j}^{k} g_t(s_t^* + \varepsilon) + c_{k+1}(x_{k+1}^* - \varepsilon)$$

が成り立つ．ここで，ε は正負いずれの値もとるので，この式から

$$
c_{k+1} = c_j + \sum_{t=j}^{k} g_t
$$

が得られる．したがって，最適解 $(\boldsymbol{x}^*, \boldsymbol{s}^*, \boldsymbol{y}^*)$ から目的関数の値を増やすことなく変数 x_{k+1} の値を 0 まで減らせる．このようにして得られた新たな最適解は $x_t^* s_{t-1}^* = 0$ を満たす．

(2) 計画期間を $1, \ldots, k\ (\leq T)$ に制限した部分問題を考える．この部分問題の最適値を $z(k)$ とする．**図 A.1** に示すように，定理 4.16 より，$x_t > 0$ となる最後の期 t の生産により期 k までのすべての需要が賄われるため，関数 $z(k)$ の値は以下の漸化式で求められる．

$$
\begin{aligned}
&z(0) = 0, \\
&z(k) = \min_{t=1,\ldots,k} \{z(t-1) + \bar{z}(t,k)\},\ k = 1, \ldots, T.
\end{aligned}
$$

ここで，

$$
\bar{z}(t,k) = f_t + c_t \sum_{i=t}^{k} d_i + \sum_{j=t}^{k-1} g_j \sum_{i=j+1}^{k} d_i
$$

であり，期 t の生産により期 k までのすべての需要を賄うときの費用の合計を表す．

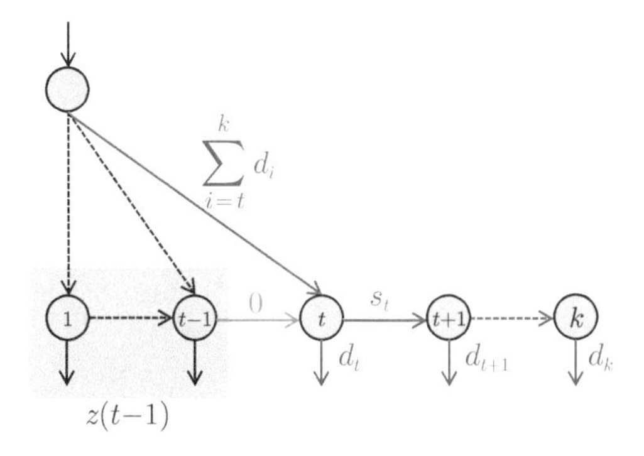

図 A.1　ロットサイズ決定問題の部分問題の最適解の性質

(3) 動的計画法の実行例は以下の通り．

$z(1) = \min\{\underline{z(0) + 8}\} = 8,$

$z(2) = \min\{z(0) + 22, \underline{z(1) + 18}\} = 18,$

$z(3) = \min\{z(0) + 31, \underline{z(1) + 16}, z(2) + 12\} = 24,$

$z(4) = \min\{z(0) + 55, \underline{z(1) + 34}, z(2) + 36, z(3) + 21\} = 42,$

$z(5) = \min\{z(0) + 75, z(1) + 50, z(2) + 56, z(3) + 37, \underline{z(4) + 15}\} = 57.$

最適解は $\boldsymbol{x}^* = (5, 16, 0, 0, 4)^\top$, $\boldsymbol{s}^* = (0, 9, 6, 0, 0)^\top$，最適値は 57 となる．

4.7 ダイクストラ法の実行例は**図 A.2** の通り．

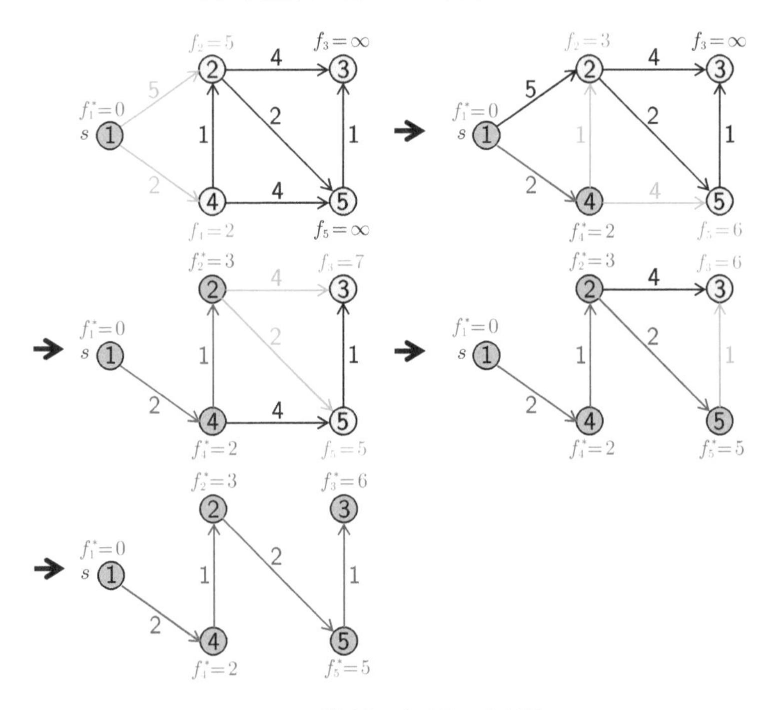

図 A.2 ダイクストラ法の実行例

4.8 フロイド・ウォーシャル法の実行例は以下の通り．

$$\boldsymbol{F}^{(0)} = \begin{pmatrix} 0 & 5 & \infty & 3 & \infty \\ \infty & 0 & -3 & \infty & \infty \\ \infty & \infty & 0 & 2 & \infty \\ \infty & 1 & \infty & 0 & 2 \\ \infty & \infty & -5 & \infty & 0 \end{pmatrix}, \ \boldsymbol{F}^{(1)} = \begin{pmatrix} 0 & 5 & \infty & 3 & \infty \\ \infty & 0 & -3 & \infty & \infty \\ \infty & \infty & 0 & 2 & \infty \\ \infty & 1 & \infty & 0 & 2 \\ \infty & \infty & -5 & \infty & 0 \end{pmatrix},$$

$$
\boldsymbol{F}^{(2)} = \begin{pmatrix} 0 & 5 & 2 & 3 & \infty \\ \infty & 0 & -3 & \infty & \infty \\ \infty & \infty & 0 & 2 & \infty \\ \infty & 1 & -2 & 0 & 2 \\ \infty & \infty & -5 & \infty & 0 \end{pmatrix},\ \boldsymbol{F}^{(3)} = \begin{pmatrix} 0 & 5 & 2 & 3 & \infty \\ \infty & 0 & -3 & -1 & \infty \\ \infty & \infty & 0 & 2 & \infty \\ \infty & 1 & -2 & 0 & 2 \\ \infty & \infty & -5 & -3 & 0 \end{pmatrix},
$$

$$
\boldsymbol{F}^{(4)} = \begin{pmatrix} 0 & 4 & 1 & 3 & 5 \\ \infty & 0 & -3 & -1 & 1 \\ \infty & 3 & 0 & 2 & 4 \\ \infty & 1 & -2 & 0 & 2 \\ \infty & -2 & -5 & -3 & -1 \end{pmatrix}.
$$

このとき，$f_{55}^{(4)} = -1$ となり，頂点 5 を通る負の長さの閉路が見つかる．

4.9 増加路法の実行例は**図 A.3** の通り．

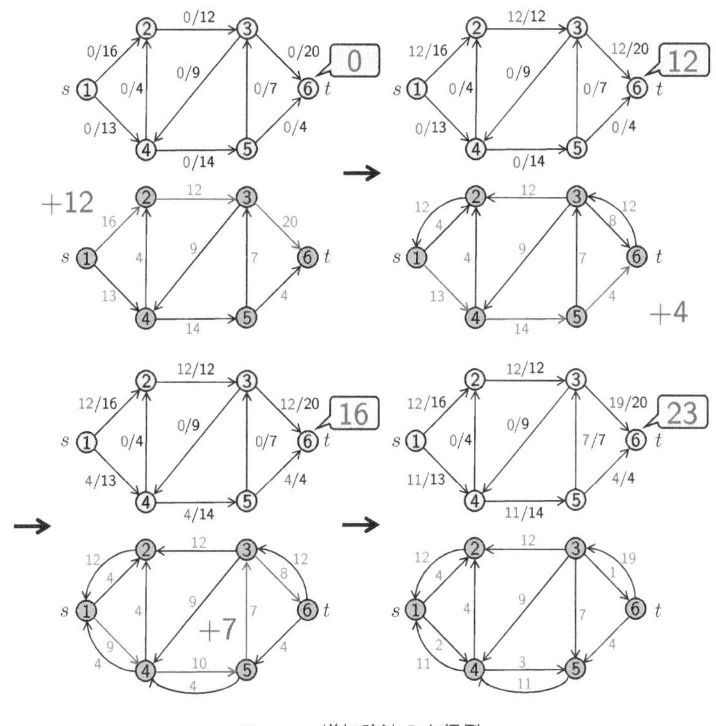

図 A.3　増加路法の実行例

4.10 (1) 負閉路消去法の実行例は**図 A.4** の通り．

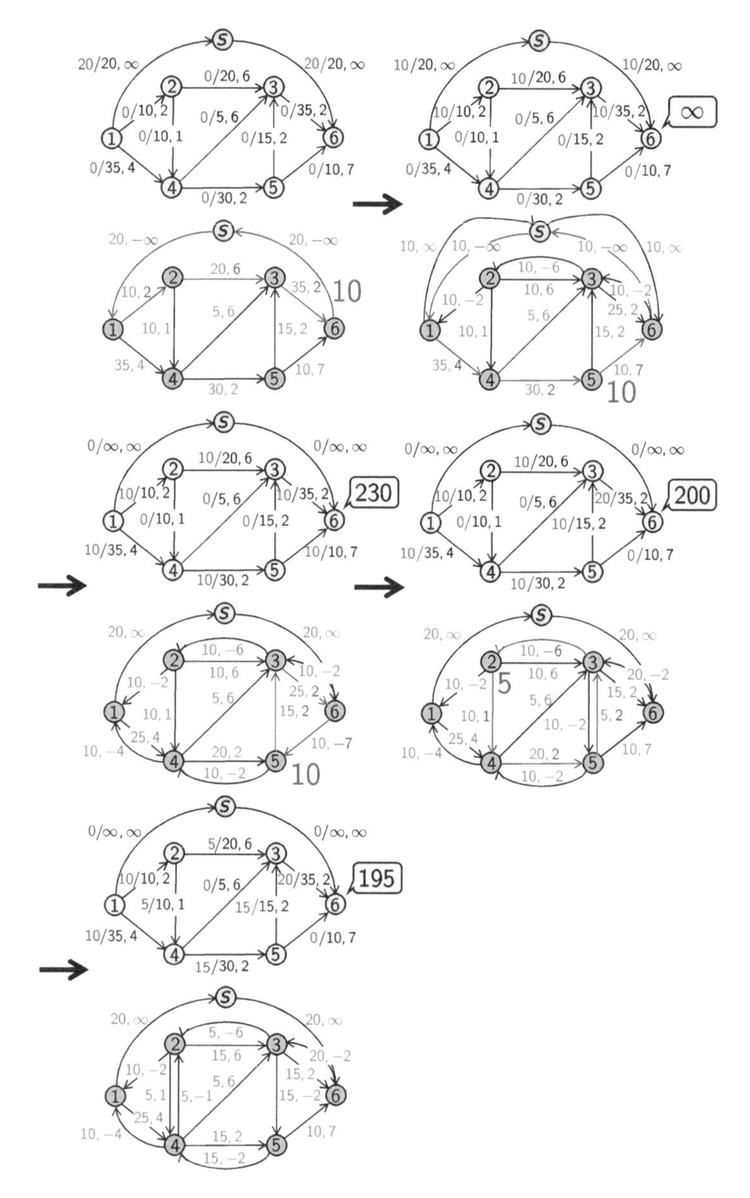

図 A.4　負閉路消去法の実行例

(2) 最短路繰り返し法の実行例は**図 A.5** の通り．

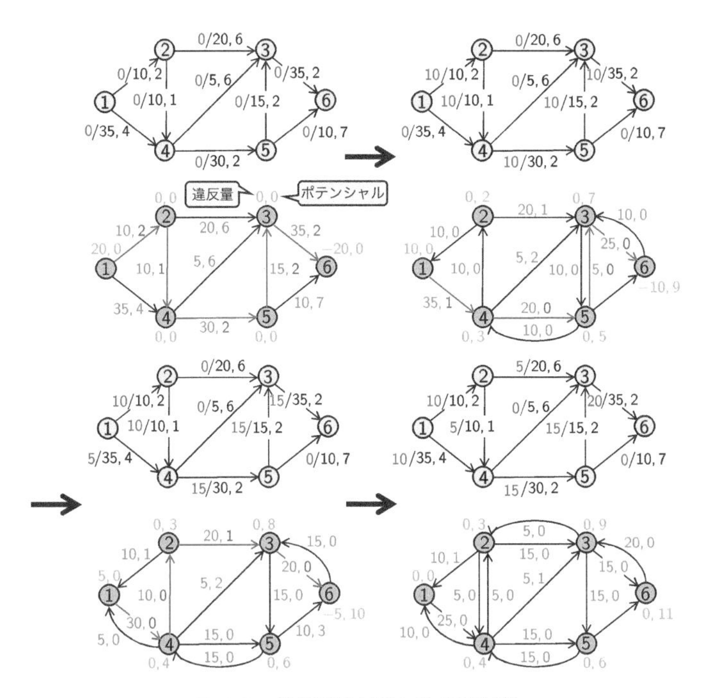

図 A.5　最短路繰り返し法の実行例

4.11　まず，頂点 t と頂点 s をつなぐ辺を追加し，その辺のフロー量の下限と上限を $[0, \infty]$ とする (**図 A.6**).

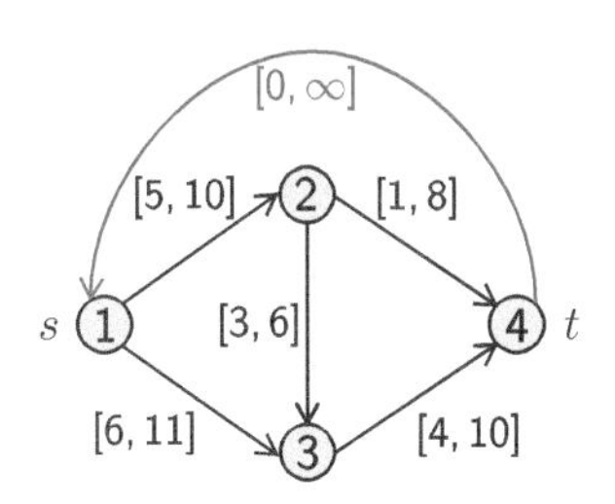

図 A.6　フローの量に下限のある最大流問題の変換

次に，各辺 $e \in E$ の容量を $u'_e = u_e - l_e$ とする．このとき，各頂点 $v \in V$ では流量保存制約が満たされるとは限らないため，各頂点から流出するフローの量を $b'_v = \sum_{e \in \delta^+(v)} l_e - \sum_{e \in \delta^-(v)} l_e$ とする (**図 A.7**).

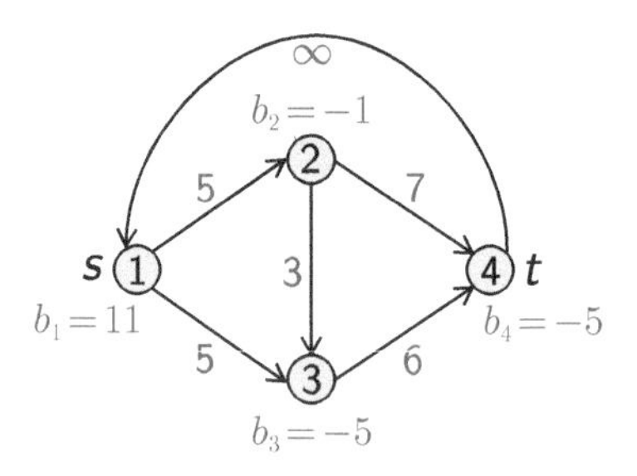

図 A.7　フローの量に下限のある最大流問題の変換

最後に，新たな入口 s' と出口 t' を追加し，入口 s' と $b'_v < 0$ となる各頂点 $v \in V$ をつなぐ辺 (s', v) と，$b_v > 0$ となる各頂点 $v \in V$ と出口 t' をつなぐ辺 (v, t') を追加する (**図 A.8**).

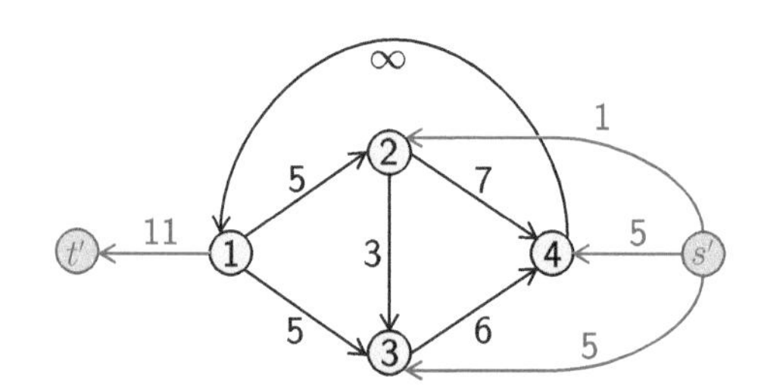

図 A.8　フローの量に下限のある最大流問題の変換

変換したグラフにおける各辺の最適なフローの量を x'_e とすると，元のグラフにおける各辺の実行可能なフローの量は $x_e = x'_e + l_e$ となる (**図 A.9**).

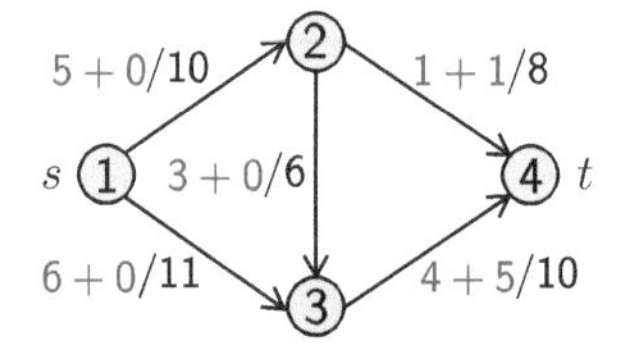

図 A.9　フローの量に下限のある最大流問題の実行可能なフロー

この実行可能なフローを初期解として元のグラフの最大流問題を解く．最適解を**図 A.10** に示す．

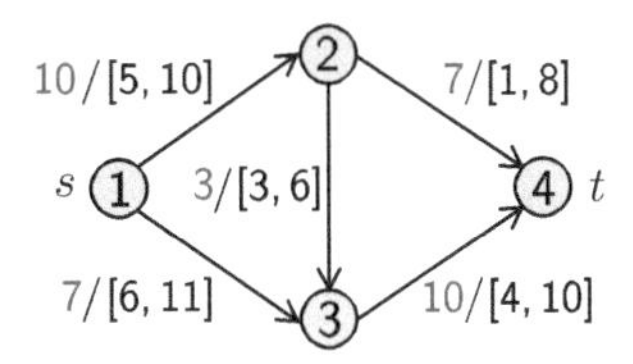

図 A.10　フローの量に下限のある最大流問題の最適なフロー

4.12　最適解 $\boldsymbol{x}^*$ $(\neq \bar{\boldsymbol{x}})$ が存在すれば，$j_1 \leq k+1 \leq j_2$（ただし，$j_1 < j_2$）に対して，$\bar{x}_{j_1} > x^*_{j_1}$，$\bar{x}_{j_2} < x^*_{j_2}$ が成り立つ．そこで，$\Delta = \min\{w_{j_1}(\bar{x}_{j_1} - x^*_{j_1}), w_{j_2}(x^*_{j_2} - \bar{x}_{j_2})\}$ を用いて新たな解 $\boldsymbol{x}'$ を

$$x'_j = \begin{cases} x^*_j + \frac{\Delta}{w_j} & j = j_1, \\ x^*_j - \frac{\Delta}{w_j} & j = j_2, \\ x^*_j & \text{それ以外} \end{cases}$$

とする．$\boldsymbol{x}'$ は制約条件を満たし，$j_1 < j_2$ より

$$\sum_{j=1}^n p_j x'_j = \sum_{j=1}^n p_j x^*_j + \Delta\left(\frac{p_{j_1}}{w_{j_1}} - \frac{p_{j_2}}{w_{j_2}}\right) \geq \sum_{j=1}^n p_j x^*_j$$

が成り立つため，$\boldsymbol{x}'$ も最適解である．$\boldsymbol{x}' \neq \bar{\boldsymbol{x}}$ ならば，$\boldsymbol{x}'$ を $\boldsymbol{x}^*$ とみなして再び同じ変形の手続きを適用する．変形の手続きを繰り返すたびに $x^*_j = \bar{x}_j$ となる添字の数は単調に増加するため $\bar{\boldsymbol{x}}$ も最適解であることが示せる．

4.13　(1) 動的計画法の実行例を**表 A.2** に示す．最適解は $\boldsymbol{x}^* = (0,1,1,0)^\top$，最適値は $z(\boldsymbol{x}^*) = 35$ となる．

表 A.2　ナップサック問題に対する動的計画法の実行例

荷物 ＼ 袋の容量	0	1	2	3	4	5	6	7	8	9	10	11	12
1	0	0	0	0	0	17	17	17	17	17	17	17	17
2	0	0	0	10	10	17	17	17	27	27	27	27	27
3	0	0	0	10	10	17	17	17	27	27	27	35	35
4	0	0	0	10	10	17	17	17	27	27	27	35	35

(2) 分枝限定法の実行例を**図 A.11** に示す．各部分問題における線形計画緩和問題の最適解 $\bar{\boldsymbol{x}}$ と最適値 $z(\bar{\boldsymbol{x}})$ は以下の通り．

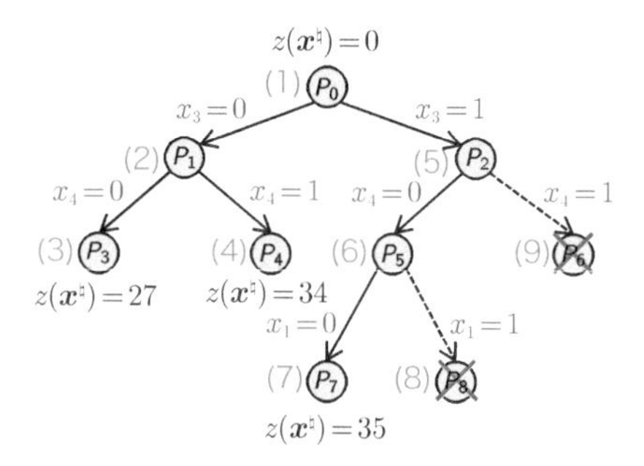

図 A.11　ナップサック問題に対する分枝限定法の実行例

$$
\begin{array}{lll}
P_0: & 最大化 & 17x_1+10x_2+25x_3+17x_4 \\
 & 条件 & 5x_1+3x_2+8x_3+7x_4 \le 12, \\
 & & x_1,x_2,x_3,x_4 \in \{0,1\}.
\end{array}
$$

$\bar{\boldsymbol{x}}=(1,1,\frac{1}{2},0)^\top$, $z(\bar{\boldsymbol{x}})=39.5$.

$$
\begin{array}{lll}
P_1: & 最大化 & 17x_1+10x_2+17x_4 \\
 & 条件 & 5x_1+3x_2+7x_4 \le 12, \\
 & & x_1,x_2,x_4 \in \{0,1\}.
\end{array}
$$

$\bar{\boldsymbol{x}}=(1,1,0,\frac{4}{7})^\top$, $z(\bar{\boldsymbol{x}})\approx 36.71$.

$$
\begin{array}{lll}
P_3: & 最大化 & 17x_1+10x_2 \\
 & 条件 & 5x_1+3x_2 \le 12, \\
 & & x_1,x_2 \in \{0,1\}.
\end{array}
$$

$\bar{\boldsymbol{x}}=(1,1,0,0)^\top$, $z(\bar{\boldsymbol{x}})=27$. 暫定解を $\boldsymbol{x}^\natural=(1,1,0,0)^\top$ に，暫定値を $z(\boldsymbol{x}^\natural)=27$ に更新する．

$$
\begin{array}{lll}
P_4: & 最大化 & 17x_1+10x_2+17 \\
 & 条件 & 5x_1+3x_2 \le 5, \\
 & & x_1,x_2 \in \{0,1\}.
\end{array}
$$

$\bar{\boldsymbol{x}}=(1,0,0,1)^\top$, $z(\bar{\boldsymbol{x}})=34$. 暫定解を $\boldsymbol{x}^\natural=(1,0,0,1)^\top$ に，暫定値を $z(\boldsymbol{x}^\natural)=34$ に更新する．

$$
\begin{array}{lll}
P_2: & 最大化 & 17x_1+10x_2+17x_4+25 \\
 & 条件 & 5x_1+3x_2+7x_4 \le 4, \\
 & & x_1,x_2,x_4 \in \{0,1\}.
\end{array}
$$

$\bar{\boldsymbol{x}} = (0, 1, 1, \frac{1}{7})^\top$, $z(\bar{\boldsymbol{x}}) \approx 37.42$.

$$
\begin{aligned}
P_5: \quad & \text{最大化} \quad 17x_1 + 10x_2 + 25 \\
& \text{条件} \quad 5x_1 + 3x_2 \leq 4, \\
& \qquad\quad\; x_1, x_2 \in \{0, 1\}.
\end{aligned}
$$

$\bar{\boldsymbol{x}} = (\frac{4}{5}, 0, 1, 0)^\top$, $z(\bar{\boldsymbol{x}}) = 38.6$.

$$
\begin{aligned}
P_7: \quad & \text{最大化} \quad 10x_2 + 25 \\
& \text{条件} \quad 3x_2 \leq 4, \\
& \qquad\quad\; x_2 \in \{0, 1\}.
\end{aligned}
$$

$\bar{\boldsymbol{x}} = (0, 1, 1, 0)^\top$, $z(\bar{\boldsymbol{x}}) = 35$. 暫定解を $\boldsymbol{x}^\natural = (0, 1, 1, 0)^\top$ に，暫定値を $z(\boldsymbol{x}^\natural) = 35$ に更新する．$\overline{P}_8$ と $\overline{P}_6$ は実行不能．したがって，最適解は $\boldsymbol{x}^* = (0, 1, 1, 0)^\top$，最適値は $z(\boldsymbol{x}^*) = 35$ となる．

4.14 切除平面法の実行例を**図 A.12** に示す．

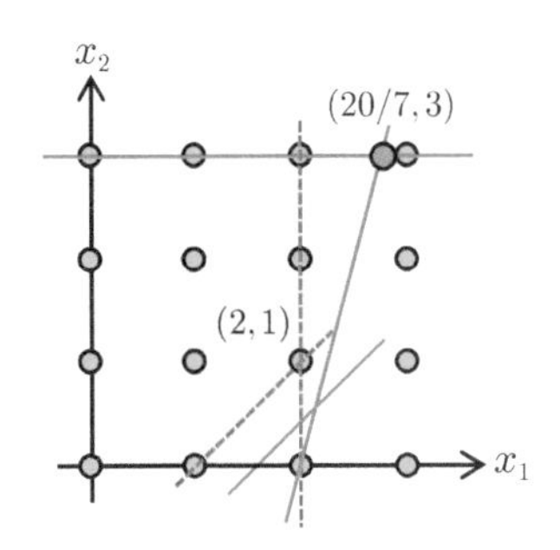

図 A.12　整数計画問題に対する切除平面法の実行例

線形計画緩和問題にスラック変数 x_3, x_4, x_5 を導入して初期の辞書を作ると

$$
\begin{aligned}
z &= 4x_1 - x_2, \\
x_3 &= 14 - 7x_1 + 2x_2, \\
x_4 &= 3 - x_2, \\
x_5 &= 3 - 2x_1 + 2x_2
\end{aligned}
$$

となる．この辞書に単体法を適用すると以下のように最適な辞書が得られる．

$$
\begin{aligned}
z &= \tfrac{59}{7} - \tfrac{4}{7}x_3 - \tfrac{1}{7}x_4,\\
x_2 &= 3 - x_4,\\
x_5 &= \tfrac{23}{7} + \tfrac{2}{7}x_3 - \tfrac{10}{7}x_4,\\
x_1 &= \tfrac{20}{7} - \tfrac{1}{7}x_3 - \tfrac{2}{7}x_4.
\end{aligned}
$$

辞書の基底変数 x_1 に対応する行を変形すると

$$x_1 + \left\lfloor \tfrac{1}{7} \right\rfloor x_3 + \left\lfloor \tfrac{2}{7} \right\rfloor x_4 \leq \left\lfloor \tfrac{20}{7} \right\rfloor$$

より，以下の切除平面が得られる．

$$x_1 \leq 2.$$

ここで，新たにスラック変数 x_6 を導入すると

$$x_1 + x_6 = 2$$

となる．辞書の基底変数 x_1 に対応する行と，この等式との差をとると，以下のようにスラック変数 x_6 を基底変数とする等式制約が得られる．

$$x_6 = -\tfrac{6}{7} + \tfrac{1}{7}x_3 + \tfrac{2}{7}x_4.$$

この制約条件を追加すると以下の辞書が得られる．

$$
\begin{aligned}
z &= \tfrac{59}{7} - \tfrac{4}{7}x_3 - \tfrac{1}{7}x_4,\\
x_2 &= 3 - x_4,\\
x_5 &= \tfrac{23}{7} + \tfrac{2}{7}x_3 - \tfrac{10}{7}x_4,\\
x_1 &= \tfrac{20}{7} - \tfrac{1}{7}x_3 - \tfrac{2}{7}x_4,\\
x_6 &= -\tfrac{6}{7} + \tfrac{1}{7}x_3 + \tfrac{2}{7}x_4.
\end{aligned}
$$

この辞書に双対単体法を適用すると以下のように最適な辞書が得られる．

$$
\begin{aligned}
z &= \tfrac{15}{2} - \tfrac{1}{2}x_5 - 3x_6,\\
x_1 &= 2 - x_6,\\
x_2 &= \tfrac{1}{2} + \tfrac{1}{2}x_5 - x_6,\\
x_3 &= 1 + x_5 + 5x_6,\\
x_4 &= \tfrac{5}{2} - \tfrac{1}{2}x_5 + x_6.
\end{aligned}
$$

辞書の基底変数 x_2 に対応する行を変形すると

$$x_2 + \left\lfloor -\frac{1}{2} \right\rfloor x_5 + x_6 \leq \left\lfloor \frac{1}{2} \right\rfloor$$

より，以下の切除平面が得られる．

$$x_2 - x_5 + x_6 \leq 0.$$

ここで，新たにスラック変数 x_7 を導入すると

$$x_2 - x_5 + x_6 + x_7 = 0$$

となる．辞書の基底変数 x_2 に対応する行と，この等式との差をとると，以下のようにスラック変数 x_7 を基底変数とする等式制約が得られる．

$$x_7 = -\frac{1}{2} + \frac{1}{2}x_5.$$

この制約条件を追加すると以下の辞書が得られる．

$$\begin{aligned}
z &= \frac{15}{2} - \frac{1}{2}x_5 - 3x_6, \\
x_1 &= 2 - x_6, \\
x_2 &= \frac{1}{2} + \frac{1}{2}x_5 - x_6, \\
x_3 &= 1 + x_5 + 5x_6, \\
x_4 &= \frac{5}{2} - \frac{1}{2}x_5 + x_6, \\
x_7 &= -\frac{1}{2} + \frac{1}{2}x_5.
\end{aligned}$$

この辞書に双対単体法を適用すると以下のように最適な辞書が得られる．

$$\begin{aligned}
z &= 7 - 3x_6 - x_7, \\
x_1 &= 2 - x_6, \\
x_2 &= 1 - x_6 + x_7, \\
x_3 &= 2 + 5x_6 + 2x_7, \\
x_4 &= 2 + x_6 - x_7, \\
x_5 &= 1 + 2x_7.
\end{aligned}$$

したがって，最適解は $\boldsymbol{x}^* = (2, 1)^\top$，最適値は $z(\boldsymbol{x}^*) = 7$ となる．

4.15 同一並列機械スケジューリング問題の問題例 I の最適値を $OPT(I)$, 貪欲法により求められる実行可能解の目的関数の値を $A(I)$ とする. 貪欲法が出力する解における各機械 k の最大完了時刻を L_k とする. 最後に完了した仕事を i^* とする. また, 仕事 i^* を処理した機械を k^* とすると $A(I) = L_{k^*}$ である. もし, $A(I) - p_{i^*} > L_k$ となる機械 $k\ (\neq k^*)$ が存在すれば, 貪欲法は仕事 i^* をその機械に割り当てたはずなので, すべての機械 $k = 1, \ldots, m$ に対して $A(I) - p_{i^*} \leq L_k$ が成り立つ. この式をすべての機械 $k = 1, \ldots, m$ について足し合わせると $A(I) - p_{i^*} \leq \frac{1}{m}\sum_{k=1}^{m} L_k$ となる. $\sum_{k=1}^{m} L_k = \sum_{i=1}^{n} p_i$, $OPT(I) \geq \max_{i=1,\ldots,m} p_i$, $OPT(I) \geq \frac{1}{m}\sum_{i=1}^{n} p_i$ より

$$A(I) \leq \frac{1}{m}\sum_{k=1}^{m} L_k + p_{i^*} \leq \frac{1}{m}\sum_{i=1}^{n} p_i + \max_{i=1,\ldots,n} p_i \leq 2OPT(I)$$

が成り立つ.

索　引

B

BFGS 公式, 105
big-M, 171
BLF 法, 290

D

don't look bit, 294

F

FFD 法, 268
FF 法, 267

G

GRASP, 296

K

k-最近傍法, 296
KKT 条件, 119
k 点交叉, 301

M

MTZ 制約, 185

N

NF 法, 266
NP, 196
NP 完全, 197
NP 困難, 157, 198

P

P, 195
PERT, 17

R

r-近似解法, 265

S

s-t カット, 227

あ行

後入れ先出し, 249
アニーリング法, 302
アルミホ条件, 98
鞍点, 94, 126
鞍点定理, 125
位数, 183
1 機械スケジューリング問題, 172
1 次独立制約想定, 120
一様交叉, 301
遺伝的アルゴリズム, 299
遺伝的局所探索法, 302
移動戦略, 291
入口, 224
ウェブスター法, 202
ウルフ条件, 98
栄養問題, 14
枝, 162
枝刈り, 245
エピグラフ, 84
円詰込み問題, 77
オイラーグラフ, 273
オイラーの一筆書き定理, 273
オイラー閉路, 273
凹関数, 83
オーダー記法, 192
重み付け法, 289
親, 300
温度, 303

か行

解, 5
回帰問題, 3
改訂単体法, 38
外部ペナルティ関数法, 131
ガウスの消去法, 32
下界, 48
拡張ラグランジュ関数, 135
拡張ラグランジュ関数法, 134
画像分割, 232
カット, 183, 254
カットセット, 183
カットセット不等式, 183
可変近傍降下法, 298
可変近傍探索法, 298
カルーシュ・キューン・タッカー条件, 119
間接列挙法, 245
完全多項式時間近似スキーム, 283
完全単模行列, 178
完全マッチング, 231
感度分析, 61
緩和問題, 53
木, 182
幾何冷却法, 304
擬多項式オーダー, 193
帰着可能, 196
帰着可能性, 196
基底解, 30
基底行列, 36
基底変数, 30
木二重化法, 273
狭義凹関数, 83
狭義凸関数, 83
強双対定理, 58, 126

強連結, 214
局所最適解, 7, 284
局所収束性, 109
局所探索法, 270, 283
均衡価格, 62
近似解法, 199
近似スキーム, 283
近似比率, 265
近接最適性, 285
近傍, 7, 283
近傍探索, 291
クイックソート, 204
釘付けテスト, 249
クック・レビンの定理, 198
組合せ最適化問題, 9
クラインの方法, 235
クラスカル法, 202
グラフ, 161
クロネッカーのデルタ, 162
計算手間, 192
計算量, 192
系列アラインメント問題, 212
決定変数, 5
決定問題, 195
限界価格, 62
限定操作, 245
厳密解法, 199
子, 300
降下方向, 97
交叉, 299
高速局所探索法, 294
勾配, 86
コーシー・シュワルツの不等式, 106
個体, 299
ゴモリーの小数切除平面法, 254
子問題, 247
混合整数計画問題, 9, 155

さ行

最悪計算量, 193
最急降下法, 98
最近挿入法, 275
最近追加法, 274
最近傍探索, 296
最近傍法, 296
再最適化, 63
最小化問題, 5
最小全域木問題, 182
最小添字規則, 42
最小 2 乗法, 4
最小費用弾性マッチング問題, 212
最小費用流問題, 234
最小平均閉路, 240
最小包囲円問題, 77
彩色, 316
彩色数, 316
最大カット問題, 269
最大化問題, 5
最大係数規則, 39
最大被覆問題, 160
最大マッチング問題, 231
最大流問題, 224
最短路繰返し法, 235
最短路問題, 180
最長共通部分列問題, 212
最適解, 5
最適化問題, 2
最適性の原理, 207
最適値, 6
最安挿入法, 275
最尤推定法, 82
最良移動戦略, 291
最良上界探索, 249
最良優先探索, 249
先入れ先出し, 221
雑誌購読計画問題, 156
サポートベクトルマシン, 80
三角不等式, 216
算術平均法, 202
暫定解, 246
暫定値, 246
散布探索法, 302
残余ネットワーク, 225
残余容量, 226
時間量, 192
時間枠付き巡回セールスマン問題, 316
閾値受理法, 304
シグモイド関数, 81
資源配分問題, 200
事後分析, 61
辞書, 30
次数, 162
指数オーダー, 195
指数時間アルゴリズム, 195
施設配置問題, 76, 168
実行可能解, 5
実行可能基底解, 30
実行可能内点, 139
実行可能領域, 5
実行不能, 6
実数変数, 8, 155
始点, 162
弱双対定理, 58, 124
集合被覆問題, 188
集合分割問題, 189
充足可能性問題, 198

収束比, 109
集団, 299
集中化, 295
終点, 162
主双対法, 277
主問題, 50
巡回, 42, 305
巡回セールスマン問題, 185
巡回路, 185
順序交叉, 302
準ニュートン法, 104
上界, 48
条件数, 110
乗数法, 134
商品推薦問題, 160
乗務員スケジューリング問題, 188
進化計算, 299
人工変数, 44
数理計画, 1
数理最適化, 1
スターリングの公式, 191
スタック, 249
ステップ幅, 97
スラック変数, 29
スレイター制約想定, 122
生産計画問題, 17
整数計画問題, 9, 155
整数多面体, 252
整数変数, 9, 155
正則, 113, 118
正定値, 90
性能比率, 265
性能保証, 265
制約関数, 76
制約条件, 5
制約想定, 120
制約つき最適化問題, 5
制約なし最適化問題, 5
セカント条件, 104
セカント法, 99
切除平面, 254
切除平面法, 245
接続行列, 179
節点, 162
0-1 整数計画問題, 9
全域木, 182
選挙区割り問題, 190
線形計画緩和問題, 246
線形計画問題, 9, 14
線形順序付け問題, 163
線形分離可能, 80
潜在価格, 62
選択, 299
全点対最短路問題, 214
増加路法, 225
相対費用, 37
双対ギャップ, 68, 124
双対単体法, 65
双対問題, 50
増分法, 201
層別ネットワーク, 231
相補性条件, 60, 119
相補性定理, 59
ゾーテンダイク条件, 108
即時移動戦略, 291
属性, 306

た行

大域最適解, 7
大域的収束性, 108
退化, 40
ダイクストラ法, 215
大洪水法, 304
対数冷却法, 304
楕円体法, 25
多項式オーダー, 193
多項式計画問題, 177
多項式時間アルゴリズム, 25, 194
多項式時間近似スキーム, 283
多項式時間変換, 196
多次元ナップサック問題, 166
多スタート局所探索法, 296
多制約ナップサック問題, 166
脱出法, 289
脱乱択化, 270
妥当不等式, 252
タブー期間, 306
タブー探索法, 305
タブーリスト, 305
多目的最適化問題, 22
多様化, 295
単一始点最短路問題, 214
単一点対最短路問題, 214
短期メモリ, 305
探索木, 249
探索空間, 286
探索方向, 97
単純路, 215
弾性マッチング, 212
単体表, 30
単体法, 25
端点, 162
段取り替え費用, 170
単模行列, 178
逐次 2 次計画法, 144
中心パス, 139

頂点, 161
頂点彩色問題, 316
頂点被覆, 275
頂点被覆問題, 198, 275
長方形詰込み問題, 173
調和級数, 276
直線探索, 98
直線探索付きニュートン法, 104
定数時間, 192
停留点, 94
適応度, 300
出口, 224
デニス・モレ条件, 111
同一並列機械スケジューリング問題, 320
動的局所探索法, 289
動的計画法, 206
凸関数, 83
凸計画問題, 82
凸集合, 83
突然変異, 299
凸 2 次計画問題, 127
凸包, 166
トーナメント選択, 300
貪欲法, 200

な行

内点, 134, 138
内点法, 25, 138
内部ペナルティ関数法, 131
ナップサック問題, 157, 165
2 次計画問題, 9
2 次錐計画問題, 149
二者択一の定理, 74
2 段階単体法, 46
2 値整数計画問題, 9
2 値変数, 9, 156
日程計画問題, 16
2 部グラフ, 180
2 部グラフのマッチング問題, 231
ニュートン法, 101
根, 184
ネットワーク最適化問題, 9
ネットワークフロー問題, 223

は行

配送計画問題, 187
パウエルの BFGS 公式, 146
掃き出し法, 32
パス再結合法, 302
罰金関数, 131
バックトラック法, 99
発見的解法, 199, 283
発電機起動停止計画問題, 316
幅優先探索, 202
ハミルトン閉路問題, 198
バリア関数法, 131
半正定値, 90
半正定値計画問題, 149
反復局所探索法, 297
反復法, 97
半連続変数, 168
ヒープ, 202
非基底行列, 36
非基底変数, 30
非決定性計算機, 196
非線形計画問題, 9
被覆, 309
非負制約, 14
ピボット操作, 31
被約費用, 37, 241
非有界, 6
費用効果, 276
標準形, 25
ビンパッキング問題, 169
ファルカスの補題, 74
フィボナッチヒープ, 206
フォード・ファルカーソン法, 225
深さ優先探索, 202, 249
負定値, 102
フバータル・ゴモリー不等式, 253
部分グラフ, 182
部分構造最適性, 207
負閉路, 214, 236
負閉路消去法, 235
ブランドの規則, 43
プリム法, 202
フロイド・ウォーシャル法, 221
フロー, 223
分割統治法, 206
分枝カット法, 256
分枝限定法, 245
分枝操作, 245
文書要約問題, 158
分数計画問題, 23
分離可能, 18
分類問題, 79
平均計算量, 193
閉路, 182
ヘッセ行列, 89
ペナルティ関数, 131
ペナルティ関数法, 131
ベルマン・フォード法, 215

辺, 161
変数, 5
変数固定, 248
包絡分析法, 23
ポートフォリオ選択問題, 78
補助ネットワーク, 225
補助問題, 44
ポテンシャル, 241

ま行

前処理, 248
待ち行列, 221
マッチング, 231
マトロイド, 206
丸め法, 280
ミームアルゴリズム, 302
路, 180
ミラー・タッカー・ゼムリン制約, 185
無向グラフ, 162
メタ解法, 295
メタ戦略, 295
メタヒューリスティクス, 295
メトリック巡回セールスマン問題, 272
メリット関数, 141
目的関数, 5
モジュラリティ, 162
問題, 192
問題例, 192

や行

焼きなまし, 303
有効, 117
有向グラフ, 162
有効制約法, 127
誘導局所探索法, 307
尤度関数, 81
輸送計画問題, 15
容量制約, 225

ら行

ラグランジュ関数, 114
ラグランジュ緩和問題, 53, 123
ラグランジュ乗数, 53, 114
ラグランジュ双対問題, 124
ラグランジュの未定乗数法, 114
ラグランジュヒューリスティクス, 308
ラベリング法, 217
ラベル確定法, 217
ラベル修正法, 219
ランダウの O-記法, 192
ランダウの o-記法, 86
乱択法, 269
ランダム多スタート局所探索法, 296
離散最適化問題, 9
離接した制約条件, 171
流量保存制約, 225
領域量, 192
隣接行列, 179
ルーレット選択, 300
冷却スケジュール, 304
列挙問題, 6
劣勾配法, 310
レベルネットワーク, 231
連結, 182
連結成分, 203
連続最適化問題, 8
ロジスティック関数, 81
ロジスティック回帰, 81
ロットサイズ決定問題, 170

わ行

割当問題, 181

著者紹介

梅谷 俊治（うめたに しゅんじ）　博士（情報学）

2002年　京都大学大学院情報学研究科博士後期課程指導認定退学

2020年　大阪大学大学院情報科学研究科 数理最適化寄附講座教授

現　在　株式会社リクルート データ推進室 アドバンスドテクノロジーラボ シニアリサーチャー

著　書　（共著）『応用に役立つ50の最適化問題』朝倉書店 (2009)

NDC417　367p　21cm

しっかり学（まな）ぶ数理最適化（すうりさいてきか）

モデルからアルゴリズムまで

2020年10月23日　第 1 刷発行
2024年 8 月22日　第10刷発行

著　者　梅谷 俊治（うめたに しゅんじ）

発行者　森田浩章

発行所　株式会社　講談社

〒112-8001　東京都文京区音羽 2-12-21
販売　(03)5395-4415
業務　(03)5395-3615

編　集　株式会社　講談社サイエンティフィク
代表　堀越俊一
〒162-0825　東京都新宿区神楽坂 2-14　ノービィビル
編集　(03)3235-3701

本文データ制作　藤原印刷株式会社

印刷・製本　株式会社ＫＰＳプロダクツ

落丁本・乱丁本は，購入書店名を明記のうえ，講談社業務宛にお送りください．送料小社負担にてお取替えします．なお，この本の内容についてのお問い合わせは，講談社サイエンティフィク宛にお願いいたします．定価はカバーに表示してあります．

Printed in Japan

ISBN 978-4-06-521270-7